JN269098

朝倉物理学大系
荒船次郎|江沢 洋|中村孔一|米沢富美子━編集

11

原子分子物理学

高柳和夫
[著]

朝倉書店

編集

荒船次郎
東京大学名誉教授

江沢　洋
学習院大学名誉教授

中村孔一
明治大学名誉教授

米沢富美子
慶應義塾大学名誉教授

はじめに

　原子やそれが結びついてつくられる分子が物質の基本的構成要素であることは現在では広く知られている．20世紀はじめ，原子が原子核とそれを取りまいて走り回っている電子群とから成り立っていることがわかり，ついで1920年代に誕生した量子力学によって定量的な研究が行われるようになった．1930年代においては原子核の構造・性質や原子が結びついて分子をつくる化学結合の本質の解明を含め，原子物理学はまさに物理学の最先端分野であった．当時，学問を目指す多くの若者たちのあこがれの的であったといっても過言ではない．しかし，その後理論研究，および加速器などの実験技術の進歩により，物理学の先端が原子核からさらには素粒子へと進むにつれて，研究者の多くはこれらの新しい分野へと集中し，原子や分子の研究はとり残された感がある．とくにわが国の諸大学においては原子物理学はそれほど重視されているようには見受けられない．しかし，原子物理学ではやることがほとんど残っていないということではない．

　話を単一の原子に限っても，長年研究されかなりくわしくわかったと思われているのは，基底状態またはそれに近い状態についてのことである．電子群の多重励起状態や多価イオン，さらには強い電磁場内の原子の挙動などについてはまだ研究が始まったばかりである．原子分子が自然界において「最も基本的な粒子」ではないといっても，私たちのまわりで，また私たちの体内で進行している諸現象の多くは素粒子論にまで立ち入ることなく，自然界が原子分子の集合体であるとする立場から理解されるもので，その意味で原子分子は今もなお物質の基本的構成要素なのである．したがって，学問や技術の多くの研究分野で原子分子物理学の知識を必要としているものは決して少なくない．たとえ

ば，天体物理学，放電科学，放射線科学などでは半世紀以上前から原子分子の知識を基礎に置いていたし，最近では核融合プラズマの研究でもこの分野の知識が欠くことのできないものとなっている．さらに，広範囲な応用と結びついているレーザー科学も，もとは原子分子物理学から出たものであるし，逆にレーザー技術のめざましい進歩が原子分子物理自身をはじめとする科学研究に画期的な貢献をしてきた．また，高分解分光，分子線共鳴，あるいは1個ないし少数個の原子を空間の小さな領域に閉じこめてあいまいさを極度に減らした精密測定を行うなど高精度測定，先端技術への貢献がつぎつぎに報告されている．このように物理学の基礎の1つとして，また多くの応用分野の基礎として重要であるところから，欧米各国の著名な大学の物理学教室では原子物理学を重点課題の1つとして研究し，その成果を教育のカリキュラムに反映させているところが少なくない．

　このように長い間研究が続けられてきた原子（および分子）物理学ではあるが，上記のような諸分野からの要請に対して十分な知識を提供するにはまだまだ不足している．その理由は研究対象である原子やその集団がきわめて多種多様であること，扱うエネルギー範囲がmeV[*1]くらいの低い値から大きな加速器で加速されるイオンのエネルギーまで10桁を超える広がりになっていること，それに応じて主要な現象の種類や性格がまったく変わってしまうことなどにある．さらに，近年になって，昔は考えられなかった粒子系や状態が現実につくられるようになったことも新しい研究を必要としている理由になっている．すでに述べたが，原子や分子の高い励起状態，とくに多重励起状態，また高次電離した多価イオン，さらにきわめて強い電磁場中の原子や分子などがその例である．また，通常の原子核や電子以外の粒子，たとえば陽電子，反陽子，π中間子やμ粒子などを構成要素として含む特殊な原子や分子の構造・性質も重要である．物理学の対象の中でも原子系が最も精密測定に適していることから，これを対象として物理学の基礎的諸法則の検証をすることがいままでも行われてきたし，今後も行われるであろう．

　原子分子については多くの量子力学の教科書に水素原子やゼーマン効果

[*1] eV＝電子ボルト (electron volt)．電子が1Vの電位差をもつ2点間に加速されたときに獲得するエネルギーで，およそ1.602177×10^{-19} Jである．

(Zeeman effect)，周期律，ときには分子の振動・回転などいくつかの話題が書かれている．しかし，それから先のことはほとんど書かれていないようである．そこに本書のような専門書が登場する理由がある．ただし，前述のように原子分子における問題の多様性のために，主要な話題だけにしてもそのすべてを1冊の本で詳細に述べることは困難であり，また筆者ひとりでできることでもない．したがって，できるだけ多くの話題を取り入れてはあるが，そのなかにはごく簡単に触れるだけになってしまったものもあることをお許しいただきたい．また，これも前に述べたように，原子分子の知識は多くの他分野の研究にも必要とされているが，それに対して適当な参考書が（少なくも日本語で書かれたものは）見あたらない．本書はシリーズの方針に沿って専門書として書かれているが，またできるかぎり説明を平易にして広い範囲の読者に利用していただくことを考えたつもりである．ただし，量子力学についての初等的知識は前提とした．

なお，原子分子の分子としては原子物理学の延長として議論できる程度の少数原子系までを考えており，他にもいくつかの成書（主として化学分野の研究者による）にある分子の電子状態については深くは立ち入らないことにした．また原子分子物理学としては各種の原子分子過程（衝突・反応や電磁波との相互作用など）についての議論が重要な部分を占めている．しかし，そこまでを一冊に含めることは到底できないので，原子分子による光の吸収・放出以外の原子分子過程については本書の姉妹編として別に書くことにした．

本文中で[1][2]などと書かれた参考文献の一覧表は巻末に掲載してある．

本書はもともと筆者が東京大学の大学院で定期的に実施してきた半年の講義のノートの前半をもとにして，講義で話せなかったことや最近の進歩の一端を加えてできたものである．初期，または中間段階の原稿の全体を戸嶋信幸氏（筑波大学）に通して見ていただいたほか，石黒英一氏，井口道生氏，金子尚武氏，香川貴司氏にも数章にわたって点検していただき，それぞれ多くの有益なご助言をいただいた．さらにこの物理学大系の編集者とくに江沢 洋氏，中村孔一氏からも多くのご注意をいただき，もとの原稿よりも読みやすいものになったかと思う．J. Berkowitz 氏（ANL）および渡辺信一氏からは，とくに本書のために図版を用意していただいた．これらの方々に，この紙面を借りて厚

く御礼申し上げる．本書は内容が多岐にわたり，最終原稿でもなお不備の個所が残っていることを恐れる．読者諸賢からご教示いただければ幸甚である．

　本書の執筆を引き受けたあと，予定していなかった諸事により原稿完成がかなり遅れてしまった．その間，ほどよい間隔で催促・激励しながら辛抱強く待ってくださり，また原稿の不備を丹念に拾い出して問題点を指摘してくださった朝倉書店編集部のみなさんに大変お世話になったことを付け加えて謝意を表する．

　2000年4月

高 柳 和 夫

目　　次

1 序　　論 ……………………………………………………………… 1

I　原　　子

2 水 素 様 原 子 ……………………………………………………… 11
　2.1 水素原子，水素様イオン —— 非相対論的取り扱い ………… 11
　2.2 水素様軌道関数 ……………………………………………… 18
　2.3 原 子 単 位 …………………………………………………… 22
　2.4 電子のスピン，ディラック方程式 ………………………… 24
　　2.4.1 電子のスピン ……………………………………………… 24
　　2.4.2 自由電子に対するディラック方程式 …………………… 27
　　2.4.3 外場があるときのディラック方程式 …………………… 29
　　2.4.4 ディラック理論における水素様原子 …………………… 34
　2.5 水素様原子のエネルギーに対するその他の補正 ………… 36
　　2.5.1 原子核の質量への依存性 ………………………………… 36
　　2.5.2 量子電磁力学による補正 ………………………………… 37
　　2.5.3 原子核の広がり，構造の効果，超微細構造 …………… 39

3 ヘリウム様原子 …………………………………………………… 43
　3.1 重心運動の分離 ……………………………………………… 43
　3.2 パラヘリウムとオーソヘリウム …………………………… 45
　3.3 摂動論による扱い …………………………………………… 49
　　3.3.1 摂動論のあらまし ………………………………………… 49
　　3.3.2 ヘリウム原子への適用 …………………………………… 53

3.4 変分法による扱い ・・ 57
3.4.1 変分法のあらまし ・・・・・・・・・・・・・・・・・・・・・・・・・・・・・・・・・・・・ 57
3.4.2 ヘリウム様原子の簡単な変分関数 ・・・・・・・・・・・・・・・・・・・・・ 60
3.4.3 電子間距離 r_{12} を含む試行関数 ・・・・・・・・・・・・・・・・・・・・・・・ 63
3.5 ハートリーの方法とハートリー-フォックの方法 ・・・・・・・・・・・・・・ 68
3.6 相対論,量子電磁力学の効果 ・・・・・・・・・・・・・・・・・・・・・・・・・・・・・ 74
3.7 ヘリウム様原子のエネルギー準位の例 ・・・・・・・・・・・・・・・・・・・・・ 77
3.8 H^- イオン ・・・ 81

4 電磁場中の原子,光の放出・吸収 ・・・・・・・・・・・・・・・・・・・・・・・・・・・・・ 83
4.1 静電場のなかの原子 ・・・・・・・・・・・・・・・・・・・・・・・・・・・・・・・・・・・・・ 83
4.1.1 一様な静電場のなかの球対称原子 ・・・・・・・・・・・・・・・・・・・・ 83
4.1.2 一般静電場中の原子 ・・・・・・・・・・・・・・・・・・・・・・・・・・・・・・・ 89
4.1.3 水素様原子のシュタルク効果 ・・・・・・・・・・・・・・・・・・・・・・・ 91
4.1.4 電場による電離 ・・・・・・・・・・・・・・・・・・・・・・・・・・・・・・・・・・・ 93
4.2 静磁場のなかの原子 ・・・・・・・・・・・・・・・・・・・・・・・・・・・・・・・・・・・・・ 94
4.2.1 ゼーマン効果 ・・・・・・・・・・・・・・・・・・・・・・・・・・・・・・・・・・・・・ 94
4.2.2 パッシェン-バック効果 ・・・・・・・・・・・・・・・・・・・・・・・・・・・・ 102
4.2.3 きわめて強い磁場中の原子 ・・・・・・・・・・・・・・・・・・・・・・・・・ 104
4.3 振動電場中の原子,光の散乱・屈折 ・・・・・・・・・・・・・・・・・・・・・・・・ 107
4.3.1 振動電場による原子の分極 ・・・・・・・・・・・・・・・・・・・・・・・・・ 107
4.3.2 レイリー散乱,トムソン散乱,コンプトン散乱 ・・・・・・・・ 110
4.3.3 光の屈折 ・・・ 115
4.3.4 振動子強度 ・・・・・・・・・・・・・・・・・・・・・・・・・・・・・・・・・・・・・・・ 116
4.4 原子による光の放出・吸収 ・・・・・・・・・・・・・・・・・・・・・・・・・・・・・・・ 119
4.4.1 半古典論による吸収率の導出 ・・・・・・・・・・・・・・・・・・・・・・・ 119
4.4.2 アインシュタインの係数 A, B とその関係式 ・・・・・・・・・・ 124
4.4.3 光学的許容遷移,選択則 ・・・・・・・・・・・・・・・・・・・・・・・・・・・ 129
4.4.4 水素様原子,ヘリウム様原子の許容遷移 ・・・・・・・・・・・・・ 133
4.4.5 光学的禁止遷移 ・・・・・・・・・・・・・・・・・・・・・・・・・・・・・・・・・・・ 139

	4.4.6 スペクトル線の形と広がり	145
	4.4.7 放射の伝達，レーザー	149
	4.4.8 多光子過程	155

5 一般の原子 … 158
5.1 原子構造の概要 … 158
5.1.1 基底状態の電子配置，周期律 … 158
5.1.2 励起状態，特性X線 … 165
5.2 角運動量の合成，多重項構造 … 170
5.2.1 角運動量 … 170
5.2.2 多重項構造 … 173
5.2.3 角運動量合成の係数 … 181
5.3 電子状態のエネルギーと波動関数 … 189
5.3.1 電子状態のエネルギーの計算 … 189
5.3.2 波動関数の計算 … 194
5.3.3 相対論の効果 … 200
5.4 高励起原子 … 203
5.4.1 高励起原子の所在と特徴 … 203
5.4.2 低速電子散乱との関連 … 208
5.4.3 電場中の高励起原子 … 211
5.4.4 高励起原子の生成と検出 … 215
5.5 多重励起状態 … 217
5.5.1 多重励起状態の存在と特徴 … 217
5.5.2 超球座標の導入 … 221
5.5.3 2電子励起状態の分類 … 224
5.6 トーマス-フェルミの方法と密度汎関数理論 … 228

6 光電離と放射再結合 … 232
6.1 連続エネルギー状態の波動関数 … 233
6.1.1 中性原子がつくる場のなかの自由電子 … 233

  6.1.2　イオンがつくる場のなかの電子 …………………………… 236
  6.1.3　平面波の規格化 ………………………………………………… 237
 6.2　光　電　離 ……………………………………………………………… 238
  6.2.1　光電離の断面積 ………………………………………………… 238
  6.2.2　自動電離状態の寄与 …………………………………………… 245
  6.2.3　多　重　電　離 ………………………………………………… 249
  6.2.4　負イオンからの光脱離 ………………………………………… 252
 6.3　放射再結合 ……………………………………………………………… 253
  6.3.1　再結合過程のいろいろ ………………………………………… 253
  6.3.2　放射再結合断面積の導出 ……………………………………… 254
  6.3.3　再結合係数 ……………………………………………………… 256
 6.4　自由-自由遷移 …………………………………………………………… 259
 6.5　振動子強度 ……………………………………………………………… 260
  6.5.1　振動子強度の総和則 …………………………………………… 260
  6.5.2　振動子強度の応用 ……………………………………………… 264
  6.5.3　振動子強度分布の例 …………………………………………… 266

話題 1　運動量空間における波動関数と (e, 2e) 実験 …………………… 269
話題 2　原子の変わり種 …………………………………………………… 272

II　分　子

7　二原子分子の電子状態 ……………………………………………………… 279
 7.1　核運動の分離 …………………………………………………………… 279
  7.1.1　ボルン-オッペンハイマー近似 ……………………………… 279
  7.1.2　ビリアル定理 …………………………………………………… 281
 7.2　水素分子イオンと水素分子 …………………………………………… 285
  7.2.1　水素分子イオン ………………………………………………… 285
  7.2.2　LCAO 近似 ……………………………………………………… 288
  7.2.3　水素分子——ハイトラー-ロンドン理論 …………………… 292
  7.2.4　水素分子——MO 法 …………………………………………… 296

		7.2.5 「軌道」概念を超えた扱い ………………………………… 298
	7.3	一般の二原子分子 …………………………………………… 302
		7.3.1 等核二原子分子 ………………………………………… 302
		7.3.2 異核二原子分子 ………………………………………… 308

8　二原子分子の振動・回転 …………………………………… 315

8.1	振動と回転 …………………………………………………… 315
8.2	電子系の角運動量と分子回転の結合 ……………………… 320
8.3	核スピンの分子回転への影響 ……………………………… 326

9　多原子分子 …………………………………………………… 329

9.1	多原子分子の電子状態 ……………………………………… 329
	9.1.1 電子対結合の理論，原子価 …………………………… 329
	9.1.2 簡単な分子の例，混成軌道 …………………………… 332
	9.1.3 分子軌道の対称性 ……………………………………… 336
	9.1.4 π 電子系 ………………………………………………… 346
9.2	多原子分子の振動・回転 …………………………………… 353
	9.2.1 基準振動 ………………………………………………… 353
	9.2.2 振動の非調和性 ………………………………………… 357
	9.2.3 反転二重項 ……………………………………………… 359
	9.2.4 多原子分子の回転 ……………………………………… 362

10　電磁場と分子の相互作用，分子スペクトル ……………… 367

10.1	静電場，静磁場中の分子 …………………………………… 367
	10.1.1 分子の電気的および磁気的モーメント ……………… 367
	10.1.2 一様電場，磁場中の分子 ……………………………… 371
10.2	分子における放射過程 ……………………………………… 375
	10.2.1 振動・回転遷移 ………………………………………… 375
	10.2.2 電子遷移 ………………………………………………… 379
	10.2.3 分子の光電離 …………………………………………… 388

10.2.4　光解離，前期解離 …………………………………………… 390
　　10.2.5　ランダウ-ゼーナーの公式とその改良 ………………………… 393
　　10.2.6　ラマン効果 …………………………………………………… 397

11　原子間力，分子間力 ……………………………………………… 401
　11.1　原子間，分子間の相互作用 ………………………………………… 401
　　11.1.1　近距離での相互作用 …………………………………………… 401
　　11.1.2　分子間力と気体の諸性質 ……………………………………… 403
　11.2　中・遠距離での分子間力 …………………………………………… 406
　　11.2.1　静　電　力 ……………………………………………………… 406
　　11.2.2　分　極　力 ……………………………………………………… 407
　　11.2.3　分　散　力 ……………………………………………………… 409
　　11.2.4　相対論の効果 …………………………………………………… 412

参　考　文　献 ……………………………………………………………… 414
あ　と　が　き ……………………………………………………………… 418
索　　　　引 ………………………………………………………………… 421

1
序　　論

　原子分子についての歴史的な話をごく簡単に述べて序論に代えたい．

　古代ギリシャにおいて，多くの学者たちは物質は連続的なものと考えていたが，ごく一部の人は物質を細分していくと究極の構成単位（原子）に到達すると考えた．そのような考えをもった人の代表として Demokritos の名があげられる．しかし，当時この考えを裏づける事実が見つかっていたわけではなく，少数派の考えとして大勢に押しつぶされ，再び「原子」が物理学や化学の話題として真剣にとりあげられるようになるまで 2000 年もの歳月を要したのであった．

　17 世紀は I. Newton が力学を集大成し，物理学の基礎をつくった時期であるが，同じ世紀に気体の性質についての一連の研究が進み，それらは物理学における近代的実験のはじまりといわれている．R. Boyle が気体の体積と圧力についてのボイルの法則を発見したのもこの時期である．この法則は次の世紀になって，気体を粒子の集団と見る立場から理論的に説明された．これをはじめとして，物質が原子の集まりであるとすれば理解しやすい事実が次第に見つかってきた．18 世紀には気体を発生させ捕集し分析する方法が見いだされ，気体化学が盛んになった．とくにフランスの A. L. Lavoisier は，定量的測定法を導入して化学反応における質量保存則を見いだしたのをはじめ多くの功績があった．彼が導入した単体の概念が英国の J. Dalton によって受け継がれ，発展され，いわゆるドルトンの原子論となった．19 世紀初頭のことである．彼自身，気体分圧の法則や倍数比例の法則を見いだしている．彼の考えによれば，単体は同一種の原子の集まりであり，化合物は 2 種以上の単体原子が一定の割合で結合してできた化合物原子の集まりである．このような考えから，物質ごとの究極粒子の重量比が重要であるとして原子量の概念を提唱した．一

方，フランスの J. L. Gay-Lussac は，反応する気体の体積に着目し，気体どうしが反応するときの体積は一般に小さな整数比になること，生成物が気体であるときはその体積も反応気体の体積と簡単な比を与えることを見いだした．ここに出てくる整数比の値はドルトンの原子論とは矛盾するものがあった．この不一致はイタリアの A. Avogadro の，いわゆるアボガドロの仮説によって解消する．すなわち，単体の基本粒子は Dalton が考えたような原子でなく，たとえば水素や酸素なら 2 原子が結合してつくられる分子と呼ばれるものであるとするなど，今日私たちが知っているような原子と分子の区別を導入し，さらに同温同圧同体積内の気体はすべて同数の分子を含むとすることによって矛盾のない説明が可能となったのである．しかし，イタリアの雑誌に掲載された彼の論文が広く認められるようになったのは半世紀もたってからのことであった．

19 世紀は熱学，電磁気学，光学など物理学の各分野がめざましい発展を遂げた時期であるが，分光学も物質研究の手段として重要であることが認識されその進歩が著しかった．Rb, Cs などの元素もスペクトル分析によって初めて発見されている．とくに 1885 年にスイスの J. J. Balmer は水素原子のスペクトルの可視部に規則的な系列があることを発見（バルマー系列），のちに N. Bohr によって原子模型がつくられるときに重要な手がかりとなった．

1870 年ころまでにすでに 60 種を超える元素が知られていたが，これらを原子量の順に並べるといろいろな性質（たとえば，化学結合をつくる手の数——原子価）の似たものが繰り返し現れることも知られていた．ロシアの D. J. Mendeleev は，まだ発見されていない元素があるだろうと考え，適当な空席を残して既知の元素を並べることにより，今日の周期律表の原形となるものを完成させた．逆にこの表を用いて未知の元素の存在とその性質を予言した．

19 世紀後半になると，低圧放電管のなかの陰極から放出される放射線（陰極線）が負の電気を帯びた粒子であることを示唆する実験が何人もの手で行われたが，まだ陰極線は電磁波であると信ずる人もいた．1897 年になって，英国の J. J. Thomson は陰極線が磁場だけでなく電場によっても曲げられること，陰極に用いる金属の種類や放出手段が加熱か光照射かによらず同じ比電荷（電荷と質量の比）を与えることなどから，陰極線の本体が負の電荷をもち，物質

中に普遍的に存在する粒子であることを結論した．これが電子である．それまで原子が物質を構成する最小の基本単位であり，なかでも水素原子は最も軽い粒子と考えられていたが，電子はそれにくらべて1000分の1以下のはるかに軽い粒子であることがわかり，原子も内部構造をもつことを予想させた．こうして原子構造の研究が始まることになった．

通常の物質は電気的に中性であるから，もし電子が物質構成要素の1つであるとしたら，その電荷を打ち消すだけの正の電荷もあるはずである．しかし，正の電荷をもつ実体がどのようなものであるかを示唆する明確な事実はまだ知られていなかった．J. J. Thomson の原子模型や長岡半太郎の原子模型などが提案されたあと，アルファ線散乱の実験結果を説明するために E. Rutherford が1つの原子模型を提出した．サイズは小さいが質量は電子よりはるかに大きく，しかも正の電荷をもつ原子核のまわりを，軽い電子がクーロン力によって引きとどめられながら周回運動をするというものである．太陽のまわりを惑星が回るのに似ている．1911年のことである．2年後，このモデルをもとに分光学の知識と結びつけて**ボーアの原子模型**がつくられた．

ところで，正電荷のまわりを負の電荷をもつ電子が軌道運動すると，電磁波を放出してエネルギーを失うから，次第に原子核に向かって落ち込んでしまう．これは古典力学・電磁気学では避けられないことである．これを回避するために Bohr は2つのことを仮定した．まず，定常状態の存在を仮定した．すなわち，彼が与えたある条件 (量子条件) にかなっている状態だけが定常的でありうること，次にエネルギーが高い定常状態におかれた原子は一定の確率でそれより低い定常状態へと遷移し，その際エネルギー差に相当した光子を1つ放出するというものである．ここで光子について補足しておかなければならない．1900年に M. Planck は，物体の熱放射の理論に関連していわゆる量子仮説を提出した．すなわち，物質が振動数 ν の電磁波を放出または吸収するときは ν に比例するエネルギー素量 $h\nu$ を単位として行うとするものである．h はプランクの定数と呼ばれ，およそ 6.626076×10^{-34} J·s の値をもつ．A. Einstein はこれをさらに広げて，電磁波はすべて $h\nu$ というエネルギーのかたまりと，$h\nu/c$ (c は真空中の光の速さ) という運動量をもつ粒子 (光量子と呼んだ．現在の光子に相当) のように振る舞い，空間を伝播すると考えた．この光

量子説は光電効果をよく説明する．また後にコンプトン効果 (Compton effect) が発見されると，これが光子と電子の2粒子衝突現象として理解できることから光の粒子性の存在は疑いのないものとなった．

　前述のボーアの原子模型でも光のこの性質を考慮に入れている．すなわち，2つの許される状態間でジャンプが起こると (原子分子物理ではこれを一般に状態間の**遷移**, transition と呼ぶ)，そのエネルギー差を光で放出または吸収することになるが，これを $h\nu$ とおくことにより波動としての振動数が確定し，このようにして1つの原子の与える光のスペクトルが求められる．Bohr がこうして得た水素原子のスペクトルはさきに Balmer が実験で得た経験式と定量的によく合致し，原子構造を理解する有力な手がかりとなった．Bohr が考えたモデルでは前述のようにもう1つ量子条件というものがあって，自然界で許されている軌道運動を選別している．その条件というのは，軌道運動の角運動量が $h/2\pi$ の整数倍に限るというものである．このあと $h/2\pi$ という量が頻繁に理論式のなかに出てくるので通常これを $\hbar$ という一文字で表す．その値はおよそ $1.054\,572\times10^{-34}$ J·s である．彼は最も簡単な円軌道を考えたが，上述の条件にかなう軌道を求めると，そのエネルギーは

$$E_n = -\frac{\mu}{2n^2\hbar^2}\left(\frac{Ze^2}{4\pi\varepsilon_0}\right)^2, \quad n=1,2,3\cdots \tag{1.1}$$

となる．ただし，$Ze, -e$ は国際単位系での原子核および電子の電荷，μ は両者の換算質量，ε_0 は真空の誘電率である[*1]．また，電子を核から十分遠くにもっていき静止させたときのエネルギーを0としている．許されるエネルギー値がとびとびであることの他に $n=1$ の状態よりも低いエネルギー状態が存在しないことが注目される．n の異なる状態間の遷移により

$$h\nu_{nn'} = E_n - E_{n'} = \frac{\mu}{2\hbar^2}\left(\frac{Ze^2}{4\pi\varepsilon_0}\right)^2\left(\frac{1}{n'^2}-\frac{1}{n^2}\right) \tag{1.2}$$

で与えられる一群の振動数 $\nu_{nn'}$ が得られ，$Z=1$ とすればこれが水素原子のスペクトルに対応する．前述のように，このモデルはバルマー系列の観測値 ($n > n' = 2$ に相当) とよく合致した．

[*1] 本書では主に国際単位系 (SI) を用いる．原子分子物理の文献では cgs ガウス単位系を用いるものが多い．(1.1) を従来の cgs 系の式にするには，cgs 系での素電荷を e' として $e^2/4\pi\varepsilon_0$ を e'^2 に置き換えればよい．なお (2.1) 式の脚注参照．

スペクトル線の振動数，または分光学でよく用いられる**波数**(wave number, 1 cm に波長が何個含まれるかという数)[*2] は (1.2) のように 2 つの状態に対応した量 (水素様原子なら「定数 $/n^2$」の形になっている) の差で表される．この状態に応じた量はしばしば**項** (term) と呼ばれた．この用語によればスペクトル線の振動数は「項の差」で与えられるといえる．項という言葉はエネルギー準位 (energy level, 許される各状態に応じた原子のエネルギー値) の意味に用いることがある．n 番目の状態に与えられる項を T_n と書くとき，3 つの状態 1, 2, 3 (1 がこのなかで最高のエネルギー，3 が最低エネルギーとする) の間で光放出による遷移が可能とすると，その振動数 $\nu_{nn'}$ の間には

$$\nu_{13}=(T_1-T_3)=(T_1-T_2)+(T_2-T_3)=\nu_{12}+\nu_{23}$$

の関係があるはずである．このようにスペクトル線の振動数の間に簡単な結合則が成り立つことは**リッツの結合則** (Ritz combination principle) として知られている．

Bohr は最も簡単な円軌道について考えたが，クーロン引力の下での閉じた軌道運動はケプラー運動として知られているように一般には楕円運動になる．そこで Bohr の理論を楕円軌道に拡張しようとする試みが，A. Sommerfeld など多くの人によってなされた．円運動では許される軌道がただ 1 つの数 n で決まったのに対し，拡張された理論では 3 つの数の組で軌道が指定される．これらの数は**量子数** (quantum number) と呼ばれる．

そこで次の問題は，なぜ Bohr が与えた量子条件 (あるいはそれを Sommerfeld が拡張して得た諸条件) にかなう状態だけが存在するのかということになる．これに対する解答は 10 数年後に量子力学の誕生によって与えられることになった．まず L. de Broglie が物質波の可能性を提唱した (1924)．前世紀までに電磁波であるとして決着がついたかに見えた光が，粒子的な性格も併せもっていることが Planck の量子仮説や Einstein の光量子説を通じてはっきりしてきたのをふまえ，逆にいままで粒子としてしか考えられていなかった電子などの物質粒子も，波動性を併せもっているのではないかというのである．その場合の手がかりとしては，Einstein が光子に対して与えたエネルギー E，

[*2] 運動量ベクトル $\boldsymbol{p}$ を $\hbar$ で割った**波数ベクトル** (wave number vector) $\boldsymbol{p}/\hbar=\boldsymbol{k}$ も単に「波数」と呼ばれることがあるが，この $\boldsymbol{k}$ の大きさは「1/波長」でなくその 2π 倍である．

運動量 p を波動の波長 λ, 振動数 ν と結びつける関係式

$$E = h\nu, \qquad p = \frac{h}{\lambda} \tag{1.3}$$

が用いられた．この考えをボーアの原子模型における電子の円軌道にあてはめてみよう．円周に沿っての運動に波動性が伴うとして波長 λ が導入される．波動についての古典物理の知識を活用すると，周期的運動が定常的に存在するためには，軌道に沿っての波動の位相は一回りしたあとで前と同じ値に戻っていなければならない．すなわち，半径 a の円軌道の場合，円周 $2\pi a$ が波長 λ の整数倍であるとしなければならない．これから軌道に沿っての運動量 p が (1.3) によって決まり，角運動量は

$$ap = n\hbar, \qquad n = 1, 2, 3, \cdots$$

以外には許されない．これは Bohr が導入した量子条件にほかならない．すなわち Bohr の条件は定常波存在の条件になっている．1927 年に C. J. Davisson と L. H. Germer，G. P. Thomson，菊池正士によってそれぞれ Ni 単結晶，金属薄膜，雲母薄膜による電子線の散乱で X 線の場合と同様の回折像が得られ，物質波の存在が実証された．

物質粒子も波動性をもつとしたら，その波動性を記述する位置，時間の関数 (波動関数) が存在するであろうし，その関数が満足すべき波動方程式があるはずである．de Broglie の考えを発展させてそのような方程式を見つけ出したのは E. Schrödinger である (1926 年)．一般に x 方向に進む自由粒子の波動関数は，i を虚数単位として $\exp[2\pi i(x/\lambda - \nu t)]$ のような関数に振幅がかかったもので表されると考えられるから，これに Einstein の関係式 (1.3) を代入すると $\exp[i(px - Et)/\hbar]$，3 次元に一般化すると $\exp[i(\boldsymbol{p}\cdot\boldsymbol{r} - Et)/\hbar]$ となる．自由粒子の運動を表す波動関数 Ψ がこのような関数であるとすると，運動量 $\boldsymbol{p}$ とエネルギー E の関係 $E = \boldsymbol{p}^2/2m$ (m は粒子の質量) を用い，

$$-\frac{\hbar^2}{2m}\nabla^2 \Psi = i\hbar \frac{\partial}{\partial t}\Psi \tag{1.4}$$

のような波動方程式が成り立つことになる[*3]．これはエネルギー・運動量関係式 $\boldsymbol{p}^2/2m - E = 0$ を Ψ に作用させ，Ψ が上記のような平面波であるかぎり運

[*3] ベクトルは太文字で表す．∇ はナブラ記号で，$\boldsymbol{r}$ の 3 成分 (x, y, z) による微分演算子を成分とするベクトル演算子 $(\partial/\partial x, \partial/\partial y, \partial/\partial z)$ で，$\nabla^2 = \Delta$ はラプラス演算子である．

動量とエネルギーをそれぞれ

$$\boldsymbol{p} \longrightarrow -i\hbar\nabla, \tag{1.5}$$

$$E \longrightarrow i\hbar\frac{\partial}{\partial t} \tag{1.6}$$

のような微分演算子に置き換えることができるとして書き換えて得られる．(1.4) の形にしておくと特定の運動量，エネルギーの値に限らず，平面波を重ね合わせた形の波動関数についても成り立つことが注目される．

波動関数 Ψ の物理的解釈についてはいろいろな議論があったが，結局，$|\Psi(\boldsymbol{r},t)|^2 d\boldsymbol{r}$ が時刻 t において，位置ベクトル $\boldsymbol{r}$ の点の近傍にある小さな体積要素 $d\boldsymbol{r}$ の中に粒子を見いだす確率であると理解されるようになった．そうなると1個の粒子を考えるときは，粒子は全空間のどこかにあるはずであるから，上記の確率を全空間で積分したものは1になるという要請が出てくる．すなわち

$$\int |\Psi|^2 d\boldsymbol{r} = 1 \tag{1.7}$$

という**規格化** (normalization) の条件である．ところで平面波は全空間にわたって無限の広がりをもつ波で(1.7) のような条件を満足しないが，多数の平面波を適当に重ね合わせることによって，空間的に限られた領域に集中しているような**波束** (wave packet) をつくることができる．自由粒子の運動を表す波束は

$$\Psi = \int F(\boldsymbol{p})\exp\left[\frac{i}{\hbar}\left(\boldsymbol{p}\cdot\boldsymbol{r} - \frac{\boldsymbol{p}^2 t}{2m}\right)\right]d\boldsymbol{p} \tag{1.8}$$

のような形になる．$F(\boldsymbol{p})$ は運動量空間での波動関数である．

自由粒子に対する波動方程式が (1.4) でよいとして外力の下での運動を支配する方程式はどうなるであろうか．中心力場のなかの1個の粒子の運動について考え，$V(r)$ をポテンシャル（r は力の中心からの距離）とすれば，力学的エネルギーが $E = \boldsymbol{p}^2/2m + V(r)$ になることを考慮し，(1.4) に相当するものとして

$$-\frac{\hbar^2}{2m}\nabla^2\Psi + V(r)\Psi = i\hbar\frac{\partial}{\partial t}\Psi \tag{1.9}$$

が導入された．とくにエネルギー E が明確に決まっている定常状態にある系

については，

$$\Psi(\boldsymbol{r}, t) = \exp\left(-\frac{iEt}{\hbar}\right)\psi(\boldsymbol{r}) \tag{1.10}$$

とおくことにより，時間を含まない方程式

$$-\frac{\hbar^2}{2m}\nabla^2\psi(\boldsymbol{r}) + V(\boldsymbol{r})\psi(\boldsymbol{r}) = E\psi(\boldsymbol{r}) \tag{1.11}$$

に還元することができる．(1.9)(1.11)は**シュレーディンガー方程式**(Schrödinger equation)と呼ばれる．

　力が働いているときの式が(1.9)(1.11)のようなものでよいかどうかは，具体的な問題にこれらの方程式を適用し，実験結果と比較することによって判断される．次章で述べるように，Schrödinger が(1.11)を水素原子の定常状態に適用した結果，許されるエネルギーとして(1.1)が得られ，したがって実験事実とも合うことが確認され，波動力学(wave mechanics)と呼ばれる新しい力学が注目されるようになった．歴史的にはこの前年(1925年)，W. Heisenberg たちによって行列力学(matrix mechanics)と呼ばれるまったく別の新力学が提唱されていたが，この一見異なった2つの力学が実は等価であることがまもなく証明され，今日広く用いられている量子力学の出発点となった．

　さて，エネルギーの高い状態にある電子は光を放出して低い状態へと飛び移るから，放っておけば電子は最低エネルギー状態(**基底状態**，ground state)に落ち着くであろう．多数の電子をもつ原子の場合もすべての電子が同一の最低エネルギー状態に集中するのであろうか．これについては1924年にW. Pauli がスペクトルの研究からいわゆる**排他律**(exclusion principle，**パウリの原理**ともいう)を発見している．すなわち，量子条件で決まる各運動状態には無制限に電子が入れるのではなく，指定された割当数以上になったら残りの電子は別の(もっとエネルギーの高い)状態へ入れられなければならないというものである．とくに Sommerfeld によって展開された理論において3つの量子数の組で決まる1つの状態には電子が2個まで入れるとすると，元素の周期性などがうまく説明できることがわかった．3つの量子数で決められた状態に2個の電子が入るということは，もう1つの量子数の存在を示唆しているが，このように第4の量子数があることは，原子を磁場のなかに入れたときのスペ

クトルの変化，いわゆる**ゼーマン効果**の研究からすでに知られていたところである (P. Zeeman, 1896). はじめの3つの量子数が空間軌道を指定するのに対し，第4の量子数は電子の自転 (**スピン**, spin) の向きを指定するものである．シュレーディンガー方程式 (1.9) ではそのような新しい自由度が反映されていないが，P. A. M. Dirac が 1928 年に発表した，相対性理論の要請にかなう波動方程式は，まさにそのような自由度を取り込んでいるものになっている．本書では，主として簡単なシュレーディンガー方程式にもとづいて議論を進めるが，相対論的補正が重要となるような場合についてはディラック理論に触れることにする．

序論を閉じる前に実験方法について少し述べておく．原子分子物理学において用いられる実験方法は多種多様であるが，ここでは2つの主要なタイプについて述べる．1つは原子分子による光の吸収・放出を利用するものである．どのような波長の光が吸収されたり放出されたりするかを見るのは，19世紀以来盛んに研究されてきた分光学の仕事であるが，さらに放出・吸収される光の強度が波長によってどう変わるかを調べることにより，原子や分子についていっそう立ち入った知識を得ることができる．もう1つは粒子との衝突を起こさせる方法である．よく用いられるやり方は，同一種類の粒子の流れを用意し（これを粒子線または粒子ビームと呼ぶ），その流れのなかに対象とする原子や分子を置く方法である．入射粒子のうち標的原子や分子と衝突したものは，運動方向が変わり，しばしばエネルギーも明確に変化する．これを調べることにより対象とする原子や分子の構造・性質やこれら標的と入射粒子との相互作用についての知識を獲得するものである．

このように粒子ビームを用いた初期の実験の1つで 1914 年に J. Franck と G. Hertz によって行われたものを紹介しておきたい．それは水銀蒸気を入れた容器のなかで陰極から飛び出す電子の流れをつくり，陽極に到達したものを電流として測定する実験である．陰極から少し離れて第1のグリッド G_1 をおき，陰極と G_1 の間に加速電圧をかけて電子を加速する．一方，陽極のすぐ前に第2のグリッド G_2 をおく．G_1 と G_2 は等電位とし，G_2 と陽極の間にはわずかな減速電圧 $0.5\,\mathrm{V}$ をかけておく．するとグリッド G_2 を通過するとき $0.5\,\mathrm{eV}$ 以下のエネルギーしかもたない電子は陽極に到達できない．こうしておいて陰

極と G_1 の間の加速電圧を 0 から順次増やしていくと，陽極に達する電流も増加していくが，5 V のちょっと下で急激に電流が減少することがわかった．さらに加速電圧を増していくと再び電流が増え始めるが，また 10 V に少し欠ける電圧増加になったところで急激に 2 回目の電流減少を示した．さらに 15 V 近い加速電圧のところで 3 度目の減少が見られた．この結果は次のように解釈される．すなわち，水銀原子は基底状態の上 5 eV 足らずのところ (もう少し正確には 4.9 eV) に最初の励起状態があって，グリッドに達する前にこの値を超えるエネルギーを得た電子はある確率で水銀原子を励起状態にたたき上げ，エネルギーをそれだけ失う．この電子は，その後さらに加速されて 0.5 eV 以上のエネルギーを回復しないかぎり陽極には到達できない．電流の急激な減少はそのためであるというのである．2 回目，3 回目の減少は，加速電圧が 10 V, 15 V を超え，加速された電子が 2 回，3 回水銀原子と衝突してエネルギーを失うことに対応している．こうして Franck-Hertz の実験はボーアの原子モデルが示すように原子のもつエネルギー値がとびとびになっていることを実証した．なお，J. Franck は他の研究者の協力を得てもっと高いエネルギーの励起状態が存在することも似たような実験で示している．

■ I. 原子

2
水 素 様 原 子

2.1 水素原子，水素様イオン —— 非相対論的取り扱い

自然界に存在する最も簡単な原子は水素原子である．また，宇宙にある原子のなかで最も数が多いのも水素原子である．したがって水素原子は簡単ではあるが，また大変重要なものである．水素のように電子が1個の原子と，2個以上の電子をもつ原子とでは大きな違いがあり，理論的取り扱いも変わる．したがって，水素原子がわかってしまえば他の原子も同じこととしてしまうわけにはいかない．それでも多電子原子を論ずるときには水素原子の理論が何かと参考になる．それで水素原子については多くの量子力学の教科書でかなりページをさいて説明している．ここでもそのあらましを述べて量子力学の復習と一般の原子の構造を論ずる準備とする．

通常の水素 (hydrogen) では原子核は陽子 (proton) である．しかし，同じ水素でも重水素 (deuterium) の核は質量が陽子のほぼ倍の重陽子 (deuteron)，三重水素 (tritium) ではほぼ3倍の三重陽子 (トリトン，triton) であるし，電子が1個であれば He の1価イオン He^+, Li の2価イオン Li^{++} などもまったく同様の理論で扱えるから，ここでは一般的に核は質量 M，電荷 Ze (Z は正の整数) の粒子とする．系のエネルギーは，2粒子の運動エネルギーと2粒子間のクーロン引力のポテンシャルの和であるから，(1.11) を2粒子系に拡張すると

$$\left\{-\frac{\hbar^2}{2M}\nabla_n^2 - \frac{\hbar^2}{2m_e}\nabla_e^2 - \frac{Ze^2}{4\pi\varepsilon_0 r}\right\}\psi(\boldsymbol{r}_n, \boldsymbol{r}_e) = E\psi(\boldsymbol{r}_n, \boldsymbol{r}_e). \qquad (2.1)^{*1}$$

ただし，∇_n, ∇_e はそれぞれ核と電子の位置ベクトル $\boldsymbol{r}_n, \boldsymbol{r}_e$ の成分に関する微分

演算子(ナブラ記号，p.6脚注参照)，m_e は電子の質量，また $r=|\boldsymbol{r}_e-\boldsymbol{r}_n|$ である．ここで $\boldsymbol{r}_n, \boldsymbol{r}_e$ のかわりに系の重心位置ベクトル $\boldsymbol{R}$ と相対位置ベクトル $\boldsymbol{r}$ を

$$\boldsymbol{R}=\frac{M\boldsymbol{r}_n+m_e\boldsymbol{r}_e}{M+m_e}, \qquad \boldsymbol{r}=\boldsymbol{r}_e-\boldsymbol{r}_n \tag{2.2}$$

のように導入すると，運動エネルギーの部分が

$$-\frac{\hbar^2}{2M}\nabla_n^2-\frac{\hbar^2}{2m_e}\nabla_e^2=-\frac{\hbar^2}{2M_t}\nabla_R^2-\frac{\hbar^2}{2\mu}\nabla^2, \tag{2.3}$$

$$M_t=M+m_e, \qquad \mu=\frac{m_e M}{m_e+M} \tag{2.4}$$

のように重心運動のエネルギーと相対運動のエネルギーに分離できることがわかる．ただし ∇_R, ∇ はそれぞれ $\boldsymbol{R}, \boldsymbol{r}$ の成分に関するナブラ演算子である．こうして (2.1) は次のような2つの独立な方程式に分解される．

$$-\frac{\hbar^2}{2M_t}\nabla_R^2\psi_g(\boldsymbol{R})=E_g\psi_g(\boldsymbol{R}), \tag{2.5}$$

$$\left\{-\frac{\hbar^2}{2\mu}\nabla^2-\frac{Ze^2}{4\pi\varepsilon_0 r}\right\}\psi_i(\boldsymbol{r})=E_i\psi_i(\boldsymbol{r}), \tag{2.6}$$

$$\psi=\psi_g(\boldsymbol{R})\psi_i(\boldsymbol{r}), \qquad E_g+E_i=E. \tag{2.7}$$

最初の式は重心運動の方程式で，ポテンシャルが入っていないから，原子の重心が自由粒子のように振る舞うことを表している．そのエネルギーが E_g である．さしあたり重心運動には関心がないから，以下では内部運動を記述する第2の式だけを論ずることにし，ψ_i を改めて ψ と書き，そのときのエネルギー E_i を E と書くことにする．この式は空間に固定された中心力場の中の1つの粒子の運動の波動方程式の形になっているが，ただ粒子の質量が (2.4) で与えられるように換算質量 μ になっているところに2粒子系の問題であることが見えている．

このあとは，中心力場一般について共通の解法になるが，位置ベクトル $\boldsymbol{r}$

[*1] (1.1) の脚注で述べたように cgs ガウス系での素電荷を e' として $e^2/4\pi\varepsilon_0$ を e'^2 に置き換えると，(2.1) は従来の cgs 系での式になる．ただし，単位系を変更するときは $\hbar, m_e, r$ など他の諸量の数値も同時に変わることはいうまでもない．$e^2/4\pi\varepsilon_0$ は r で割ってエネルギーになるから，エネルギー×長さの次元をもつ．エネルギーは J から erg に，長さは m から cm にそれぞれ単位が変わるから $e^2/4\pi\varepsilon_0$ の SI 系での数値に 10^9 をかけてはじめて cgs 系での e'^2 の数値が出る．

の成分 (x, y, z) のかわりに極座標 (r, θ, φ) を用いて動径方向と角度方向の運動を分離する．ラプラス演算子 ∇^2 は

$$\nabla^2 \psi = \frac{\partial^2 \psi}{\partial x^2} + \frac{\partial^2 \psi}{\partial y^2} + \frac{\partial^2 \psi}{\partial z^2}$$

$$= \frac{1}{r^2} \frac{\partial}{\partial r}\left(r^2 \frac{\partial \psi}{\partial r}\right)$$

$$+ \frac{1}{r^2 \sin\theta}\left[\frac{\partial}{\partial \theta}\left(\sin\theta \frac{\partial \psi}{\partial \theta}\right) + \frac{1}{\sin\theta}\frac{\partial^2 \psi}{\partial \varphi^2}\right] \tag{2.8}$$

と書ける．ここに出てきた角度に関する微分演算子を Ω と書こう．

$$\frac{1}{\sin\theta}\frac{\partial}{\partial \theta}\left(\sin\theta \frac{\partial \psi}{\partial \theta}\right) + \frac{1}{\sin^2\theta}\frac{\partial^2 \psi}{\partial \varphi^2} = \Omega\psi. \tag{2.9}$$

方程式 (2.6) は

$$\psi(\boldsymbol{r}) = R(r) Y(\theta, \varphi) \tag{2.10}$$

とおくことにより変数分離できて

$$\Omega Y(\theta, \varphi) + \lambda Y(\theta, \varphi) = 0, \tag{2.11}$$

$$-\frac{\hbar^2}{2\mu}\left(\frac{d^2 R}{dr^2} + \frac{2}{r}\frac{dR}{dr} - \frac{\lambda}{r^2}R\right) - \frac{Ze^2}{4\pi\varepsilon_0 r}R = ER \tag{2.12}$$

となる．ここで (2.11) の解 $Y(\theta, \varphi)$ が球面上のすべての点で正則かつ一価連続であるとすると，変数分離のパラメター λ のとりうる値が

$$\lambda = l(l+1), \qquad l = 0, 1, 2, \cdots \tag{2.13}$$

に限ることが導かれ，それに対応する解 $Y(\theta, \varphi)$ が球面調和関数 (spherical harmonic functions) $Y_{lm}(\theta, \varphi)$ $(m = -l, -l+1, -l+2, \cdots, 0, \cdots, l-1, l)$ になることは応用数学でよく知られているとおりである．さらに

$$\iint |Y_{lm}(\theta, \varphi)|^2 \sin\theta \, d\theta \, d\varphi = 1 \tag{2.14}$$

のように規格化すると，

$$Y_{lm}(\theta, \varphi) = i^{|m|+m}\sqrt{\frac{(2l+1)(l-|m|)!}{2(l+|m|)!}} P_l^{|m|}(\cos\theta)\frac{e^{im\varphi}}{\sqrt{2\pi}} \tag{2.15}$$

となる．ただし，$P_l^{|m|}(x)$ はルジャンドルの陪関数 (associated Legendre function) であり，また位相因子 $i^{|m|+m}$ は文献によりとり方が若干異なるので関数 $Y(\theta, \varphi)$ やそれに関係した公式などを計算に利用するときは事前に十分確かめておくことが必要である (2.2 節参照)．

さて，古典力学での角運動量は位置ベクトル $\boldsymbol{r}$ と運動量 $\boldsymbol{p}$ のベクトル積で与えられることがわかっているが，ここで (1.5) を利用して量子力学での角運動量に書き換え，それを成分に分けて書くと

$$\left.\begin{array}{l}\dfrac{\hbar}{i}\left(y\dfrac{\partial}{\partial z}-z\dfrac{\partial}{\partial y}\right)=\hbar l_x \\[6pt] \dfrac{\hbar}{i}\left(z\dfrac{\partial}{\partial x}-x\dfrac{\partial}{\partial z}\right)=\hbar l_y \\[6pt] \dfrac{\hbar}{i}\left(x\dfrac{\partial}{\partial y}-y\dfrac{\partial}{\partial x}\right)=\hbar l_z\end{array}\right\} \tag{2.16}$$

となる．$\hbar$ が角運動量の次元をもつため，l は無次元量になる．これらは直接確かめられるように量子力学における角運動量特有の交換関係を満たす[*2]．

$$[l_x, l_y]=il_z, \qquad [l_y, l_z]=il_x, \qquad [l_z, l_x]=il_y. \tag{2.17}$$

さらに

$$\boldsymbol{l}^2=l_x^2+l_y^2+l_z^2=-\Omega \tag{2.18}$$

であることも直接計算によって確かめられるから，(2.11)，(2.13) により次の関係式が導かれる．

$$(\hbar \boldsymbol{l})^2 R(r) Y_{lm}(\theta, \varphi) = \hbar^2 l(l+1) R(r) Y_{lm}(\theta, \varphi). \tag{2.19}$$

また (2.16) の l_z を極座標で書けば $i^{-1}\partial/\partial\varphi$ となるから

$$\hbar l_z R(r) Y_{lm}(\theta, \varphi) = \dfrac{\hbar}{i}\dfrac{\partial}{\partial \varphi} R(r) Y_{lm}(\theta, \varphi) \tag{2.20 a}$$

$$= m\hbar R(r) Y_{lm}(\theta, \varphi). \tag{2.20 b}$$

量子力学では，$A\psi=a\psi$ のように物理量を表すある演算子 A を波動関数 ψ に作用させたとき，同じ関数 ψ の定数倍が得られたら，その物理量はその関数 ψ で表される状態においてその定数値 a をとると解釈する．このとき，a は A の**固有値** (eigenvalue)，ψ は**固有関数** (eigenfunction) と呼ばれる．この解釈によれば上記の関係から，$Y_{lm}(\theta, \varphi)$ を角度部分にもつ状態において，$\hbar^2 l(l+1)$ は角運動量の大きさの平方，$m\hbar$ が z 成分を表すことがわかる．このように l は軌道角運動量の大きさを表すものであるが，伝統的に**方位量子数** (azimuthal quantum number) と呼ばれる．また m は原子を磁場のなかに入

[*2] 一般に2つの演算子 A, B からつくられる $AB-BA \equiv [A, B]$ を A, B の交換子 (commutator) と呼ぶ．

れたときのエネルギー準位を区別する量子数となることから**磁気量子数** (magnetic quantum number) と呼ばれる．

次に (2.13) を動径方向の方程式 (2.12) に代入し，さらに

$$R(r) = \frac{u(r)}{r} \tag{2.21}$$

とおくと，

$$-\frac{\hbar^2}{2\mu}\frac{d^2u}{dr^2} + V_{\text{eff}}(r)u = Eu, \tag{2.22}$$

$$V_{\text{eff}} = -\frac{Ze^2}{4\pi\varepsilon_0 r} + \frac{\hbar^2}{2\mu}\frac{l(l+1)}{r^2} \tag{2.23}$$

が得られる．(2.22) は V_{eff} をポテンシャルとする一次元の波動方程式になっている．(2.23) の第2項は

$$\frac{(\text{角運動量})^2}{2\mu r^2}$$

の形をしており，古典力学でおなじみの遠心力ポテンシャルになっていることがわかる．そこで次にはいよいよ方程式 (2.22) を解くことになるが，エネルギー E が負の範囲ではあるとびとびの値のところでだけ物理的に許される解，すなわち，いたるところ連続微分可能で

$$\int_0^\infty u^2 dr = \int_0^\infty [R(r)]^2 r^2 dr = 1 \tag{2.24}$$

となるような解 (実数としてよい) が存在し，クーロン引力場に束縛された電子の運動を表す．$E > 0$ のときは別巻で扱う散乱状態に対応し，常に物理的に受け入れられる状態を表すことになる．すなわちエネルギーが正の範囲はとびとびでなくすべての値が受け入れ可能で連続固有値となる．本書では光電離に関連して第6章でこのような状態の波動関数を扱う．それまでは束縛状態だけに注目することとする．

束縛状態を考えるとき，無限遠までの積分になっている規格化条件 (2.24) を満たすためには，関数 $u(r)$ は遠方で速やかに0に近づくものでなければならない．他方，原点付近での様子を見ると，まず角運動量が0でないときは (2.22) で $l(l+1)/r^2$ を含む項が主要項になり，これが2階微分の項と消し合うことになる．このことから，u が原点付近で r^s に比例するとして $s = l+1$

または $-l$ であることがわかる．ところが $u(r)=rR(r)$ は原点で0 でなければならないから，$s=-l$ は許されない．次に $l=0$ のときは微分を含む項の他に原点付近で大きな値をもつものは $-1/r$ に比例するクーロン場しかない．再び u が原点付近で r^s に比例するとすると2階微分の項から $s(s-1)$ が出て，$s=0$ または 1 となる．$s=0$ のとき $R(r)$ は原点付近で $1/r$ に比例して無限大になるが，原点を含む領域で波動関数の平方を積分したもの ($\int R^2 r^2 dr$) は発散しない．そのことだけを見ると $s=0$ でもよさそうであるが，実は $1/r$ に比例する関数にラプラス演算子 ∇^2 を作用させると，原点で特異性をもつ Dirac のデルタ関数[*3] $\delta(\boldsymbol{r})$ が出てきてしまい $\psi=R(r)Y_{lm}(\theta,\varphi)$ が (2.6) の解にならなくなってしまう．以上により，動径関数 $u(r)$ は l のどの値においても原点付近で r^{l+1} に比例することになる．

　動径方程式 (2.22) を具体的に解くことは多くの量子力学の本に出ていることなのでここではやらない．結論を書けば得られる関数は，(2.24) で規格化して

$$R_{nl}(r)=\frac{u_{nl}(r)}{r}=-\sqrt{\frac{(n-l-1)!}{2n[(n+l)!]^3}\left(\frac{2Z}{na_\mu}\right)^3}\left(\frac{2Zr}{na_\mu}\right)^l$$
$$\times e^{-\frac{Zr}{na_\mu}}L_{n+l}^{2l+1}\left(\frac{2Zr}{na_\mu}\right), \qquad (2.25)$$
$$n=1,2,3,\cdots, \quad l<n \qquad (2.26)$$

となる．ここで $L_p^q(x)$ はラゲールの陪多項式 (associated Laguerre polynomial) (§2.2 参照)，また

$$a_\mu=a_0\frac{m_\mathrm{e}}{\mu}, \qquad (2.27)$$

$$a_0=\frac{4\pi\varepsilon_0\hbar^2}{m_\mathrm{e}e^2}=5.291\,772\times10^{-11}\,\mathrm{m} \qquad (2.28)$$

である．a_0 はボーアの原子模型で水素原子の最低エネルギーの円軌道の半径であり，**ボーア半径** (Bohr radius) と呼ばれる．一方，(2.25) に対応するエネ

[*3] Dirac が導入した特異な関数 $\delta(x)$ は，$x=0$ 以外のすべての x で $\delta(x)=0$ であり，$x=0$ を含む任意の区間 (a,b) での積分で $\int_a^b \delta(x)dx=1$ となるように定義されている．$x=0$ で連続な任意の関数 $f(x)$ に対して $\int_a^b f(x)\delta(x)dx=f(0)$ である．$\delta(\boldsymbol{r})=\delta(x)\delta(y)\delta(z)$ である．また，$\nabla^2 r^{-1}=-4\pi\delta(\boldsymbol{r})$ である．

ルギー値は

$$E_n = -\frac{\mu e^4 Z^2}{2n^2(4\pi\varepsilon_0)^2 \hbar^2} = -\frac{Z^2 e^2}{2n^2 4\pi\varepsilon_0 a_0}\frac{1}{1+\dfrac{m_e}{M}} \quad (2.29)$$

となり，Bohr が得ていた公式 (1.1) と一致し，l によらない．エネルギーを決めている n は**主量子数** (principal quantum number) と呼ばれる．水素，重水素，三重水素では $Z=1$ は共通だが M が大きく異なるため，エネルギー準位もそれに応じて変わることはいうまでもない．その他，この 3 種の水素では陽子，重陽子，三重陽子のスピン，磁気モーメント，電気四極モーメントなどに違いがあり，後に述べる超微細構造においても差を生ずる．

以上のように，水素様原子における電子の運動は 3 つの量子数 n, l, m で指定される．このうち，n と l が与えられると動径関数が決まり，角運動量の大きさも決まる．残る m は空間における波動関数の向きを指定するもので，電場や磁場が存在するなどして空間に特別な方向ができている場合を除き重要でない．さて，関数 (2.10)，言い換えると (2.25) と (2.15) の積は，古典力学における軌道運動に相当する量子力学的運動を表す波動関数であるところから，**軌道関数** (orbital function) または単に**軌道** (orbital) と呼ばれる．軌道は n, l の数値で指定されるが，これを簡略にしてしばしば 1s 軌道，2p 軌道などと呼ばれる．ここで 1, 2 などの数字は n の値を意味し，s, p などの記号は l の値を代表する．一般に $l = 0, 1, 2, 3$ に対応して s, p, d, f の文字が用いられる．もともとこれらはスペクトルの特徴を表す sharp, principal, diffuse, fundamental という言葉から出たものであるが，いまではそのような意味づけは失われて，単に角運動量の大きさを表す記号となっているから，機械的に暗記しておく他はない．なお，もっと大きな l の値 $(4, 5, 6, 7, \cdots)$ に対してはアルファベットで f に続く文字 g, h, i, k など (j は除く) を用いることになっているが，あまり大きな l になると記号から数値を思い出すのに手間がかかるので，$l > 5$ ではこの記号はあまりお目にかからない．

本節では極座標を用いて水素様原子の波動方程式を解くやり方のあらましを述べた．しかしこれが唯一の解き方ではなく，放物線座標を用いる解法も古くから知られている．電場がかかったときのシュタルク効果 (Stark effect) の計

算など，特定方向に外場がかかった問題を扱うにはあらかじめその方向を z 軸に選び，以下のような放物線座標 ξ, η, φ で孤立した原子の問題を扱っておくのが便利である．

$$x=\sqrt{\xi\eta}\,\cos\varphi, \qquad y=\sqrt{\xi\eta}\,\sin\varphi, \qquad z=\frac{\xi-\eta}{2}, \qquad r=\frac{\xi+\eta}{2}, \quad (2.30)$$

$$\xi=r+z, \qquad \eta=r-z, \qquad \varphi=\tan^{-1}\frac{y}{x}. \tag{2.31}$$

ラプラス演算子は

$$\nabla^2 = \frac{4}{\xi+\eta}\frac{d}{d\xi}\left(\xi\frac{d}{d\xi}\right) + \frac{4}{\xi+\eta}\frac{d}{d\eta}\left(\eta\frac{d}{d\eta}\right) + \frac{1}{\xi\eta}\frac{d^2}{d\varphi^2} \tag{2.32}$$

となり，シュレーディンガー方程式は波動関数を

$$\psi = u_1(\xi)u_2(\eta)\exp(\pm im\varphi) \tag{2.33}$$

の形において分離される（§4.1.3 参照）．

2.2 水素様軌道関数

水素様原子の軌道関数は (2.15)(2.25) の積で与えられる．これらの関数について若干の補足をしておく．くわしくは応用数学などの参考書を見ていただきたい．まず，角部分は (2.15) で表される．この公式に現れるルジャンドルの陪関数はルジャンドルの多項式 $P_l(x)$ から導かれ，次式で定義される．

$$P_l^{|m|}(x) = (1-x^2)^{\frac{|m|}{2}}\frac{d^{|m|}}{dx^{|m|}}P_l(x), \tag{2.34}$$

$$P_l(x) = P_l^0(x) = \frac{1}{2^l l!}\frac{d^l}{dx^l}(x^2-1)^l. \tag{2.35}$$

$l \leqq 3$ での具体的な形を示せば，$x=\cos\theta$ として

$P_0(x) = 1$

$P_1(x) = x = \cos\theta$

$P_2(x) = \frac{1}{2}(3x^2-1) = \frac{1}{2}(3\cos^2\theta - 1)$

$P_3(x) = \frac{1}{2}(5x^3-3x) = \frac{1}{2}(5\cos^3\theta - 3\cos\theta)$

$P_1^1(x) = (1-x^2)^{\frac{1}{2}} = \sin\theta$

$$P_2^1(x) = 3(1-x^2)^{\frac{1}{2}}x = 3\sin\theta\cos\theta$$
$$P_2^2(x) = 3(1-x^2) = 3\sin^2\theta$$
$$P_3^1(x) = \frac{3}{2}(1-x^2)^{\frac{1}{2}}(5x^2-1) = \frac{3}{2}\sin\theta(5\cos^2\theta-1)$$
$$P_3^2(x) = 15(1-x^2)x = 15\sin^2\theta\cos\theta$$
$$P_3^3(x) = 15(1-x^2)^{\frac{3}{2}} = 15\sin^3\theta$$

すでに注意しておいたように，球面調和関数 (2.15) では文献により位相因子の選び方に違いがあり，各自が用いている諸公式がどの定義にもとづいているかにいつも注意を払う必要がある．(2.15) を用いるなら，$m \geq 0$ のとき $i^{|m|+m} = (-1)^m$ であるのに対し，$m < 0$ では $i^{|m|+m} = 1$ となることから

$$Y_{l,-m}(\theta, \varphi) = (-1)^m Y_{lm}^*(\theta, \varphi), \qquad m \geq 0 \tag{2.36}$$

の関係にある．* は共役複素数を意味する．球面調和関数は空間反転 ($\boldsymbol{r} \longrightarrow -\boldsymbol{r}$) において

$$Y_{lm}(\pi-\theta, \varphi+\pi) = (-1)^l Y_{lm}(\theta, \varphi) \tag{2.37}$$

の性質をもつ．この他しばしば用いられる重要な性質として

$$\int_0^\pi \int_0^{2\pi} Y_{lm}^*(\theta, \varphi) Y_{l'm'}(\theta, \varphi) \sin\theta \, d\theta \, d\varphi = \delta_{ll'} \delta_{mm'}, \tag{2.38}$$

$$\sum_{l=0}^\infty \sum_{m=-l}^{l} Y_{lm}^*(\theta, \varphi) Y_{lm}(\theta', \varphi') = \frac{\delta(\theta-\theta')\delta(\varphi-\varphi')}{\sin\theta} \tag{2.39}$$

$$\sum_{m=-l}^{l} |Y_{lm}(\theta, \varphi)|^2 = \frac{(2l+1)}{4\pi} \tag{2.40}$$

をあげておく．ここで，(2.39) の δ は Dirac の δ 関数，また $|A|^2 = A^*A$ である．

次に動径関数 (2.25) に現れているラゲール陪多項式は

$$L_p^q(x) = \frac{d^q}{dx^q} L_p(x), \qquad L_p(x) = e^x \frac{d^p}{dx^p}(x^p e^{-x}) \tag{2.41}$$

で定義される．$L_p(x)$ は p 次，$L_p^q(x)$ は $p-q$ 次の多項式である．動径関数の具体的な形を $n \leq 3$ に対して示す (図 2.1)．

$$R_{1s}(r) = 2\left(\frac{Z}{a_\mu}\right)^{\frac{3}{2}} \exp\left(-\frac{Zr}{a_\mu}\right)$$

$$R_{2s}(r) = 2\left(\frac{Z}{2a_\mu}\right)^{\frac{3}{2}} \left(1 - \frac{Zr}{2a_\mu}\right) \exp\left(-\frac{Zr}{2a_\mu}\right)$$

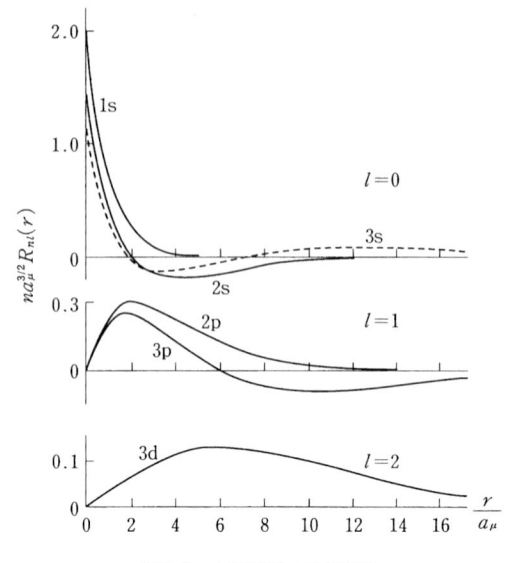

図 2.1 水素原子の動径関数

$$R_{2p}(r) = \frac{1}{\sqrt{3}} \left(\frac{Z}{2a_\mu}\right)^{\frac{3}{2}} \left(\frac{Zr}{a_\mu}\right) \exp\left(-\frac{Zr}{2a_\mu}\right)$$

$$R_{3s}(r) = 2\left(\frac{Z}{3a_\mu}\right)^{\frac{3}{2}} \left(1 - \frac{2Zr}{3a_\mu} + \frac{2Z^2 r^2}{27a_\mu^2}\right) \exp\left(-\frac{Zr}{3a_\mu}\right)$$

$$R_{3p}(r) = \frac{4\sqrt{2}}{9} \left(\frac{Z}{3a_\mu}\right)^{\frac{3}{2}} \left(1 - \frac{Zr}{6a_\mu}\right) \frac{Zr}{a_\mu} \exp\left(-\frac{Zr}{3a_\mu}\right)$$

$$R_{3d}(r) = \frac{4}{27\sqrt{10}} \left(\frac{Z}{3a_\mu}\right)^{\frac{3}{2}} \left(\frac{Zr}{a_\mu}\right)^2 \exp\left(-\frac{Zr}{3a_\mu}\right)$$

各軌道関数の空間的広がりについておよその知識を得るために, 動径関数を用いて r^k の平均値を求めてみると, 以下のようになる.

$$\langle r^k \rangle \equiv \int_0^\infty r^k [R_{nl}(r)]^2 r^2 dr,$$

$$\langle r \rangle = \frac{a_\mu}{2Z} [3n^2 - l(l+1)]$$

$$\langle r^2 \rangle = \frac{a_\mu^2}{2Z^2} n^2 [5n^2 + 1 - 3l(l+1)]$$

$$\langle r^3 \rangle = \frac{a_\mu^3}{8Z^3} n^2 [35n^2(n^2-1) - 30n^2(l+2)(l-1) + 3(l+2)(l+1)l(l-1)]$$

$$\langle r^{-1}\rangle = \frac{Z}{a_\mu}\frac{1}{n^2}$$

$$\langle r^{-2}\rangle = \frac{Z^2}{a_\mu^2}\frac{1}{n^3\left(l+\frac{1}{2}\right)}$$

$$\langle r^{-3}\rangle = \frac{Z^3}{a_\mu^3}\frac{1}{n^3(l+1)\left(l+\frac{1}{2}\right)l}$$

本節で扱っている水素様軌道関数では，主量子数 n だけでエネルギーが決まるから，同じ n で l や m を異にする関数の一次結合をつくると，これもまた同じエネルギーに属する原子の軌道関数である．ただし，こうすることによって l や m はもはや確定値をもたないものになる．原子に外場がかかると，電子が感ずる場は中心力でなくなり，角運動量は確定した値をもたなくなる．そのようなときに原子の（ゆがめられた）波動関数を求めるには，ゆがまない状態の固有関数で展開した形を用いることが多いが，その際いつも本節で示した関数を基底関数として用いる必要はない．2p 状態を例にとると，これに属する 3 つの軌道のうち，虚数単位 i を含む $m=\pm1$ の関数の一次結合をあらかじめつくっておくと，すべての関数を実数にしておくことができる．

$$\left.\begin{aligned}\psi_{2\mathrm{p}x} &= R_{2\mathrm{p}}(r)\left(\frac{3}{4\pi}\right)^{\frac{1}{2}}\sin\theta\cos\varphi \\ \psi_{2\mathrm{p}y} &= R_{2\mathrm{p}}(r)\left(\frac{3}{4\pi}\right)^{\frac{1}{2}}\sin\theta\sin\varphi \\ \psi_{2\mathrm{p}z} &= R_{2\mathrm{p}}(r)\left(\frac{3}{4\pi}\right)^{\frac{1}{2}}\cos\theta\end{aligned}\right\} \quad (2.42)$$

一般の $n\mathrm{p}$ 軌道関数でも実数化したときの角部分の関数形は同じである．これらはそれぞれ x, y, z 軸のまわりで軸対称であり，yz, zx, xy 面を節面（$\psi=0$）としていて，$\mathrm{p}_x, \mathrm{p}_y, \mathrm{p}_z$ 軌道関数と呼ばれる．同様に，実数化した d 関数（$l=2$）の角部分は次のようになる．

$$m=0 \quad \left(\frac{5}{16\pi}\right)^{\frac{1}{2}}(3\cos^2\theta-1)$$

$$m=\pm 1 \quad \left(\frac{15}{4\pi}\right)^{\frac{1}{2}}\sin\theta\cos\theta\cos\varphi, \quad \left(\frac{15}{4\pi}\right)^{\frac{1}{2}}\sin\theta\cos\theta\sin\varphi$$

$$m=\pm 2 \quad \left(\frac{15}{4\pi}\right)^{\frac{1}{2}}\sin^2\theta\cos2\varphi, \quad \left(\frac{15}{4\pi}\right)^{\frac{1}{2}}\sin^2\theta\sin2\varphi$$

これらはそれぞれ，$d_{3z^2-r^2}$, d_{xz}, d_{yz}, $d_{x^2-y^2}$, d_{xy} と呼ばれる．

2.3 原 子 単 位

　前節の波動関数や r^h の平均値などを見ると，ボーア半径 a_0 が原子の世界での長さの尺度としてふさわしい量であることがわかる．また原子分子の状態を論ずるときには身軽に走り回る電子が運動の主役であって，原子核はしばしば空間に静止しているという近似で扱われる．したがって，この世界での質量の代表としては電子1個の質量 m_e を採択するのが適当である．さらに角運動量の大きさは $\hbar$ を単位にして測るのが便利である．このように，理論式のなかに頻繁に現れる基本的な物理量の大きさが数値的にいずれも1になるような単位系は理論家がしばしば好んで用いるもので，原子単位 (atomic unit 略して a.u.) と呼ばれる．最初 D. R. Hartree が導入したものである (1928)．

　たとえば，水素様原子の波動方程式 (2.6) の両辺をエネルギーの原子単位 $e^2/4\pi\varepsilon_0 a_0$（これを仮に E_0 と書くことにしよう）で割れば，

$$\left\{-\frac{1}{2}\frac{m_e}{\mu}a_0^2\nabla^2-\frac{Za_0}{r}\right\}\psi_1=\frac{E_1}{E_0}\psi_1$$

となる．したがって，長さは a_0 を単位として，エネルギーは E_0 を単位として測る（つまり原子単位を用いて表す）ことにし，無次元量 r/a_0 を改めて r と書き，E/E_0 を改めて E と書くことにすると，

$$\left\{-\frac{1}{2}\frac{m_e}{\mu}\nabla^2-\frac{Z}{r}\right\}\psi_1=E_1\psi_1$$

という簡単な式になる．水素様原子では長さの単位をボーア半径 a_0 ではなくて，それを少し修正した (2.27) の a_μ を用いることによって，目障りな質量比 m_e/μ を除くことができるが，多電子原子で後に述べる質量かたより効果（§3.1）を取り入れるようになるとそのような都合のよい状況にはならない．そのかわり重い原子ではきわめて精度の高い数値を求めるのでなければ m_e/μ ははじめから1としてしまうことが多い．

原子単位で書かれた計算結果を実測値とくらべるときには普通の単位との間の換算が必要である．ここでいくつかの量の数値を示しておくことにする．

長さの原子単位（ボーア半径）：　$a_0 = \dfrac{4\pi\varepsilon_0 \hbar^2}{m_e e^2} = 5.291772 \times 10^{-11}$ m

質量の原子単位（電子質量）：　$m_e = 9.109390 \times 10^{-31}$ kg

角運動量の原子単位：　$\hbar = 1.054573 \times 10^{-34}$ J·s

エネルギーの原子単位：　$\dfrac{e^2}{4\pi\varepsilon_0 a_0} = 4.359748 \times 10^{-18}$ J

速さの原子単位：　$\dfrac{e^2}{4\pi\varepsilon_0 \hbar} = 2.187691 \times 10^6$ m/s

時間の原子単位：　$\dfrac{4\pi\varepsilon_0 a_0 \hbar}{e^2} = 2.418884 \times 10^{-17}$ s

この他，原子単位ではないが，原子物理学でしばしば用いられる単位として，

長さの単位オングストローム　1 Å = 0.1 nm
エネルギーの単位電子ボルト　1 eV = 1.602177×10^{-19} J

がある．これを用いると，上記のエネルギーの原子単位は 27.21140 eV となる．

ついでに，水素様原子のエネルギーの式 (2.29) に現れた

$$\dfrac{e^2}{2(4\pi\varepsilon_0)a_0} \equiv \mathrm{Ry} \simeq 13.60570 \text{ eV} \tag{2.43}$$

はエネルギーのリュードベリ単位 (Rydberg unit) と呼ばれる．また，これを波数で表した

$$\dfrac{\mathrm{Ry}}{hc} \equiv R_\infty = 1.097373 \times 10^7 \text{ m}^{-1} \tag{2.44}$$

は分光学でよく用いられる**リュードベリ定数** (Rydberg constant) である．これを用いると主量子数が n から n' へジャンプしたときに放出される光の波長 λ は次式で与えられる．

$$\dfrac{1}{\lambda} = Z^2 R_\infty \dfrac{1}{1+\dfrac{m_e}{M}} \left(\dfrac{1}{n'^2} - \dfrac{1}{n^2} \right). \tag{2.45}$$

もう1つ，覚えておいて便利な数値を示しておこう．それは光子のエネルギー 1 eV に相当する光の波長である．その数値はおよそ 12398 Å である．少

し粗っぽいが 12345 Å と覚えておけば多くの目的には十分役立つ．これで任意の光子のエネルギーから波長へ，または逆に波長から光子1個のエネルギーへの換算が容易にできる*1．

2.4　電子のスピン，ディラック方程式

2.4.1　電子のスピン

電子が，時間とともに位置を変えていく通常の運動自由度の他に，スピン (spin) と呼ばれる自由度をもつことは波動力学以前から実験的に知られていた．たとえば，Na などのアルカリ原子では球対称電荷分布のまわりに1個の電子が回っていると見ることができるが，この電子が $l \neq 0$ の状態，たとえば p 状態 ($l=1$) にあるとき，エネルギーは2つの接近した準位をもつことが知られている．この原子に磁場をかけると，これら2つの準位はそれぞれ2本，4本に分離し，合計6つの異なった状態が存在することを示すようになる．これは独立な p 軌道の数3の倍にあたる．この種の事実や，銀の原子ビームを不均一磁場に入れたとき2つのビームに分離することを確認した O. Stern と E. Gerlach の実験 (1922年) などから，電子は単なる点電荷でなく，固有の角運動量と磁気モーメントをもつものと考えられた (G. E. Uhlenbeck and S. Goudsmit, 1925)．

シュレーディンガー方程式が導入された時点では電子のスピンは理論のなかには入っていなかったから，位置座標に関する波動関数を参考にしてスピンの状態を表す方法を別に考えださなければならなかった．同じ角運動量である軌道角運動量の性質を参考にすると，角運動量の大きさが $\hbar$ を単位として量子数 l で表されるときにはその角運動量の空間における向きとして $2l+1$ 通りの独立な状態が区別された．電子スピンはただ2つの向きをもつことが経験的に知られていたから，l に相当する量を s と書くと $2s+1=2$ すなわち $s=1/2$ となり，角運動量は $\hbar$ を単位として半整数値になることが推論された．このスピン角運動量の z 成分は軌道角運動量の l_z に相当するもので，以下 s_z と書く

---

*1 物理学の基礎定数表は『新版物理定数表』(朝倉書店)，『理科年表』(丸善)，『物理学辞典』(培風館)，『理化学辞典』(岩波書店) などに掲載されている．

2.4 電子のスピン，ディラック方程式

ことにするが，そのとりうる値は $\pm 1/2$ であると考えられる．通常 $s_z = 1/2$ の状態関数を α，$s_z = -1/2$ の状態関数を β という記号で表す．s_z はこれらスピン状態を表す関数に作用する演算子で，

$$s_z \alpha(\sigma) = \frac{1}{2}\alpha(\sigma), \qquad s_z \beta(\sigma) = -\frac{1}{2}\beta(\sigma) \tag{2.46}$$

と考える．位置座標 x, y, z に対応するスピン座標 σ には，たとえば s_z の固有値 $1/2, -1/2$ を用いることができる．独立なスピン状態は2つしかないので，一般の状態は α, β 両状態の一次結合で与えられる．

$$\gamma(\sigma) = a\alpha(\sigma) + b\beta(\sigma). \tag{2.47}$$

上記の s_z の他，スピン角運動量の x, y 成分を表す演算子 s_x, s_y も考えられるし，スピン角運動量の平方を表す

$$\boldsymbol{s}^2 = s_x^2 + s_y^2 + s_z^2 \tag{2.48}$$

もつくられるが，これらはいずれも一般のスピン関数 γ に作用する演算子と見なされる．γ はただ2つの数 (a, b) の組で決まるから，二次元ベクトル空間のベクトルと見ることができる．これを

$$\gamma = \begin{bmatrix} a \\ b \end{bmatrix} \tag{2.49}$$

と書く．この記号を用いると，

$$\alpha = \begin{bmatrix} 1 \\ 0 \end{bmatrix}, \qquad \beta = \begin{bmatrix} 0 \\ 1 \end{bmatrix} \tag{2.50}$$

と書ける．上記の各物理量もそのようなベクトルに作用する2行2列の行列で表される．たとえば

$$s_z = \frac{1}{2}\begin{bmatrix} 1 & 0 \\ 0 & -1 \end{bmatrix}. \tag{2.51}$$

軌道角運動量が満足する交換関係 (2.17) を参考にして，スピン角運動量の成分についても同様の関係

$$[s_x, s_y] = is_z, \qquad [s_y, s_z] = is_x, \qquad [s_z, s_x] = is_y \tag{2.52}$$

が成立することを要請する．s_z を (2.51) のように表示することにしただけではまだ s_x, s_y は一義的には決まらないが，通常，以下の表示が用いられる．

$$s = \frac{1}{2}\boldsymbol{\sigma},$$
$$\sigma_x = \begin{bmatrix} 0 & 1 \\ 1 & 0 \end{bmatrix}, \quad \sigma_y = \begin{bmatrix} 0 & -i \\ i & 0 \end{bmatrix}, \quad \sigma_z = \begin{bmatrix} 1 & 0 \\ 0 & -1 \end{bmatrix}. \quad (2.53)$$

$\sigma_x, \sigma_y, \sigma_z$ はこのような表示を導入した W. Pauli の名をとって, パウリのスピン行列と呼ばれる. 直接確かめられるように

$$\begin{aligned} &\sigma_x^2 = \sigma_y^2 = \sigma_z^2 = 1 \quad (2 行 2 列の単位行列), \\ &\sigma_x\sigma_y = -\sigma_y\sigma_x = i\sigma_z, \quad \sigma_y\sigma_z = -\sigma_z\sigma_y = i\sigma_x, \\ &\sigma_z\sigma_x = -\sigma_x\sigma_z = i\sigma_y \end{aligned} \quad (2.54)$$

の諸関係が成り立つ. 一般に方向余弦 (λ, μ, ν) をもつ方向のスピン成分は

$$\frac{1}{2}\sigma_{\lambda\mu\nu} = \frac{1}{2}(\sigma_x\lambda + \sigma_y\mu + \sigma_z\nu) = \frac{1}{2}\begin{bmatrix} \nu & \lambda - i\mu \\ \lambda + i\mu & -\nu \end{bmatrix} \quad (2.55)$$

で与えられ, (2.49) で記述されるスピン状態でのその期待値は

$$\sum_{\sigma\sigma'} \gamma(\sigma)\frac{1}{2}\sigma_{\lambda\mu\nu}(\sigma, \sigma')\gamma(\sigma') = \frac{1}{2}[\nu a^2 + 2\lambda ab - \nu b^2] \quad (2.56)$$

で計算される.

容易に確かめられるように

$$\boldsymbol{s}^2 = s_x^2 + s_y^2 + s_z^2 = \frac{3}{4}\begin{bmatrix} 1 & 0 \\ 0 & 1 \end{bmatrix} = \frac{1}{2}\left(\frac{1}{2} + 1\right)\begin{bmatrix} 1 & 0 \\ 0 & 1 \end{bmatrix} \quad (2.57)$$

となり, スピン角運動量の平方が ($\hbar^2$ を単位として) $s(s+1)$, $s=1/2$ になっていることを示している.

ここまでの段階では, スピンは空間軌道運動とはまったく独立と見なされている. そうであるなら, 複数の独立事象が実現する確率がそれぞれの確率の積で与えられることを思い出し, 確率振幅の意味をもつ波動関数も単純な積にすればよい. すなわち, 電子が空間的には (x, y, z) 付近におり, スピンの向きが σ (1/2 または $-1/2$) で指定されている確率振幅は

$$\psi(x, y, z)\gamma(\sigma) \quad (2.58)$$

の形で与えられる. このような関数を**スピン軌道関数** (spin orbital function または単に spin orbital) と呼ぶ.

本節のようにスピンが 2 つの状態をもつとする扱いを**パウリ近似** (Pauli

approximation) という．

2.4.2 自由電子に対するディラック方程式

シュレーディンガー方程式が導入されたのが 1926 年であるが，1928 年には P. A. M. Dirac による相対論的な波動方程式，いわゆるディラック方程式が提案された．非相対論的力学では自由電子の運動状態を表すハミルトニアンは

$$H = \frac{1}{2m_e} \boldsymbol{p}^2$$

で与えられ，量子力学に移ると，$H=E$ は運動量 $\boldsymbol{p}$ とエネルギー E を (1.5) (1.6) の微分演算子 $-i\hbar\nabla, i\hbar\partial/\partial t$ で置き換えて，シュレーディンガー方程式

$$i\hbar\frac{\partial\psi}{\partial t} = H\psi$$

を導く．この式と初期条件・境界条件によって波動関数が決められる．ところで H は $\boldsymbol{p}^2$ を通じて空間座標に関しては 2 階微分を含む．一方，時間に関しては 1 階微分になっているから，この方程式は時間と空間の座標が対等な形で現れる相対性理論に適合しない．そこで Dirac が導きだした波動方程式 (ディラック方程式) は，時間に関しても空間座標に関しても 1 階微分だけを含む次のような形をもっている[*1]．

$$i\hbar\frac{\partial\psi}{\partial t} = H\psi, \tag{2.59a}$$

$$H = c\boldsymbol{\alpha}\cdot\boldsymbol{p} + m_e c^2 \beta. \tag{2.59b}$$

c は光の速さ，$\boldsymbol{\alpha}$ はベクトルで，その 3 成分 $\alpha_x, \alpha_y, \alpha_z$ は行列で表される演算子である．これらと β は

$$\left.\begin{array}{ll} \alpha_k^2 = 1, & \alpha_j\alpha_k + \alpha_k\alpha_j = 0 \quad (k \neq j), \\ \beta^2 = 1, & \alpha_k\beta + \beta\alpha_k = 0 \end{array}\right\} \tag{2.60}$$

という関係を満たすものでなければならない．このような関係を満足する最小の行列は 4×4 行列で，具体的な形としてしばしば

$$\boldsymbol{\alpha} = \begin{bmatrix} 0 & \boldsymbol{\sigma} \\ \boldsymbol{\sigma} & 0 \end{bmatrix}, \quad \beta = \begin{bmatrix} I & 0 \\ 0 & -I \end{bmatrix} \tag{2.61}$$

[*1] 1 階微分に揃えた理由，スピン 0, 1 などの粒子に対する相対論的波動方程式などについては，量子力学や素粒子論の参考書に譲る．

という 4×4 行列が用いられる．0 はすべての要素が 0 である 2 行 2 列の行列，σ は (2.53) で定義されたパウリの行列，I は 2 行 2 列の単位行列である．

$$I = \begin{bmatrix} 1 & 0 \\ 0 & 1 \end{bmatrix}. \tag{2.62}$$

このように α, β が 4 行 4 列の行列で表示されることに対応して，波動関数 ψ も 4 成分をもち，4 行 1 列の行列

$$\psi = \begin{bmatrix} \psi_1 \\ \psi_2 \\ \psi_3 \\ \psi_4 \end{bmatrix} \tag{2.63}$$

の形をとる．粒子の位置に関する確率密度 ρ，流れのベクトル $\boldsymbol{j}$ は，それぞれ

$$\rho = \psi^\dagger \psi = \sum_{\zeta=1}^{4} |\psi_\zeta|^2, \tag{2.64a}$$

$$\boldsymbol{j} = \psi^\dagger c \boldsymbol{\alpha} \psi \tag{2.64b}$$

で与えられる．ただし，$\psi^\dagger$ は $\psi_1, \psi_2, \psi_3, \psi_4$ の共役複素数を 1 行 4 列に並べた行列

$$\psi^\dagger = (\psi_1^*, \psi_2^*, \psi_3^*, \psi_4^*) \tag{2.65}$$

である．

ところで，相対性理論では自由電子のエネルギー E と運動量 $\boldsymbol{p}$ との間には

$$E^2 = \boldsymbol{p}^2 c^2 + m_e^2 c^4 \tag{2.66}$$

の関係がある．これに対応して (2.59 b) の H から

$$H^2 = \boldsymbol{p}^2 c^2 + m_e^2 c^4 \tag{2.67}$$

となることが予想される．証明は省くが，(2.60) の関係を要請することにより，この予想のとおりであることが示される．

さて，方程式 (2.59) の定常解を求めるために

$$\psi = \chi(\boldsymbol{r}) e^{-iEt/\hbar} \tag{2.68}$$

とおくと，時間を含まない式

$$E\chi(\boldsymbol{r}) = [c\boldsymbol{\alpha} \cdot \boldsymbol{p} + m_e c^2 \beta] \chi(\boldsymbol{r}) \tag{2.69}$$

が得られる．いま χ の 4 成分を

$$\chi(\boldsymbol{r}) = \begin{bmatrix} u(\boldsymbol{r}) \\ w(\boldsymbol{r}) \end{bmatrix}, \quad u(\boldsymbol{r}) = \begin{bmatrix} u_1 \\ u_2 \end{bmatrix}, \quad w(\boldsymbol{r}) = \begin{bmatrix} w_3 \\ w_4 \end{bmatrix} \tag{2.70}$$

のように2つの2成分関数に分けると，(2.69)は

$$\left. \begin{array}{l} Eu = c\boldsymbol{p} \cdot \boldsymbol{\sigma} w + m_\mathrm{e} c^2 u, \\ Ew = c\boldsymbol{p} \cdot \boldsymbol{\sigma} u - m_\mathrm{e} c^2 w \end{array} \right\} \tag{2.71}$$

となる．$\boldsymbol{p} \to 0$ の極限では，$u \neq 0, w = 0$ が $E = m_\mathrm{e} c^2$ に対応，$w \neq 0, u = 0$ が $E = -m_\mathrm{e} c^2$ に対応することがわかる．運動量 $\boldsymbol{p}$ が z 方向を向いているように座標系を選ぶと，規格化因子を除いて次のような4つの独立な解が得られる．ただし，$E_p = \sqrt{m_\mathrm{e}^2 c^4 + \boldsymbol{p}^2 c^2}$ である．

$$\chi_1 \propto \begin{bmatrix} 1 \\ 0 \\ \dfrac{E_p - m_\mathrm{e} c^2}{cp} \\ 0 \end{bmatrix}, \quad \chi_2 \propto \begin{bmatrix} 0 \\ 1 \\ 0 \\ -\dfrac{E_p - m_\mathrm{e} c^2}{cp} \end{bmatrix},$$

$$\chi_3 \propto \begin{bmatrix} -\dfrac{E_p - m_\mathrm{e} c^2}{cp} \\ 0 \\ 1 \\ 0 \end{bmatrix}, \quad \chi_4 \propto \begin{bmatrix} 0 \\ \dfrac{E_p - m_\mathrm{e} c^2}{cp} \\ 0 \\ 1 \end{bmatrix}. \tag{2.72}$$

χ_1, χ_2 はそれぞれスピンが $+z, -z$ 方向を向き，どちらもエネルギーが $+E_p$ の状態，χ_3, χ_4 はスピンが $+z, -z$ 方向でエネルギーが $-E_p$ の状態を表す．電子の速度 v が十分小さくて $v/c \ll 1$ であるときは $E_p \simeq m_\mathrm{e} c^2 + \boldsymbol{p}^2/2m_\mathrm{e}$ であるから，(2.72)において1以外で0でない成分の絶対値はすべて $|(E_p - m_\mathrm{e} c^2)/cp| \simeq v/2c \ll 1$ となり，したがって，$E = E_p$ のときには u は大きく，w は小さい．$E = -E_p$ では立場が逆になる．

2.4.3 外場があるときのディラック方程式

原子分子物理に登場する外場は主として電磁場である．自由粒子の方程式がわかっているとして，電磁場があるときの方程式を導くには，古典物理学と同様の手続きによればよい．すなわち，自由粒子のときの運動量 $\boldsymbol{p}$，エネルギー

E をそれぞれ

$$\boldsymbol{p} \longrightarrow \boldsymbol{p} - q\boldsymbol{A}, \qquad E \longrightarrow E - q\phi \qquad (2.73)$$

と置き換えればよい[*2]．q は粒子のもつ電荷，$\boldsymbol{A}, \phi$ は電磁場のベクトルおよびスカラーポテンシャルである．ディラック方程式 (2.59) で，左辺が $E\psi$ に相当することに注意して上記の置き換えを行うと，電子に対する電荷 $q = -e$ を代入し，

$$\begin{aligned} i\hbar \frac{\partial \psi}{\partial t} &= [c\boldsymbol{\alpha} \cdot (\boldsymbol{p} + e\boldsymbol{A}) - e\phi + \beta m_e c^2]\psi \\ &\equiv H\psi \end{aligned} \qquad (2.74)$$

が得られる．右辺の括弧内がこの場合のハミルトニアンで，これを改めて H とおいた．

$E > 0$，したがって $\psi = \begin{bmatrix} u \\ w \end{bmatrix} \exp(-iEt/\hbar)$ の u が大きく，w が小さい成分であるときについて，自由粒子の (2.71) に相当する連立方程式を (2.74) から導き，$E = m_e c^2 + E'$ とおくと

$$\left.\begin{aligned} E'u &= c(\boldsymbol{p} + e\boldsymbol{A}) \cdot \boldsymbol{\sigma} w - e\phi u, \\ (E' + 2m_e c^2)w &= c(\boldsymbol{p} + e\boldsymbol{A}) \cdot \boldsymbol{\sigma} u - e\phi w \end{aligned}\right\} \qquad (2.75)$$

となる．ここで $E', e\phi$ とも絶対値が十分小さいとすると，第 2 式から近似的に

$$w(\boldsymbol{r}) = \frac{1}{2m_e c}(\boldsymbol{p} + e\boldsymbol{A}) \cdot \boldsymbol{\sigma} u(\boldsymbol{r}) \qquad (2.76)$$

が得られる．これを第 1 式に代入し，u だけの式にすると

$$E'u(\boldsymbol{r}) = \frac{1}{2m_e}[(\boldsymbol{p} + e\boldsymbol{A}) \cdot \boldsymbol{\sigma}]^2 u(\boldsymbol{r}) - e\phi u(\boldsymbol{r}) \qquad (2.77)$$

となる．Pauli の 3 つのスピン行列の間に (2.54) の関係があることから，スピンに直接関係しない任意の 2 つのベクトル量 $\boldsymbol{A}, \boldsymbol{B}$ に対して

$$(\boldsymbol{A} \cdot \boldsymbol{\sigma})(\boldsymbol{B} \cdot \boldsymbol{\sigma}) = (\boldsymbol{A} \cdot \boldsymbol{B}) + i(\boldsymbol{A} \times \boldsymbol{B}) \cdot \boldsymbol{\sigma} \qquad (2.78)$$

が成り立つことは容易に証明できる．(2.77) にこの公式をあてはめ，また $\boldsymbol{p}$ を微分演算子の形に書き直せば

[*2] ガウス単位系では $\boldsymbol{p} \longrightarrow \boldsymbol{p} - (q/c)\boldsymbol{A}$ である（c は光の速さ）．

$$E'u = \left[\frac{1}{2m_{\mathrm{e}}}(-i\hbar\nabla + e\boldsymbol{A})^2 + \frac{e\hbar}{2m_{\mathrm{e}}}(\boldsymbol{\sigma}\cdot\boldsymbol{B}) - e\phi\right]u \qquad (2.79)$$

となる.ただし,$\boldsymbol{B}=\nabla\times\boldsymbol{A}$ は磁束密度を表す.2 成分波動関数に対するこの式は 2.4.1 節で述べた Pauli 近似の基礎となる.また,上の式から電子がスピンに関連して

$$\boldsymbol{M}_{\mathrm{s}} = -\mu_{\mathrm{B}}\boldsymbol{\sigma}, \qquad \mu_{\mathrm{B}} = \frac{e\hbar}{2m_{\mathrm{e}}} \qquad (2.80)$$

という磁気モーメントをもっていることがわかる[*3].ここに現れた μ_{B} の数値は

$$\mu_{\mathrm{B}} = 9.274\,015\times10^{-24}\;\mathrm{J/T}$$

で,**ボーア磁子** (Bohr magneton) と呼ばれている.

(2.79) を導くときには v/c の高次の項を無視した.以下,水素様原子について述べる準備として $\boldsymbol{A}=0$ とし,$-e\phi = -Ze^2/4\pi\varepsilon_0 r$ は球対称なので $V(r)$ と書くことにする.時間変化を含まないディラック方程式は

$$E\chi = [c\boldsymbol{\alpha}\cdot\boldsymbol{p} + V(r) + m_{\mathrm{e}}c^2]\chi \quad (\equiv H\chi) \qquad (2.81)$$

となる.もし v/c についての展開で $(v/c)^2$ の程度の項まで保存するなら,次のようにすればよい.まず (2.75) の第 2 式から

$$w = \frac{1}{E' + 2m_{\mathrm{e}}c^2 - V(r)}c(\boldsymbol{p}\cdot\boldsymbol{\sigma})u$$

$$\simeq \frac{1}{2m_{\mathrm{e}}c}\left[1 - \frac{E' - V(r)}{2m_{\mathrm{e}}c^2}\right](\boldsymbol{p}\cdot\boldsymbol{\sigma})u$$

となるから,これを (2.75) の第 1 式に代入して

$$E'u = \frac{1}{2m_{\mathrm{e}}}(\boldsymbol{p}\cdot\boldsymbol{\sigma})\left[1 - \frac{E'-V(r)}{2m_{\mathrm{e}}c^2}\right](\boldsymbol{p}\cdot\boldsymbol{\sigma})u + V(r)u$$

$$= -\frac{\hbar^2}{2m_{\mathrm{e}}}\left[1 - \frac{E'-V(r)}{2m_{\mathrm{e}}c^2}\right](\boldsymbol{\sigma}\cdot\nabla)^2 u$$

$$\quad -\frac{\hbar^2}{4m_{\mathrm{e}}^2c^2}(\boldsymbol{\sigma}\cdot\nabla V)(\boldsymbol{\sigma}\cdot\nabla u) + Vu.$$

ここで $(\boldsymbol{\sigma}\cdot\nabla)^2 = \nabla^2$ であり,v^2/c^2 の項まで考える近似では $E'-V$ は $\boldsymbol{p}^2/2m_{\mathrm{e}}$

[*3] 電気双極子モーメントに対応する磁気双極子モーメント $\boldsymbol{M}_{\mathrm{d}}$ は,磁場の強さを $\boldsymbol{H}$ として,エネルギーが $-\boldsymbol{M}_{\mathrm{d}}\cdot\boldsymbol{H}$ となるような物理量である.歴史的な事情により,$\boldsymbol{M}_{\mathrm{d}}/\mu_0 = \boldsymbol{M}$ ($\mu_0 = 1.256\,637\times10^{-6}$ H/m は真空中の透磁率) は**磁気モーメント**と呼ばれ,これも広く用いられている.これを使うと,エネルギーは $-\boldsymbol{M}\cdot\boldsymbol{B}$ と書ける.本書では磁気モーメント $\boldsymbol{M}$ を用いることにする.

で置き換えられる．また公式 (2.78) により
$$(\boldsymbol{\sigma}\cdot\nabla V)(\boldsymbol{\sigma}\cdot\nabla u)=(\nabla V\cdot\nabla u)+i\boldsymbol{\sigma}\cdot[\nabla V\times\nabla u]$$
であるから (2.79) 右辺の括弧内に相当するものは次のようになる．
$$-\frac{\hbar^2}{2m_e}\nabla^2+V(r)-\frac{1}{8m_e^3 c^2}\boldsymbol{p}^4+\frac{\hbar^2}{2m_e^2 c^2}\frac{1}{r}\frac{dV}{dr}\boldsymbol{l}\cdot\boldsymbol{s}$$
$$-\frac{\hbar^2}{4m_e^2 c^2}\nabla V\cdot\nabla. \tag{2.82}$$

ここで $\boldsymbol{l}\hbar=\boldsymbol{r}\times\boldsymbol{p}=\boldsymbol{r}\times(-i\hbar\nabla)$ は軌道角運動量，$\boldsymbol{s}\hbar=\boldsymbol{\sigma}\hbar/2$ はスピン角運動量である．途中で $-i\hbar\nabla V\times\nabla u=(\boldsymbol{r}/r)(dV/dr)\times\boldsymbol{p}u$ の関係を用いた．上式ではじめの 2 項は非相対論的方程式ですでにおなじみのものである．第 3 項は自由電子のエネルギーの式 $\sqrt{m^2 c^4+c^2\boldsymbol{p}^2}$ を展開してすぐわかるように，運動エネルギー (第 1 項) に対する補正である．第 4 項はスピンと軌道運動の間の相互作用を表す．静電場のなかを走っている電子は相対論によれば磁場を感じている．この磁場と電子のもつ固有の磁気モーメントとの間に相互作用が生ずる．それがこの項である．ポテンシャルエネルギーに対する補正を表す第 5 項は物理量を表す演算子に一般的に要求されているエルミート性をもたない．この欠陥は 4 成分をもつ波動関数を 2 成分で近似したところで入り込んだものである．C. G. Darwin (1928) にならって対称化によってこれをエルミート化する．すなわち，この項のエネルギーへの寄与は
$$-\frac{\hbar^2}{4m_e^2 c^2}\int u^\dagger\nabla V\cdot\nabla u\,d\boldsymbol{r}$$
で与えられるが，これを対称化して
$$-\frac{\hbar^2}{4m_e^2 c^2}\int\frac{1}{2}\{(\nabla u^\dagger\cdot\nabla V)u+u^\dagger(\nabla V\cdot\nabla u)\}d\boldsymbol{r}$$
とし，部分積分すると
$$\frac{\hbar^2}{8m_e^2 c^2}\int u^\dagger(\nabla^2 V)u\,d\boldsymbol{r}$$
となる．水素様原子では $V(r)=-Ze^2/4\pi\varepsilon_0 r$ であり，
$$\nabla^2 V(r)=4\pi\frac{Ze^2}{4\pi\varepsilon_0}\delta(\boldsymbol{r}) \tag{2.83}$$
であるから，(2.82) の末項は

$$\frac{\pi\hbar^2}{2m_{\mathrm{e}}^2c^2}\frac{Ze^2}{4\pi\varepsilon_0}\delta(\boldsymbol{r}) \tag{2.84}$$

に相当していることがわかる．したがって，原点で波動関数が 0 でない状態 ($l=0$) だけでこの項が寄与する．

　中心力場において，Dirac のハミルトニアンから非相対論的ハミルトニアンへの補正として出てくる主な項を見たので，再び (2.81) のハミルトニアン H に戻ろう．シュレーディンガー理論では中心力場で軌道角運動量 $\boldsymbol{l}\hbar$ [(2.16) 式] は保存され (時間によらない)，その大きさを表す量子数 l と 1 つの方向への射影 m を指定することができた．一般に量子力学では，このように保存される物理量はハミルトニアンと可換である．すなわち，

$$[H,\boldsymbol{l}\hbar]\equiv H\boldsymbol{l}\hbar-\boldsymbol{l}\hbar H=0.$$

逆に可換な演算子で表される 2 つの物理量は同時に確定値をもちうる．上の例では原子のエネルギーと角運動量がともに確定値をもつ定常状態が存在する．ところがディラック理論に移ると，もはや $\boldsymbol{l}\hbar=\boldsymbol{r}\times\boldsymbol{p}$ とハミルトニアンは可換でない．$\boldsymbol{p}=-i\hbar\nabla$ であることに注意して交換子を計算すると

$$[H,\boldsymbol{l}\hbar]=-i\hbar c\boldsymbol{\alpha}\times\boldsymbol{p} \tag{2.85}$$

という 0 でない結果になる．一方，4 成分波動関数に作用するスピン演算子を，(2.53) の拡張として (同じ記号を用い)

$$\boldsymbol{s}=\frac{1}{2}\begin{bmatrix}\boldsymbol{\sigma} & 0 \\ 0 & \boldsymbol{\sigma}\end{bmatrix} \tag{2.86}$$

と書くことにすれば

$$\boldsymbol{s}^2=\frac{1}{4}\begin{bmatrix}\boldsymbol{\sigma}^2 & 0 \\ 0 & \boldsymbol{\sigma}^2\end{bmatrix}=\frac{3}{4}\begin{bmatrix}I & 0 \\ 0 & I\end{bmatrix}=\frac{1}{2}\left(\frac{1}{2}+1\right)\begin{bmatrix}I & 0 \\ 0 & I\end{bmatrix} \tag{2.87}$$

となり，(2.57) と同じくスピンが確定した大きさ $s=1/2$ をもつことがわかる．

　そこでスピン角運動量 $\boldsymbol{s}\hbar$ と H の交換子をつくると，H のなかの $\boldsymbol{\alpha}$ と $\boldsymbol{s}$ とを x,y,z 成分に分け (2.54) を参照して計算すると

$$[H,\boldsymbol{s}\hbar]=i\hbar c\boldsymbol{\alpha}\times\boldsymbol{p} \tag{2.88}$$

になることが示される．これを (2.85) とくらべることにより

$$\boldsymbol{j}=\boldsymbol{l}+\boldsymbol{s} \tag{2.89}$$

が H と可換なこと，したがってこれが中心力場におけるディラック理論で保存される量となることがわかる．このようにして，シュレーディンガー理論では経験的事実を参考にして別途付け加えなければならなかったスピン自由度がディラック理論でははじめから方程式に内蔵されていることがわかった．

ところで量子力学では角運動量の合成について次のような規則がある．2つの角運動量を $\hbar$ を単位として j_1, j_2 とし，これらをベクトル的に合成したものを j とする．それぞれの大きさを指定する量子数を j_1, j_2, j とすれば，j_1^2, j_2^2, j^2 はそれぞれ $j_1(j_1+1), j_2(j_2+1), j(j+1)$ という固有値をもつ．このとき j のとりうる値は

$$j=|j_1-j_2|,\ |j_1-j_2|+1,\ |j_1-j_2|+2,\ \cdots\cdots,\ j_1+j_2 \tag{2.90}$$

に限られる．電子1個の場合，(2.89) でスピン s の大きさを表す量子数は $1/2$ と決まっているので，全角運動量量子数 j は $l\pm 1/2$ に限られる ($l=0$ のときは $j=1/2$)．

2.4.4　ディラック理論における水素様原子

詳細には立ち入らないが (たとえば Bethe and Salpeter の本 [1] 参照[*4])，$V(r)=-Ze^2/4\pi\varepsilon_0 r$ の場合，ディラック方程式 (2.81) は厳密に解ける．χ の4成分を $\chi_1, \chi_2, \chi_3, \chi_4$ とするとき，

$$j=l+\frac{1}{2}\ \text{では}\quad \chi_1=f(r)\sqrt{\frac{j+m}{2j}}Y_{j-\frac{1}{2},\ m-\frac{1}{2}}(\theta,\varphi)$$

$$\chi_2=-f(r)\sqrt{\frac{j-m}{2j}}Y_{j-\frac{1}{2},\ m+\frac{1}{2}}(\theta,\varphi)$$

$$\chi_3=-ig(r)\sqrt{\frac{j+1-m}{2(j+1)}}Y_{j+\frac{1}{2},\ m-\frac{1}{2}}(\theta,\varphi)$$

$$\chi_4=-ig(r)\sqrt{\frac{j+1+m}{2(j+1)}}Y_{j+\frac{1}{2},\ m+\frac{1}{2}}(\theta,\varphi)$$

$$j=l-\frac{1}{2}\ \text{では}\quad \chi_1=f(r)\sqrt{\frac{j+1-m}{2(j+1)}}Y_{j+\frac{1}{2},\ m-\frac{1}{2}}(\theta,\varphi)$$

$$\chi_2=f(r)\sqrt{\frac{j+1+m}{2(j+1)}}Y_{j+\frac{1}{2},\ m+\frac{1}{2}}(\theta,\varphi)$$

[*4] [1][2] などと書かれた参考文献の一覧表は巻末に掲載してある．

$$\chi_3 = -ig(r)\sqrt{\frac{j+m}{2j}} Y_{j-\frac{1}{2},\, m-\frac{1}{2}}(\theta, \varphi)$$

$$\chi_4 = ig(r)\sqrt{\frac{j-m}{2j}} Y_{j-\frac{1}{2},\, m+\frac{1}{2}}(\theta, \varphi)$$

という形になることがわかり，それぞれの場合につきこれらを (2.81) に代入すると動径関数 f, g に対する連立微分方程式が出てくる．これを解いて，原点で特異性をもたず，遠方で速やかに 0 になる（自乗して $r^2 dr$ をかけ，全空間で積分して発散しない）という条件を満たすものを求めると，エネルギーが特定の値に限られることがわかる．得られた固有値は次の式で与えられる．

$$E_{n,j} = \frac{m_e c^2}{\sqrt{1 + \left(\dfrac{\alpha Z}{n-k+\sqrt{k^2-(\alpha Z)^2}}\right)^2}}, \qquad k = j + \frac{1}{2}. \tag{2.91}$$

ここで

$$\alpha = \frac{e^2}{4\pi\varepsilon_0 \hbar c} \simeq \frac{1}{137.03599}$$

は**微細構造定数**(fine structure constant) と呼ばれている．シュレーディンガー方程式の固有値に揃えて電子が核から無限に引き離されて静止しているときのエネルギーを 0 にするには，$E_{n,j}$ が含んでいる電子の静止エネルギー $m_e c^2$ を引いて $E_{n,j}' = E_{nj} - m_e c^2$ とする必要がある．非相対論的エネルギーと違って，主量子数 $n\,(=1,2,3,\cdots)$ の他に $j\,(=l\pm 1/2)$ によってもエネルギーが変わることがわかる．l が 0 でない指定された値であるとき，j のとりうる 2 つの値は l と s を合成するときの向きの違いに相当する．したがって，上式により軌道角運動量とスピン角運動量の相対的向きに応じてエネルギーが若干変わることになる（スピン軌道相互作用）．このように同じ n，異なった j でエネルギー準位がいくつかに分離するものを**微細構造**(fine structure) と呼ぶ．

(2.91) は非相対論的な公式 (2.29) で $M \to \infty$ としたものとくらべられるが，j に依存することの他，量的な違いはこのままではわかりにくい．幸い α の値が小さいので，原子番号 Z があまり大きくなければ積 αZ も 1 にくらべて小さいことを利用し展開してみるのがよい．結果は次のようになる．

$$E_{n,j}' = -\frac{Z^2 \mathrm{Ry}}{2n^2} - \frac{\alpha^2 Z^4}{4n^4}\left(\frac{4n}{k} - 3\right)\mathrm{Ry} + O(\alpha^6 Z^6). \tag{2.92}$$

Ry は (2.43) で与えられる．第 2 項が相対論による主要な補正になっている．

この近似式を出すだけならば，摂動論にしたがって (2.82) の第 3〜5 項の期待値を計算すれば十分である．

さて §2.4.3 以来，自由粒子でいえば $E=+m_ec^2$ の状態だけを考えてきて $E=-m_ec^2$ の状態についてはまったく触れないできた．しかしディラック方程式にはそのような負エネルギー状態を表す解があり，正エネルギー状態にある電子がその置かれた状況によっては負エネルギー状態へ飛び移ることも考えなければならない．ところが現実にはそのような負エネルギー状態が存在することを示す事実はない．そこで Dirac はいわゆる空孔理論 (hole theory) を提案した．すなわち，私たちが真空と称しているものにおいては，実は負のエネルギー状態がすべて電子によって埋められているというのである．こうすれば Pauli の排他律によって正エネルギーから負エネルギーへの飛び移りは禁止される．一方，もしこのように負エネルギーに電子が充満しているのなら，適当な刺激によってその 1 つが正エネルギーに飛び上がることが可能であろう．そのとき生じた負エネルギー状態の孔は電子と同じ質量，大きさは同じで符号が異なる電荷 (すなわち正電荷) をもつ粒子のように振る舞うことになる．つまり，電子と正の電荷をもつ粒子との対が発生することになる．この孔に相当する粒子，**陽電子** (positron) は 1932 年に C. D. Anderson によって宇宙線観測中に見つかった．また，その後，電子と陽電子の対生成や逆に電子と陽電子が遭遇して消滅し，光子を放出する現象も確認された．しかし，もともと 1 電子問題としてつくられた電子のディラック方程式が無数の他の電子で埋められた負エネルギーを導入しないと完全なものにならないのは気持ちが悪いという人も多いであろう．その後発展した場の量子論においては，電子と陽電子は対等に扱われているが，それについてはここでは立ち入らない．ただ用語として，電子と陽電子が互いに反粒子 (antiparticle) と呼ばれる関係にあることを付け加えておくだけにしよう．

2.5　水素様原子のエネルギーに対するその他の補正

2.5.1　原子核の質量への依存性

§2.1 で述べた非相対論的取扱いでは，原子核の質量 M が有限であること

を考慮して，原子の運動をその重心の運動と内部運動(電子と核の相対的運動)に分離した．その結果得られた原子の内部エネルギーの公式(2.29)は，核の質量が無限大としたときの式で電子の質量 m_e を換算質量 $\mu = m_e M/(m_e + M)$ に置き換えたものになっていた．ところが相対性理論に移ると，もはや2粒子系の運動を重心運動と相対運動にきれいに分離することができない．そのため，§2.4では，とくに断らなかったが，質量が無限大の原子核が原点に静止しているとして電子の運動を論じてきた．しかし，現実の原子では核の質量は有限であり，そのことによる原子のエネルギー準位の変化を無視するわけにはいかない．そこでしばしば用いられる近似的措置は，非相対論のときと同様に核質量への依存性は電子の質量 m_e を換算質量 μ で置き換えることで表されるとし，あとは無限に重い核のまわりを質量 μ の仮想的電子が回っているとして相対論的な取扱いをするというものである．

　核質量への依存性が大きいのは軽い原子核の場合であり，その場合には原子番号 Z は小さいから，(2.92)で見るとおり相対論的補正はあまり大きくはない．(2.29)によりエネルギー準位は $(1 + m_e/M)^{-1}$ 倍になっている．最も軽い原子，つまり通常の水素原子でも $m_e/M = 5.446 \times 10^{-4}$ であるから核質量への依存性は決して大きくはない．しかし，このわずかな依存性によって，たとえば高励起状態にある原子が出すスペクトル線が水素原子からのものか He 原子からのものかを区別することができるので，重要といわなければならない．宇宙空間の電離領域からやってくる電波のなかでいわゆる再結合線と呼ばれるスペクトル線の同定がその例である．

2.5.2　量子電磁力学による補正

　量子電磁力学(量子電気力学ともいう．Quantum Electrodynamics, 略して **QED**)は電子と光子から成る系に対する相対論的な量子論である．電磁場が量子化されると光子の集団として記述されるようになるが，このように波動場を量子化することは1929年に W. Heisenberg と W. Pauli によって行われたのが始まりである．その後，電子(およびその反粒子である陽電子)の系と光子の関連するさまざまな物理量や現象の確率がこの分野で計算されたが，そのなかに有限であるべき量に無限大の答が出てくる場合が多かった．1940年代後

半，朝永振一郎，J. S. Schwinger, R. P. Feynman, F. J. Dyson らによってつくりあげられた QED においては，くりこみ理論と呼ばれる手法によって発散量から有限確定値を引き出すことを可能とし，これによってはじめて精密な実験値とくらべられる理論値が得られるようになった．その結果，理論と実験とがきわめてよく一致することがわかり，それからは原子分子系でエネルギー準位などを精密に計算するときにはいつも QED から出てくる補正を施すようになった．

QED 効果の主なものは電子の自己エネルギー (self-energy) と真空偏極 (vacuum polarization) の寄与である．前者は電子が自分のつくりだした場と相互作用することによって生ずるエネルギーの変化であり，後者は電子と真空のゆらぎとの相互作用，すなわち真空中で絶えず仮想的に発生したり消滅したりしている電子・陽電子対などとの相互作用である．QED 効果によって原子分子のエネルギー準位は変化を受ける．はじめてこれを実験的に検証したのは W. E. Lamb と R. C. Retherford (1947) による水素原子の $2s\ ^2S_{1/2}$ と $2p\ ^2P_{1/2}$ のエネルギー差の測定である．ディラック理論によると差はないはずであるが，2s の方が振動数にしておよそ 1050 Mc だけ上になっていることがわかった．前述のくりこみ理論によってこれと合致する計算値が得られている．なお，水素および水素様原子における $2s\ ^2S_{1/2}$ と $2p\ ^2P_{1/2}$ のエネルギー差は**ラムシフト** (Lamb shift) と呼ばれている．

もう1つ電子の異常磁気モーメントの効果がある．ここで磁気モーメントのことを少し整理しておくと，まず前に述べたように電子はディラック理論により ((2.53)(2.80))，

$$M_s = -\mu_B \boldsymbol{\sigma} = -2\mu_B \boldsymbol{s} \tag{2.93}$$

で与えられる磁気モーメントをもっている．また，軌道運動は閉じた電流であり，この電流は

$$M_l = -\mu_B \boldsymbol{l} \tag{2.94}$$

($l\hbar$ は軌道角運動量) という磁気モーメントをもつ．電子が負電荷をもつために l と M_l の向きが逆になる．一般に電子系の全角運動量が $J\hbar$ であり，磁気モーメントが

$$M = -g\mu_B \boldsymbol{J} \tag{2.95}$$

で与えられるとき，gを**Landéのg因子**または**磁気回転比**(gyromagnetic ratio)という．さて，R. KushとH. M. Foldyが1948年に行った実験で明らかになったように電子1個のg因子は正確には2とは少し異なり，(2.93)の理論式からはずれる．これを**異常磁気モーメント**(anomalous magnetic moment)という．その値は

$$g_e = 2.0023193044$$

このずれもQED理論によって説明されている．この効果により，さきに述べたスピン・軌道相互作用などの大きさがわずかながら修正を受けることになる．

ついでに，原子核の構成要素である陽子，中性子の磁気モーメントについても述べておこう．これらはスピン1/2の粒子であるからディラック理論が適用できるとすると，まず陽子は$+2\mu_N \boldsymbol{I}_p$の磁気モーメントをもつはずである．ただし，$\boldsymbol{I}_p \hbar$は陽子のスピン，

$$\mu_N = \frac{e\hbar}{2m_p} \ (=5.050787 \times 10^{-27} \text{ J/T}) \tag{2.96}$$

は**核磁子**(nuclear magneton)と呼ばれるもので，$m_p = 1.672\,623 \times 10^{-27}$ kgは陽子の質量である((2.80)参照)．ところが実際にはQED効果だけでなく核力などの非電磁的相互作用の寄与もあり，陽子は

$$\mu_p = 1.4106076 \times 10^{-26} \text{ J/T} \ \left(= 5.5856948 \frac{\mu_N}{2}\right)$$

中性子も電荷が0であるにもかかわらず

$$\mu_n = -9.662371 \times 10^{-27} \text{ J/T}$$

という磁気モーメントをもっている．負号は磁気モーメントがスピンと逆向きであることを表している．

2.5.3 原子核の広がり，構造の効果，超微細構造

いままで原子核は点電荷のように考えてきた．しかし，現実の核は数学的な点ではなくて有限な広がりをもっている．その半径は近似的には$r_0 A^{1/3}$で与えられる．ただしAは質量数(核内にある陽子，中性子の総数)，r_0は1 fm ($=10^{-15}$m)程度の定数である．核内の粒子密度はほぼ一様といわれるが，いずれにせよ核内電荷分布を原子核モデルから，または高速電子散乱実験などか

ら推定し，原子内電子の感ずるポテンシャルが $-Ze^2/4\pi\varepsilon_0 r$ からはずれていることを考慮に入れて (2.22) を解かなければならない．または，このはずれがきわめて小さい空間内だけで生じていることに留意し，摂動論で扱ってもよいだろう．

次に核のなかには全角運動量（$I\hbar$ と書く）が 0 でないものがある．これを核スピンと呼ぶ．これらの核はしばしば磁気モーメントや電気四極モーメントをもっている．当然これらのモーメントと周囲を回る電子との間に相互作用を生ずる．ここでは相互作用のなかでとくに重要な磁気モーメントによるエネルギーの変化をとりあげてみよう[*1]．磁気的相互作用により核スピン $I\hbar$ と電子の角運動量 $j\hbar$ ($j=l+s$) とが無関係ではなくなる結果，それぞれはもはや保存されず，合成ベクトル

$$F = I + j \tag{2.97}$$

だけが保存される．$F^2\hbar^2$ は原子の全角運動量の平方で固有値としては $F(F+1)\hbar^2$，ただし

$$F = |I-j|,\ |I-j|+1,\ \cdots\cdots,\ I+j-1,\ I+j \tag{2.98}$$

の値が許される．これらの値それぞれはベクトル I と j のなす角を異にするものであり，相互作用の結果，わずかずつエネルギーの差が出る（超微細構造）．与えられた量子数 F の下で F の z 成分 M_F のとりうる値は $-F,\ -F+1,\cdots,\ F-1,\ F$ の $2F+1$ 通りである．これを考慮すると (2.98) に属する独立な状態の総数 $\sum_F (2F+1)$ は I, j が無関係と考えたときの状態数 $(2I+1)(2j+1)$ と同じであることが容易に示される．

そこでまず，核の磁気モーメント M_N と電子の軌道角運動量 $l\hbar$，続いて M_N と電子のスピン $s\hbar$ の間の相互作用を求め，それらを加え合わせて求める答を出すことにする．M_N が，核から r の位置につくるベクトルポテンシャル A は

$$A(r) = \frac{\mu_0}{4\pi}(M_N \times r)r^{-3} \tag{2.99}$$

で与えられる．μ_0 は真空の透磁率である．一般に外場の A が与えられると，

[*1] くわしくは Bransden と Joachain の本 [10] を参照．

2.5 水素様原子のエネルギーに対するその他の補正

非相対論的ハミルトニアンのなかの電子の運動エネルギー $(1/2m_e)\boldsymbol{p}^2$ は (2.73) によって

$$\frac{1}{2m_e}(\boldsymbol{p}+e\boldsymbol{A})^2 = \frac{1}{2m_e}(\boldsymbol{p}^2 + e\boldsymbol{p}\cdot\boldsymbol{A} + e\boldsymbol{A}\cdot\boldsymbol{p} + e^2\boldsymbol{A}^2) \tag{2.100}$$

となる．量子力学では $\boldsymbol{p}$ は微分演算子であるから $\boldsymbol{A}$ と可換とは限らない．しかし，電磁気学におけるベクトルポテンシャル，スカラーポテンシャルのもつ任意性からクーロンゲージ (Coulomb gauge) と呼ばれる選び方

$$\mathrm{div}\,\boldsymbol{A} \equiv \nabla\cdot\boldsymbol{A} = 0 \tag{2.101}$$

を採用することにすれば ∇ と $\boldsymbol{A}$ は可換となり，(2.100) の第2, 3項はまとめて

$$\frac{e}{m_e}\boldsymbol{A}\cdot\boldsymbol{p} = -i\frac{e\hbar}{m_e}\boldsymbol{A}\cdot\nabla \tag{2.102}$$

となる．また，第4項は第2, 3項にくらべて小さいとして無視する．そこで (2.102) に (2.99) を代入すると $(\boldsymbol{M}_\mathrm{N}\times\boldsymbol{r})\cdot\boldsymbol{p} = \boldsymbol{M}_\mathrm{N}\cdot(\boldsymbol{r}\times\boldsymbol{p}) = \boldsymbol{M}_\mathrm{N}\cdot\boldsymbol{l}\hbar$ により

$$\frac{\mu_0}{4\pi}\frac{e\hbar}{m_e}r^{-3}\boldsymbol{M}_\mathrm{N}\cdot\boldsymbol{l} = \frac{\mu_0}{2\pi}g_I\mu_\mathrm{B}\mu_\mathrm{N}r^{-3}\boldsymbol{I}\cdot\boldsymbol{l} \tag{2.103}$$

が得られる．g_I は核の g 因子である．上式は $l\ne 0$ のときだけ 0 でない．電子の軌道運動は閉じた電流系に相当し，それが核の位置においてつくり出す磁場と $\boldsymbol{M}_\mathrm{N}$ の相互作用になっていると見ることもできる．

次に (2.99) によって電子の位置につくり出される磁場

$$\boldsymbol{B} = \nabla\times\boldsymbol{A} \tag{2.104}$$

と電子の磁気モーメント $\boldsymbol{M}_s = -2\mu_\mathrm{B}\boldsymbol{s}$ との相互作用 $-\boldsymbol{M}_s\cdot\boldsymbol{B}$ は，$r\ne 0$ では双極子・双極子相互作用

$$\frac{\mu_0}{4\pi}\frac{1}{r^3}\Big[\boldsymbol{M}_s\cdot\boldsymbol{M}_\mathrm{N} - 3\frac{1}{r^2}(\boldsymbol{M}_s\cdot\boldsymbol{r})(\boldsymbol{M}_\mathrm{N}\cdot\boldsymbol{r})\Big],\qquad r\ne 0 \tag{2.105}$$

となることが示される．$r=0$ では s 状態 ($l=0$) だけが 0 でない波動関数をもつことができるから，$l\ne 0$ に対しては (2.105) を用い，$l=0$ に対してだけ改めて $-\boldsymbol{M}_s\cdot\boldsymbol{B}$ を計算すればよい．その結果は

$$-\frac{\mu_0}{4\pi}\frac{8\pi}{3}\boldsymbol{M}_s\cdot\boldsymbol{M}_\mathrm{N}\delta(\boldsymbol{r}),\qquad l=0 \tag{2.106}$$

となる．これを Fermi の接触相互作用 (contact interaction) と呼ぶ．結局，

$l \neq 0$ では (2.103) と (2.105) の和からハミルトニアンには

$$\frac{\mu_0}{2\pi} g_I \mu_B \mu_N r^{-3} [\boldsymbol{l} - \boldsymbol{s} + 3r^{-2}(\boldsymbol{s} \cdot \boldsymbol{r})\boldsymbol{r}] \cdot \boldsymbol{I} \qquad (2.107)$$

が付け加わり, $l=0$ では (2.103) は 0 になるので (2.106) だけとなる. これらがエネルギーの値をどれだけ変えるか具体的に計算すると (文献 [10] 参照), $l \neq 0$, $l=0$ のどちらであっても次式で表されるエネルギー変化があることがわかる.

$$\Delta E = \frac{\mu_0}{4\pi} g_I \mu_B \mu_N \frac{Z^3}{a_\mu^3 n^3 \left(l + \frac{1}{2}\right) j(j+1)} [F(F+1) - I(I+1) - j(j+1)]. \quad (2.108)$$

ここで n は主量子数. $l=0$ のときは $j=s=1/2$ である[*2].

[*2] 水素様原子についての理論のまとめと, エネルギー準位の数表が次の文献にのっている.
G. W. Erickson, Energy levels of one-electron atoms, *J. Phys. Chem. Ref. Data* **6**, 831 (1977).

3
ヘリウム様原子

水素様原子以外は複数の電子をもつ原子やイオンになる．そのなかで最も簡単な2電子系を本章で扱う．一般の多電子系に共通したさまざまな問題がすでにこの簡単な系で見られる．

3.1　重心運動の分離

水素原子の非相対論的な扱いでは重心運動を分離することにより核から見た電子の運動だけを扱えばよいことになっていた．電子が2個あるヘリウム様原子でも同じように問題の簡単化ができるであろうか．核の質量，電荷を M, Ze とし，核，電子1，電子2の位置ベクトルをそれぞれ X, x_1, x_2 とすると，シュレーディンガー方程式は次のようになる．

$$\left\{-\frac{\hbar^2}{2M}\nabla_X^2-\frac{\hbar^2}{2m_e}(\nabla_{x_1}^2+\nabla_{x_2}^2)-\frac{Ze^2}{4\pi\varepsilon_0 r_1}-\frac{Ze^2}{4\pi\varepsilon_0 r_2}\right.$$
$$\left.+\frac{e^2}{4\pi\varepsilon_0 r_{12}}\right\}\Psi(X, x_1, x_2)=E\Psi(X, x_1, x_2). \quad (3.1)$$

$\nabla_X, \nabla_{x_1}, \nabla_{x_2}$ はそれぞれ X, x_1, x_2 の x, y, z 成分に関する微分を表すナブラ演算子，r_1, r_2 は各電子の核からの距離，r_{12} は2電子間の距離である．ここで重心座標 R および相対座標 r_1, r_2 を次のように導入する．

$$R=\frac{MX+m_e x_1+m_e x_2}{M+2m_e}, \quad (3.2\,\text{a})$$

$$r_1=x_1-X,$$
$$r_2=x_2-X. \quad (3.2\,\text{b})$$

すると系の運動エネルギーは，容易に示されるように，次のように変換される．

$$-\frac{\hbar^2}{2M}\nabla_X^2-\frac{\hbar^2}{2m_e}(\nabla_{x_1}^2+\nabla_{x_2}^2)$$
$$=-\frac{\hbar^2}{2M_t}\nabla_R^2-\frac{\hbar^2}{2\mu}(\nabla_1^2+\nabla_2^2)-\frac{\hbar^2}{M}\nabla_1\cdot\nabla_2, \qquad (3.3)$$
$$\mu=m_e M/(m_e+M), \qquad M_t=M+2m_e.$$

$\nabla_R, \nabla_1, \nabla_2$ は R, r_1, r_2 の成分についてのナブラ演算子である．右辺第1項は重心運動のエネルギーを表し，水素様原子の場合と同じく分離できる．したがって，これから先は内部自由度のハミルトニアン，つまり右辺の第2, 3項とポテンシャルエネルギーの和だけを考えれば十分である．第2項は2電子の運動エネルギーで質量を換算質量に置き換えたもので，すでに水素でおなじみの形である．第3項は目新しい形をしており，**質量の偏り** (mass polarization) の項と呼ばれている．その期待値は第2項の m_e/M 倍程度のものであるからしばしば無視され，または最初無視して原子の固有状態を求めたあとで，摂動論によってエネルギー補正量として見積もられる．

そこで当面解くべき式は（変数分離によって内容が変わっているが，便宜上同じ記号 E, Ψ を使うこととして）

$$H\Psi(r_1, r_2)=E\Psi(r_1, r_2), \qquad (3.4)$$
$$H=-\frac{\hbar^2}{2\mu}(\nabla_1^2+\nabla_2^2)-\frac{Ze^2}{4\pi\varepsilon_0}\left(\frac{1}{r_1}+\frac{1}{r_2}\right)+\frac{e^2}{4\pi\varepsilon_0 r_{12}} \qquad (3.5)$$

である．相対距離 r_{12} が含まれているので，この先さらに電子1と電子2の式に分離することはできない．そこでいくつかの近似的な解法が考えられている．第1は Z が大きな値のときに有効であると思われる摂動論の適用である．すなわち Z が大きいと，核からの引力にくらべて電子どうしの斥力は小さな量と見なせるから，まず r_{12} を含む項を無視して (3.4) (3.5) の固有値，固有関数を出し，そのあとで無視した項を小摂動と見てそれによるエネルギー値や固有関数の修正を見積もる方法である（§3.3参照）．第2の方法は変分法の適用である．ここでは r_{12} を含む項を最初から取り入れる．波動関数には多数のパラメーターを含み十分な柔軟性をもつ関数形を選んでおき，それを用いてエネルギーの期待値を計算する．得られた期待値が最小値をとるようにパラメーターの値を決めると，基底状態の近似解が求められる（§3.4）．第3の方法は相手の電子の位置について平均をとり，平均場のなかでの1個の電子の運動を解く方

法で近似解を出すものである (§3.5).

3.2 パラヘリウムとオーソヘリウム

電子が2個になると，第1章で述べたパウリの排他律が適用される．すなわち，スピンを含め同じ運動状態に2個の電子が同時には入れないという制限である．これを考慮するには波動関数 Ψ として位置だけでなくスピン座標（§2.4参照）も入れて $\Psi(r_1, \sigma_1; r_2, \sigma_2)$ としておかなければならない．この波動関数は電子1が r_1 近傍の体積要素 dr_1 内にあり，σ_1 で示される向きのスピンをもち，電子2が r_2 付近の dr_2 内にあり，スピンが σ_2 である確率振幅であって，1粒子に対する (1.7) に相当して

$$\sum_{\sigma_1}\sum_{\sigma_2}\iint |\Psi(r_1, \sigma_1; r_2, \sigma_2)|^2 dr_1 dr_2 = 1 \tag{3.6}$$

で規格化されている．

ところで電子はすべてまったく同じ性質をもっていて，ひとつひとつを特徴づける違いが存在しない同種粒子である．系のハミルトニアン (3.5) も2つの電子に関し対称的であって，その結果，(3.4) の1つの解 $\Psi(r_1, \sigma_1; r_2, \sigma_2)$ が得られたら2電子を入れ換えた $\Psi(r_2, \sigma_2; r_1, \sigma_1)$ も (3.4) の，同じエネルギーをもつ解であり，この2つの関数で表される状態はまったく区別のつかないものである．それではこの2つの関数の間にはどのような関係があるのだろうか．ここで第二量子化にもとづくスピンと統計，さらに波動関数の対称性についての研究を紹介することはやめるが，結論として，電子のように半整数スピンをもつ同種粒子の系においては，波動関数は2つの粒子の交換に関して常に反対称に限ることが示されている．この制約から，量子力学以前に経験的に見いだされたパウリの排他律も導きだされる．このような性質をもつ粒子を**フェルミ粒子**(Fermi particle, fermion) という．ついでながら整数スピンをもつ同種粒子の系では波動関数は2粒子の入れ換えに関し対称に限ることがわかっている．これらは**ボース粒子**(Bose particle, boson) と呼ばれる．

電子のスピンは水素様原子のところで見たようにスピン・軌道相互作用によって軌道運動と結びつく．2電子系ではさらに相手の電子の軌道運動とも結

びつくであろう．しかし，軽い原子（Z が小さい）ではスピン・軌道相互作用は小さいから近似的にはこれを無視することができる．(3.4)(3.5) はすでにそのような近似になっている．この他に電子のスピンには磁気モーメントが伴うので，2電子のスピンどうしが直接作用し合うこともできるが，これも非常に弱い力である．そこでさしあたってスピンは位置座標とは無関係としておこう．前述のように波動関数の反対称性という制約があるためにスピンをまったく考えないわけにはいかないが，スピンの向きと軌道運動が無関係とすると波動関数は位置座標の関数とスピン関数の積の形に書かれるであろう．そこで本節ではしばらくの間2電子系のスピンだけの関数について考えておくことにする．

§2.4.1 で示したように適当に量子化軸（z 軸とする）を選ぶと，その方向のスピンの成分は $\hbar$ を単位として $+1/2$ か $-1/2$ の2通りしかありえない．$s_z=1/2$ の状態は通常 $\alpha(\sigma)$，$-1/2$ の状態は $\beta(\sigma)$ と書かれる．一般のスピン状態はこれらの一次結合 (2.47) である．ヘリウム様原子では電子が2個あるから，独立なスピン状態は以下の4つになる．

$$\alpha(\sigma_1)\alpha(\sigma_2), \quad \alpha(\sigma_1)\beta(\sigma_2), \quad \beta(\sigma_1)\alpha(\sigma_2), \quad \beta(\sigma_1)\beta(\sigma_2)$$

一般のスピン状態はこれらの一次結合である．そこでまずこれら4つの関数が表している状態において合成スピン

$$\boldsymbol{S}=\boldsymbol{s}_1+\boldsymbol{s}_2$$

がそれぞれどのような大きさをもつかを調べてみる．量子力学における角運動量がいつもそうであるように，大きさは $\boldsymbol{S}$ そのものではなく $\boldsymbol{S}^2$ の固有値が $S(S+1)$ になるとしたときの S で与えられる．

$$\boldsymbol{S}^2=(s_{1x}+s_{2x})^2+(s_{1y}+s_{2y})^2+(s_{1z}+s_{2z})^2$$

であり，$s_{nx}, s_{ny}, s_{nz}\,(n=1,2)$ は $\alpha(\sigma_n)$ や $\beta(\sigma_n)$ に作用する演算子でその作用は行列要素 (2.53) で与えられるから，上記の4つのスピン関数に作用させたときの結果は容易に求められて

$$\boldsymbol{S}^2[\alpha(\sigma_1)\alpha(\sigma_2)]=2\alpha(\sigma_1)\alpha(\sigma_2)=1(1+1)\alpha(\sigma_1)\alpha(\sigma_2)$$

$$\boldsymbol{S}^2[\alpha(\sigma_1)\beta(\sigma_2)]=\alpha(\sigma_1)\beta(\sigma_2)+\beta(\sigma_1)\alpha(\sigma_2)$$

$$\boldsymbol{S}^2[\beta(\sigma_1)\alpha(\sigma_2)]=\alpha(\sigma_1)\beta(\sigma_2)+\beta(\sigma_1)\alpha(\sigma_2)$$

$$\boldsymbol{S}^2[\beta(\sigma_1)\beta(\sigma_2)]=1(1+1)\beta(\sigma_1)\beta(\sigma_2)$$

となる．これを見ると，$\alpha(\sigma_1)\alpha(\sigma_2)$ および $\beta(\sigma_1)\beta(\sigma_2)$ は $S=1$ に属しているが，あとの2つは確定した S をもたない．しかし，これら2つの和，差をつくればそれぞれ $S=1$, $S=0$ に対応していることがすぐにわかる．次に $\bm{S}$ の z 成分の固有値 M_s を調べてみると結局次のような4つの規格化した関数が得られる．

$$\left.\begin{array}{cc} \alpha(\sigma_1)\alpha(\sigma_2) & S=1,\ M_s=1 \\ \frac{1}{\sqrt{2}}[\alpha(\sigma_1)\beta(\sigma_2)+\beta(\sigma_1)\alpha(\sigma_2)] & S=1,\ M_s=0 \\ \beta(\sigma_1)\beta(\sigma_2) & S=1,\ M_s=-1 \\ \frac{1}{\sqrt{2}}[\alpha(\sigma_1)\beta(\sigma_2)-\beta(\sigma_1)\alpha(\sigma_2)] & S=0,\ M_s=0 \end{array}\right\} \quad (3.7)$$

$1/\sqrt{2}$ は規格化因子である．厳密な表現ではないが，各電子のスピンの大きさが $1/2$ なので，2つが同じ方向で結びつくと1の大きさの合成スピンになり，反対方向に結びつくと0になる．この2通り以外には結びつき方はない．合成スピンが $S=1$ であるときは (3.7) からわかるようにそのベクトルの向きには独立なものが3通りある．このような状態は**多重度**(multiplicity) が3である，または三重項(triplet)であるという．このとき，系の波動関数のスピンに関係した部分は σ_1 と σ_2 の交換に対し対称であるから，波動関数の位置座標 $\bm{r}_1, \bm{r}_2$ に関係した部分は反対称でなければならない．これに対して $S=0$ の状態は一重項(singlet) と呼ばれ σ_1, σ_2 の交換に対し反対称，波動関数のもう1つの因子は $\bm{r}_1, \bm{r}_2$ の入れ換えに関し対称である．同様に電子が1個，3個など奇数個のときは $S=1/2, 3/2, \ldots$ など半整数値が現れ，それぞれ二重項(doublet)，四重項(quartet)，……などと呼ばれている．一般に多重度は $2S+1$ で与えられる．

話を He 原子に戻そう．電子スピンが軌道運動とあまり作用し合わないことから，2電子の合成スピンは保存される．また光の吸収や放出においても $S=0$ と $S=1$ 状態間では遷移しにくい[*1]．すぐあとで見るように，この原子の基底状態は一重項である．もし電子衝突などでいったん三重項状態がつくられる

[*1] ヘリウム様原子でも重いものになるとスピン・軌道相互作用が次第に強くなってくるので様子が変わり，スピンと軌道運動の両角運動量を合成した系の全角運動量だけが保存されるようになる．

としばらく一重項状態へは戻らない．それで一重項状態の He と三重項状態の He を区別してそれぞれ**パラヘリウム** (parahelium，ときには parhelium と綴ることがある)，**オーソヘリウム** (orthohelium，オルソまたはオルトともいう) と呼ぶことがある．

さて，ここまでのところ軌道運動とまったく切り離してスピン状態だけを見てきた．しかし，本節のはじめの部分で述べたように，スピンを含めた波動関数が 2 電子の入れ換えに対して反対称であることが要求されている．そこで軌道関数を含めた全系の波動関数について少し述べることにする．

各電子の運動が近似的に 1 つの軌道関数で表されるとすると，それは (2.58) で導入したようなスピン軌道関数 $\psi_i(\boldsymbol{r}_i)\gamma_i(\sigma_i) \equiv \phi_i(\boldsymbol{r}_i, \sigma_i)$，$i=1,2$ で表されるであろう．これを用いて反対称性を備えた関数をつくると

$$N[\phi_1(\boldsymbol{r}_1, \sigma_1)\phi_2(\boldsymbol{r}_2, \sigma_2) - \phi_1(\boldsymbol{r}_2, \sigma_2)\phi_2(\boldsymbol{r}_1, \sigma_1)].$$

N は (3.6) を満足させるための規格化因子で，ϕ_1, ϕ_2 が規格直交関数なら $N=1/\sqrt{2}$ である．上式は行列式を用い

$$\frac{1}{\sqrt{2}}\begin{vmatrix} \phi_1(\boldsymbol{r}_1, \sigma_1) & \phi_2(\boldsymbol{r}_1, \sigma_1) \\ \phi_1(\boldsymbol{r}_2, \sigma_2) & \phi_2(\boldsymbol{r}_2, \sigma_2) \end{vmatrix} \tag{3.8}$$

とも書くことができる．原子の波動関数を行列式の形に書くことは第 5 章で多電子系一般へも拡張され，**スレーター行列式** (Slater determinant) と呼ばれている．

He 様原子の基底状態で，最も素朴な考えにしたがって 2 つの電子が同じ 1s 軌道に入るとして $\psi_1 = \psi_2 = \psi(\boldsymbol{r})$ とおけば，一方のスピン関数が $\alpha(\sigma)$ なら他方は必然的に $\beta(\sigma)$ となるから，スレーター行列式は

$$\psi(\boldsymbol{r}_1)\psi(\boldsymbol{r}_2)\frac{1}{\sqrt{2}}[\alpha(\sigma_1)\beta(\sigma_2) - \beta(\sigma_1)\alpha(\sigma_2)]$$

となり，スピン一重項になっている．

一方の電子が 1s，他方が 2s 軌道にあるような場合のスレーター行列式は

$$\frac{1}{\sqrt{2}}\begin{vmatrix} \psi_{1s}(\boldsymbol{r}_1)\gamma_1(\sigma_1) & \psi_{2s}(\boldsymbol{r}_1)\gamma_2(\sigma_1) \\ \psi_{1s}(\boldsymbol{r}_2)\gamma_2(\sigma_2) & \psi_{2s}(\boldsymbol{r}_2)\gamma_2(\sigma_2) \end{vmatrix}$$

であるが，この場合は $\gamma_1 = \gamma_2$ でもよい．たとえば $\gamma_1 = \gamma_2 = \alpha$ とすると

$$\frac{1}{\sqrt{2}}[\psi_{1s}(r_1)\psi_{2s}(r_2)-\psi_{2s}(r_1)\psi_{1s}(r_2)]\alpha(\sigma_1)\alpha(\sigma_2)$$

で三重項である．$\gamma_1=\gamma_2=\beta$ のときも同様である．ところが γ_1, γ_2 の一方が α, 他方が β 関数のときは全スピン状態は (3.7) のいずれとも一致しない．この場合は

$$\frac{1}{\sqrt{2}}\left\{\frac{1}{\sqrt{2}}\begin{vmatrix}\psi_{1s}(r_1)\alpha(\sigma_1) & \psi_{2s}(r_1)\beta(\sigma_1)\\ \psi_{1s}(r_2)\alpha(\sigma_2) & \psi_{2s}(r_2)\beta(\sigma_2)\end{vmatrix}\pm\frac{1}{\sqrt{2}}\begin{vmatrix}\psi_{1s}(r_1)\beta(\sigma_1) & \psi_{2s}(r_1)\alpha(\sigma_1)\\ \psi_{1s}(r_2)\beta(\sigma_2) & \psi_{2s}(r_2)\alpha(\sigma_2)\end{vmatrix}\right\}$$

のように 2 つの行列式の和か差にする必要がある．これを計算すると

$$\frac{1}{\sqrt{2}}[\psi_{1s}(r_1)\psi_{2s}(r_2)\mp\psi_{2s}(r_1)\psi_{1s}(r_2)]\times\frac{1}{\sqrt{2}}[\alpha(\sigma_1)\beta(\sigma_2)\pm\beta(\sigma_1)\alpha(\sigma_2)] \quad \text{(複号同順)}$$

となり，スピン三重項には空間部分の反対称関数が，一重項には対称関数が対応していることがわかる．

3.3 摂動論による扱い

3.3.1 摂動論のあらまし

当面，解くべきシュレーディンガー方程式

$$H\Psi=E\Psi \tag{3.9}$$

に出てくるハミルトニアン H は (3.5) 式である．そこでも述べたように，原子番号 Z が大きくなると摂動論が使える．このことをいっそう見やすくするには (3.5) で $Zr_1 \longrightarrow s_1, Zr_2 \longrightarrow s_2$ とおいてみるとよい．すると

$$H=Z^2\left[-\frac{\hbar^2}{2\mu}(\nabla_{s1}^2+\nabla_{s2}^2)-\frac{e^2}{4\pi\varepsilon_0}\left(\frac{1}{s_1}+\frac{1}{s_2}\right)\right]+Z\frac{e^2}{4\pi\varepsilon_0 s_{12}} \tag{3.10}$$

となり，末項は Z に，その他の項は Z^2 に比例していることがわかる．したがって Z が大きいときはたしかに末項の相対的重要度は低下する．電子が 2 個以上ある場合を含め，電子数を固定して原子番号 Z を増やしていくとき（これを**等電子系列**, isoelectronic sequence という）のエネルギーの変化は，Z の逆べきに展開した形で計算されることがしばしばある．

ここでは (3.5) のままの形で話を進めることとし，これを 2 つの部分に分ける．

$$H=H_0+H_1, \tag{3.11}$$

$$H_0 = -\frac{\hbar^2}{2\mu}(\nabla_1^2 + \nabla_2^2) - \frac{Ze^2}{4\pi\varepsilon_0}\left(\frac{1}{r_1} + \frac{1}{r_2}\right), \tag{3.12}$$

$$H_1 = \frac{e^2}{4\pi\varepsilon_0 r_{12}}. \tag{3.13}$$

一般に系のハミルトニアンが (3.11) のように 2 つの部分に分けられ, H_0 だけの固有値, 固有関数が比較的容易に求められ, H_1 は小さな摂動と見てよいときに摂動論が有効である. ここで, 摂動論の考え方と, あとで必要になる二三の公式をまとめておこう. (3.11) の H_1 を 1 次の微小量と見てよいとし, 求める (3.9) の E, Ψ を 0 次, 1 次, 2 次, …… の部分から成り立つとして

$$E = E^{(0)} + E^{(1)} + E^{(2)} + \cdots\cdots, \tag{3.14}$$

$$\Psi = \Psi^{(0)} + \Psi^{(1)} + \Psi^{(2)} + \cdots\cdots. \tag{3.15}$$

とおき, 要求される精度に応じてある次数から先の項は無視するという近似法である. (3.9) に (3.11)(3.14)(3.15) を代入し, 両辺の等しい次数の部分どうしを等しいとおくと以下のような式が得られる.

0 次: $\quad H_0 \Psi^{(0)} = E^{(0)} \Psi^{(0)}, \tag{3.16}$

1 次: $\quad H_0 \Psi^{(1)} + H_1 \Psi^{(0)} = E^{(0)} \Psi^{(1)} + E^{(1)} \Psi^{(0)}, \tag{3.17}$

2 次: $\quad H_0 \Psi^{(2)} + H_1 \Psi^{(1)} = E^{(0)} \Psi^{(2)} + E^{(1)} \Psi^{(1)} + E^{(2)} \Psi^{(0)}, \tag{3.18}$

…………

まず (3.16) であるが, これには連続固有値も含め一般に無数の固有値とそれぞれに対応する固有関数がある. これを添字 n で区別することにする. すなわち

$$H_0 \Psi_n^{(0)} = E_n^{(0)} \Psi_n^{(0)}. \tag{3.19}$$

これに対応して (3.14)(3.15) の左右両辺の各量にも添字をつけて, 注目する状態を特定することにする. いま, 特定の状態 n から出発し, 摂動 H_1 によって $E_n^{(0)}, \Psi_n^{(0)}$ にどのような補正項を加えなければならないかを調べることにする. その前に若干基礎的なことを補足しておきたい. まず, エネルギーを表すハミルトニアンのように物理量を表す演算子は一般に**エルミート演算子** (Hermite operator) である. すなわち波動関数が定義される関数空間において任意の 2 つの関数を f, g とするとき, 我々が扱う演算子 A は

$$\int f^* A g \, d\tau = \int g (Af)^* d\tau \tag{3.20}$$

の性質をもつ. $\int d\tau$ は全空間にわたっての積分である. このとき演算子 A の固有値は実数になることが保証される. また f, g が異なる固有値に対する固有関数であるとすると, これらは互いに直交する ($\int f^* g \, d\tau = 0$). 同じ固有値に 2 つ以上独立な固有関数が存在するときは, それらの関数の適当な一次結合をつくることにより互いに直交する関数群にしておくことができる. したがって, この後もシュレーディンガー方程式の解は互いに直交するものとしておいても一般性を失わない. また, 束縛状態の波動関数については絶対値の平方を全空間で積分して 1 になるように規格化しておくことができる.

(3.15) で各項に添字 n をつけたものを考えよう. $\Psi_n^{(1)}, \Psi_n^{(2)}, \ldots\ldots$ は $\Psi^{(0)}$ に対する補正であり, これらは $\Psi_n^{(0)}$ と直交するようにとる. 同様に $\Psi_n^{(2)}, \Psi_n^{(3)},$ $\ldots\ldots$ は $\Psi_n^{(1)}$ にも直交すると考えてよい. そこで H_0 のエルミート性から

$$\int \Psi_n^{(0)*} H_0 \Psi_n^{(1)} d\tau = \int \Psi_n^{(1)} (H_0 \Psi_n^{(0)})^* d\tau$$
$$= \int \Psi_n^{(1)} (E_n^{(0)} \Psi_n^{(0)})^* d\tau = E_n^{(0)} \int \Psi_n^{(0)*} \Psi_n^{(1)} d\tau = 0$$

となる. そこで (3.17) でハミルトニアン以外の各量に添字 n をつけた式に左から $\Psi_n^{(0)*}$ をかけて全空間にわたって積分する. 左辺第 1 項は上式により 0, 右辺第 1 項から出る積分も 0 になるから, すぐに

$$E_n^{(1)} = \int \Psi_n^{(0)*} H_1 \Psi_n^{(0)} d\tau \tag{3.21}$$

が導かれる. これがエネルギーの第 1 次補正になる. 次に波動関数の補正を求めるために $\Psi_n^{(1)}$ を (3.16) の固有関数 $\Psi_m^{(0)}$ で展開する.

$$\Psi_n^{(1)} = \sum_{m(\neq n)} a_{nm} \Psi_m^{(0)}. \tag{3.22}$$

途中の式は省略するが, この展開式を (3.17) で各量に添字 n をつけた式に代入して若干の計算の結果

$$a_{nm} = \frac{-(H_1)_{mn}}{E_m^{(0)} - E_n^{(0)}}, \quad (H_1)_{mn} = \int \Psi_m^{(0)*} H_1 \Psi_n^{(0)} d\tau \tag{3.23}$$

が得られる. これを (3.22) に入れて波動関数の第 1 次補正が決まる. ただし, ここでは n 以外のすべての状態の 0 次エネルギー $E_m^{(0)}$ が $E_n^{(0)}$ と異なること, すなわち状態 n が縮退していないものとしている. 考えている状態が 0 次近似でエネルギー縮退しているときは別途考えなければならない. 縮退のないと

きの第2次エネルギー補正 $E_n^{(2)}$ は (3.18) を用いて求められる．ここでまたすべての Ψ, E に添字 n をつけたうえで，

$$\Psi_n^{(2)} = \sum_{k(\neq n)} b_{nk} \Psi_k^{(0)} \tag{3.24}$$

と展開すると，

$$\sum_{k(\neq n)} b_{nk} E_k^{(0)} \Psi_k^{(0)} + H_1 \Psi_n^{(1)}$$
$$= E_n^{(0)} \sum_{k(\neq n)} b_{nk} \Psi_k^{(0)} - E_n^{(1)} \sum_{m(\neq n)} \frac{(H_1)_{mn}}{E_m^{(0)} - E_n^{(0)}} \Psi_m^{(0)} + E_n^{(2)} \Psi_n^{(0)}.$$

この両辺に左から $\Psi_n^{(0)*}$ をかけて積分すると，左辺第1項，右辺第1, 2項はいずれも $\Psi_n^{(0)}$ を含まないので寄与がなく，左辺の $\Psi_n^{(1)}$ に (3.22) (3.23) を代入することにより

$$E_n^{(2)} = -\sum_{m(\neq n)} \frac{|(H_1)_{mn}|^2}{E_m^{(0)} - E_n^{(0)}} \tag{3.25}$$

が得られる．

次に縮退がある場合を考えよう．N 重に縮退した状態 n を考える．すなわち

$$E_{n1}^{(0)} = E_{n2}^{(0)} = \cdots\cdots = E_{nN}^{(0)} \ (\equiv E_n^{(0)} \text{ と書く}).$$

これらに対応して波動関数 $\Psi_{n1}^{(0)}, \Psi_{n2}^{(0)}, \cdots, \Psi_{nN}^{(0)}$ が存在するが，これらはいずれも

$$H_0 \Psi_{ni}^{(0)} = E_n^{(0)} \Psi_{ni}^{(0)}$$

を満足し，またこれらの任意の一次結合も上式を満足する．その意味では第0次関数は確定していない．ところで縮退がないときのエネルギーの第1次補正が (3.21) で H_1 と 0 次の波動関数だけで表されているように，縮退があるときもエネルギーの第1次補正は H_1 と上記 N 個の関数で表されることが期待できる．そこで

$$(H_0 + H_1)(C_1 \Psi_{n1}^{(0)} + C_2 \Psi_{n2}^{(0)} + \cdots\cdots + C_N \Psi_{nN}^{(0)} + \text{高次の微小量})$$
$$= E_n (C_1 \Psi_{n1}^{(0)} + \cdots\cdots + C_N \Psi_{nN}^{(0)} + \text{高次の微小量})$$

と考え，高次の微小量を無視してエネルギー E_n の近似値を求めることにする．この近似では左辺の H_0 は $E_n^{(0)}$ とおくことができる．この式の両辺に左から次々に $\Psi_{n1}^{(0)*}, \Psi_{n2}^{(0)*}, \cdots, \Psi_{nN}^{(0)*}$ をかけて全空間で積分すると，連立方程式

$$
\left.\begin{aligned}
&[(H_1)_{n1,n1}+E_n^{(0)}]C_1+(H_1)_{n1,n2}C_2+\cdots\cdots+(H_1)_{n1,nN}C_N=E_nC_1\\
&(H_1)_{n2,n1}C_1+[(H_1)_{n2,n2}+E_n^{(0)}]C_2+\cdots\cdots+(H_1)_{n2,nN}C_N=E_nC_2\\
&\quad\cdots\cdots\cdots\\
&\quad\cdots\cdots\cdots\\
&(H_1)_{nN,n1}C_1+(H_1)_{nN,n2}C_2+\cdots\cdots+[(H_1)_{nN,nN}+E_n^{(0)}]C_N=E_nC_N
\end{aligned}\right\} \quad (3.26)
$$

が得られる．これは係数 $C_1, C_2, \cdots, C_N$ に対する同次方程式で，これら係数のすべてが 0 となる以外の解が存在するためには

$$
\begin{vmatrix}
(H_1)_{n1,n1}-X & (H_1)_{n1,n2} & (H_1)_{n1,n3} & \cdots\cdots & (H_1)_{n1,nN} \\
(H_1)_{n2,n1} & (H_1)_{n2,n2}-X & (H_1)_{n2,n3} & \cdots\cdots & (H_1)_{n2,nN} \\
(H_1)_{n3,n1} & (H_1)_{n3,n2} & (H_1)_{n3,n3}-X & \cdots\cdots & (H_1)_{n3,nN} \\
& & \cdots\cdots & & \\
& & \cdots\cdots & & \\
(H_1)_{nN,n1} & (H_1)_{nN,n2} & (H_1)_{nN,n3} & \cdots\cdots & (H_1)_{nN,nN}-X
\end{vmatrix}=0 \quad (3.27)
$$

とならなければならない．ただし，$X=E_n-E_n^{(0)}$ である．この方程式の解として一般に N 個の E_n の値が決まる．このようにしてエネルギーの第 1 次補正が決まり，また同時に (3.26) から係数 $C_1, C_2, \cdots, C_N$ の独立な組が N 通り決まり，この近似での波動関数を与える．(3.27) のような方程式を**永年方程式** (secular equation) という．

3.3.2 ヘリウム原子への適用

そこでヘリウム様原子の問題に戻ることにする．(3.12) の H_0 は 2 電子の座標に関し分離されているから 0 次の波動関数の空間座標部分が次のように与えられることはすぐにわかる．

$$\Psi^{(0)}=\psi_{nlm}(\boldsymbol{r}_1)\psi_{nlm}(\boldsymbol{r}_2), \quad (3.28)$$

または

$$\Psi^{(0)}=\frac{1}{\sqrt{2}}[\psi_{nlm}(\boldsymbol{r}_1)\psi_{n'l'm'}(\boldsymbol{r}_2)\pm\psi_{n'l'm'}(\boldsymbol{r}_1)\psi_{nlm}(\boldsymbol{r}_2)] \quad (3.29)$$

のように表される．$\psi_{nlm}, \psi_{n'l'm'}$ は水素様原子の波動関数で，規格化されているとする．(3.29) の ± は 2 電子のスピンが反平行か平行かに対応している．もちろん (3.28) はスピン一重項に限る．そこで，(3.21) によりエネルギーの

第1次補正を求めるには，(3.13)で与えられる H_1 を(3.28)または(3.29)ではさんで積分を実行すればよい．例として2電子とも1s軌道にある基底状態を考える．この電子配置は $(1s)^2$ と書かれる．

$$\Psi^{(0)} = \frac{1}{\pi}\left(\frac{Z}{a_\mu}\right)^3 \exp\left(-\frac{Z(r_1+r_2)}{a_\mu}\right). \tag{3.30}$$

この場合は中心を共通にする球対称電荷分布の間の静電気ポテンシャルの計算であり，電磁気学の教科書でおなじみの例題になっているが，もっと一般的な場合にも通用する計算法を示すなら，H_1 のなかの $1/r_{12}$ を位置ベクトル r_1, r_2 の大きさと，両者のなす角 θ を使って表す次の公式を用いるのがよい．

$$\frac{1}{r_{12}} = \sum_{l=0}^{\infty} \frac{r_<^l}{r_>^{l+1}} P_l(\cos\theta). \tag{3.31}$$

ただし，$r_>, r_<$ はそれぞれ r_1, r_2 の大きい方と，小さい方を表す．r_1, r_2 をそれぞれ極座標で表して $(r_1, \theta_1, \varphi_1), (r_2, \theta_2, \varphi_2)$ とすると，よく知られているように

$$\cos\theta = \cos\theta_1\cos\theta_2 + \sin\theta_1\sin\theta_2\cos(\varphi_1-\varphi_2) \tag{3.32}$$

である．また，球面調和関数 $Y_{lm}(\theta, \varphi)$ を用いると，加法定理により

$$P_l(\cos\theta) = \sum_{m=-l}^{l} \frac{4\pi}{2l+1} Y_{lm}^*(\theta_1, \varphi_1) Y_{lm}(\theta_2, \varphi_2) \tag{3.33}$$

と書けるから，角度積分は θ_1, φ_1 に関する部分と θ_2, φ_2 に関するものとに分解できる．以下簡単のために極座標の θ_1, φ_1 のかわりに r_1 方向を向いた単位ベクトル $\hat{r}_1$ を，θ_2, φ_2 のかわりに $\hat{r}_2$ を用いることにする．その場合，体積要素 $\sin\theta\, d\theta d\varphi$ は $d\hat{r}$ と書かれる．

(3.30)と(3.31)(3.33)を用いると電子配置 $(1s)^2$ に対する第1次エネルギー補正は $((3.31)(3.33)$ で $l=m=0$ の項だけが寄与することに注意して)

$$E^{(1)}[(1s)^2] = \frac{4Z^6 e^2}{\pi\varepsilon_0 a_\mu^6} \int_0^\infty dr_1 r_1^2 \exp\left(-\frac{2Zr_1}{a_\mu}\right)$$
$$\times \left[r_1^{-1}\int_0^{r_1} dr_2 r_2^2 \exp\left(-\frac{2Zr_2}{a_\mu}\right) + \int_{r_1}^\infty dr_2 r_2 \exp\left(-\frac{2Zr_2}{a_\mu}\right)\right]$$

となる．これを丹念に計算すれば結果は

$$E^{(1)}[(1s)^2] = \frac{5Z}{8}\frac{e^2}{4\pi\varepsilon_0 a_0}\frac{a_0}{a_\mu} \tag{3.34}$$

となる．$e^2/4\pi\varepsilon_0 a_0$ はエネルギーの1原子単位(§2.3)でおよそ 27.211 eV であ

る．また，核の質量を M とすると (2.27) により $a_0/a_\mu = 1/(1+m_e/M)$ は H^- イオンで 0.999456 であるが，原子番号が進むにつれて He で 0.999863, C^{4+} イオンで 0.999954 のように 1 に近づく．さて，0 次のエネルギーは $E^{(0)}[(1\text{s})^2] = -e^2 Z^2/4\pi\varepsilon_0 a_\mu$ であるから

$$E^{(0)}[(1\text{s})^2] + E^{(1)}[(1\text{s})^2] = -\left(Z^2 - \frac{5}{8}Z\right)\frac{e^2}{4\pi\varepsilon_0 a_\mu} \tag{3.35}$$

となる．これが正確なエネルギー値にどのくらい近い値を与えるかを見るために実測値とくらべてみよう．実測値はここでまだ考慮していない相対論効果なども含むから厳密な比較対象にはならないが，摂動論の精度についておよその見当をつけるには十分である．エネルギーの実測値は，原子（イオン）から1個の電子を取り去るのに必要なエネルギー，すなわち（第1）電離エネルギー，さらにもう1つの電子をとるのに必要なエネルギー，すなわち（第2）電離エネルギー，などをつぎつぎに求めて加え，符号を変えることによって得られる．ヘリウム様原子では，電子が2個しかないから簡単で，He 原子では第1，第2 電離エネルギーが 24.59 eV, 54.42 eV であることが知られているので，原子のエネルギーは -79.01 eV である．これに相当する (3.35) の値は -74.82 eV となる．原子番号がもう少し大きい例として，$Z=8$ の酸素原子の6価イオンを見ると，実測値は -1610.66 eV，計算値は -1605.39 eV となり，いずれも完全な一致ではないが，簡単な理論にしてはかなりよい値を与えているといえるであろう．

　もう1つの例として電子配置 (1s)(2s) の状態を考えよう．この状態の 0 次近似のエネルギーは (1s)(2p) と縮退している．しかし，2 電子の位置座標の反転 $r_1 \longrightarrow -r_1, r_2 \longrightarrow -r_2$ を行うとき，(1s)(2s) 状態の 0 次関数は偶関数であり，(1s)(2p) 状態は奇関数であること，$1/r_{12}$ はこの反転で不変であることから H_1 を介して (1s)(2s) と (1s)(2p) がまじることはない（永年方程式 (3.27) は 2 つの行列式に分かれ，その積が 0 という状況になる）．そこで，(1s)(2s) では縮退がない場合と同様に (3.21) によってエネルギーの第 1 次補正を求めることができる．ただし，今回は 2 つの電子が異なる軌道に入っているので，スピンは反平行と限らず，平行であってもよい．それに応じて

$$\Psi^{(0)} = \frac{1}{\sqrt{2}}[\psi_{1s}(\boldsymbol{r}_1)\psi_{2s}(\boldsymbol{r}_2) \pm \psi_{2s}(\boldsymbol{r}_1)\psi_{1s}(\boldsymbol{r}_2)]$$

のように対称(+)または反対称(−)の関数を用いなければならない．

$E^{(1)}[(1s)(2s)\,^1\mathrm{S}\,または\,^3\mathrm{S}]$

$$= \iint \psi_{1s}(\boldsymbol{r}_1)\psi_{2s}(\boldsymbol{r}_2) H_1 \psi_{1s}(\boldsymbol{r}_1)\psi_{2s}(\boldsymbol{r}_2) d\boldsymbol{r}_1 d\boldsymbol{r}_2$$
$$\pm \iint \psi_{1s}(\boldsymbol{r}_1)\psi_{2s}(\boldsymbol{r}_2) H_1 \psi_{2s}(\boldsymbol{r}_1)\psi_{1s}(\boldsymbol{r}_2) d\boldsymbol{r}_1 d\boldsymbol{r}_2. \tag{3.36}$$

^{1}S, ^{3}S などの記号についてはあとでくわしく述べるが(§5.2.2)，文字Sは2電子系の全軌道角運動量が0であることを意味し，左上に書いた1, 3はそれぞれスピン一重項，三重項を表す．(3.36)の第1項は1s軌道に1個，2s軌道に1個ある電子間の斥力ポテンシャルで，**クーロン積分**(Coulomb integral)と呼ばれ，第2項は1s, 2sに1個ずつ入っている配置と2電子をとりかえた配置とでH_1をはさんで積分したもので**交換積分**(exchange integral)と呼ばれる．あとの計算は

$$\begin{aligned}\psi_{1s}(\boldsymbol{r}) &= \frac{1}{\sqrt{\pi}}\left(\frac{Z}{a_\mu}\right)^{\frac{3}{2}}\exp\left(-\frac{Zr}{a_\mu}\right), \\ \psi_{2s}(\boldsymbol{r}) &= \frac{1}{\sqrt{\pi}}\left(\frac{Z}{2a_\mu}\right)^{\frac{3}{2}}\left(1-\frac{Zr}{2a_\mu}\right)\exp\left(-\frac{Zr}{2a_\mu}\right)\end{aligned} \tag{3.37}$$

を用いて$(1s)^2$のときと同様の方法で実行される．その結果は

$$E^{(0)} = -\frac{1}{2}\left(\frac{Z^2}{1^2}+\frac{Z^2}{2^2}\right)\frac{e^2}{4\pi\varepsilon_0 a_\mu} = -\frac{5}{8}Z^2\frac{e^2}{4\pi\varepsilon_0 a_\mu}, \tag{3.38}$$

$$E^{(1)} = \begin{cases} \dfrac{169}{729}Z\dfrac{e^2}{4\pi\varepsilon_0 a_\mu} & (^1\mathrm{S}\,状態) \\ \dfrac{137}{729}Z\dfrac{e^2}{4\pi\varepsilon_0 a_\mu} & (^3\mathrm{S}\,状態). \end{cases} \tag{3.39}$$

数字を入れてみると表3.1のようになる．

表3.1　摂動論による励起ヘリウム様原子の全エネルギー(括弧内は実測値)

Z	1s2s ^{1}S		1s2s ^{3}S	
2	−55.39	(−58.39)	−57.78	(−59.19) eV
6	−574.17	(−577.61)	−581.17	(−583.04)
8	−1037.56	(−1041.92)	−1047.11	(−1049.69)

この場合，実測との一致は基底状態よりもよい．2つの電子が異なった軌道にあるため近くに寄ることが少なく，クーロン斥力が実質的に小さくなっているためであろう．

一方の電子がさらに高い主量子数 n をもつ軌道に入っているときは，次のような考え方がよさそうである．すなわち，n が大きい軌道はほぼ n^2 に比例して核からの平均距離が大きくなる（§2.2）．そこでそのような軌道にある電子から見ると，もう一方の電子は核のすぐそばにあるので，核の電荷を1単位だけ打ち消して全体として $(Z-1)e$ の電荷があるように感ずるであろう．この場合はハミルトニアン H の分解を

$$\left. \begin{aligned} H &= H_0 + H_1, \\ H_0 &= -\frac{\hbar^2}{2\mu}(\nabla_1^2 + \nabla_2^2) - \frac{e^2}{4\pi\varepsilon_0}\left(\frac{Z}{r_1} + \frac{Z-1}{r_2}\right), \\ H_1 &= \frac{e^2}{4\pi\varepsilon_0}\left(\frac{1}{r_{12}} - \frac{1}{r_2}\right) \end{aligned} \right\} \quad (3.40)$$

ととるのがよさそうである．電子1が内側の軌道，2が遠方の軌道にあると決めてしまっているので対称的な扱いが失われているが，この場合2つの軌道が空間的にほとんど重なっていないために，(3.36)右辺第2項に相当する交換積分はきわめて小さく，一重項と三重項のエネルギー差も小さくなって波動関数の対称化の効果がほとんどないと予想できるのである．このように一方の電子だけが高い励起軌道に入っている原子（高励起原子）については後節でさらにとりあげることにする．

主量子数が十分に大きくないときは交換積分が一般に無視できず，(3.40)のような対称性を欠くハミルトニアンの分解をして摂動論を適用することはできない．他の方法，たとえば次節で論ずる変分法などを用いなければならない．

3.4 変分法による扱い

3.4.1 変分法のあらまし

系のハミルトニアンを H とし，その固有関数群と同じ関数空間における規

格化可能な任意関数を ϕ とする．ここで

$$E[\phi] = \frac{\int \phi^* H \phi d\tau}{\int \phi^* \phi d\tau} \tag{3.41}$$

という汎関数を考える．いま ϕ にわずかな変分 (variation) $\delta\phi$ を与え

$$\phi \longrightarrow \phi + \delta\phi$$

とする．$\phi + \delta\phi$ が規格化可能な範囲で $\delta\phi$ を任意の一次微小量としたとき，$E[\phi]$ の変分が常に二次の微小量になるような ϕ はどのような関数であるかを考える．すなわち，条件は E の一次変分が 0 :

$$\delta E = 0 \tag{3.42}$$

である．(3.41) から

$$E \int \phi^* \phi d\tau = \int \phi^* H \phi d\tau.$$

両辺の一次変分をとると

$$\delta E \int \phi^* \phi d\tau + E \int \delta\phi^* \phi d\tau + E \int \phi^* \delta\phi d\tau$$
$$= \int \delta\phi^* H \phi d\tau + \int \phi^* H \delta\phi d\tau.$$

(3.42) の要請によりこの式は

$$\int \delta\phi^* (H-E) \phi d\tau + \int \phi^* (H-E) \delta\phi d\tau = 0 \tag{3.43}$$

と書ける．$\delta\phi$ は任意だから，1つの $\delta\phi$ のかわりに $i\delta\phi$ を代入しても同じ形の式が成り立つはずである．

$$-i \int \delta\phi^* (H-E) \phi d\tau + i \int \phi^* (H-E) \delta\phi d\tau = 0.$$

この2式から

$$\int \delta\phi^* (H-E) \phi d\tau = 0, \quad \int \phi^* (H-E) \delta\phi d\tau = 0 \tag{3.44}$$

でなければならない．すなわち，(3.43) で $\delta\phi$ と $\delta\phi^*$ を独立と見たのと同じ結果になった．ハミルトニアンのエルミート性を考慮し，(3.44) から

$$H\phi = E\phi$$

であることがわかる．ここに E は (3.41) に ϕ を入れて計算される値である．

3.4 変分法による扱い

このようにして (3.41) の一次変分を 0 にする関数 ϕ はこのハミルトニアンの固有関数の 1 つで，したがって E はそれに対応するエネルギー固有値でなければならないことがわかる．とくに系の基底状態は，最低のエネルギー固有値に対応する状態であることから予想されるように，(3.41) を最小にするようなものである．

以上述べてきたような変分原理を利用して波動方程式の近似解を求めるには，多数のパラメターを含み，できるだけ柔軟性に富んだ試行関数を用いて (3.41) を計算し，その値が極小になるようにパラメターを決める．すなわち，$E[\phi]$ をこれらパラメターの一つ一つで微分してそれぞれ 0 とおくことによりパラメターの数だけの方程式が得られる．これらの方程式を連立させて解くと，パラメターが決まる．基底状態の場合，得られたエネルギー値は正しい値の上界になっている．違った形の試行関数で計算したとき，最低のエネルギーが本物に最も近い値ということになる．

このようにして変分法により十分な精度をもつ基底状態の波動関数 Ψ_1 が得られたら，関数空間でそれに直交する関数群の範囲で変分法を適用することにより励起状態のなかの最低エネルギーのもの Ψ_2 が得られる．以下同様に Ψ_1, Ψ_2 に直交するという条件下で変分法を用い次の状態 Ψ_3 が得られる．原理的にはこのように先へ進むことができるが，実際には 1 つ進むごとに誤差が積み重ねられるから精度は落ちていく．ただ，以下で述べる対称性の違いにより Ψ_1, Ψ_2 がまったく異なる関数空間に属することがはっきりしているときには Ψ_1 の計算の精度が Ψ_2 の計算精度に影響を与えることはない．

軽い原子に適用される非相対論的シュレーディンガー方程式ではスピン・軌道相互作用が無視されているから，系の全スピン角運動量 $S\hbar$ の大きさとその z 成分，全軌道角運動量 $L\hbar$ の大きさと z 成分が保存される．He 原子でいうと，2 電子のスピン状態は一重項と三重項とでは波動関数は直交し，まじり合うことがない．一重項か三重項かに応じて 2 電子の位置座標交換に対する波動関数の振る舞いはそれぞれ対称，反対称である．全軌道角運動量量子数の異なる状態間でも波動関数は直交する．このため基底状態の試行関数としてははじめから予想されるスピン，軌道角運動量に対応した関数形のものを選ぶのが効率的である．

変分法はエネルギーの一次変分が0になるように導入された方法であるから，十分に柔軟性に富んだ試行関数を用いて実行すればエネルギーとしては高い精度の結果が期待できる．これに反し，波動関数については一次変分が0というような条件にはなっていないので，変分計算の結果得られた近似関数の精度を過信してはならない．

3.4.2 ヘリウム様原子の簡単な変分関数

ここでヘリウム様原子の基底状態を変分法で扱ってみよう．摂動論の第0近似での電子配置は$(1s)^2$であったから，2電子のスピンは逆平行で一重項，全軌道角運動量は$L=0$と推定される．すなわち${}^1S$状態である．このような角運動量状態の関数は無数に考えられるが，最も簡単なものとして$(1s)^2$の形から出発し，2電子間の斥力によって軌道関数が少し変形したものを考えてみる．その代表的なものが

$$\Psi_t = N \exp\left(\frac{-Z'(r_1+r_2)}{a_\mu}\right) \tag{3.45}$$

である．ここにZ'は変分パラメーターであって，核電荷ZeのZではない．Nは規格化定数である．この関数は各電子が$-Z'e^2/4\pi\varepsilon_0 r$のようなポテンシャル場のなかに単独で存在する水素様原子の1s軌道関数であるから，他の電子の存在によって核電荷Zeが部分的に遮蔽され$Z'e$となったと考えたときの関数になっている．この関数を用いてエネルギーの期待値$\int \Psi_t^* H \Psi_t d\tau$を計算するのは容易である．$H$のうち1電子だけに関係した部分の積分は水素様原子のときと同じであり，電子間の斥力を含む積分は摂動論の計算(3.34)でわかっている．ここでは簡単のため核質量が十分大きいとして$a_\mu/a_0=1$とおく．エネルギーの原子単位(a.u.)である$e^2/4\pi\varepsilon_0 a_0=27.211\,\text{eV}$を単位として，(3.45)を用いて計算されたエネルギー期待値は

$$E(Z') = Z'^2 - 2ZZ' + \frac{5}{8}Z' \quad \text{a.u.} \tag{3.46}$$

となる．第1項は2電子の運動エネルギー，第2項は2電子と核の間の引力，第3項は電子どうしの斥力に対応している．唯一の変分パラメーターであるZ'を変化させてエネルギーの極値を求める．$dE/dZ'=0$から

$$Z' = Z - \frac{5}{16} \tag{3.47}$$

であることがわかる.すなわち,核電荷 Ze が $(5/16)e$ だけ相手の電子によって遮蔽されていることに相当する.このときの原子の全エネルギーは (3.46) に (3.47) を代入してすぐわかるように,$-(Z-5/16)^2$ a.u. となり,摂動論第 1 次近似で求めた (3.35) よりも $(5/16)^2$ a.u. ~ 2.7 eV だけ低く,それだけ実測値に近い.

ここでは水素様軌道関数から出発し,Z を Z' に変えて変分法を適用した.これは関数形を決めて全体を拡大または縮小してみることで,**スケーリング**(scaling) と呼ばれる手続きである.原子分子の変分計算でしばしば用いられる手法の 1 つで,この手続きをやっておくと,後に述べるビリアル定理が満たされる (§ 7.1 参照).

(3.45) を拡張すると,

$$\Psi_t = \psi(\boldsymbol{r}_1)\psi(\boldsymbol{r}_2) \tag{3.48}$$

の形になるという枠をはめたうえで,ψ を自在に変えてエネルギー期待値を極小にすることが考えられる.これはあとで述べるハートリーの方法 (Hartree approximation,ハートリー近似ともいう) をヘリウム様原子の基底状態に適用したものに相当している.相手の電子の各瞬間の位置には注目せず,それを平均化したときに得られる力の場だけを考える,いわゆる平均場近似になっている.

ところで,電子間にはクーロン斥力が働いているから,現実には 2 電子は互いに相手を避けて運動する傾向がある.このような効果を**電子相関** (electron correlation) という.平均場を考えていたのではこの効果は考慮されない.しかし,変分法は広い範囲の試行関数を許すから,(3.48) の枠を超えれば電子相関効果を取り入れることが可能になる.たとえば,(3.45) のままでは 2 電子の核からの平均距離は同じであるが,2 電子を異なる軌道に入れることにより,一方はもう少し内側,もう一方は外側を回るようにすれば電子どうしの斥力が大きくなることを避けられる.簡単な例としては

$$\Psi_t = N\{\exp(-Z_1 r_1 - Z_2 r_2) + \exp(-Z_2 r_1 - Z_1 r_2)\}$$
$$\times \text{スピン一重項関数} \tag{3.49}$$

がある．Z_1 と Z_2 を独立に変えるのである．同様に一方の電子が核から見て $x>0$ の方向にあるとき，他方の電子は $x<0$ の側にいこうとするであろう．これは一種の角相関である．具体例としてこの角相関をとりあげてみよう．球対称関数を考えるかぎりこのような効果は取り入れられない．そこで，特定方向に強く広がった軌道関数を導入する．そのようなものは無数に考えられるが，簡単な例として 1s 軌道に 2px ((2.42) 参照) をまぜた

$$\psi_+ = \psi_{1s} + c\psi_{2px}, \qquad \psi_- = \psi_{1s} - c\psi_{2px} \qquad (3.50)$$

という 2 つの関数をつくり，$c>0$ とすれば，それぞれ主として $+x, -x$ 方向に伸びた関数になっている．そこで，これらに 1 個ずつ電子を入れるなら，2 電子の接近の機会が大幅に減り，エネルギーが下がってより正しい値に近づくであろう．スピンを考慮すると，2 電子のスピンが逆向きである状態のスレーター行列式 (§3.2) は，規格化因子を省略して

$$\begin{vmatrix} \psi_+(r_1)\alpha(\sigma_1) & \psi_-(r_1)\beta(\sigma_1) \\ \psi_+(r_2)\alpha(\sigma_2) & \psi_-(r_2)\beta(\sigma_2) \end{vmatrix}, \quad \begin{vmatrix} \psi_+(r_1)\beta(\sigma_1) & \psi_-(r_1)\alpha(\sigma_1) \\ \psi_+(r_2)\beta(\sigma_2) & \psi_-(r_2)\alpha(\sigma_2) \end{vmatrix}$$

の 2 通り考えられる．いずれも単独ではスピン一重項になっていない．そこで，2 つの行列式の差をとってみると

$$[\psi_{1s}(r_1)\psi_{1s}(r_2) - c^2\psi_{2px}(r_1)\psi_{2px}(r_2)] \times [\alpha(\sigma_1)\beta(\sigma_2) - \beta(\sigma_1)\alpha(\sigma_2)] \qquad (3.51)$$

に比例する関数となって一重項になっている．第 1 因子を見ると，この関数は 1s に 2 電子を入れた状態と 2px に 2 電子を入れた状態の混合になっている．ただし，このままでは全軌道角運動量が 0 になっていない．^{1}S にするには x 方向と対等に y, z 方向でも同じ形の関数をつくって加え合わせるのがよい．そうすると

$$\text{定数} \times [\psi_{1s}(r_1)\psi_{1s}(r_2) - c'^2 \{\psi_{2px}(r_1)\psi_{2px}(r_2) + \psi_{2py}(r_1)\psi_{2py}(r_2)$$
$$+ \psi_{2pz}(r_1)\psi_{2pz}(r_2)\}] \times \text{スピン一重項関数} \qquad (3.52)$$

となる．2px, 2py, 2pz 関数がそれぞれ $xf(r), yf(r), zf(r)$ の形をしているので，上式の { } 内は $f(r_1)f(r_2)(r_1 \cdot r_2)$ となってスカラー量になることがわかる．(3.52) は電子配置 (1s)^2 ^{1}S と 2p^2 ^{1}S の混合状態である．このように同じ性格 (上の例では ^{1}S) の適当な配置をまぜ合わせることによって電子相関の効果を取り入れ，より精度のよい波動関数をつくることができる．上式では，c' を変分パラメターとしてエネルギー期待値を極小にするように決めればよい．

電子が 2 個とも励起軌道に入っている $2p^2$ 配置をまぜるとエネルギーが上がってしまうのではないかというのは間違った予想である．上式で $c'=0$ とすれば，前に述べた簡単な試行関数に帰着するので，もしその方がエネルギーが低いのなら $c'=0$ という結果が出るはずである．実際にはそうはならない．もともと各電子が感ずる場は核の他にもう 1 つの電子があるために中心力場ではない．したがって，個々の電子の角運動量は保存されない．たとえば 1 の電子の軌道角運動量が $l_1=1$ になったとすると，同時に電子 2 も $l_2=1$ の状態になり，これら 2 つの角運動量のベクトル和が 0 になっているはずである．したがって，$(2p)^2$ などの電子配置がまじってくるのは不思議ではない．

このように適当な電子配置を表す関数の一次結合の形の試行関数をとり，係数を変分法で決めるやり方は**配置混合法**(configuration mixing method)，または**配置間相互作用法**(configuration interaction method，略して CI 法)と呼ばれて広く用いられている計算法である．

3.4.3　電子間距離 r_{12} を含む試行関数

軌道関数に電子をあてはめるという考え方にとらわれなければ，変分法の試行関数の枠はさらに広がる．たとえば Ψ_t が電子 1，2 の間の距離 r_{12} に直接依存するようなものであってもよい．簡単な例として

$$\Psi_t \propto \psi_{1s}(\boldsymbol{r}_1)\psi_{1s}(\boldsymbol{r}_2)(1+cr_{12}) \times \text{スピン一重項関数} \tag{3.53}$$

ととれば，c が適当な正数となり，r_{12} が小さいより大きい方が確率が大きいことになって電子相関が明瞭な形で取り入れられる．

He の基底状態のように ^{1}S 状態であれば，波動関数は球対称で座標軸回転に対して不変である．つまり，Ψ は原子全体の向きによらない．そこで変数としては r_1, r_2, r_{12} またはそれらを組み合わせた

$$s=r_1+r_2, \qquad t=r_1-r_2, \qquad u=r_{12} \tag{3.54}$$

を用いることができる．s, u は常に正だが t は負にもなりうる．パラヘリウムでは 2 電子の位置座標をとりかえても Ψ は不変だから，t の偶関数となり，オーソヘリウムでは奇関数になる．2 電子の座標空間の体積要素 $d\tau$ は以下のようにして ds, dt, du で表される ([1], [5])．まず，空間固定の座標軸に対する $\boldsymbol{r}_1$ の極座標を r_1, χ, φ とする．次に $\boldsymbol{r}_1$ を極軸に選んで $\boldsymbol{r}_2$ の極座標を $r_2, \theta,$

ψ とする. 4つの角のうち θ は r_1, r_2 の間の角で,残りの3つが原子全体の向きを表すオイラー角(Euler angle)になっている. Ψ がこれらの角によらない ^1S 状態では,3つの角について積分してしまって $8\pi^2$ が出る. θ についての積分は

$$r_{12}^2 = r_1^2 + r_2^2 - 2r_1 r_2 \cos\theta$$

の関係により r_{12} についての積分に移せる.結局

$$d\tau = 8\pi^2 r_1 r_2 r_{12} dr_1 dr_2 dr_{12}$$

となる.これを s, t, u で表すと

$$d\tau = \pi^2 (s^2 - t^2) u\, ds\, dt\, du \qquad -u \leq t \leq u, \quad 0 \leq u \leq s \leq \infty$$

基底状態では波動関数が t の偶関数だから積分範囲を

$$0 \leq t \leq u \leq s \leq \infty$$

として

$$d\tau = 2\pi^2 (s^2 - t^2) u\, ds\, dt\, du \tag{3.55}$$

とおける.そこでエネルギー期待値

$$E = \frac{\int \Psi_t^* H \Psi_t d\tau}{\int \Psi_t^* \Psi_t d\tau} \tag{3.56}$$

を極小にする.分母分子に共通な $2\pi^2$ は省いてよい.He様原子の基底状態は ^1S で縮退がないので, Ψ_t としては実数の範囲で考えてよい.また以下の式を簡単にするため,原子単位を用いると

$$H = -\frac{1}{2}\nabla_1^2 - \frac{1}{2}\nabla_2^2 - \frac{Z}{r_1} - \frac{Z}{r_2} + \frac{1}{r_{12}}. \tag{3.57}$$

この H のうち,運動エネルギーの部分は Green の定理により

$$-\int \Psi_t \nabla_i^2 \Psi_t d\tau = \int (\nabla_i \Psi_t)^2 d\tau$$

と書き直され, Ψ_t が r_1, r_2, r_{12} だけの関数ということを使うと

$$(\nabla_1 \Psi_t)^2 = \left(\frac{\partial \Psi_t}{\partial r_1}\right)^2 + \left(\frac{\partial \Psi_t}{\partial r_{12}}\right)^2 + \frac{\partial \Psi_t}{\partial r_1}\frac{\partial \Psi_t}{\partial r_{12}}\frac{r_1^2 + r_{12}^2 - r_2^2}{r_1 r_{12}}.$$

同様に $(\nabla_2 \Psi_t)^2$ が求められる.これらの和を s, t, u で表すと

$$(\nabla_1 \Psi_t)^2 + (\nabla_2 \Psi_t)^2 = 2\left(\frac{\partial \Psi_t}{\partial s}\right)^2 + 2\left(\frac{\partial \Psi_t}{\partial t}\right)^2 + 2\left(\frac{\partial \Psi_t}{\partial u}\right)^2$$

$$+\frac{4}{u(s^2-t^2)}\frac{\partial \Psi_{\rm t}}{\partial u}\left(s(u^2-t^2)\frac{\partial \Psi_{\rm t}}{\partial s}+t(s^2-u^2)\frac{\partial \Psi_{\rm t}}{\partial t}\right) \tag{3.58}$$

またポテンシャルエネルギーでは

$$-\frac{1}{r_1}-\frac{1}{r_2}=-\frac{4s}{s^2-t^2}, \qquad \frac{1}{r_{12}}=\frac{1}{u}$$

であるから

$$E=N^{-1}\int_0^\infty ds\int_0^s du\int_0^u dt\left\{u(s^2-t^2)\left[\left(\frac{\partial \Psi_{\rm t}}{\partial s}\right)^2+\left(\frac{\partial \Psi_{\rm t}}{\partial t}\right)^2+\left(\frac{\partial \Psi_{\rm t}}{\partial u}\right)^2\right]\right.$$
$$\left.+2\frac{\partial \Psi_{\rm t}}{\partial u}\left[s(u^2-t^2)\frac{\partial \Psi_{\rm t}}{\partial s}+t(s^2-u^2)\frac{\partial \Psi_{\rm t}}{\partial t}\right]-\Psi_{\rm t}^2[4Zsu-s^2+t^2]\right\}, \tag{3.59}$$
$$N=\int_0^\infty ds\int_0^s du\int_0^u dt\ u(s^2-t^2)\Psi_{\rm t}^2$$

となる.

具体的な変分関数としてよく用いられるのは

$$\left.\begin{aligned}\Psi_{\rm t}(s,t,u)&=\phi(ks,kt,ku),\\ \phi(s,t,u)&=\exp\left(-\frac{1}{2}s\right)P(s,t,u),\\ P(s,t,u)&=\sum_{nlm}^\infty C_{n,2l,m}\,s^n t^{2l} u^m\end{aligned}\right\} \tag{3.60}$$

の形である. パラメター1つの関数(3.45)がかなりよい結果を与えていることに着目し, 指数関数 $\exp[-(1/2)ks]$ を入れ, あとはべき級数展開(実際の計算では有限項で打ち切る)の形をとっている. $(1/2)k$ が(3.45)の Z' に相当するもので, いわば有効核電荷と呼べるものである. k および多数の係数 C を変分パラメターとして(3.59)のエネルギー期待値の極小値を求める. 上式の P では, パラヘリウムとして t の偶数乗だけを用いている. (3.60)を(3.59)に代入すると

$$E=\frac{k^2M-kL}{N} \tag{3.61}$$

の形になる. ただし

$$L=\int_0^\infty ds\int_0^s du\int_0^u dt(4Zsu-s^2+t^2)\phi^2(s,t,u),$$
$$M=\int_0^\infty ds\int_0^s du\int_0^u dt\left\{u(s^2-t^2)\left[\left(\frac{\partial \phi}{\partial s}\right)^2+\left(\frac{\partial \phi}{\partial t}\right)^2+\left(\frac{\partial \phi}{\partial u}\right)^2\right]\right.$$

$$+2s(u^2-t^2)\frac{\partial\phi}{\partial s}\frac{\partial\phi}{\partial u}+2t(s^2-u^2)\frac{\partial\phi}{\partial t}\frac{\partial\phi}{\partial u}\Big\},$$

$$N=\int_0^\infty ds\int_0^s du\int_0^u dt\, u(s^2-t^2)\phi^2(s,t,u).$$

L, M, N はいずれも係数 C に関して2次式である.一方 E は (3.61) のように k にも依存する.極値は

$$\frac{\partial E}{\partial C_{n,2l,m}}=0, \qquad \frac{\partial E}{\partial k}=0 \tag{3.62}$$

から求められる.第2式から

$$k=\frac{L}{2M} \tag{3.63}$$

これを (3.61) に代入すると

$$E=-\frac{L^2}{4MN} \tag{3.64}$$

これをすべての C に関して極小にすればよい.(3.64) を C の1つで微分して0とおき (3.63)(3.64) を用いると

$$k^2\frac{\partial M}{\partial C_{n,2l,m}}-k\frac{\partial L}{\partial C_{n,2l,m}}-E\frac{\partial N}{\partial C_{n,2l,m}}=0. \tag{3.65}$$

これは多数の C についての連立一次方程式になっている.実際の計算では k に適当な値を与え,(3.65) の係数でできる永年方程式を解き,最低固有値 E を求め,それに対応する各 C の値が決まる.これらを用いて (3.63) から改善された k の値が求められ,この手続きを繰り返すことで最終的な k, C, E が得られる.

以上述べてきたような,軌道関数という枠を超えた変分計算は E. A. Hylleraas によって始められ,r_{12} を Ψ_t に含めることが効果的であることが示された.1929年に Hylleraas が用いたのはパラメター6個の試行関数であったが,20年余りたって S. Chandrasekhar, D. Elbert, G. Herzberg の論文 (1953) では,パラメター10個,さらに Chandrasekhar と Herzberg (1955) は14個のパラメターで変分計算をした.これらはいずれも Hylleraas 型の試行関数 (3.60) を有限項にしたものを用いている.具体的には

$$\Psi_t=\exp\!\left(-\frac{1}{2}ks\right)(1+\beta u+\gamma t^2+\delta s+\varepsilon s^2+\zeta u^2+\chi_6 su$$

$$+\chi_7 t^2 u+\chi_8 u^3+\chi_9 t^2 u^2+\chi_{10} s t^2+\chi_{11} s^3+\chi_{12} t^2 u^4+\chi_{13} u^4) \tag{3.66}$$

で，Hylleraas の 1929 年の論文では ζu^2 の項までを採用，Chandrasekhar たちは 1953 年の論文では $\chi_9 t^2 u^2$ まで，1955 年には (3.66) 全部を用いた．Kinoshita (木下東一郎)(1957) は試行関数をさらに柔軟にするため，s, u の負のべきも含めることとした．ただし，$0 \leq t \leq u \leq s$ の関係に留意し，(3.66) の括弧のなかを

$$s\left(\frac{u}{s}\right)^m\left(\frac{t}{u}\right)^n$$

の形の項の一次結合とした．39 項までの試行関数を用いて非相対論の範囲で最も正確と思われるエネルギーとして

$$E[\mathrm{He}(1\,^1\mathrm{S})] = -2.903722\,5\,\mathrm{a.u.}$$

を得た．比較のため，前に述べた簡単な変分関数 (3.45) から出た (3.46)(3.47) に $Z=2$ を入れてみると

$$E[\mathrm{He}(1\,^1\mathrm{S})] = -2.848\,\mathrm{a.u.} \quad [\text{変分関数 (3.45)}]$$

となり，1.5 eV くらいの差があることがわかる．木下は上記の値に質量のかたよりの補正 ((3.3) の末項．$E[\mathrm{He}(1\,^1\mathrm{S})]$ へは 0.0000218 a.u. が加わる) および相対論による補正 (後節で述べる)，ラムシフトを加え，He の電離エネルギー (IE と略記) を計算し

$$IE(\mathrm{He}) = 198310.38\,\mathrm{cm}^{-1} \quad [\text{Kinoshita}]$$

を得た．cm^{-1} は分光学者がしばしば用いるエネルギーの単位で，1 cm に光の波長がいくつ含まれるかという数，つまり波数になっている．電子ボルトに換算すると

$$1\,\mathrm{cm}^{-1} \longrightarrow 1.23984244 \times 10^{-4}\,\mathrm{eV} \tag{3.67}$$

となる．上記の $IE(\mathrm{He})$ はすぐあとで示す実験値と 6 桁の精度で合っている．この場合，相対論の補正は IE のなかに $-0.56\,\mathrm{cm}^{-1}$，ラムシフトの補正は $-1.23\,\mathrm{cm}^{-1}$ ほど入っていて，小さい量ではあるが，これらを無視すると 6 桁までの精度は得られない．

続いて Pekeris[1] は最高 1078 次元までの大きな規模の永年方程式を解き，非相対論的エネルギーとして

---

[1] C. L. Pekeris, *Phys. Rev.* **112**, 1649 (1958); **115**, 1216 (1959).

$$E[\mathrm{He}(1\,{}^1\mathrm{S})] = -2.903724375 \text{ a.u.}$$

を得た．これに諸補正を加え

$$IE(\mathrm{He}) = 198310.687 \text{ cm}^{-1} \quad [\text{Pekeris}]$$

となった．比較された実験値は

$$IE(\mathrm{He}) = 198310.82 \text{ cm}^{-1} \quad [\text{Herzberg}^{2)}]$$

で，ほぼ7桁までの一致である．

木下[3]はまた試行関数を80項まで拡大し，エネルギーの上下界や誤差の見積りも行い，非相対論的エネルギーとして -2.9037247 a.u. 付近，諸補正を含めた電離エネルギーとして

$$IE(\mathrm{He}) = 198310.77 \text{ cm}^{-1} \quad [\text{Kinoshita (revised)}]$$

を得た．また，Schwartz[4]は Hylleraas 型試行関数 (3.60) で，s だけについて $1/2, 3/2$ など半整数乗のべきを含め，164項までの関数を用いて（パラメター k は 3.5 に固定）外挿により

$$E[\mathrm{He}(1\,{}^1\mathrm{S})] = -2.9037243771 \text{ a.u.}$$

を得ている．

このように He の基底状態についてはきわめて精度の高い数値が得られており，実験値とのよい一致は，単にこの原子のエネルギーがよくわかったというだけでなく，基礎になっている非相対論的波動方程式，それに相対論などの諸補正の見積り方法がほぼ正しいことを示すもので，その意義は大きい．

しかし，電子の数が多くなると，Hylleraas 型の関数を用いて変分計算をすることは変数の増加とともに急速に困難になる．そこで次節で述べるような平均場近似が広く用いられることになるのである．

3.5 ハートリーの方法とハートリー-フォックの方法

前節でちょっと触れたハートリーの方法は，量子力学ができて間もなく D. R. Hartree が導入した近似法で，「**つじつまの合った場**」(Self-Consistent

---

[2)] G. Herzberg, *Proc. Roy. Soc.* **A248**, 328 (1958).
[3)] T. Kinoshita, *Phys. Rev.* **115**, 366 (1959).
[4)] C. Schwartz, *Phys. Rev.* **128**, 1146 (1962).

Field, 略して **SCF, 自己無撞着場**ということもある)の方法と呼ばれている. のちに変分法によって基礎づけられ, さらに波動関数の反対称性を考慮した拡張が V. Fock によって行われ, ハートリー-フォックの方法として原子だけでなく分子の電子状態の計算にも広く用いられている.

いずれも個々の電子が他の電子のつくる平均的な場のなかで運動し, 1つの軌道関数によってその運動状態が記述されるとする. いわゆる orbital 近似である. Hartree の方法では原子全体の波動関数は

$$\Psi = \psi_1(\boldsymbol{r}_1)\psi_2(\boldsymbol{r}_2)\cdots\cdots\psi_N(\boldsymbol{r}_N) \qquad (3.68)$$

のように各電子の軌道関数の積で与えられるとする. 各軌道関数はあらかじめ関数形を決めておくのではなく, 変分法によって ψ_i ($i=1, 2, \cdots, N$) の満たすべき方程式を導き, それを解いて決定される. すなわち

$$E = \frac{\int \Psi^* H\Psi d\tau}{\int \Psi^* \Psi d\tau} \qquad (3.69)$$

を極小にするように (3.68) の各軌道関数を決める. この式の分母を 1 に保ちながら分子を極小にするとすれば条件付きの変分になり, 未定係数法を使えばよい. ここでは直接分数の極値を求める.

$$\delta E = \frac{\delta\int\Psi^* H\Psi d\tau \int\Psi^*\Psi d\tau - \int\Psi^* H\Psi d\tau\, \delta\int\Psi^*\Psi d\tau}{\left(\int\Psi^*\Psi d\tau\right)^2} = 0. \qquad (3.70)$$

この方法で得られる最善の Ψ を用いて計算されるエネルギー値を E とすると, (3.69) により $\int\Psi^* H\Psi d\tau = E\int\Psi^*\Psi d\tau$ が成り立つはずであるから, (3.70) は以下のようになる.

$$\delta\int\Psi^* H\Psi d\tau - E\delta\int\Psi^*\Psi d\tau = 0. \qquad (3.71)$$

このあとの式を簡単にするため, 話を He に限定し, ここに $\Psi = \psi_1(\boldsymbol{r}_1)\psi_2(\boldsymbol{r}_2)$ を代入する. ただし, ψ_1, ψ_2 は規格化されているものとする. さらに簡単のため原子単位を用いることとし, ψ_1, ψ_2 の変数 $\boldsymbol{r}_1, \boldsymbol{r}_2$ をそれぞれ 1, 2 と略記する. ハミルトニアンのうち 1 電子だけに関係した部分を h_1, h_2 とすると $H = h_1 + h_2 + 1/r_{12}$ であるから, 関数 ψ_1 を $\delta\psi_1$ だけ変え, それに伴って ψ_1^* が $\delta\psi_1^*$ だけ変わるとすると

$$\int \delta\psi_1^*(1)\Big[h_1\psi_1(1) + \int \psi_2^*(2)h_2\psi_2(2)d\boldsymbol{r}_2 \cdot \psi_1(1)$$
$$+ \int \psi_2^*(2)\psi_2(2)r_{12}^{-1}d\boldsymbol{r}_2 \cdot \psi_1(1) - E\psi_1(1)\Big]d\boldsymbol{r}_1$$
$$+ \int \Big[\psi_1^*(1)h_1 + \psi_1^*(1)\int \psi_2^*(2)h_2\psi_2(2)d\boldsymbol{r}_2$$
$$+ \psi_1^*(1)\int \psi_2^*(2)\psi_2(2)r_{12}^{-1}d\boldsymbol{r}_2 - E\psi_1^*(1)\Big]\delta\psi_1(1)d\boldsymbol{r}_1 = 0 \qquad (3.72)$$

となる．h_1 はエルミート演算子で,

$$\int \psi_1^*(1)h_1\delta\psi_1(1)d\boldsymbol{r}_1 = \int \delta\psi_1(1)h_1\psi_1^*(1)d\boldsymbol{r}_1$$

であるから，上の式の左辺第 1，2 行目と第 3，4 行目は互いに共役複素量になっている．ψ_1 の実数部分，虚数部分は独立に変えられるから $\delta\psi_1, \delta\psi_1^*$ は独立と見なされ，(3.72) によりそれぞれの係数が 0 となる．すなわち

$$\Big[h_1 + \int \psi_2^*(2)\psi_2(2)r_{12}^{-1}d\boldsymbol{r}_2 - \varepsilon_1\Big]\psi_1(1) = 0. \qquad (3.73\,\mathrm{a})$$

ただし

$$\varepsilon_1 = E - \int \psi_2^*(2)h_2\psi_2(2)d\boldsymbol{r}_2. \qquad (3.74\,\mathrm{a})$$

同様に，$\psi_2(2)$ を変えることにより

$$\Big[h_2 + \int \psi_1^*(1)\psi_1(1)r_{12}^{-1}d\boldsymbol{r}_1 - \varepsilon_2\Big]\psi_2(2) = 0 \qquad (3.73\,\mathrm{b})$$

$$\varepsilon_2 = E - \int \psi_1^*(1)h_1\psi_1(1)d\boldsymbol{r}_1 \qquad (3.74\,\mathrm{b})$$

が得られる．(3.73) からわかるように，ψ_1 は核がつくり出すクーロン引力場の他に電子 2 からの平均的斥力場があるとしたときの 1 電子問題の解になっており，逆に ψ_2 は核の引力と $\psi_1(1)$ による平均的斥力とを考えたときの解になっている．このように互いに（平均した場についてではあるが）相手のつくる場のなかでの運動を表す軌道に入っているという意味でつじつまが合っている．これが Hartree がはじめに考えた近似計算法の方針であった．

(3.73) を解くには，あらかじめ何らかの考えにより近似的な ψ_1, ψ_2 を推定し，それを (3.73) の $1/r_{12}$ を含む積分に代入して得られる式を解く．得られた解 ψ_1, ψ_2 は，はじめに推定した ψ_1, ψ_2 とは一般に異なるであろう．新しい ψ_1,

3.5 ハートリーの方法とハートリー-フォックの方法

ψ_2 を再び $1/r_{12}$ のある積分に入れ 2 本の式を解きなおす．このような手続きを繰り返せばやがて解とそれに対応する固有値 $\varepsilon_1, \varepsilon_2$ が収束し，つじつまの合った ψ_1, ψ_2 の組が得られる．

ヘリウム様原子の基底状態なら，2 電子はスピン逆向きで同じ 1s 的な軌道に入ると思われるから，ψ_1, ψ_2 の関数形は同じと考えられ，(3.73 a) と (3.73 b) は電子の番号 1 と 2 をとりかえただけで実質的に同じものになる．そこで

$$\left[h_1+\int\psi^*(2)\psi(2)r_{12}^{-1}dr_2-\varepsilon\right]\psi(1)=0 \tag{3.75}$$

を繰り返し解けばよい．

一般の場合に戻り，ψ_1, ψ_2 が規格化されているとすると，$\Psi=\psi_1(\boldsymbol{r}_1)\psi_2(\boldsymbol{r}_2)$ を (3.69) に代入して

$$\begin{aligned}E=&\int\psi_1^*(1)h_1\psi_1(1)d\boldsymbol{r}_1+\int\psi_2^*(2)h_2\psi_2(2)d\boldsymbol{r}_2\\&+\iint\psi_1^*(1)\psi_2^*(2)\psi_1(1)\psi_2(2)r_{12}^{-1}d\boldsymbol{r}_1d\boldsymbol{r}_2\end{aligned} \tag{3.76}$$

となるが，これと (3.74) とから

$$\left.\begin{aligned}\varepsilon_1=&\int\psi_1^*(1)h_1\psi_1(1)d\boldsymbol{r}_1+\iint\psi_1^*(1)\psi_2^*(2)\psi_1(1)\psi_2(2)r_{12}^{-1}d\boldsymbol{r}_1d\boldsymbol{r}_2,\\\varepsilon_2=&\int\psi_2^*(2)h_2\psi_2(2)d\boldsymbol{r}_2+\iint\psi_1^*(1)\psi_2^*(2)\psi_1(1)\psi_2(2)r_{12}^{-1}d\boldsymbol{r}_1d\boldsymbol{r}_2\end{aligned}\right\} \tag{3.77}$$

であることがわかる．これらの和は

$$\varepsilon_1+\varepsilon_2=E+\iint\psi_1^*(1)\psi_2^*(2)\psi_1(1)\psi_2(2)r_{12}^{-1}d\boldsymbol{r}_1d\boldsymbol{r}_2 \tag{3.78}$$

となり，各軌道にある電子のエネルギー (orbital energy) の和は原子の全エネルギー E に等しくない．前記の式からすぐにわかるように，電子間の斥力のエネルギーが $\varepsilon_1, \varepsilon_2$ のなかに重複して入っているためである．

もし電子 2 が ψ_2 にいるままで電子 1 を原子から除くことができるとすると，残されたイオンのエネルギーは

$$E^+=\int\psi_2^*(2)h_2\psi_2(2)d\boldsymbol{r}_2 \tag{3.79}$$

である．E^+-E は電子 2 の軌道が変わらないという仮想的な条件下で電子 1 を原子から取り除くのに要するエネルギー，すなわち電離エネルギーである．ところが，(3.76)(3.79) によりこれは (3.77) の ε_1 の符号を変えたものに等し

いことがわかる．この関係を Koopmans の定理という．現実には 1 つの電子を取り除くと残りの電子の軌道は新しい環境に即して変形するから $-\varepsilon_1$ は正確な電離エネルギーではなく，その 1 つの近似値になっている．

なお，1 電子軌道関数は球対称（s 軌道）とは限らない．そうすると相手の電子の感ずる平均場も球対称でなくなるから，(3.73) を解くのがたいへん厄介になる．そこで相手の電子のつくり出す平均場が球対称でないときは，通常これを向きで平均して球対称にしてしまう．こうすると中心力場のなかの 1 電子問題となって，扱いやすい．その結果得られる ψ は水素様原子と同じく

$$\psi(\boldsymbol{r}) = r^{-1} u(r) Y_{lm}(\theta, \varphi) \tag{3.80}$$

の形になるであろう．このようにして求められた動径関数 $u(r)$ が $r=0, \infty$ 以外にもつ 0 点の数を $n-l-1$ とおいて主量子数 n を決める．この $n(=1, 2, 3, \cdots)$ を用いて水素の場合と同様に 1s 軌道 ($n=1$, $l=0$)，3p 軌道 ($n=3$, $l=1$) などと呼ぶのである．

ヘリウム様原子では電子は 2 個しかないので，スピンの向きが逆でさえあれば同じ空間軌道に入っても差し支えないが，3 電子以上の系にこの方法を拡張するときは 3 個の電子が同じ軌道に入ることがないように $\varPsi = \psi_1(\boldsymbol{r}_1) \psi_2(\boldsymbol{r}_2) \cdots \psi_N(\boldsymbol{r}_N)$ の各軌道を決めなければならない．これによってパウリの排他律が一応は考慮されるのであるが，もっと基本的には，電子系の波動関数は 2 電子の入れ換えに対して反対称でなければならない．そのことを考慮にいれたうえで，Hartree と同様につじつまの合った軌道群を求めるのが Fock のやり方である．

そこでひき続き He 様原子に限ることとし，**ハートリー-フォックの方法**と呼ばれているこの方法のあらましを説明しよう．(3.8) で導入したような行列式の形に書かれた波動関数，すなわちスレーター行列式から出発する．

$$\varPsi = \frac{1}{\sqrt{2}} \begin{vmatrix} \phi_1(\boldsymbol{r}_1, \sigma_1) & \phi_2(\boldsymbol{r}_1, \sigma_1) \\ \phi_1(\boldsymbol{r}_2, \sigma_2) & \phi_2(\boldsymbol{r}_2, \sigma_2) \end{vmatrix}, \qquad \phi_i(\boldsymbol{r}_j, \sigma_j) = \psi_i(\boldsymbol{r}_j) \gamma(\sigma_j). \tag{3.81}$$

ハミルトニアンの期待値を求めると

$$\iint \varPsi^* H \varPsi d\tau_1 d\tau_2 = H_{11} + H_{22} + J_{12} - K_{12} \tag{3.82}$$

のように 4 つの部分から成る．ここで $d\tau$ は空間座標についての積分とスピン座標についての和をとることを意味するものとする．また，原子単位を用いることにすれば

$$H_{ii} = \int \phi_i^*(\boldsymbol{r}, \sigma) \left\{ -\frac{1}{2}\nabla^2 - \frac{Z}{r} \right\} \phi_i(\boldsymbol{r}, \sigma) d\tau, \quad i = 1, 2 \tag{3.83a}$$

$$J_{12} = \iint \frac{1}{r_{12}} |\phi_1(\boldsymbol{r}_1, \sigma_1)|^2 |\phi_2(\boldsymbol{r}_2, \sigma_2)|^2 d\tau_1 d\tau_2$$

$$= \iint \frac{1}{r_{12}} |\psi_1(\boldsymbol{r}_1)|^2 |\psi_2(\boldsymbol{r}_2)|^2 d\boldsymbol{r}_1 d\boldsymbol{r}_2, \tag{3.83b}$$

$$K_{12} = \iint \frac{1}{r_{12}} \phi_1^*(\boldsymbol{r}_2, \sigma_2) \phi_2^*(\boldsymbol{r}_1, \sigma_1) \phi_1(\boldsymbol{r}_1, \sigma_1) \phi_2(\boldsymbol{r}_2, \sigma_2) d\tau_1 d\tau_2 \tag{3.83c}$$

となる．そこで

$$\int \phi_i^* \phi_j d\tau = \delta_{ij} \tag{3.84}$$

の条件下に (3.82) を極小にすることを考える．今回は未定係数法を用いることにし，

$$I \equiv \iint \Psi^* H \Psi d\tau_1 d\tau_2 - \sum_{i,j} \varepsilon(i, j) \int \phi_i^* \phi_j d\tau \tag{3.85}$$

を極小にする．$\varepsilon(i, j)$ が未定係数である．まず，$\phi_1 \longrightarrow \phi_1 + \delta\phi_1$ とし，$\delta\phi_1^*$，$\delta\phi_1$ を独立と見るとハートリーの方法の場合と同様にして

$$\left\{ -\frac{1}{2}\nabla_1^2 - \frac{Z}{r_1} + \int \frac{1}{r_{12}} |\phi_2(\boldsymbol{r}_2, \sigma_2)|^2 d\tau_2 \right\} \phi_1(\boldsymbol{r}_1, \sigma_1)$$

$$- \left\{ \int \frac{1}{r_{12}} \phi_2^*(\boldsymbol{r}_2, \sigma_2) \phi_1(\boldsymbol{r}_2, \sigma_2) d\tau_2 \right\} \phi_2(\boldsymbol{r}_1, \sigma_1)$$

$$= \varepsilon(1, 1) \phi_1(\boldsymbol{r}_1, \sigma_1) + \varepsilon(1, 2) \phi_2(\boldsymbol{r}_1, \sigma_1) \tag{3.86a}$$

が得られる．同様に $\phi_2 \longrightarrow \phi_2 + \delta\phi_2$ として，上式の 1, 2 をとりかえた式が得られる．これを (3.86 b) と呼ぶことにする．いま，Ψ を変えることなく（せいぜい絶対値 1 の位相因子が変わるくらいで）ϕ_1, ϕ_2 に適当な一次変換を施して

$$\begin{bmatrix} \varepsilon(1,1) & \varepsilon(1,2) \\ \varepsilon(2,1) & \varepsilon(2,2) \end{bmatrix} \text{を対角形} \begin{bmatrix} \varepsilon_1 & 0 \\ 0 & \varepsilon_2 \end{bmatrix}$$

にしたとし，新しいスピン軌道関数を改めて ϕ_1, ϕ_2，その空間部分を ψ_1, ψ_2 と書くことにすると，

$$\left\{-\frac{1}{2}\nabla_1^2-\frac{Z}{r_1}+\int\frac{1}{r_{12}}|\psi_2(r_2)|^2 dr_2\right\}\psi_1(r_1)$$

$$-\underline{\left\{\int\frac{1}{r_{12}}\psi_2^*(r_2)\psi_1(r_2)dr_2\right\}\psi_2(r_1)}=\varepsilon_1\psi_1(r_1) \quad (3.87\mathrm{a})$$

および，ここで1と2を入れ換えた式（これを(3.87b)と呼ぶ）が得られる．これがハートリー-フォックの方法における方程式の正準形で，これらを連立させて解くことになる．なお，上式でアンダーラインをした箇所は ϕ_1 と ϕ_2 が同じ向きのスピンのときだけ現れる．この項は同じ向きのスピンをもつ電子どうしが空間的に互いに避け合うことを表す非局所的相互作用に相当し，これを省略すると前に述べたハートリーの式に戻る．電子が互いに避け合うといったが，これはクーロン斥力のためではなく，電子がフェルミ粒子であることだけから出てきた見かけの力である．この力があると，解くべき式は連立微積分方程式になってハートリー近似よりも解くのが厄介になるが，逐次近似で解の収束を得ることには変わりない．

　ハートリーの方法も，ハートリー-フォックの方法も，系のエネルギーを極小にするという変分原理から波動関数を求めているので，エネルギーはかなり精度よく決められるのに対して，得られる波動関数 Ψ の精度も同じくらいよいとは限らないことに注意する必要がある．また，ハートリー-フォックの方法も自分以外の電子の位置について平均しているので，電子相関が入っていない．これを改善するには配置混合（配置間相互作用）などの手続きが要求される．

　ハートリー-フォックの方法についてのこれから先の議論は§5.3.2で一般の多電子原子について述べるときに行うことにする．

3.6　相対論，量子電磁力学の効果

　水素様原子で相対論の効果を取り入れるにはシュレーディンガー方程式をディラック方程式に置き換えればよかった．2個以上の多電子系になると，1本のまとまった式に相対論が取り入れられていて，それを解けば十分というようなものは存在しない．そこでハミルトニアンの1電子部分だけをディラック

3.6 相対論，量子電磁力学の効果

理論のときのように置き換え，電子間の相互作用にはクーロン力だけを考えて

$$\left[\sum_{i=1,2}\left(c\boldsymbol{\alpha}_i\cdot\boldsymbol{p}_i+mc^2\beta_i-\frac{Ze^2}{4\pi\varepsilon_0 r_i}\right)+\frac{e^2}{4\pi\varepsilon_0 r_{12}}\right]\Psi=E\Psi \tag{3.88}$$

という式を解くことが多い．その際，ディラック理論では電子の負のエネルギー状態が存在するという事情があった．1電子のときは負のエネルギー状態はすべて電子で埋まっているのが真空であるとして，正のエネルギーをもつ電子が負のエネルギー状態に飛び込む可能性を抑えた（1電子問題に無数の電子の存在を持ち込む矛盾についてはここでは立ち入らない）．そうしないまでも，光の放出をしばらく無視しておけば，電子が正エネルギー状態から負エネルギー状態へ飛び移ることはなかった．ところが2電子系になると，光を出さず全エネルギーを変えずに，クーロン力によって1つの電子が負エネルギーになり，他方の電子がその分だけ高いエネルギーに上がり，それが十分高ければ電離してしまうことが可能である．したがって，安定な束縛状態がつくられなくなる．これを防ぐには，たとえば正エネルギー状態だけを取り出す射影演算子 Λ_+ を導入して，電子間相互作用を

$$\frac{e^2}{4\pi\varepsilon_0 r_{12}}\longrightarrow \Lambda_+\left(\frac{e^2}{4\pi\varepsilon_0 r_{12}}\right)\Lambda_+$$

のように2つの電子のエネルギーがともに正にとどまるように枠をはめて問題を解けばよい．とにかく(3.88)をハートリー–フォック流に解くのが普通で，このやり方を**ディラック–フォック法**という．すなわち，個々の電子をある4成分軌道関数 ϕ_1, ϕ_2 にあてはめてその積を反対称化したもの[*1]

$$\Psi=\mathcal{A}\phi_1(1)\phi_2(2)$$
$$=\frac{1}{\sqrt{2}}\{\phi_1(1)\phi_2(2)-\phi_1(2)\phi_2(1)\}$$

を2電子系の波動関数と考え，(3.88)の括弧 [ ] 内にあるこの場合のハミルトニアンの期待値を計算し，それが極値をとるように2つの軌道関数の形を決めるという処方箋である．非相対論的な取り扱いと同じく，連立微積分方程式を逐次近似で解くことになる．そのとき各段階で得られた1電子関数のうち正エネルギーの部分だけを近似の次のステップに持ち込むことによって前述の

[*1] $\mathcal{A}$ は反対称化を意味し，(1)，(2) などと書いたのは電子 1, 2 の座標を代表させたものである．

Λ_+ を用いたと同様の効果をもたらすことができる.

実際には,電子間の相互作用はクーロン力だけではない.正しくは電子・光子系の相対論的量子論である量子電磁力学 (QED) によって計算しなければならない.計算の中味には本書では立ち入らないが,この種の計算には電磁場のポテンシャルの任意性を避けるためにゲージを決めておかなければならない.原理的には最終的結果はゲージのとり方によらないはずであるが,近似計算ではとり方による差が現れる.ここでは (2.101) のクーロンゲージをとることにする.

さて,クーロン力以外の相互作用であるが,G. Breit (1929) は2つの電子が光子をやりとりすることによって生ずるエネルギーを計算した.やりとりする光子の波数を k とするとき,この相互作用は

$$b(k) = -\frac{e^2}{4\pi\varepsilon_0}\left[(\boldsymbol{\alpha}_1\cdot\boldsymbol{\alpha}_2)\frac{\cos kr_{12}}{r_{12}} - (\boldsymbol{\alpha}_1\cdot\nabla_1)(\boldsymbol{\alpha}_2\cdot\nabla_2)\frac{1-\cos kr_{12}}{k^2 r_{12}}\right]$$

となる.kr_{12} が小さいとして $k\to 0$ のときの値をとると

$$b(0) = -\frac{e^2}{4\pi\varepsilon_0}\left(\frac{\boldsymbol{\alpha}_1\cdot\boldsymbol{\alpha}_2}{r_{12}} - \frac{\boldsymbol{\alpha}_1\cdot\boldsymbol{\alpha}_2 - (\boldsymbol{\alpha}_1\cdot\hat{\boldsymbol{r}}_{12})(\boldsymbol{\alpha}_2\cdot\hat{\boldsymbol{r}}_{12})}{2r_{12}}\right) \tag{3.89}$$

となる.$\hat{\boldsymbol{r}}_{12}$ は $\boldsymbol{r}_{12}$ 方向の単位ベクトル.第1項は磁気相互作用,第2項は**遅延相互作用** (retardation interaction) と呼ばれ,その和 (3.89) が**ブライト相互作用** (Breit interaction) である.クーロン力だけのときと同様に

$$\Lambda_+\left(\frac{e^2}{4\pi\varepsilon_0 r_{12}} + b(0)\right)\Lambda_+ \tag{3.90}$$

を相互作用としてハートリー–フォック的な計算をすればよい.なおブライト相互作用は近似で,それを1次摂動として相対論的補正を出すのにはよいが,これを用いて高次の補正を出すとまったく正確さを欠くものになる.

このあと,1電子問題ですでに述べた自己エネルギーや真空偏極などの QED 効果および,原子核が点電荷ではなくて有限な広がりをもつことによる補正を加え,さらに (3.89) を導くとき $k\to 0$ としたから,有限な k をもつ光子をやりとりすることによる補正も加えて相対論的な原子のエネルギー準位が計算される.ただし一般の多電子系においても QED 補正は水素様原子に対する式や,その数値解をもとにして見積もられるのが普通である (Hg におけるブライト相互作用,QED 補正の数値例が表 5.8 にある).

3.7 ヘリウム様原子のエネルギー準位の例

　図3.1a, bにヘリウムの中性原子およびネオンの8価イオンの若干のエネルギー準位を示す．ヘリウム様原子の特徴の1つは電離エネルギーが大変大きいことであるが，また最低の励起状態のエネルギーも非常に大きい．ヘリウムでいえば，20 eV 近くまで1つも励起状態が存在しない．最初に現れるのは1s, 2s 軌道に1つずつ電子を入れ，しかもそれらのスピンを同じ向きにした(1s)(2s) ^{3}S 状態である．同じ電子配置 (1s)(2s) であってもスピンが逆向きの ^{1}S 状態の方が少しエネルギーが高い．その理由は以下のように説明されることが多い．すなわち，スピンが平行なら原子の波動関数は2電子のスピン座標の交換に関して対称となり，必然的に位置座標の交換に関しては反対称となる．このような関数は2電子の位置が合致したとき0である（$f(r_1, r_2) = -f(r_2, r_1)$ ならば $f(r, r) = 0$）．したがって2電子が接近してクーロン斥力を強く感じることが対称性によって避けられているというのである．しかし，MessmerとBirss[5] は He の 1s2p ^{1}P, ^{3}P で精度の高い波動関数を用いて r_{12}^{-1} の期待値を計算し，三重項の方が一重項より大きな値を与えることを見いだしている．三重項の方がエネルギー準位が下になるのは，この場合電子が核の近くに来ることが多く，引力をいっそう強く感ずるからだという．He の 1s2s ^{1}S, ^{3}S, 1s3p ^{1}P, ^{3}P, 1s4p ^{1}P, ^{3}P でも同様な状況にあることがわかっている．こうしてみると，単純明快な説明は時として誤った判断へ導きやすいことに気づき，反省させられる．

　また，配置 (1s)(2s) よりも (1s)(2p) の方がエネルギーが高い．水素では2s軌道と2p軌道は同じエネルギーであったが，2電子系ではもう1つの電子があってそれが核のすぐ近くにあることを考慮しなければならないのである．すなわち，核のすぐそばまで行けば核の2単位の電荷のつくり出す強い引力場があるが，少し外では1s電子による遮蔽のために核電荷は1単位のように見えてしまう．それで1s軌道の内まで入り込んで強い引力場を感ずるか，外の弱

---

[5] R. P. Messmer and F. W. Birss, *J. Phys. Chem.* **73**, 2085 (1969).

78   3 ヘリウム様原子

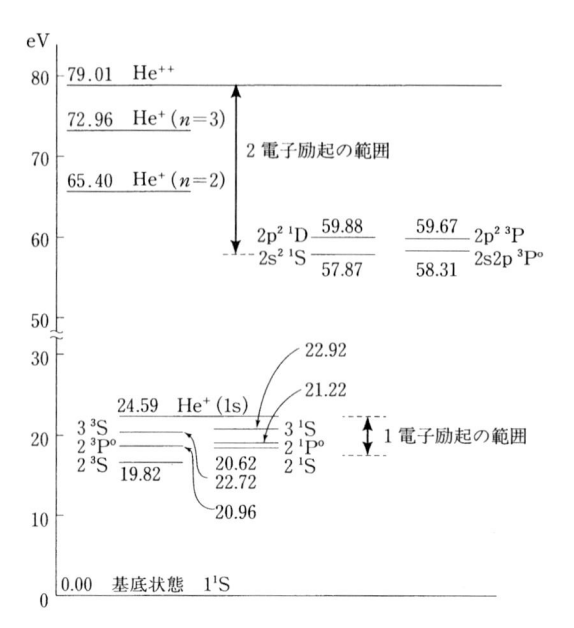

図 3.1a He のエネルギー準位（実測値）

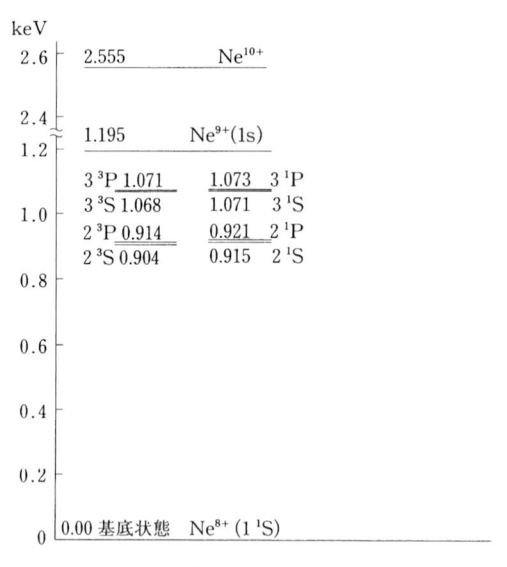

図 3.1b Ne^{8+} のエネルギー準位（計算値）

い引力場しか感じとれないかでエネルギーの差が生ずる．s 軌道は $l=0$ であるが p 軌道では $l=1$ で動径方向の運動に対する波動方程式に遠心力ポテンシャルが現れ，電子が核の位置に近づくのを妨げているのである．

図 3.1 a では (1s)(3s) ^{1}S までしか示してないが，この上には電離エネルギー 24.59 eV までの間に (1s)(nl) のような電子配置に対応した無数の 1 電子励起状態が存在する．このような 1 電子励起状態に対しては状態を指定するのに n^1S とか n^3P のような簡単な記号が用いられることがある．いちいち書かなくても (1s)(ns) とか (1s)(np) という電子配置から出たものであることがわかるからである．ところで，このように電子 1 つだけが高い励起軌道に入っている状態を**リュードベリ状態** (Rydberg state)，そのような状態にある原子を**リュードベリ原子** (Rydberg atom) と呼ぶ．十分高い主量子数をもつ軌道に入っている電子は，核からの平均距離がきわめて大きいから，残りのイオンは点電荷のように見ることができるであろう．したがってそのような原子のエネルギーは (中性原子として) 近似的に

$$E_{\text{core}} - \frac{\text{Ry}}{n^2} \tag{3.91}$$

の形に書けるであろう．E_{core} は**コア** (core，残留イオン) のエネルギーである ((2.29) (2.43) 参照．ただし，簡単のため核の質量が有限である効果を無視している)．この近似では外の電子を水素のときと同じと見たのである．しかしさらによく考えると，外側の電子の軌道角運動量量子数 l が小さいとき，とりわけ $l=0$ の s 状態のときには遠心力ポテンシャルがないのでわずかながら核の近くまで波動関数が広がっている．そのためコアの電子と入れ換わる交換効果があろうし，コアの電子による核電荷の遮蔽も完全とは限らない．仮にこれらの効果が十分に小さいとして無視したとしても，まだ他に考えなければならないことがある．すなわち，外の電子のつくる電場によってコアの電子の波動関数がゆがみ，分極が起こる．電気双極子モーメントがつくられてそれが外の電子と相互作用をする．いわゆる分極力 (polarization force) である．この力のポテンシャルは遠方で

$$-\frac{\alpha e^2}{8\pi\varepsilon_0 r^4} \tag{3.92}$$

の形をしている．α は**分極率**(polarizability)と呼ばれるもので，電場があまり強くない範囲で誘起される双極子モーメントが電場の強さに比例するその比例係数のことである．さらに，コアの電子が球対称でない低いエネルギーの励起軌道にあるときはコアは電気四極モーメントをもつことがあり，これが r^{-3} に比例する非球対称ポテンシャル場を外の電子に提供する．そこで 0 次の波動関数として水素原子の関数を用い，r^{-4} または r^{-3} に比例する上述のポテンシャルの期待値を求めることにより，単純に予想されたエネルギー (3.91) に対する補正を推定することができる．水素の波動関数を用いたときの r^{-3} の期待値はすでに §2.2 で示した．r^{-4} の期待値は

$$\langle r^{-4}\rangle = \frac{Z^4[3n^2-l(l+1)]}{2n^5\left(l-\frac{1}{2}\right)l\left(l+\frac{1}{2}\right)(l+1)\left(l+\frac{3}{2}\right)a_\mu^4} \tag{3.93}$$

である．どちらも l を有限な値に固定し，n だけを十分に大きくしていくと n^3 に反比例することがわかる．したがってエネルギーの補正は

$$\Delta E(n,l) = -\frac{a(l)}{n^3}$$

の形になる．そこで系のエネルギーは

$$E(n,l) = E_{\text{core}} - \frac{\text{Ry}}{n^2} + \Delta E(n,l)$$

$$\simeq E_{\text{core}} - \frac{\text{Ry}}{(n-\delta(l))^2} \tag{3.94}$$

と書ける．ただし，$\delta(l) \simeq a(l)/2\text{Ry}$ は水素様原子のエネルギーの式で主量子数 n に対する補正の役割を果たしているので，**量子欠損**(quantum defect)と呼ばれる[*1]．このように l を固定して n を大きくしていくとき，水素様原子のエネルギーの式で n を定数値(整数とは限らない)だけシフトさせると実測されたスペクトルをよく再現できることは，アルカリ原子などの高励起状態からの発光スペクトルを解析して J. R. Rydberg が 1890 年に見いだした経験則である．$n-\delta(l) \equiv n^*$ を**有効量子数**と呼ぶことがある．ちなみに (3.94) の Ry に相当する定数はボーアの原子模型によってその意味が明確になり，(2.43)

[*1] 量子欠損という名称は前期量子論の時代に E. Schrödinger (1921) によって導入された．彼は Na の $\delta(l=0)$ に相当する量を計算している．A. R. P. Rau and M. Inokuti, *Am. J. Phys.* **65**, 221 (1997) 参照．

のように物理学の基本定数を用いて書かれるようになったものである．Ry が Rydberg 定数と呼ばれるのも上記のような歴史的事情によるものである．

　以上，1電子励起状態だけを見てきたが，もし2電子がともに励起軌道にあるときはどのようなエネルギー準位が得られるのだろうか．このような2電子励起状態については後に改めて述べるが，図 3.1a で見るとおよそ 58 eV のあたりから上にそのような状態が存在していることがわかる．これらの状態はヘリウムの電離エネルギー 24.59 eV よりもはるかに高いエネルギーをもつから，もし一方の電子のエネルギーが他方に渡るならば，原子はたちどころに電離し，30 eV 以上の大きなエネルギーをもつ電子が1つ飛び出すことになる．これが**自動電離** (autoionization) である．

　図 3.1b では比較のためのネオンのヘリウム様イオンについていくつかの準位を示した．2電子励起状態は省いてある．核電荷が大きく，引力場が強いために縦軸のエネルギーの値が大きくなっていることがわかる．

3.8　H$^-$ イオン

　元素のなかには通常の中性原子がもう1つ余分の電子をつかまえて負イオンをつくるものがある．水素も負イオンをつくる．H$^-$ はあまり高温でない星の大気中でつくられて，可視から赤外域にかけての光をよく吸収する．余分の電子の結合エネルギー（これを**電子親和力**，electron affinity という）が小さいためこのあたりの波長域の光で容易に原子から離れるのである（**光脱離**, photodetachment）．またトカマクなどの核融合研究装置で，プラズマを加熱するために中性粒子のエネルギーの高いものを注入する方法があり，燃料の1つである重水素 D がしばしば用いられる．中性粒子を直接加速するのは困難であるから，イオンを加速したあとで中性化するのが通例である．その場合，負イオンならば簡単に余分の電子を放出して中性になってくれるので大変都合がよい．

　ところで水素の負イオンはヘリウム様イオンである．パラメター1つの簡単な変分関数を用いたときの He 様原子の基底状態のエネルギーに対しては (3.46)(3.47) 式で答が出ている．ここで $Z=1$ とおくと水素の負イオンのエネ

ルギーが出る．数字を入れてみると $E=-(11/16)^2$ a.u. $\cong -0.473$ a.u. となり，中性水素原子のエネルギー $-1/2$ a.u. よりも高い．ということは H^- はつくられたとしてもすぐに $H+e^-$ に分解してしまうことになる．しかし，現実には水素の負イオンが存在する．ただし，水素の電子親和力はわずか 0.75415 eV ($\cong 0.0277$ a.u.) である．安定な負イオンの存在が示されなかったのは用いた軌道関数が簡単すぎて十分な柔軟性をもたなかったためと考えられるかもしれないが，実は関数形をあらかじめ決めないハートリー–フォックの方法で計算してもやはり H^- は安定になってくれないのである．

変分法ならば Hylleraas などが用いたように電子相関を直接含む変分の試行関数を用いるか，複数の電子配置の混合によって安定な水素の負イオンを説明することができる．はじめて H^- の変分計算に成功したのは H. A. Bethe (1929) で，パラメターは 3 つであった．もっとあとの計算ではさらにパラメターを増やしたものが現れ，たとえば，R. E. Williamson (1942) は (3.60) の関数 $P(s, t, u)$ に対して

$$P(s, t, u) = 1 + x_1 u + x_2 t^2 + x_3 s + x_4 s^2 + x_5 u^2$$

とおいてパラメター x_1 から x_5 までを決め，エネルギーとして -0.5264644 a.u. を得ている．これは安定な水素の負イオンを与えるだけでなく，444 のパラメターを用いた Pekeris[6] の値 -0.5277510 a.u. にもかなり接近している．

H^- の電子親和力が小さいことから，さらに 1 個の電子を付け加えた H^{--} は存在しないことが予想されるが，たしかにそのような負イオンがないことが証明されている．すなわち，Lieb[7] によれば，核電荷 Z の原子に束縛される負電荷の粒子数 N は $N<2Z+1$ であることが示される．したがって，$Z=1$ の水素原子では $N=3$ にはなり得ない．なお，Lieb は K 個の原子からなる分子に話を拡張して，Z を核の全電荷数として $N<2Z+K$ であることも示している．

---

[6] C. L. Pekeris, *Phys. Rev.* **126**, 1470 (1962).
[7] E. H. Lieb, *Phys. Rev.* **A29**, 3018 (1984).

4
電磁場中の原子，光の放出・吸収

原子の諸性質のなかには，電場，磁場のなかに入れたときどのように変形するかとか，スペクトルがどう変わるか，光（一般に電磁波）の放出・吸収の確率はいくらかなど電磁場との相互作用に関するものが多い．そこで，これらの問題についてざっと眺めておくことにしよう．

4.1 静電場のなかの原子

4.1.1 一様な静電場のなかの球対称原子

一般に電場のなかに物体を置けば電気的分極が起こる．物体を構成する正負の粒子が反対方向に引っ張られるためである．原子を電場のなかに置いたときも同様なことが起こる．一様な電場ならば正負の電荷は反対方向で同じ大きさの力を受け，全体として動き出すことはない．しかし，一様でない電場ではこのバランスが破れ，電気力線の密な方に全体が引かれる．

さて一様な電場のなかで原子はどのくらい分極するものであろうか．電場があまり強くない範囲では摂動論によってこれを計算することができる．ここでは一般的な式を書く前に簡単なモデルによって問題の性格をざっと理解しておくことにしたい．モデルとしては基底状態にあるナトリウム原子を例にとる．ネオンと同様の10個の電子から成るコアのまわりに11番目の電子が回っている．コアも電場がかかればゆがむであろうが，3s 軌道にある電子の結合エネルギーが非常に小さいのでこの電子が最も大きく外場の影響を受ける．そこで近似的に中のコアはゆがまないとして1電子問題として扱うことにする．摂動論の式 (3.22) (3.23) からわかるように，考えている状態に近いエネルギーをもち，考えている状態との間で摂動エネルギーの行列要素 ((3.23) では

$(H_1)_{mn}$ が 0 でない状態が多くまじってくる．いま考えている 3s 軌道に対しては 3p 軌道がこれにあたる．そこで電場 F (通常用いられる記号 E はエネルギーと間違えやすいので，ここでは F と書くことにする) のあるときの最外殻電子の軌道関数は

$$\psi = c_s \phi_s + c_x \phi_x + c_y \phi_y + c_z \phi_z$$

と書けるとする．$\phi_s, \phi_x, \phi_y, \phi_z$ はそれぞれ 3s, 3px, 3py, 3pz 軌道関数である．電場が外からかけられていないときの 1 電子ハミルトニアンを H_0，摂動すなわち外場との相互作用は

$$V = e\boldsymbol{F} \cdot \boldsymbol{r} \tag{4.1}$$

となる．ϕ_s, ϕ_x 等は H_0 の固有関数であり，次式を満たす．

$$H_0 \phi_s = E_s \phi_s, \qquad H_0 \phi_x = E_p \phi_x, \qquad H_0 \phi_y = E_p \phi_y, \qquad H_0 \phi_z = E_p \phi_z.$$

そこで $\int \psi^* (H_0 + V) \psi d\boldsymbol{r}$ を極小にするように係数 c を決める．いま，電場が z 方向にかけられているとすると，すぐわかるように ϕ_x, ϕ_y は他の軌道関数とはまじらない．これに対し，ϕ_s と ϕ_z とがまじり合う．この混合比を決めるのは永年方程式 ((3.26) 参照) で，いまの場合

$$\begin{vmatrix} E_s - E & eFz_{sp} \\ eFz_{sp} & E_p - E \end{vmatrix} = 0, \qquad z_{sp} = \int \phi_s z \phi_z d\boldsymbol{r} \tag{4.2}$$

であり，これから 2 つの解

$$E = \frac{1}{2} \{ E_s + E_p \pm \sqrt{(E_s - E_p)^2 + 4(eFz_{sp})^2} \}$$

が得られる．$E_s - E_p \neq 0$ で，F が十分小さいとして展開すると

$$E = \begin{cases} E_p + \dfrac{(eFz_{sp})^2}{E_p - E_s} \\ E_s - \dfrac{(eFz_{sp})^2}{E_p - E_s}. \end{cases} \tag{4.3}$$

すなわち，3s 軌道にある電子は電場 F により F^2 に比例したエネルギーの減少を受け，もしまた電子がもともと 3pz 軌道にあったとすると，この簡単化したモデルの範囲では F^2 に比例したエネルギー上昇を受けることがわかる．後者でもっと精度を上げるにはすぐ上にある 4s, 3d などの軌道とのまじり合いを考えなければならない．3px, 3py 軌道ならば，ここでの近似の範囲では

エネルギー変化はない．F に比例するエネルギー変化は，もしあるなら 1 次の摂動計算で出るはずである ((3.21) 式)．しかし，摂動 (4.1) が奇関数 (パリティが奇) であるため，縮退のない 3s 軌道では $\int |\phi_s|^2 V d\boldsymbol{r}=0$ である．3p には 3 つの独立な軌道関数があって縮退しているが，これらをまぜても V の期待値が 0 でない関数はつくられない．それでは F に比例したエネルギー変化は絶対にないかというとそうではない．もし上で扱ったモデルで $E_s=E_p=E_0$ ならば永年方程式の解は

$$E=E_0\pm 2eFz_{\rm sp} \tag{4.4}$$

となり，F に比例したエネルギー変化が見られる．このときのゆがめられた軌道関数は

$$\psi=\frac{1}{\sqrt{2}}(\phi_{\rm s}\pm\phi_{\rm p}) \quad (複号の上は (4.4) の下に対応)$$

で与えられ，3s 軌道と 3pz 軌道が対等にまじったものになっている．現実には水素様原子でエネルギー準位が軌道角運動量量子数 l によらず縮退していることから，これに相当する状況が存在する．

以上のように電場によってエネルギー準位が受ける変化，それに伴うスペクトルの変化を**シュタルク効果** (Stark effect) という．通常 F^2 に比例するが水素様原子では**1 次シュタルク効果**が存在する．水素の場合については項を改めて述べることとし，水素様以外の原子ではエネルギー変化は 2 次摂動論の公式 (3.25) を用いて計算される．この場合，摂動は原子内電子についての和の形で

$$V=e\boldsymbol{F}\cdot\sum_j \boldsymbol{r}_j \tag{4.5}$$

となる．原子の向きについて平均すると (前述のモデルでいえば (4.3) の $z_{\rm sp}^2$ を $(x_{\rm sp}^2+y_{\rm sp}^2+z_{\rm sp}^2)/3=r_{\rm sp}^2/3$ で置き換えることに相当)，エネルギー変化は

$$\begin{aligned}\Delta E&=-\frac{1}{3}\sum_{n(\neq 0)}\frac{\overline{|V_{n0}|^2}}{E_n-E_0}\\ &=-\frac{e^2F^2}{3}\sum_{n(\neq 0)}\frac{\left|\left(\sum_j \boldsymbol{r}_j\right)_{n0}\right|^2}{E_n-E_0}\end{aligned} \tag{4.6}$$

で与えられる．ただし，$n=0$ はいま注目している初期状態 (たとえば基底状態) である．基底状態では E_n-E_0 はすべて正であるから $\Delta E<0$ となり，エ

ネルギーは必ず減少する．

　ここで話を本節のはじめに戻して原子の分極を考えよう．電場 F によって原子には電気双極子モーメント D_{ind} が誘起される．F が弱ければ D_{ind} は F に比例する．

$$D_{\text{ind}} = \alpha F. \tag{4.7}$$

α は**分極率** (polarizability) と呼ばれる[*1]．分子，たとえば直線分子では電場の方向が分子軸方向かそれに垂直な方向かで分極率が変わる．このときは α はテンソルになる．ここでは球対称な原子を考えることにする．原子が0でない全角運動量をもつときはその向きについて平均すれば球対称と同じスカラーの α が得られる．いま，電場をほんのわずか dF だけ増加させたとすると，系のエネルギーは $-D_{\text{ind}} \cdot dF$ だけ変化する．そこで電場が0であったときからある有限な値 F まで増加させたとすると，エネルギー変化は $\Delta E = -\alpha F^2/2$ となる．これを (4.6) とくらべてみると分極率の公式

$$\alpha = \frac{2}{3} e^2 \sum_{n(\neq 0)} \frac{\left| \left(\sum_j r_j \right)_{n0} \right|^2}{E_n - E_0} \tag{4.8}$$

が得られる．

　上式で分極率を計算するとなると n についての無限和を求めなければならない．じつはこの和にはエネルギーの連続固有値の領域についての積分も含まれる．これを実行することは主要な部分だけに限ることができたとしても並大抵のことではない．ここで無限和の計算を回避して正しい答えを出す優れた方法を紹介しよう．それは水素原子の分極率の計算で導入された小谷正雄の方法である[1]．第3章の摂動論の説明で第2次のエネルギー補正の式 (3.25) を出したときは1つ前の式に $\Psi_n^{(0)*}$ をかけて積分した．その結果は

[*1] 電荷については (2.1) の脚注で SI 系と cgs 系の間の数値を含めた変換式を示した．電気双極子モーメント D は電荷×長さであるから，cgs 系で表した数値を D' (cgs) などとして，$D(\text{SI})/4\pi\varepsilon_0 = 10^{-13/2} D'(\text{cgs})$ となる．また，電荷 q と電場 F をかけたものは力となり，力の単位 N から dyn への変換で 10^5 が出るから，$qF(\text{SI}) = q'F'(\text{cgs}) \times 10^{-5}$ となる．これらを組み合わせると，分極率 $\alpha = D/F$ については $\alpha(\text{SI})/4\pi\varepsilon_0 = 10^{-6} \alpha(\text{cgs})$ となる．左辺は m³ 単位，$\alpha(\text{cgs})$ は cm³ 単位で出ているので，10^6 の因子が必要なのである．これは原子の占める体積のおよその値を表している．

[1] 小谷正雄『量子力学』(岩波全書, 1951) pp. 126-8. L. I. Schiff, *Quantum Mechanics*, 3rd edition (McGraw-Hill, 1968) に引用されている．

4.1 静電場のなかの原子

$$E_n^{(2)} = \int \Psi_n^{(0)*} H_1 \Psi_n^{(1)} d\tau \tag{4.9}$$

で，この $\Psi_n^{(1)}$ に (3.22)(3.23) を代入して (3.25) が得られたのである．この (4.9) を見ると，$\Psi_n^{(1)}$ がわかれば $E_n^{(2)}$ が計算できることを示している．それでは (3.22)(3.23) を使わないで $\Psi_n^{(1)}$ を求めることはできないであろうか．この関数を決めるもとの式は (3.17) である．この式を水素の分極にあてはめてみると (1 電子問題なので Ψ でなく ψ と書くことにして)

$$-\frac{\hbar^2}{2m_e}\nabla^2\psi^{(1)} - \frac{e^2}{4\pi\varepsilon_0 r}\psi^{(1)} - E^{(0)}\psi^{(1)} = E^{(1)}\psi^{(0)} - eFz\psi^{(0)}. \tag{4.10}$$

ただし電場は z 方向にかけられているとし，また基底状態とその変形だけを考えるので添字 n は省いた．$\psi^{(0)}$ は水素の基底状態だから $\psi^{(0)} = (\pi a_0^3)^{-1/2}\exp(-r/a_0)$ であることがわかっている．(4.10) の左辺は $\psi^{(0)}$ と直交するので

$$E^{(1)} = \int eFz(\psi^{(0)})^2 d\boldsymbol{r} = 0.$$

次に左辺で $\psi^{(1)} = \sum_{lm} f_{lm}(r) Y_{lm}(\theta, \varphi)$ とおいてみると，Y_{lm} は ∇^2 を作用させても他の $Y_{l'm'}$ には変わらないことと，右辺では $z = r\cos\theta$ により角度は $\cos\theta$ の形でしか入っていないことに注意すると，

$$\psi^{(1)} = f(r)\cos\theta \tag{4.11}$$

の形であることがわかる．これを (4.10) に代入することにより $f(r)$ に対する 2 階の微分方程式が得られる．

$$\frac{d^2 f}{dr^2} + \frac{2}{r}\frac{df}{dr} - \frac{2}{r^2}f + \frac{2}{a_0 r}f - \frac{1}{a_0^2}f = \frac{8\pi\varepsilon_0 F}{ea_0(\pi a_0^3)^{1/2}} re^{-r/a_0}.$$

この式で $f = (Ar + Br^2)\exp(-r/a_0)$ とおき A, B を適当に決めると解になることがわかり，(4.11) が確定する．そこで近似関数 $\psi^{(0)} + \psi^{(1)}$ を用いて双極子モーメント $-ez$ の期待値を計算すると $(9/2)4\pi\varepsilon_0 a_0^3 F$ が得られる．これを αF に等しいとおくことによって水素原子の分極率 α が

$$\frac{\alpha}{4\pi\varepsilon_0} = \frac{9}{2}a_0^3$$

で与えられることがわかる．

この方法を摂動論の応用に広く用いたのは Dalgarno と Lewis である[2]．す

---

[2] A. Dalgarno and J. T. Lewis, *Proc. Roy. Soc.* **A233**, 70 (1955).

なわち 2 次のエネルギーを求めるのに，無限和を避けて $\Psi_n^{(1)}$ に対する微分方程式を解くやり方である．微分方程式はまともに解いてもよいが，そこでしばしば用いられる方法の 1 つに変分摂動法 (variation-perturbation method) というのがある[3]．ここでは分極率の場合のように $E^{(1)}=0$ とすると，試行関数 Ψ_{t} を実数として

$$J(\Psi_\mathrm{t})=\langle\Psi_\mathrm{t}|H_0-E^{(0)}|\Psi_\mathrm{t}\rangle+2\langle\Psi_\mathrm{t}|H_1|\Psi_0\rangle \tag{4.12}$$

とおき，変分法を適用する．すなわち $J(\Psi_\mathrm{t})$ が停留値をもつような関数 Ψ_t を求める．これは (3.17) を解いて $\Psi^{(1)}$ を求めるのと同じである．実際，(4.12) の変分を 0 ($\delta J=0$) とおくと (3.17) で $E^{(1)}=0$ とおいた式になる．

若干の原子の分極率の実例を表 4.1 に示す．励起状態の例としてあげたのは寿命の長い準安定状態にあるヘリウムの場合で，不均一電場のなかを走らせた原子ビーム実験で得られたものである．これらに対応する理論計算も多く行われているが，たとえば R. M. Glover と F. Weinhold (1977) は分極率の上下限を求め，ヘリウムの $2\,^3\mathrm{S}, 2\,^1\mathrm{S}$ に対してそれぞれ 46.86 ± 0.12, 119.04 ± 0.98 (単位は表と同じ) を得ている．実験との一致がよいことがわかる．

表を見ると同じヘリウムでも基底状態の α はきわめて小さいのに励起状態では大変大きくなっている．これは外殻電子の電離エネルギーが際だって小さいことと関係がある．すなわち，励起軌道にある電子は核からの平均距離が大

表 4.1 原子の分極率の例 (10^{-30} m^3 単位での $\alpha/4\pi\varepsilon_0$ の値)

基底状態[a]	H	0.666 793
	He	0.204 956
	Li	24.3
	O	0.802
	Ne	0.395
	Na	23.6
	Ar	1.64
	K	43.4
	Kr	2.48
励起状態[b]	He ($2\,^3$S)	44.6±3
	He ($2\,^1$S)	108±13

a) T. M. Miller and B. Bederson, *Adv. Atom. Mol. Phys.* **13**, 1 (1977).
b) D. A. Crosby and J. C. Zorn, *Phys. Rev.* **A16**, 488 (1977).

---

3) A. Dalgarno and A. L. Stewart, *Proc. Phys. Soc.* **77**, 467 (1961).

きいので原子の中心に向かっての束縛が弱く，外場の影響を大きく受けてしまうのである．Li, Na, K などのアルカリ原子での α が大きいのも同様の理由による．原子番号を変えたとき基底状態にある原子の分極率がどう変化するかは，第6章で振動子分布を論ずるときにもう一度とりあげる．§6.5.1 にそのような図を掲載してあるので見ていただきたい．

以上では球対称原子だけを扱ってきたが，球対称でない状態にある原子，たとえばヘリウムの $1snl$ $(l \neq 0)$ 状態では nl 軌道の磁気量子数 m の値によってエネルギー準位の変化が異なり，電場のないとき1本の準位だったものが電場によって分裂することになる．

本節では静電場中の原子を考えているが，天体プラズマや核融合プラズマなどの例では強い電場はないが強い磁場が存在することがしばしばある．そのようなとき原子が高速で走ると，原子に固定した座標系では相対論によって電場が現れ，したがってシュタルク効果が見られる (motional Stark effect)．

4.1.2　一般静電場中の原子

これまでは電場が弱いとしたが，それほど弱くないときは摂動計算はもっと高次のところまで進める必要があろう．一般に一様電場のなかに原子あるいは分子が置かれたとき，電場が0のときとくらべてエネルギー変化は

$$\Delta E = -D_i F_i - \frac{1}{2!}\alpha_{ij}F_i F_j - \frac{1}{3!}\beta_{ijk}F_i F_j F_k - \frac{1}{4!}\gamma_{ijkl}F_i F_j F_k F_l - \cdots \cdots \quad (4.13)$$

のようになる．1つの項で i や j など繰り返して現れている添字については，それぞれ x, y, z の3成分について和をとるものとする．D は電場をかける前からあった電気双極子モーメント (**永久双極子モーメント**, permanent dipole moment) で原子では 0, α は**分極率**テンソル，β, γ などは**超分極率** (hyperpolarizability) と呼ばれる．第10章で具体例を見ることになるが，粒子系に誘起される双極子の方向は，外場の方向と一致しないことがあり，分極率は一般にはテンソルで表されるのである．He のように球対称の系では電場に関して奇数次の項は 0 となり，

$$\Delta E \simeq -\frac{1}{2!}\alpha F^2 - \frac{1}{4!}\gamma F^4.$$

図 4.1

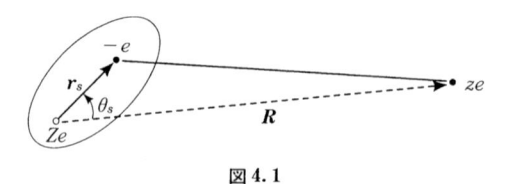

基底状態の He ではおよそ $\gamma/(4\pi\varepsilon_0)^2 = 40 \sim 50\, a_0^7/e^2$ である．

次に電場が一様でないときを考えよう．一般的な記述でなく，点電荷がつくる場のなかに原子を置いた場合を考える．電子やイオンなどの荷電粒子が原子に近づくとき，分極による相互作用が遠方から現れて衝突現象に影響を及ぼす．低エネルギー電子の原子による散乱などではきわめて重要な相互作用である．このように原子の分極によって生ずる力が**分極力**である．点電荷のつくる電場は原子内で一様でないので，以下のような扱いが望ましい．しかし点電荷が十分に遠方にあれば原子内での電場の不均一性はわずかであるから，一様電場による分極が主要部分を占める．

点状の電荷を ze とし，原子核の電荷を Ze とする．核を原点にとって原子内 s 番目の電子の位置ベクトルを $\bm{r}_s$ とし，点電荷の位置を $\bm{R}$ とする．原子と点電荷の相互作用のポテンシャルは

$$V = \frac{zZe^2}{4\pi\varepsilon_0 R} - \sum_{s=1}^{N} \frac{ze^2}{4\pi\varepsilon_0 |\bm{r}_s - \bm{R}|}$$
$$= \frac{z(Z-N)e^2}{4\pi\varepsilon_0 R} - \frac{ze^2}{4\pi\varepsilon_0} \sum_{l=1}^{\infty} \sum_{s=1}^{N} \frac{r_s^l}{R^{l+1}} P_l(\cos\theta_s). \tag{4.14}$$

ただし，電荷 ze は原子の電子雲の外にあるとして r_s/R につき展開した．θ_s は $\bm{r}_s$ と $\bm{R}$ のなす角である．これを用いて二次摂動論を適用すると，エネルギー変化は

$$\Delta E = -\left(\frac{ze}{4\pi\varepsilon_0}\right)^2 \sum_{l=1}^{\infty} \frac{\alpha_l}{2R^{2l+2}} \tag{4.15}$$

の形に書ける．α_l は**多極分極率** (multipole polarizability) と呼ばれ，とくに $\alpha_1, \alpha_2, \alpha_3$ は双極分極率，四極分極率，八極分極率と呼ばれる．先に求めた (4.8) は**双極分極率** (dipole polarizability) である．

4.1.3 水素様原子のシュタルク効果

この場合は，シュレーディンガー方程式は変数分離できる．それには放物線座標

$$\xi = r+z, \qquad \eta = r-z, \qquad \varphi = \tan^{-1}\frac{y}{x} \tag{4.16}$$

を用いる．逆にこの座標を用いて x, y, z を書き表すと

$$x=\sqrt{\xi\eta}\cos\varphi, \quad y=\sqrt{\xi\eta}\sin\varphi, \quad z=\frac{1}{2}(\xi-\eta), \quad r=\frac{1}{2}(\xi+\eta) \tag{4.17}$$

となる．ラプラシアンは

$$\nabla^2 = \frac{4}{\xi+\eta}\frac{\partial}{\partial \xi}\left(\xi\frac{\partial}{\partial \xi}\right) + \frac{4}{\xi+\eta}\frac{\partial}{\partial \eta}\left(\eta\frac{\partial}{\partial \eta}\right) + \frac{1}{\xi\eta}\frac{\partial^2}{\partial \varphi^2}. \tag{4.18}$$

電場が z 方向であるとして，ポテンシャルエネルギーは

$$V = eFz = \frac{1}{2}eF(\xi-\eta). \tag{4.19}$$

以下，簡単のために原子単位を用いることにすると，$eF = (e/\sqrt{4\pi\varepsilon_0}) \times \sqrt{4\pi\varepsilon_0}F$ で，電荷の1原子単位 $e/\sqrt{4\pi\varepsilon_0}$ が1とおかれるので，以下 $\sqrt{4\pi\varepsilon_0}F$ を F' と書くことにすると，波動方程式は

$$\left(-\frac{1}{2}\nabla^2 - \frac{Z}{r} + F'z\right)\psi = E\psi$$

となる．ここで(4.16)(4.17)(4.18)を用いると

$$\frac{\partial}{\partial \xi}\left(\xi\frac{\partial \psi}{\partial \xi}\right) + \frac{\partial}{\partial \eta}\left(\eta\frac{\partial \psi}{\partial \eta}\right) + \left(\frac{1}{4\xi} + \frac{1}{4\eta}\right)\frac{\partial^2 \psi}{\partial \varphi^2}$$
$$+ \left[\frac{1}{2}E(\xi+\eta) + Z - \frac{1}{4}F'(\xi^2-\eta^2)\right]\psi = 0. \tag{4.20}$$

この式は

$$\psi = u_1(\xi)u_2(\eta)\exp(im\varphi), \qquad Z = Z_1 + Z_2 \tag{4.21}$$

とおくことにより変数分離できる．

$$\frac{d}{d\xi}\left(\xi\frac{du_1}{d\xi}\right) + \left(\frac{1}{2}E\xi + Z_1 - \frac{m^2}{4\xi} - \frac{1}{4}F'\xi^2\right)u_1 = 0, \tag{4.22 a}$$

$$\frac{d}{d\eta}\left(\eta\frac{du_2}{d\eta}\right) + \left(\frac{1}{2}E\eta + Z_2 - \frac{m^2}{4\eta} + \frac{1}{4}F'\eta^2\right)u_2 = 0. \tag{4.22 b}$$

$u_1(\xi) = U_1(\xi)/\sqrt{\xi}$ などとおけば1階微分を消すことができる．この2式は F' の前の符号が変わっている他はまったく同じ形である．E, F' を与えるとこれ

らを解いて Z_1, Z_2 が決まる．ところが $Z_1+Z_2=Z$ でなければならないという条件があるので，E と F' の関係が出る．すなわち F' の関数としてエネルギーが決まる．

(4.22 a, b) は数値的に解いてもよいが，ここでは摂動論を用いる．途中は省略して結果を書くと，まず $F'=0$ として (4.22 a) から

$$Z_1^{(0)} = \left(n_1 + \frac{|m|+1}{2}\right)\varepsilon, \qquad \text{ただし } \varepsilon = \sqrt{-2E}. \qquad (4.23)$$

固有関数は

$$u_1(\xi) = \frac{(n_1!)^{1/2}}{(n_1+|m|)^{3/2}} \exp\left(-\frac{1}{2}\varepsilon\xi\right) \xi^{\frac{1}{2}|m|} \varepsilon^{\frac{1}{2}(|m|+1)} L_{n_1+|m|}^{|m|}(\varepsilon\xi). \qquad (4.24)$$

ここに $n_1=0, 1, 2, \cdots$ は量子数である．また $L_\beta^\alpha(x)$ はラゲール陪多項式 [(2.41)式] である．これを利用して F' が 0 でないときの Z_1 の補正を F' について 1 次まで求めると

$$Z_1^{(1)} = \int_0^\infty \left(\frac{1}{4}F'\xi^2\right) u_1^2 d\xi$$
$$= \frac{1}{4}F'\frac{1}{\varepsilon^2}(6n_1^2 + 6n_1|m| + m^2 + 6n_1 + 3|m| + 2). \qquad (4.25)$$

同様に (4.22 b) を解いて $Z_2^{(0)}, Z_2^{(1)}$ を求める．結局，次式が得られる．

$$Z = Z^{(0)} + Z^{(1)} = (Z_1^{(0)} + Z_2^{(0)}) + (Z_1^{(1)} + Z_2^{(1)})$$
$$= \varepsilon n + \frac{3}{2}\frac{F'}{\varepsilon^2}(n_1-n_2)n. \qquad (4.26)$$

n_2 は (4.22 b) を解くときに出てくる n_1 に対応した量子数で，n は

$$n = n_1 + n_2 + |m| + 1 \qquad (4.27)$$

で与えられる．(4.26) を ε について解くと，F' の 1 次の項まででは

$$\varepsilon = \frac{Z}{n} - \frac{3}{2}F'\left(\frac{n}{Z}\right)^2 (n_1-n_2)$$

となる．したがって，エネルギー E は F' の 1 次までで

$$E = -\frac{1}{2}\varepsilon^2 = -\frac{1}{2}\frac{Z^2}{n^2} + \frac{3}{2}\frac{F'n}{Z}(n_1-n_2). \qquad (4.28)$$

ここまでの範囲ではエネルギーは m によらない．この式の第 1 項は $F'=0$ のときの値であるが，すでに第 2 章でわかっている値とくらべてみると n が主量子数になっていることがわかる．(4.27) から，m の値は $|m|=0, 1, \cdots, n-1$

の範囲に限られる．n_1, n_2 もそれぞれ $0, 1, \cdots, n-|m|-1$ の範囲にあることがわかる．

(4.28) の第2項を最も大きくするには $n_1=n-1$, $n_2=0$, 最も小さくするには $n_1=0$, $n_2=n-1$ ととればよい．この2つの場合の差は $3F'n(n-1)/Z$ となり，n が大きいところではほぼ n^2 に比例して大きくなる．これは n が大きいほど軌道関数の広がりが大きくなり，その両端での電位差が大きいことを反映している．

同様に F'^2 に比例する2次シュタルク効果の項を求めるには2次摂動論を用いて $Z^{(2)}$ を求めればよい．その結果を (4.26) に加えると

$$E = -\frac{Z^2}{2n^2} + \frac{3}{2}F'\frac{n}{Z}(n_1-n_2)$$
$$-\frac{1}{16}F'^2\left(\frac{n}{Z}\right)^4[17n^2-3(n_1-n_2)^2-9m^2+19]. \quad (4.29)$$

基底状態 (1s) なら，$n=1$, $n_1=n_2=m=0$ となるので，2次シュタルク効果を表す上式の第3項は $-(9/4)F'^2$ となる．これを $-(1/2)\alpha F^2$ に等しいとおくと，再び分極率 α が求められる．なお，基底状態では1次シュタルク効果はない．

§4.1.1 でのモデル計算のように水素様原子のエネルギー準位が方位量子数 l によらず縮退していることが1次シュタルク効果が現れる原因である．現実の原子では相対論効果やラムシフトによって縮退が解けているが，それによるエネルギー差が小さいので，電場 F による効果がよほど小さくないかぎり縮退していると見て扱って大きな間違いはない．

4.1.4 電場による電離

以上では電場が弱いとして摂動論によってエネルギーの変化を見積もった．しかし，これでもう問題がすべて解決したわけではない．たとえば z 方向に一様電場がかかっているとしよう．摂動エネルギーは1電子あたり eFz である．これは z 座標を負の方向で遠くにもっていけばいくらでも大きな負の値になる．簡単のため電子が1個しかない水素様原子で考えると，もともとある核からのクーロン引力ポテンシャル $-Ze^2/4\pi\varepsilon_0 r$ に電場の影響を加えると

図 4.2

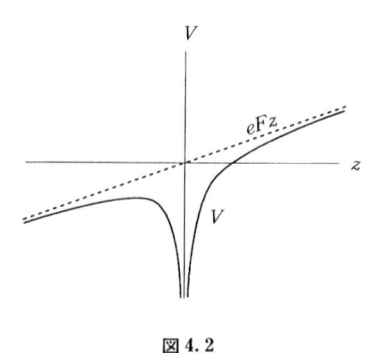

$$V = -\frac{Ze^2}{4\pi\varepsilon_0 r} + eFz.$$

これは z 軸上では図 4.2 のような形になり，z の負の側で $z^2 = Ze/4\pi\varepsilon_0 F$ のところに極大をもち，そこでのポテンシャルの値は $V = -2\sqrt{Ze^2 \cdot eF/4\pi\varepsilon_0}$ である．もともと水素様原子ではエネルギー 0 のすぐ下に無数の束縛状態があったが，電場がかかってこのようなポテンシャルになると，そのすべてがもはや安定な状態ではありえなくなり，いわば z の負の側にこぼれ落ちてしまう．量子力学によれば最も低いところにある束縛状態でさえも厳密には安定状態といえない．それはトンネル効果によってポテンシャル障壁を透過してしまうからである．このようにして十分強い電場がかかれば原子は電離する可能性をもつ (電場による電離，field ionization)．しかし，基底状態や低い励起状態では，トンネル効果によって電離するまでの平均寿命は我々の日常的な時間のスケールにくらべてはるかに長いものになってしまうので，事実上電離は無視され，前述のようにエネルギー準位のシフトや分裂だけが関心の対象となるのである．

4.2 静磁場のなかの原子

4.2.1 ゼーマン効果

原子は永久電気双極子モーメントをもたないので，電場をかけても (特殊な事情にある水素様原子を除く) その影響は摂動論の 2 次以上でしか現れない．

これに反し，磁気双極子をもつ原子は珍しくないから，磁場をかけたときの影響は1次で現れスペクトル線の分裂となって観測される．これが**ゼーマン効果** (Zeeman effect) である．

一様磁場（磁界）を考えよう．磁束密度 $\boldsymbol{B}$ は

$$\boldsymbol{B} = \nabla \times \boldsymbol{A} \tag{4.30}$$

によってベクトルポテンシャル $\boldsymbol{A}$ と結びついている．この関係を満たす $\boldsymbol{A}$ の具体的な形として通常用いられているのは位置ベクトルを $\boldsymbol{r}$ として

$$\boldsymbol{A} = \frac{1}{2} \boldsymbol{B} \times \boldsymbol{r} \tag{4.31}$$

である．とくに磁場方向に z 軸を選べば，ベクトルポテンシャルの3成分は $\left(-\frac{1}{2}yB_z, \frac{1}{2}xB_z, 0\right)$ である．磁場を理論式に導入するには波動方程式において (2.73) のように $\boldsymbol{p} \longrightarrow \boldsymbol{p} - q\boldsymbol{A}$ とおく．粒子の電荷 q はいまの場合 $q = -e$ である．ここでは中心力ポテンシャル $V(r)$ のなかの1電子問題を考えよう．シュレーディンガー方程式は

$$\left(-\frac{\hbar^2}{2m_e}\nabla^2 - i\frac{e\hbar}{m_e}\boldsymbol{A}\cdot\nabla + \frac{e^2}{2m_e}\boldsymbol{A}^2 + V(r)\right)\psi = E\psi \tag{4.32}$$

となる．左辺第2項は

$$\frac{e}{2m_e}\boldsymbol{B}\times\boldsymbol{r}\cdot(-i\hbar\nabla) = \frac{e}{2m_e}\boldsymbol{B}\cdot\boldsymbol{r}\times\boldsymbol{p} = \frac{e}{2m_e}\boldsymbol{B}\cdot\boldsymbol{l}\hbar$$

と書けるから，軌道角運動量 $\boldsymbol{l}\hbar$ をもつ電子は

$$\boldsymbol{M} = -\mu_B \boldsymbol{l} \tag{4.33}$$

という磁気モーメントをもつことがわかる．μ_B は (2.80) で与えられるボーア磁子である（このことはすでに §2.5.2 でも述べた）．古典的に考えても，軌道運動をする電子はその周期より十分長い時間にわたって見れば，閉じた電流と同じことで磁気モーメントができることは容易に理解できる．磁場が比較的弱いとすれば (4.32) で $\boldsymbol{A}^2$ を含む項は無視できる[*1]．磁場の問題で忘れてはならないものに電子スピンに伴う磁気モーメント (2.93) がある．それに加えてスピン・軌道相互作用を表す

[*1] B をテスラ単位で表せば，$\boldsymbol{A}^2$ の項は $\boldsymbol{A}$ を一次で含む項のおよそ $B \times 10^{-6}$ 倍である [10]．

$$\frac{\hbar^2}{2m_e^2 c^2 r}\frac{dV}{dr}\boldsymbol{l}\cdot\boldsymbol{s} \tag{4.34}$$

((2.82) 式の第 4 項. 以下これを簡単のため $\xi(r)\boldsymbol{l}\cdot\boldsymbol{s}$ と書くことにする) を取り入れることにしよう. これらと並ぶ相対論効果 ((2.82) の p^4 の項や，Darwin 項と呼ばれる末項) は磁気作用の大勢には影響がないので省略することにしよう. 以上により，磁場のあるときの 1 電子系の波動方程式は

$$\left(-\frac{\hbar^2}{2m_e}\nabla^2+\mu_B(\boldsymbol{l}+2\boldsymbol{s})\cdot\boldsymbol{B}+\xi(r)\boldsymbol{l}\cdot\boldsymbol{s}+V(r)\right)\psi=E\psi \tag{4.35}$$

となる. $2\boldsymbol{s}$ の係数 2 は §2.5.2 で触れたように正確にはわずかに 2 より大きい値 g_e にしなければいけないが，ここではその補正を無視して式を書く.

多電子系，たとえば 2 電子系を例にして (4.35) を拡張すれば

$$\left(-\frac{\hbar^2}{2m_e}(\nabla_1^2+\nabla_2^2)+\mu_B(\boldsymbol{L}+2\boldsymbol{S})\cdot\boldsymbol{B}+\xi(r_1)\boldsymbol{l}_1\cdot\boldsymbol{s}_1 \right.$$
$$\left. +\xi(r_2)\boldsymbol{l}_2\cdot\boldsymbol{s}_2+V(r_1)+V(r_2)+\frac{e^2}{4\pi\varepsilon_0 r_{12}}\right)\psi=E\psi. \tag{4.36}$$

ここで

$$\boldsymbol{L}=\boldsymbol{l}_1+\boldsymbol{l}_2, \qquad \boldsymbol{S}=\boldsymbol{s}_1+\boldsymbol{s}_2. \tag{4.37}$$

同じ近似でさらに多数の電子をもつ原子へ拡張することは容易であろう. 相対論的にするには (3.88) のように 1 電子部分だけを Dirac の表式に書き直し，それに電子間のクーロン斥力ポテンシャルを加えればよい.

外場による原子エネルギーの変化は，(4.35) (4.36) などの左辺第 2 項で与えられるが，2 電子の場合なら (4.37) を用いて

$$\Delta E=\mu_B(\boldsymbol{L}+2\boldsymbol{S})\cdot\boldsymbol{B}=\mu_B(M_L+2M_S)B \tag{4.38}$$

である. ただし，M_L, M_S は $\boldsymbol{L}, \boldsymbol{S}$ の $\boldsymbol{B}$ 方向成分の大きさを表す量子数である. (4.38) は原子が磁気モーメント

$$\boldsymbol{M}=-\mu_B(\boldsymbol{L}+2\boldsymbol{S}) \tag{4.39}$$

をもつ磁石のように振る舞うことを示している.

まず，簡単のため，スピンの存在を無視し，上式で $S=0$ とおいてみよう. 磁場が弱ければ合成軌道角運動量の大きさ L は一定に保たれると考えてよいだろう (L の変化は一般に電子系のエネルギー変化を伴い，摂動論的に考えて弱い磁場では起こりにくい). そこでエネルギー変化は

$$\Delta E = \mu_B M_L B, \qquad M_L = -L, -L+1, \cdots, L$$

のように，原子全体が磁場のなかでどちらを向くかの違いに応じて，$2L+1$ 通りのエネルギー準位への分裂を伴う．後に述べるように，光の吸収・放出によって生ずる電子状態の遷移：$(\alpha, L, M_L) \Longleftrightarrow (\alpha', L', M_L')$（$\alpha$ は L, M_L 以外で状態指定に必要な量子数全体）では M_L の変化は $\Delta M_L = M_L' - M_L = 0, \pm 1$ に限られる（選択則）．したがって，磁場がないとき $(\alpha, L) \Longleftrightarrow (\alpha', L')$ に相当して1本であったスペクトル線は磁場 B に比例する $\mu_B B$ をエネルギー間隔とした3本のスペクトル線に分裂する．これが **正常ゼーマン効果** (normal Zeeman effect) と呼ばれるものである．しかし，現実の原子スペクトルの多くは磁場のなかでもっと複雑な変化を受ける．これらは一般に **異常ゼーマン効果** (anomalous Zeeman effect) と呼ばれ，それを理解するにはスピンの存在を考慮に入れなければならない．

スピン・軌道相互作用があると合成軌道角運動量 $\boldsymbol{L}$ と合成スピン $\boldsymbol{S}$ とは無関係ではない．それらをベクトル的に合成した全角運動量

$$\boldsymbol{J} = \boldsymbol{L} + \boldsymbol{S} \tag{4.40}$$

だけが一定に保たれる．$\boldsymbol{L}$ や $\boldsymbol{S}$ の大きさは一定と見てよいとすると（厳密ではないが原子番号の小さい原子ではかなりよい近似），$\boldsymbol{L}, \boldsymbol{S}, \boldsymbol{J}$ で一定の形，大きさの三角形がつくられ，$\boldsymbol{J}$ が決まった方向のベクトルなので，$\boldsymbol{L}, \boldsymbol{S}$ は $\boldsymbol{J}$ のまわりを回転することになる．一種の歳差運動 (precession) である．これが古典的に考えた原子のモデルになる．このような原子が一様磁場内に置かれたとき，どのようなエネルギー変化が生ずるかを調べなければならない．

量子力学では全軌道角運動量 $\boldsymbol{L}$ をもつ状態は，その z 成分 M_L の値に応じて $\psi(L, M_L)$ $(M_L = -L, -L+1, \cdots, +L)$ のような $2L+1$ 通りの関数の1つまたはその組み合わせで表される．一方，全スピン $\boldsymbol{S}$ の状態も $\phi(S, M_S)$ $(M_S = -S, -S+1, \cdots, +S)$ のような $2S+1$ 個の関数で表される．全角運動量が J，その z 成分が M_J であるような電子状態 $\Psi(J, M_J)$ は $(2L+1)(2S+1)$ 個の積

$$\psi(L, M_L)\phi(S, M_S)$$

の適当な一次結合として表される．そのような関数が得られたら，それを0次の波動関数として，(4.38) の期待値を計算することでエネルギー変化，つまりゼーマン効果の大きさを求めることができる．このような量子力学における

角運動量合成の数学的取り扱いについては，後に一般の原子の章で説明することにする．ここでは，はじめての人に近づきやすい，**ベクトル模型**と呼ばれる方法によって同じ結論を導くことにする．まず，磁気モーメント M のうち全角運動量 J に垂直な成分は前記の歳差運動によって平均して 0 となるから，J に平行な成分 $M_\parallel$ だけが観測にかかる磁気モーメントを与える．それは以下のようにして求められる．

$$M_\parallel = \left(M \cdot \frac{J}{|J|}\right)\frac{J}{|J|} = \frac{M \cdot J}{J^2}J.$$

ここに

$$M = -\mu_B(L + 2S), \tag{4.41}$$

を代入すると

$$\begin{aligned}M_\parallel &= -\mu_B \frac{J}{J^2}[(L\cdot J) + 2(S\cdot J)] \\ &= -\mu_B \frac{J}{J^2}\left[\frac{1}{2}(-S^2 + L^2 + J^2) + (-L^2 + S^2 + J^2)\right] \\ &= -\mu_B\left[\frac{3}{2} + \frac{S^2 - L^2}{2J^2}\right]J.\end{aligned}$$

ここで量子論へ移り，L^2 を $L(L+1)$ に置き換えるなどの対応づけを行うと求める公式

$$\left.\begin{aligned}M_\parallel &= -\mu_B\left[\frac{3}{2} + \frac{S(S+1) - L(L+1)}{2J(J+1)}\right]J \\ &\equiv -\mu_B g J\end{aligned}\right\} \tag{4.42}$$

が得られる．この g は **Landé の g 因子**である（§2.5.2 参照）．ここまでは磁場を無視して原子内角運動量の合成だけを見てきた．L と S が J をつくっている結合をこわすほどには磁場が強くないと考えてのことである．原子は J 方向に (4.42) のような大きさのモーメントをもつ磁気双極子（すなわち磁石）になっていることがわかった．このような原子を磁場内に入れると，電子系は力を受け J はもはや一定方向を維持できない．しかし**ラーモアの定理** (Larmor theorem) として知られているように，J は磁場方向を軸として歳差運動を行い，その磁場方向の成分は保存される．(4.42) に戻って $L=0$ では $g=2$，$S=0$ では $g=1$ であるが，一般には (L, S) の値によりエネルギー準位の分裂

$$\Delta E = M_\parallel \cdot B = \mu_B g M_J B, \qquad M_J = -J, -J+1, \cdots, +J \tag{4.43}$$

4.2 静磁場のなかの原子

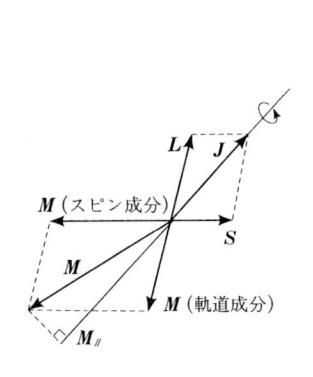

図 4.3 角運動量および磁気モーメントの合成

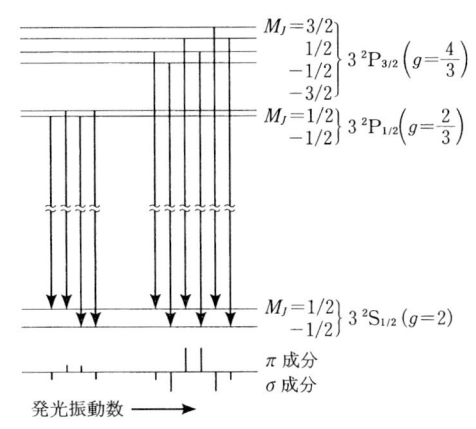

図 4.4 Na D 線のゼーマン効果
D_1 線 (空気中の波長 589.592 nm), D_2 線 (588.995 nm) がそれぞれ 4 本, 6 本に分かれる状況の説明図. π, σ 成分については本文参照.

の間隔 $\mu_B g B$ が変わる. これが異常ゼーマン効果をもたらす. ただし, M_J は J の磁場方向の成分を表す. もともと磁気モーメント (4.41) で見られるように軌道運動とスピンとが 2 だけ異なる重みで寄与していることが異常ゼーマン効果の原因である (図 4.3 参照).

なお, すでに述べたように, 電子 1 個のスピンの g 因子は 2 とはわずかに異なる. これを g_e と書くと, Landé の式を精密化したものは次のようになる.

$$\left.\begin{aligned}\Delta E &= \mu_B g M_J B \\ g &= 1 + (g_e - 1)\frac{S(S+1) - L(L+1) + J(J+1)}{2J(J+1)}\end{aligned}\right\} \quad (4.44)$$

以下とくに断らなければ $g_e = 2$ の近似を用いる.

光の吸収・放出では M_J の変化は $\Delta M_J = 0, \pm 1$ の範囲に限られるが (選択則), 始状態, 終状態の g 因子は一般に異なる値をもつので, 観測されるスペクトル線も複雑な分裂を示すのである. 例として Na 原子の出す D 線 (ナトリウムランプから出る発光の主要成分[*2]) の場合を図 4.4 に示す. Na 原子は 11

[*2] 19 世紀初期にドイツの物理学者 J. Fraunhofer は太陽スペクトル中に多数の黒線を発見した. 太陽大気および地球大気による吸収線である. 主な線には波長の長い方から順に A, B, C, … のように記号が割り当てられている. Na による吸収線が D に相当し, 分解能を高めると 2 本に分かれ D_1, D_2 と呼ばれる.

個の電子をもつが，最外殻にある 1 個の電子が他の電子と核がつくる球対称電荷分布のまわりを回っていて，D 線はこの外殻電子が 3p 軌道から 3s 軌道へ飛び降りるときに出す光である．3p にある電子は軌道角運動量の大きさ ($L=$)$l=1$ とスピンの大きさ ($S=$)$s=1/2$ の組み合わせで ($J=$)$j=1/2, 3/2$ の 2 通りが可能．それぞれ磁場によって 2，4 本のエネルギー準位に分かれる．一方，終状態 3s は $l=0, j=s=1/2$ で，2 本に分かれている．図では許された遷移を矢印で示してある．ついでに図の下方に π 成分，σ 成分の区別を示した．図示した短い線分は各スペクトル線の強度に比例するように描かれている．**π 成分** (parallel components ともいう) は $\Delta M_J=0$ に相当する遷移で，**σ 成分** (perpendicular components ともいう) は $\Delta M_J=\pm 1$ に対応する．ΔM_J の違いは出てくる光子のかたよりや出ていく方向分布に影響する．π 成分では磁場に平行な方向から見ると観測されず，磁場に垂直な方向からは直線偏光に見える．一方，σ 成分は磁場方向では円偏光，垂直方向では直線偏光に見える．

さて，以上の議論では原子核は単に点電荷と見てきたが，核によっては角運動量が 0 でないものもある．これを $I\hbar$ と書くことが多い．核は複合粒子であるが，1 つの粒子のように見なして，**核スピン**と呼ぶのが習わしとなっている．核スピンに伴って核が磁気モーメントをもつので磁場との相互作用が生ずる．この直接作用は核外電子群と磁場との相互作用にくらべてきわめて小さいものでしばしば無視されるが，核スピンが核外電子群の全角運動量 $J\hbar$ と結びついて原子の全角運動量 $F\hbar$ を与えることは考慮する必要がある．

$$J+I=F, \quad F^2 \longrightarrow F(F+1); \quad F=|I-J|, |I-J|+1, \cdots, I+J. \quad (4.45)$$

外磁場が J と I の結びつきをこわすほどに強くないときは，原子は量子数 F で決まる強さをもつ磁石のように振る舞い，磁場のなかでのその向きに応じて以下のようなエネルギーをもつ (M_F は F の磁場方向の成分を表す量子数)．

$$\Delta E=\mu_B g_F M_F B, \quad M_F=-F, -F+1, \cdots, +F, \quad (4.46)$$

$$g_F = g\frac{F(F+1)+J(J+1)-I(I+1)}{2F(F+1)}.$$

g は Landé の g 因子である．g にかかっている因子は，古典的に書けば $(F^2+J^2-I^2)/2F^2$ で，ベクトル J と F のなす角の cosine である．ここでのモデルでは電子系の磁気モーメントは実質的に J 方向を向いている．ところが核

スピンとの結合によって J も原子の全角運動量 F のまわりを歳差運動することになるので，有効磁気モーメントは前に出したものの F 方向への射影になるのである．以上が弱い磁場によるゼーマン効果におけるスペクトルの超微細構造である．(4.45) で与えられる F の値の数だけエネルギー準位がわずかに分裂するものである．以下，本節では簡単のため核スピンを無視することにしよう．

いままでのところでは，原子番号があまり大きくなくて，量子数 L, S がほぼ確定した値をもち，それらの結合で全角運動量 J が決まると考えてきた．このような角運動量合成は **LS 結合** (LS coupling) または **ラッセル-ソンダーズ結合** (Russell-Saunders coupling) と呼ばれる方式である．原子番号が大きくなるにつれてスピン・軌道相互作用が強くなり，やがてクーロン力よりも重要になる．そこまでくると，電子群の軌道角運動量の合成，スピンの合成が行われる前に，個々の電子の軌道角運動量とスピンとが強く結びついてその電子の全角運動量 $j\hbar$ をつくる．それらがさらに結びついて電子系の全角運動量 $J\hbar$ が決まることになる．

$$j_1 + j_2 + \cdots\cdots + j_N = J \quad (N\text{ は原子内電子数}). \tag{4.47}$$

これを **jj 結合** (jj coupling) という．ゼーマン効果もそのような枠組みで計算されなければならない．原子番号の中間領域ではクーロン力とスピン・軌道相互作用が同じ程度に重要である．ここは中間結合の領域と呼ばれる．これらの場合にもエネルギー変化を (4.43) の形に書くことはできるが，g の公式は Landé のものとは違ってくる．

最後に $L=S=0$ であるような原子について触れておこう．そのような原子では本節で述べてきたようなゼーマン効果が現れない．そのときは，(4.32) のあとの議論では無視してきた A^2 を含む項が重要になる．磁場方向に z 軸を選べばエネルギー変化は

$$\Delta E = \frac{e^2 A^2}{2m_e} = \frac{e^2 B^2}{8m_e} \sum_{i=1}^{N} (x_i^2 + y_i^2).$$

和は原子内電子についてのものである．電子の分布は球対称と考えられるから向きで平均して

$$\Delta E = \frac{1}{2} \frac{e^2 B^2}{6m_e} \sum_i \langle r_i^2 \rangle$$

となる．一様電場のなかに置かれた球対称原子のエネルギー変化 $-(1/2)\alpha F^2$ に相当して

$$\Delta E = -\frac{1}{2} \chi H^2 \tag{4.48}$$

とおけば，これは磁場 H によって磁気双極子モーメント χH が誘起されたことを意味し，χ は**磁化率**(magnetic susceptibility)といわれる．$B = \mu_0 H$ であるから (μ_0 は真空中の透磁率)，上の 2 式から

$$\chi = -\frac{\mu_0^2 e^2}{6m_e} \sum_i \langle r_i^2 \rangle \tag{4.49}$$

が得られる．χ が負であるということは磁場と反対方向の磁気モーメントを生ずるということで，**反磁性**(diamagnetism)と呼ばれる．磁気モーメントが 0 でない原子でもこのような効果が存在するが，すでに述べた 1 次効果にくらべてはるかに小さいので，通常反磁性の寄与は無視される．

なお，このように A^2 の程度の量を考慮に入れるのであれば，(4.32)左辺の第 2 項($A \cdot \nabla$ を含む項)の 2 次摂動計算から出る効果も取り入れる必要があろう．そのようにしたとき磁化率への追加項は，励起状態 (n) についての和

$$\sum_{n(\neq 0)} \frac{|\langle n|L|0\rangle|^2}{E_n - E_0}$$

に比例し，常磁性を与える．じつは，原子の場合，この寄与は 0 になることが示され，(4.49) だけでよいことになるが，分子の場合は無視できない寄与を与える．

4.2.2 パッシェン-バック効果

ここまでのところ，磁場は十分に弱いとしてきた．もし磁場がもっと強くなるとどのような違いが生ずるだろうか．例として図 4.4 を見よう．$3\,^2P_{1/2}$, $3\,^2P_{3/2}$ はもともとかなり接近している (磁場 0 のときの間隔は 0.0021 eV)．磁場によってそれぞれ 2, 4 本に分裂しそれぞれ上下に広がっていくから，やがて両成分は入りまじるようになる．これは，外磁場と原子の磁気的相互作用が原子内スピン・軌道相互作用と同程度の強さになったことを意味する．この強さ

になるまで弱磁場の理論式を延長して使うことはじつは正しくない．もっと一般的な取り扱いが必要となる．どのような変化をするか見当をつけるには，厄介な領域を飛び越えて外磁場がさらに強くなり，スピン・軌道相互作用がそれにくらべて近似的に無視できるくらいのところまでいったと考えるとよい．すると L と S はもはや一体となって (J に合成されて) 磁場と結びつくのでなく，それぞれ勝手に外磁場と結びつくようになる．この場合も全角運動量の z 成分 (磁場方向を量子化軸に選んである) はよい量子数になる．$M_L=1, 0, -1$, $M_S=1/2, -1/2$ の組み合わせで

$$M_J = \frac{3}{2}, \ \frac{1}{2}, \ -\frac{1}{2}, \ -\frac{3}{2}$$

の4通りの値が可能である．しかし，光の吸収・放出，とくに光学的許容遷移と呼ばれる主要な遷移 (後節で述べる) では $\Delta M_S = 0$ であるから，M_L の変化だけを考えればよく，前に述べた正常ゼーマン効果を示すようになる．

異常ゼーマン効果が現れる弱磁場から正常ゼーマン効果を示す強磁場への，エネルギー準位，したがってスペクトルの構造変化は，通常**パッシェン-バック効果** (Paschen-Back effect) と呼ばれる．それを具体的に見るには，原子内のクーロン力，スピン・軌道相互作用，外磁場との相互作用のすべてを含めた波動方程式を解く (ハミルトニアンを対角化する) 必要がある．外磁場との相互作用 $\mu_B(\boldsymbol{L}+2\boldsymbol{S})\cdot\boldsymbol{B}$ は M_L, M_S したがってそれらの和 M_J を変えることがないから，同じ M_J をもつ関数の間のまじり合いを考えれば十分である．ところ

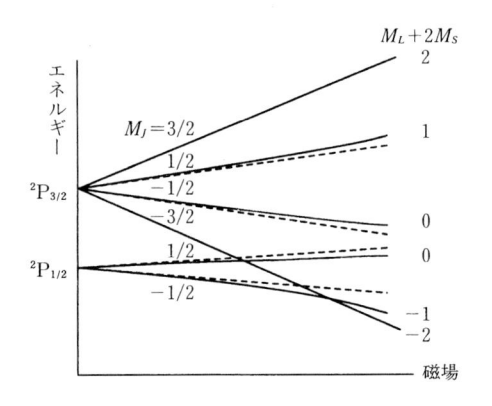

図 4.5 パッシェン-バック効果

が，4通りの M_J のうち，$M_J=3/2, -3/2$ はまじる相手がないからそれらの状態のエネルギー変化 ΔE は外磁場 B に比例して正または負の大きな値になっていくことがわかる．これに反し $M_J=1/2, -1/2$ の状態は $^2P_{1/2}$ から出たものと $^2P_{3/2}$ から出たものがまじり合い複雑な変化を示す．その傾向は図 4.5 に例示してある．実線が現実のエネルギー曲線で，上述のように $M_J=\pm 3/2$ では直線になる．これに反し，$M_J=\pm 1/2$ ではそれぞれ 2 つの状態がまじり合う結果，同じ M_J をもつ一対の上の方は破線（弱磁場理論式を延長したもの）より上側へ，下の方は破線より下側へとはずれていく様子が認められる．

4.2.3 きわめて強い磁場中の原子[4]

磁場がさらに強くなって原子内クーロン力以上になると，電子の軌道関数は外場のないときと著しく違うものになることは容易に予想されるであろう．10^5 T（ガウス単位系では 10^9 G）の磁場に 1 ボーア磁子 μ_B の磁石を置くとき，相互作用は 5.8 eV に達する．これは原子内電子（多電子系では外殻電子）の束縛エネルギーと同程度である．したがって，これ以上の強さの磁場があれば原子は著しく変形するに違いない．高励起状態にある原子では電子の束縛エネルギーがずっと小さくなるから，もっと弱い磁場でも顕著な変形が見られるであろう．宇宙にある中性子星の表面には上述の値よりずっと大きな磁場があるといわれる．したがって，そのような極端に強い磁場のなかの原子の様子を知ることが現実に必要となってきている．

順序としてきわめて強い一様磁場のなかに 1 個の電子を置いたときの状態を見ておこう．磁場を z 方向に選ぶと，z 方向の運動は自由粒子と同じであるから 1 次元の自由電子の運動と思ってよい．x, y 方向ではよく知られているように古典論では円運動になる．その角振動数は

$$\omega=\frac{eB}{m_e} \tag{4.50}$$

で**サイクロトロン振動数**(cyclotron frequency)として知られている．量子力学に移ると，この円運動に相当するものが量子化され，とびとびの許されたエネルギー値をもつようになる．その結果，電子のエネルギーは

---

[4] R. H. Garstang, *Rep. Prog. Phys.* **40**, 105 (1977).

$$E=\left(K+\frac{1}{2}\right)\hbar\omega+\frac{p_z^2}{2m_\mathrm{e}}, \qquad K=0,1,2,\cdots \tag{4.51}$$

となる．第2項は z 方向の自由運動のエネルギーで連続的に正の値をとりうる．この式は**ランダウエネルギー準位** (Landau energy level) と呼ばれるものである．これに相当する波動関数は次のような形をもつ（ただし，x,y,z のかわりに円筒座標 ρ,φ,z を用いる）．

$$\Psi=\varPhi_{NM}(\rho)\frac{1}{\sqrt{2\pi}}\exp(iM\varphi)\exp\left(i\frac{p_z z}{\hbar}\right), \tag{4.52 a}$$

$$\varPhi_{NM}=\frac{(N!)^{1/2}}{2^{|M|/2}R^{|M|+1}[(N+|M|)!]^{3/2}}\rho^{|M|}L_{N+|M|}^{|M|}\left(\frac{\rho^2}{2R^2}\right)\exp\left(-\frac{\rho^2}{4R^2}\right), \tag{4.52 b}$$

$$R^2=\frac{\hbar}{eB}, \qquad N=0,1,2,3,\cdots;\quad M=0,\pm1,\pm2,\pm3,\cdots. \tag{4.52 c}$$

$L_q^p(x)$ はラゲールの陪多項式 (2.41) である．x,y 面内の運動を表す部分は規格化されている．エネルギー固有値は

$$E=\left(N+\frac{M}{2}+\frac{|M|}{2}+\frac{g_\mathrm{e}\sigma_z}{2}+\frac{1}{2}\right)\hbar\omega+\frac{p_z^2}{2m_\mathrm{e}} \tag{4.53}$$

となり，(4.51) の K に相当するものは $N+M/2+|M|/2$，σ_z は (2.53) のパウリのスピン行列の z 成分で，上式でこれを含む項はスピンの向きによるエネルギーの違いを表す．なお $N=0$ で $\rho|\varPhi_{NM}(\rho)|^2$ の極大は $\rho=(2|M|+1)R$ にあり，しばしば指定された M の値に属する軌道関数の半径と呼ばれる．

本論に戻って，極端に強い磁場のなかの原子の定常状態について調べなければならないが，ここでは話を限定して，しばしば用いられる**断熱近似** (adiabatic approximation) による水素原子の記述を見ることにしよう．それによって原子軌道の変形の概要は理解できる．原子の束縛状態を考えるのであるから，自由電子とは違い z 方向でも無限に遠くまで走り去ることは許されない．磁場より弱いといっても，クーロン引力はあるので，ある程度原子核から離れると運動エネルギーを失い引き返してくる．こうして z 方向では一種の振動運動が行われる．一方これに垂直な面内では強い磁場のまわりに高速回転をする．磁場が強いときは前述のパラメター R が小さくなるから，基底状態の軌道関数は z 軸に向かって収縮する．このため電子は原子核に近くなりその引力を強く感ずるようになるから，エネルギーは下がり電離エネルギーは増加する．上記の回転が振動より格段に速いとすると，まず磁場に垂直な面内

の運動を(固定したzの値ごとに)決め，それで平均したクーロン力のなかでのz方向の運動を考えるという近似が実状に近いと判断される．z方向には強い磁場による力は働いていないから，軌道関数のz方向の広がりは磁場がないときにくらべて著しく小さくなることはない．このため電子の存在確率密度分布はz軸に沿った細長い形になることがわかる．

一般に複数の自由度をもつ力学系において，ある自由度の運動が他の自由度での運動にくらべて格段に速いとき，まず他の自由度を固定して速い運動だけを解き，次に速い運動で平均した力の場のなかで残りの自由度の運動を解くことがしばしばある．速い運動と遅い運動の間のエネルギー移動が無視されているので，これらは断熱近似と呼ばれる．分子内原子間力が断熱ポテンシャルで近似され，低速度での原子どうしの衝突が断熱近似で扱われるなど，原子分子物理では広く用いられる考え方である．

電子が1個しかない水素原子の場合についてハミルトニアンを書いてみると

$$H = -\frac{\hbar^2}{2m_e}\left(\frac{\partial^2}{\partial \rho^2} + \frac{1}{2}\frac{\partial}{\partial \rho} + \frac{1}{\rho^2}\frac{\partial^2}{\partial \varphi^2} + \frac{\partial^2}{\partial z^2}\right) + \frac{e}{2m_e}B(l_z + g_e\sigma_z)$$
$$+ \frac{e^2 B^2 \rho^2}{8m_e} - \frac{e^2}{4\pi\varepsilon_0(\rho^2 + z^2)^{1/2}} \quad (4.54)$$

となる．ここでもう1つ簡単化のための近似を導入する．磁場の作用にくらべてクーロン力がずっと弱いことから，z=一定の面内での運動を考えるときにはクーロン力の影響を無視することにするのである．すると磁場内の自由電子の運動になる．この近似を用いると波動関数は，

$$\Psi_{NM\mu} = \Phi_{NM}(\rho)\frac{e^{iM\varphi}}{\sqrt{2\pi}}f_{NM\mu}(z) \times \text{スピン関数} \quad (4.55)$$

のような形になる．この関数形を座標 ρ, φ, z で表したシュレーディンガー方程式に代入する．$\Phi_{NM}(\rho)\exp(iM\varphi)$ が自由電子の関数(4.52)の ρ, φ 部分(いわゆるランダウ軌道)であることを利用すると，結果は原子単位で

$$-\Phi_{NM}\frac{1}{2}\frac{d^2}{dz^2}f_{NM\mu}(z) + \left(E_{NM} - \frac{1}{r}\right)\Phi_{NM}f_{NM\mu} = E\Phi_{NM}f_{NM\mu}, \quad (4.56\,\text{a})$$

$$E_{NM} = \left(N + \frac{M}{2} + \frac{|M|}{2} + \frac{g_e\sigma_z + 1}{2}\right)\hbar\omega \quad (4.56\,\text{b})$$

と書ける．原子単位ではエネルギー $\hbar\omega = B$ (単位T)$/(2.35 \times 10^5)$ である．

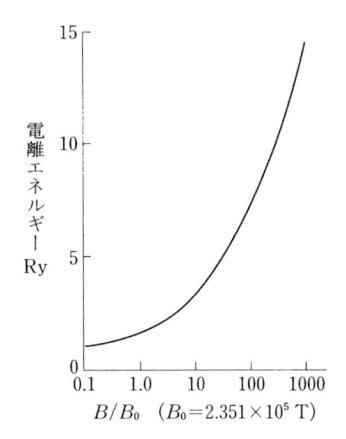

図 4.6 強磁場(磁束密度 B)中の水素原子の基底状態の電離エネルギー

(4.56 a) に Φ_{NM}^* をかけ ρ で積分して

$$\frac{d^2}{dz^2}f_{NM\mu}(z)+2[\varepsilon_{NM\mu}-V_{NM}(z)]f_{NM\mu}(z)=0, \qquad (4.57\text{ a})$$

$$V_{NM}(z)=-\int_0^\infty \frac{1}{(\rho^2+z^2)^{1/2}}|\Phi_{NM}(\rho)|^2\rho\,d\rho, \qquad (4.57\text{ b})$$

$$\varepsilon_{NM\mu}=E-E_{NM} \qquad (4.57\text{ c})$$

が得られる．μ は (4.57) を解いて得られる多数の解を区別するための添字である．ひとつひとつのエネルギー固有値は $E=E_{NM\mu}$ のように3つの添字によって区別される．ハミルトニアン H は z 軸のまわりに軸対称なので，M はよい量子数，つまり確定した値をもちうる．さらに H は原点に関する座標反転に対し不変であることから，反転における波動関数の奇偶性(パリティ)も確定しうる．通常 (4.57) を解いて $E, f_{NM\mu}(z)$ を求めるには変分法が用いられる．基底状態にある水素原子のエネルギー(計算値)を図 4.6 に示す[4]．

4.3　振動電場中の原子，光の散乱・屈折

4.3.1　振動電場による原子の分極

この小節では電波や光波のように振動電場があるところに原子が置かれたら，どのような分極が生じるかを考えよう．そのために，時間を含む波動方程

式から出発し，摂動論を適用する．系の波動関数を Ψ として，扱う方程式は次のようなものになる．

$$i\hbar \frac{\partial}{\partial t}\Psi = (H_0 + H_1)\Psi, \tag{4.58 a}$$

$$H_1 = -\boldsymbol{D}\cdot\boldsymbol{F}\cos\omega t = -\boldsymbol{D}\cdot\mathrm{Re}(\boldsymbol{F}e^{i\omega t}), \tag{4.58 b}$$

$$\boldsymbol{D} = \sum_s e_s \boldsymbol{r}_s. \tag{4.58 c}$$

Re は実数部分を意味する．e_s, $\boldsymbol{r}_s$ はそれぞれ系内 s 番目の粒子の電荷と位置ベクトルである．孤立原子なら原子核は1つだけで，電子にくらべてずっと重いから振動電場によって揺り動かされることが少ない．したがって，電子系だけに注目することもできる．しかし，ここでは分子の場合にも適用できるやや一般的な形の公式を導くことにする．H_0 は外場がないときの系のハミルトニアンで，(4.58 a) で $H_1=0$ としたときの解は，固有値問題

$$H_0\Psi_n = E_n\Psi_n, \qquad n = 0, 1, 2, \cdots$$

の固有関数を用いて

$$\Psi_n \exp\left(-i\frac{E_n t}{\hbar}\right), \qquad n = 0, 1, 2, \cdots \tag{4.59}$$

で与えられる．そこで H_1 が 0 でないときの解をこの関数系 (4.59) で展開し

$$\Psi = \sum_n c_n(t)\Psi_n \exp\left(-i\frac{E_n t}{\hbar}\right) \tag{4.60}$$

とおく．Ψ_n が規格直交化されているとすると，(4.60) を (4.58 a) に代入し，左から両辺に $\Psi_n^* \exp(iE_n t/\hbar)$ をかけて原子の内部座標で積分 (記号的に $\int \cdots d\tau$ で表す) することによって，次のような連立微分方程式を得る．

$$\frac{dc_n}{dt} = -\frac{1}{i\hbar}\sum_m \boldsymbol{D}_{nm}\cdot\boldsymbol{F}\frac{e^{i\omega t}+e^{-i\omega t}}{2}e^{i\omega_{nm}t}c_m, \tag{4.61}$$

$$\boldsymbol{D}_{nm} = \int \Psi_n^* \boldsymbol{D}\Psi_m d\tau, \qquad \hbar\omega_{nm} = E_n - E_m. \tag{4.62}$$

摂動 H_1 を1次の微小量とし，求める c が0次，および1次，2次，…の微小量の和で与えられるとする．

$$c_n(t) = c_n^{(0)} + c_n^{(1)} + c_n^{(2)} + \cdots\cdots. \tag{4.63}$$

これを (4.61) に代入し，両辺の同じ次数の量どうしが等しいという式を書き出せば，たとえば0次の式は

$$\frac{dc_n^{(0)}}{dt} = 0$$

となり，その解は，初期状態を"0"と呼ぶことにして

$$c_n^{(0)} = \delta_{n0} \tag{4.64}$$

で与えられる．1次の式は

$$\frac{dc_n^{(1)}}{dt} = -\frac{1}{i\hbar}\sum_m \boldsymbol{D}_{nm}\cdot\boldsymbol{F}\frac{e^{i\omega t}+e^{-i\omega t}}{2}e^{i\omega_{nm}t}c_m^{(0)}$$

となる．この右辺に(4.64)を代入すると既知関数になり，時間について積分できて振動解は次のようになる．

$$c_n^{(1)} = \frac{i}{2\hbar}\boldsymbol{D}_{n0}\cdot\boldsymbol{F}\left\{\frac{e^{i(\omega_{n0}+\omega)t}}{i(\omega_{n0}+\omega)} - \frac{e^{i(\omega_{n0}-\omega)t}}{i(\omega_{n0}-\omega)}\right\}. \tag{4.65}$$

ここでは外場があまり強くないとして2次以上の補正は行わないことにし，得られた1次までの解を用いて電気双極子モーメント $\boldsymbol{D}$ の期待値を計算する．

$$\langle\boldsymbol{D}\rangle \equiv \int \Psi^*\boldsymbol{D}\Psi d\tau$$
$$= \boldsymbol{D}_{00} + \sum_n c_n^*\boldsymbol{D}_{n0}\exp(i\omega_{n0}t) + \sum_n c_n\boldsymbol{D}_{0n}\exp(-i\omega_{n0}t).$$

第1項は基底状態における永久双極子モーメントで，原子では0である（分子の場合は対称性がよい場合を除き一般に0でない）．第2，第3項は互いに複素共役だから，一方の実数部分の2倍を計算してもよい．そこで，誘起される双極子モーメントは

$$\langle\boldsymbol{D}_{\text{ind}}\rangle = 2\text{Re}(c_n\boldsymbol{D}_{0n}\exp(-i\omega_{n0}t))$$
$$= \hbar^{-1}\text{Re}\left(\boldsymbol{D}_{0n}\boldsymbol{D}_{n0}\cdot\boldsymbol{F}\frac{e^{i\omega t}}{\omega_{n0}+\omega}\right) + \hbar^{-1}\text{Re}\left(\boldsymbol{D}_{n0}\boldsymbol{D}_{0n}\cdot\boldsymbol{F}\frac{e^{i\omega t}}{\omega_{n0}-\omega}\right)$$
$$= \hbar^{-1}\text{Re}\left(\frac{\boldsymbol{D}_{0n}\boldsymbol{D}_{n0}}{\omega_{n0}+\omega} + \frac{\boldsymbol{D}_{n0}\boldsymbol{D}_{0n}}{\omega_{n0}-\omega}\right)\cdot\boldsymbol{F}\exp(i\omega t). \tag{4.66}$$

$\exp(i\omega t)$を揃えるため，(4.65)の第2項から出た項についてはいったん複素共役にしてから実数部分をとった．この結果を，作用させた電場 $\text{Re}[\boldsymbol{F}\exp(i\omega t)]$ とくらべるとその比が分極率であるから，これを $\alpha(\omega)$ と書けば

$$\alpha(\omega) = \hbar^{-1}\sum_n\left(\frac{\boldsymbol{D}_{0n}\boldsymbol{D}_{n0}}{\omega_{n0}+\omega} + \frac{\boldsymbol{D}_{n0}\boldsymbol{D}_{0n}}{\omega_{n0}-\omega}\right). \tag{4.67}$$

これが動分極率（または動的分極率，dynamic polarizability）と呼ばれるものである．ここで，2つのベクトルを並べた AB は A_jB_k $(j,k=x,y,z)$ を成分

とする2階テンソルであるが，球対称な系では3つの対角要素が等しくなり，その他は0，結局スカラー量となり

$$\alpha(\omega) = \frac{1}{3}\sum_i \alpha_{ii} = \frac{2}{3\hbar}\sum_n \frac{|\boldsymbol{D}_{n0}|^2 \omega_{n0}}{\omega_{n0}^2 - \omega^2} \tag{4.68}$$

となる．ここで$\omega \to 0$とすると，前に出した静分極率(4.8)になる．

$\omega = \omega_{n0}$では(4.67)(4.68)は無限大になってしまう．このときは状態"0"から"n"へ振動電場のエネルギーを吸収して遷移する可能性がある．光の吸収がこれにあたる．その確率については次節で扱う．ここまでのところでは，励起状態は有限な寿命しかなく，光を放出してエネルギーが低い状態へ飛び移る可能性をもつことが無視されている．このことを考慮すると，励起状態のエネルギーは確定せず，いわば若干の幅をもつことになる(不確定性関係)．それを取り入れた理論を展開すれば$\omega = \omega_{n0}$のあたりで$\alpha(\omega)$が大きくはなっても無限大にはならない．エネルギー準位の幅については§4.4.6で述べる．

4.3.2　レイリー散乱，トムソン散乱，コンプトン散乱

以上見てきたように，光がやってくると原子はそれと同じ振動数で振動する．もう少し丁寧にいうと，入射光と同じ振動数で振動する電気双極子モーメントが誘起される．ところが電磁気学で知られているように振動する電気双極子からは電磁波が放出される．この場合，入射光のエネルギーが原子の振動を介して二次的な波となって出ていくので，**光の散乱** (light scattering) と呼ぶことができる．このような散乱現象の起こりやすさは，粒子散乱諸現象でも同じであるが，断面積または**有効断面積** (effective cross section) と呼ばれる，面積の次元をもつ量で代表される．この事情は以下のようにして理解できる．まず，入射光の強さIは進行方向に垂直な単位面積を通って毎秒やってくる光のエネルギー量で測られる．簡単のため同種原子から成る希薄気体中をそのような光が通過するとしよう．微小距離dsだけ進む間に散乱によって進行方向が側方にそらされてしまう光の量$-dI$ (Iは減少するので$dI<0$) はI, dsおよび気体密度に比例するであろう(入射光強度が倍になれば散乱光も倍に増えるだろうし，気体密度が増えればそれに比例して散乱の機会も増えるであろう)．気体密度を単位体積中の原子の数(**数密度**, number density) Nで表すと

$$-dI = aNIds \tag{4.69}$$

が成り立つ．a は比例定数で，標的の種類や光の振動数によって変わるであろう．両辺の次元を調べてみると a は面積の次元をもつことがわかる．**散乱断面積** (scattering cross section)，すなわち散乱の度合いを表す有効断面積である．散乱や一般に衝突現象の起こりやすさを量的に表すのに面積の次元をもつ量を用いることは，次のような例を考えてみても容易に理解できる．いま，精度よく狙わずに矢をつぎつぎに標的に向け発射するとしよう．的が大きければ当たりやすいし，小さければなかなか当たらないであろう．つまり的の面積が衝突の可能性を支配している．任意の形状の物体が標的である場合，入射光または入射粒子が飛んでくる方向から見た標的の断面積（入射方向に垂直な平面へ物体を射影した図形の面積）が衝突の頻度を決めることになる．ただ，巨視的物体の断面積は物体の向きを決めれば1つに決まるが，光の散乱に対する原子の有効断面積は入射光の振動数によって変わるものであることを注意しておこう．

いま入射光が z 方向に進んでいるとする．その振動する電場 $\boldsymbol{F}\cos\omega t$ は x 方向にかたよっているとする．入射光強度 I は電磁気学でいうポインティングベクトル (Poynting vector) で与えられ，時間振動因子 $\cos^2\omega t$ を平均して $1/2$ とすれば $I = \varepsilon_0 c F^2/2 = F^2/2\mu_0 c$ となる．c は光の速さである．一方，振動する1個の双極子モーメント $\boldsymbol{D}$ から出る球面波の電場は

$$\boldsymbol{E} = -\frac{\mu_0}{4\pi r}\frac{\partial^2}{\partial t^2}\boldsymbol{D}_\perp \tag{4.70}$$

で与えられる．$\boldsymbol{D}$ につけた記号 $\perp$ は，原子を原点とする位置ベクトル $\boldsymbol{r}$ での強度を考えているとき，$\boldsymbol{r}$ に垂直な成分を意味する．これを用いてポインティングベクトルの大きさを計算し，あらゆる方向で積分すると全散乱波強度が出る．結果は標的1個あたり

$$S = \frac{1}{6\pi\varepsilon_0 c^3}\left(\frac{\partial^2 \boldsymbol{D}}{\partial t^2}\right)^2$$

である．ここで $\partial^2 \boldsymbol{D}/\partial t^2 = -\omega^2 \alpha(\omega)\boldsymbol{F}\cos\omega t$ を代入し，時間的に振動する因子を平均して $1/2$ とおくと，散乱断面積は $a = S/I$ で与えられ

$$a(\omega) = \frac{8\pi^3}{3}\frac{[\alpha(\omega)]^2}{\varepsilon_0^2 \lambda^4} \tag{4.71}$$

となる.体積の次元をもつ旧単位系での分極率 $\alpha'(=\alpha/4\pi\varepsilon_0)$ を用いると,

$$a(\omega) = \frac{128\pi^5}{3} \frac{[\alpha'(\omega)]^2}{\lambda^4}$$

が得られる.いずれにせよ断面積は光の波長 λ の4乗に反比例し,波長が短いほど強く散乱される.この他 α も波長によって変化するが,可視域では λ^4 の変化が優勢である.このため,いろいろな波長の光がまじっているときは波長の短い成分が波長の長い成分より多く散乱される.空が青く見えるのはこのためである.夕日が赤く見えるのも大気中で長い距離を走ってくる間に青い光がより多く散乱されて,散乱されにくい赤い光が残るからである.

空が青いのは,はじめ微粒子が空中に存在してそれによって光が反射されるからと思われていた.Rayleigh は波長にくらべて十分大きな表面がなければ反射という概念が成り立たないこと,微小物体によっては散乱が起こることを指摘した.彼は球形小物体による散乱を考え,次元解析により散乱波の振幅の入射波の振幅に対する比は波長の平方に反比例すること,したがって散乱光の強度は波長の4乗に逆比例することを導き出した.これは電磁気学の Maxwell の理論が完成する以前のことである.これにより本節で述べた原子(や分子)による光の散乱は**レイリー散乱**(Rayleigh scattering)と呼ばれる.

1899 年の論文で Rayleigh は気体中を通過する光についてその減衰率と屈折率を関係づけることに成功した.さらに微粒子がなくても空気は構成分子自身による散乱で青く見えると結論した.この場合,分子間の距離がランダムでなく,多少とも規則性をもつ液体や固体などではレイリー散乱は著しく弱くなる.空気などの気体でよく散乱するのは,気体分子がランダムに存在するからである.その意味で空気分子が平均的には一様分布であるが,詳細に見るとゆらぎ(fluctuation)があり,これがレイリー散乱を起こしているということができる.ゆらぎの程度は分子数密度によって変わることから,レイリー散乱強度をもとに空気の分子数密度,したがってアヴォガドロ数を導き出すことができる.実際この方法がアヴォガドロ数を精度よく算出する最初の方法を与えたのであった.じつは,これらのことは,1880 年代に L. Lorenz がすでに発表していたのであるが,彼は他の話題についての長い論文,それもデンマーク語で書かれたもののなかで上記のことを述べていたので,Rayleigh の論文が出

るまでそのことに誰も気づかなかったということである．

　空気の主成分は原子でなく分子で，散乱光には**ラマン散乱**(Raman scattering) も含まれる．これについてはあとで分子の章で述べるが，光子のエネルギーの一部を分子の振動・回転に与え，または励起分子から振動・回転のエネルギーをもらってエネルギー，したがって波長が少し変化した光として散乱されるものである．このうち，分子回転とのエネルギーのやりとりでは波長変化がわずかなので，分解能の高くない観測では入射光と同じ波長をもつレイリー散乱光と区別できず，まとめてレイリー散乱と呼ぶこともある[5]．

　ここで，比較のために自由電子による電磁波の散乱断面積を導いておこう．まず，非相対論的古典論による公式を求める．これは**トムソン散乱**(Thomson scattering) と呼ばれているものである．プラズマ中の電子密度を測定する1つの方法を提供してくれる．いま電場 $F\cos\omega t$ が x 方向にかけられているとする．電子の運動方程式は

$$m_e \frac{d^2 x}{dt^2} = -eF\cos\omega t$$

である．双極子モーメントは x 方向を向き $D=-ex$ で与えられるから

$$\frac{d^2 D}{dt^2} = -e\frac{d^2 x}{dt^2} = e^2 \frac{F}{m_e}\cos\omega t$$

となり，これを (4.70) に代入して散乱光の電場を求めることができる．今回はすべての方向で積分する前の式を出してみよう．入射方向に z 軸をとり，電子は原点を中心に振動するとする．また，光の散乱方向を (θ,φ) とする．入射光がかたよっていないときは，散乱強度は φ にはよらない．θ は**散乱角** (scattering angle) と呼ばれる．(θ,φ) 方向に垂直な $\boldsymbol{D}$ の成分はこの方向の単位ベクトルと，光の電場が x 方向なら $\boldsymbol{D}=(D,0,0)$ とのベクトル積の大きさであるから，簡単な計算の結果を φ で平均して

$$D_\perp^2 = D^2 \frac{1+\cos^2\theta}{2}$$

が得られる．これらを組み合わせると，(θ,φ) 方向の小さい立体角 $d\Omega$ の中への散乱現象に対する断面積は

---

[5] レイリー散乱の初期の研究や分子による散乱での用語の混乱について次の解説がある．A. T. Young, *Physics Today*, **35**, 42 (1982).

$$da(\theta, \varphi) = r^2 \frac{1+\cos^2\theta}{2} d\Omega \tag{4.72}$$

で与えられ，散乱方向について積分したものは

$$a = \frac{8\pi}{3} r_0^2 \tag{4.73}$$

となる．ただし，r_0 は古典電子半径と呼ばれるもので，次式で定義される量である．

$$r_0 = \frac{1}{4\pi\varepsilon_0} \frac{e^2}{m_e c^2} = 2.817\,940\,9 \times 10^{-15} \text{ m} \tag{4.74}$$

(4.73)は束縛された電子によるレイリー散乱の式(4.71)と大きさも波長依存性も著しく異なることがわかる．なお，(4.72)は散乱方向について積分すれば通常の散乱断面積になるもので，その特定方向への散乱の内訳を与えている．このような断面積の微小部分は**微分断面積**(differential cross section)と呼ばれる．

　光の振動数 ν が大きくなると光の粒子性が顕著になる．Einstein が述べたように，エネルギー $h\nu$，運動量 $h\nu/c$ の粒子のように振る舞う．入射光子のエネルギー $h\nu$ が非常に大きい X 線や γ 線になると，原子内電子の結合エネルギーは近似的に無視され，自由電子との衝突のように考えてよい．衝突前の電子の速度が小さいとして，光子と静止していた電子の衝突と見てエネルギー・運動量の保存則を適用すると，光子の散乱角 θ に応じて電子がはねとばされる方向も決まり，電子がもらうエネルギー $E' = m_e c^2 (1/\sqrt{1-\beta^2} - 1)$ (ただし $\beta = v'/c$，v' は衝突後の電子の速さ)，散乱後の光子のエネルギー $h\nu'$ が

$$\left.\begin{array}{l} h\nu = h\nu' + E', \\[4pt] 0 = \dfrac{h\nu'}{c}\sin\theta - \dfrac{m_e v'}{\sqrt{1-\beta^2}}\sin\psi, \\[8pt] \dfrac{h\nu}{c} = \dfrac{h\nu'}{c}\cos\theta + \dfrac{m_e v'}{\sqrt{1-\beta^2}}\cos\psi \end{array}\right\} \tag{4.75}$$

を解いて決まる．ただし，角 ψ は電子がはねとばされる方向を与え，z 軸に関し θ と反対側にある(図 4.7)．とくに散乱後の振動数 ν' は

$$\frac{1}{\nu'} = \frac{1 + \dfrac{h\nu}{m_e c^2}(1-\cos\theta)}{\nu}$$

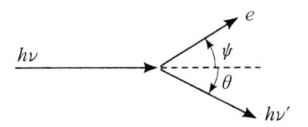

図4.7 コンプトン散乱の説明図

で与えられ，波長 $\lambda = c/\nu$ を用いるといっそう簡単な関係式

$$\lambda' - \lambda = \lambda_C (1 - \cos\theta), \qquad \lambda_C = \frac{h}{m_e c} = 2.4263106 \times 10^{-12} \, \text{m} \qquad (4.76)$$

が導かれる．この関係式は1923年にA. H. ComptonがX線散乱実験で発見したもので，λ_C は**コンプトン波長**(Compton wavelength)と呼ばれ，また，このような光子と電子の衝突現象は**コンプトン効果**(Compton effect)として知られている．

以上述べたような大きなエネルギーの関与する現象を扱うには，相対論を考慮した量子力学にもとづくことが望ましい．ディラック方程式にもとづいてコンプトン効果の計算を行ったのは，O. Klein と Y. Nishina (仁科芳雄) であり，1929年に発表されたその計算結果は入射光がかたよっていなければ次式のような微分断面積となり，**クライン-仁科の式**(Klein-Nishina formula)として知られている[6]．

$$da = \frac{r_0^2}{2} \frac{\nu'^2}{\nu^2} \left(\frac{\nu}{\nu'} + \frac{\nu'}{\nu} - \sin^2\theta \right) d\Omega. \qquad (4.77)$$

ここで $\nu'/\nu \cong 1$ とおけばトムソン散乱の公式(4.72)になる．

4.3.3 光の屈折

光に対する媒質の屈折率 n を，その媒質を構成する原子または分子の動分極率と結びつける関係式としては，オランダのH. A. Lorentz (ローレンツ) とデンマークのL. V. Lorenz (ローレンス) が独立に発見した**ローレンツ-ローレンスの式**(Lorentz-Lorenz formula)がある．それは次の形の式である．

$$\frac{n^2 - 1}{n^2 + 2} = \frac{N\alpha}{3\varepsilon_0} = \frac{4\pi}{3} N\alpha'. \qquad (4.78)$$

---

[6] W. Heitler, *The Quantum Theory of Radiation*, 3rd edition (Oxford University Press, 1954) その他電磁量子力学の教科書参照．

N は分子(または原子)数密度,すなわち単位体積中の構成分子(または原子)の数である.α' は前にも用いた旧単位系での動分極率で体積の次元をもっている.特定振動数の近傍で動分極率が著しく大きくなるのを除けば,気体では $N\alpha$ は 1 にくらべてはるかに小さい.そこで上式は十分な精度で

$$n^2 = 1 + \frac{N\alpha}{\varepsilon_0} = 1 + 4\pi N\alpha' \tag{4.79}$$

となる.なお電磁気学によれば $n^2 = \varepsilon\mu/\varepsilon_0\mu_0$ であるが,可視光に対しては μ/μ_0 は 1 とおけるから,(4.78) に $n^2 = \varepsilon/\varepsilon_0$ を代入すると,これもよく知られたクラウジウス-モソッティの式 (Clausius-Mossotti relation) が得られる.

4.3.4 振動子強度

ここで,**光学的振動子強度** (optical oscillator strength) と呼ばれる無次元量を導入する.混乱をもたらすおそれがないときは単に振動子強度という.それは原子の 1 つの定常状態 Ψ_0(エネルギー E_0) から他の状態 Ψ_n(エネルギー E_n) への遷移に対して

$$f_{0n} = \frac{2m_e(E_n - E_0)}{3\hbar^2} |\langle n|\sum_s \boldsymbol{r}_s|0\rangle|^2 \tag{4.80}$$

で定義される.ここで $\boldsymbol{r}_s$ は原子内 s 番目の電子の位置ベクトルであり,積分 $\int \Psi_n^* A \Psi_0 d\tau$ を $\langle n|A|0\rangle$ と略記した.$0, n$ はともに励起状態であってもよい.Ψ_0 が基底状態である場合は $E_n > E_0$ であるから,$f_{0n} \geq 0$ となる(積分が 0 となる場合があるからいつも $f_{0n} > 0$ とはいえない).状態 0 や n が縮退している場合,始状態について平均し,終状態について加えたもので振動子強度を定義する.$0, n$ 状態が g_0, g_n 重に縮退しているとし,それぞれの成分である個々の状態を i, j で表すと

$$f_{0n} = \frac{2m_e(E_n - E_0)}{3\hbar^2} \frac{1}{g_0} \sum_i \sum_j |\langle nj|\sum_s \boldsymbol{r}_s|0i\rangle|^2. \tag{4.81}$$

したがって一般に

$$g_0 f_{0n} = -g_n f_{n0} \tag{4.82}$$

の関係が成り立つ.2 つの状態が指定されそれらの間の振動子強度というとき,f_{0n} か f_{n0} かによってその絶対値が違いうる.それによる混乱を避けるために振動子強度の数表を示すときには f 自身でなく積 gf の絶対値を示すこと

が多い．エネルギーが $E_n > E_0$ であるときは，(4.80)は低い状態から高い状態への遷移に対応し，光との関連でいえば光を吸収しての遷移に相当するから，吸収に対する振動子強度(oscillator strength for absorption)というように形容詞をつけて f_{0n} であることを明確にすることも多い．

さて，それではなぜ(4.80)を振動子強度と呼ぶのか，その由来を説明することにしよう．今世紀のはじめころ，物質中の電子はそれぞれある平衡点に位置していて，外界からの刺激を受けるとその点のまわりに調和振動を始めると考えて諸物性を説明していた．簡単のため，x 方向の運動だけについて考えよう．調和振動の固有角振動数を ω_0 とする．いま x 方向に振動する電場 $F\exp(i\omega t)$ がかけられたとすると電子の古典的運動方程式は

$$m_e \frac{d^2 x}{dt^2} = -m_e \omega_0^2 x - eF\exp(i\omega t)$$

となる．外場の刺激によって振動する特解を求めるために $x = A\exp(i\omega t)$ とおいてみると，

$$A = -\frac{eF}{m_e(\omega_0^2 - \omega^2)}$$

であることがわかる．誘起された電気的双極子モーメント $D = -ex$ を，かけた外場 $F\exp(i\omega t)$ で割ったものが分極率 α であったから

$$\alpha = -\frac{eA}{F} = \frac{e^2}{m_e(\omega_0^2 - \omega^2)}. \tag{4.83}$$

一方，前に求めた動分極率(4.68)を，振動子強度(4.80)を用いて書き直せば

$$\alpha = \frac{e^2}{m_e} \sum_n \frac{f_{0n}}{\omega_{n0}^2 - \omega^2} \tag{4.84}$$

となる．ただし $\hbar\omega_{n0} = h\nu_{n0} = E_n - E_0$ の関係を用いた．(4.84)を古典的モデルの(4.83)とくらべてみると，原子のなかに固有振動数 ν_{n0} の調和振動子が f_{0n} 個あることに相当している．これが振動子強度の名前の由来である．

ところで，水素様原子のように電子が1個しかないときにも無数の振動子があるように見えるのはおかしいようであるが，じつは1個の電子が少しずつ多数の振動子の役割を兼ねているのである．その証拠に1電子原子では振動子強度に対する次のような総和則が成り立つ．

$$\sum_n f_{0n} = 1 \quad (1電子原子). \tag{4.85}$$

このような式が成り立つことは次のような考察からもわかる．すなわち，(4.84)でνを大きくしていって，和に寄与するすべてのnで$\nu \gg \nu_{n0}$と見てよいほどになったとき

$$\alpha = -\frac{e^2}{m_e \omega^2}\sum_n f_{0n}$$

である．このように大きな振動数の光が入射するときは電子の原子内束縛は無視できるから，自由電子の分極率が得られるはずである．後者は古典論による簡単な計算ですぐに求められ

$$\alpha = -\frac{e^2}{m_e \omega^2}$$

となる．この2式から総和則$\sum_n f_{0n} = 1$の成立が予見できる．

注意しなければならないのは，(静分極率ではすでに述べたことであるが)(4.84)や(4.85)ではf_{0n}が0でないすべての状態nについての和をとらなければならないということである．そのなかには束縛状態だけでなく，エネルギーの連続固有値の状態(電離状態)も含まれる．したがって(4.85)を証明する前に連続エネルギー固有値状態の波動関数の規格化などについても触れなければならない．それで，(4.85)やそれを多電子原子に拡張した式

$$\sum_n f_{0n} = N \quad (N\text{電子原子}) \tag{4.86}$$

の証明や振動子強度のその他の性質についての議論はもっとあと(§6.5)にまわすことにする．ここでは，振動子強度は原子とその状態の組み合わせを指定すれば決まるもので，ここで見たように分極率に関係しているだけでなく，光の放出・吸収の確率を与え，また原子間で遠方で作用するファンデルワールス力(van der Waals force)や高速荷電粒子の衝突による原子の励起や電離の断面積など原子の多くの性質が振動子強度で表されること，したがって，エネルギーの関数として原子のfの分布がきわめて重要なものであることを注意しておくだけにしよう[7]．

---

[7] 原子分子の振動子強度分布の特徴や意義については以下の解説によくまとめられている．井口道生，日本物理学会誌 **22**, 196 (1967)；分光研究 **30**, 393 (1981)；U. Fano and J. W. Cooper, *Rev. Mod. Phys.* **40**, 441 (1968).

4.4 原子による光の放出・吸収

4.4.1 半古典論による吸収率の導出

原子による光の放出・吸収の計算をするには，光(一般に電磁波)を光子の集団と見る量子電磁力学によるのが進んだやり方であるが，ここではできるだけわずかな予備知識で理解できるように，光を古典的な電磁波と見て，そのなかに置かれた原子がその影響で状態間の遷移を引き起こすという考えで吸収率を計算する．光は古典的に，原子は量子論的に扱うので半古典論(semiclassical theory)という．

まず，真空中の電磁波の復習をしておく．本書ではクーロンゲージを選択しているので，ベクトルポテンシャル A に対して

$$\nabla \cdot A = 0 \tag{4.87}$$

が課せられる．マクスウェル方程式から

$$\nabla^2 A - \frac{\partial^2 A}{\partial t^2} = 0 \tag{4.88}$$

が成り立ち，これから正弦波解が得られる．電場は $E = -\partial A/\partial t$ で与えられ，磁束密度は $B = \nabla \times A$ である．そこで電場の強さを

$$E = F \sin(k \cdot r - \omega t + \delta) \tag{4.89}$$

ととれば，A と B はそれぞれ以下のようになる．

$$A = -\frac{F}{\omega} \cos(k \cdot r - \omega t + \delta) \tag{4.90}$$

$$= -\frac{F}{2\omega} \{\exp[i(k \cdot r - \omega t + \delta)] + \text{c.c.}\}, \tag{4.90 a}$$

$$B = \frac{|F|}{\omega} (k \times \hat{\varepsilon}) \sin(k \cdot r - \omega t + \delta). \tag{4.91}$$

ここで，k は伝搬ベクトル(propagation vector, 波数ベクトル, wave number vector ともいう)で波の進行方向と波数を表し，ω は角振動数，δ は位相定数，$\hat{\varepsilon}$ は偏り方向(F の方向)の単位ベクトルである．(4.87)(4.90)から $k \cdot F = 0$ となり，k, E, B が互いに直交していることがわかる．

次にエネルギー密度，すなわち単位体積あたりのエネルギーは $(\varepsilon_0 E^2 +$

$B^2/\mu_0)/2$ で与えられ，(4.89)(4.91) を用いて計算される．その際，$k/\omega=1/c$ $=\sqrt{\varepsilon_0\mu_0}$ の関係を利用し，また時間平均(あるいは位相 δ の違う波がランダムにまじっているとしてそれについて平均)して $\sin^2(\cdots)\to 1/2$ とおくとエネルギー密度は

$$\frac{1}{2}\left(\varepsilon_0 \boldsymbol{E}^2+\frac{\boldsymbol{B}^2}{\mu_0}\right)\to \frac{1}{2}\varepsilon_0 \boldsymbol{F}^2 \quad (4.92)$$

となる．

このような電磁波と，原子内電子との相互作用を考える．非相対論的なシュレーディンガー方程式では，(2.100) の形でそれが取り入れられる．その結果，多電子原子のハミルトニアンには次のような項が付け加わることになる．

$$H_1=-\frac{i\hbar e}{m_e}\sum_s \boldsymbol{A}(\boldsymbol{r}_s)\cdot\nabla_s+\frac{e^2}{2m_e}\sum_s \boldsymbol{A}^2(\boldsymbol{r}_s). \quad (4.93)$$

電磁波が強くなければ第2項は第1項にくらべて無視される．強いレーザー光などでは，この近似は許されない．

以下，簡単のため1電子の場合について書く．一般の場合への拡張は容易である．§4.3.1 と同様に時間に依存する方程式 (4.58) を摂動論で解くと，(4.60)(4.63) に出てくる第1次摂動論の解 $c_n^{(1)}(t)$ は次のようになる．なお本項では連続エネルギー領域の状態は考えない．

$$c_n^{(1)}(t)=-\frac{e}{m_e}\int_0^t \langle n|\boldsymbol{A}\cdot\nabla|0\rangle e^{i\omega_{n0}t'}dt',$$

$$\omega_{n0}=\frac{1}{\hbar}(E_n-E_0).$$

(4.90 a) をここへ代入すると

$$c_n^{(1)}(t)=-\frac{eF}{2m_e\omega}\Big[e^{i\delta}\langle n|e^{i\boldsymbol{k}\cdot\boldsymbol{r}}\hat{\boldsymbol{\varepsilon}}\cdot\nabla|0\rangle\int_0^t e^{i(\omega_{n0}-\omega)t'}dt'$$
$$+e^{-i\delta}\langle n|e^{-i\boldsymbol{k}\cdot\boldsymbol{r}}\hat{\boldsymbol{\varepsilon}}\cdot\nabla|0\rangle\int_0^t e^{i(\omega_{n0}+\omega)t'}dt'\Big]. \quad (4.94)$$

$E_n>E_0$ ならば $\omega_{n0}>0$ であり，$\omega\cong\omega_{n0}$ のところで第1項が大きくなり，**光吸収**による励起 $0\to n$ に対応する．$E_n<E_0$ ならば $\omega_{n0}<0$ であり，$\omega\cong-\omega_{n0}$ のところで第2項が大きくなり，光放出による**脱励起** (de-excitation) を表す．これは励起状態にある原子が，放出可能な光の振動数と同じ振動数の光が外からやってくるとき，それに刺激されて発光するという現象で**誘導放出** (induced emission または stimulated emission) と呼ばれる．

$E_n > E_0$ として吸収に着目する．時刻 t に原子が状態 n にある確率は

$$|c_n^{(1)}(t)|^2 = \left(\frac{eF}{2m_e\omega}\right)^2 |\langle n|e^{i\mathbf{k}\cdot\mathbf{r}}\boldsymbol{\varepsilon}\cdot\nabla|0\rangle|^2 \times 2\frac{1-\cos\Omega t}{\Omega^2}, \quad (4.95)$$

$$\Omega = \omega - \omega_{n0}$$

である．ところで，現実には確定した振動数をもつ単色波がやってくることはない．入射光が連続スペクトルである場合も多いし，分光器によって連続光から狭い波長域だけを取り出したもの，さらには1本の線スペクトルであっても角振動数 ω がある範囲にわたって分布する多数の波の重なった波束となっている．そこで，話を先へ進める前に $\omega, \omega+d\omega$ の間の角振動数をもつ成分のエネルギー密度を

$$U(\omega)d\omega$$

と書くことにして，(4.95) で

$$\frac{1}{2}\varepsilon_0 F^2 \longrightarrow U(\omega)d\omega \quad (4.96)$$

と置き換えて ω について積分しなければならない．次に

$$\frac{1-\cos\Omega t}{\Omega^2} \equiv f(t,\Omega)$$

という因子は $t\to\infty$ とするとき，$\Omega\cong 0$ では限りなく大きくなり，それ以外ではほとんど 0 となってしまう (図 4.8)．この鋭い関数にくらべて $U(\omega)$ や $1/\omega$ などが ω の関数としてゆるやかに変化すると見てよい場合には，$f(t,\Omega)$

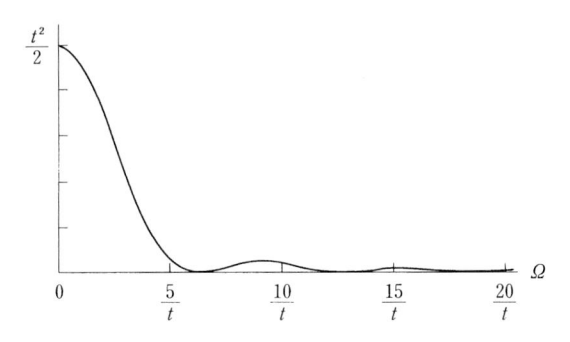

図 4.8 Ω の関数として見た $f(t,\Omega)$
偶関数なので $\Omega \geqq 0$ の部分だけ示した．

以外の因子では $\omega=\omega_{n0}$ での値を入れ，$f(t, \Omega)$ だけを ω で積分すれば十分である．$\Omega \cong 0$ 以外からの寄与はほとんどないので積分範囲は $-\infty$ から $+\infty$ までとしてよく，積分公式によって

$$\int_{-\infty}^{\infty}\frac{1-\cos\Omega t}{\Omega^2}d\omega = t\int_{-\infty}^{\infty}\frac{\sin^2 x}{x^2}dx = \pi t$$

となる．途中で $\Omega t=2x$ とおいた．これを用いると，(4.95) で (4.96) の置き換えを行い ω で積分したものは $W(0\to n)t$ という時間に比例した形になり，$W(0\to n)$ が単位時間あたりの遷移確率になる．これを書き下せば

$$W(0\to n) = \left(\frac{2\pi}{m_e\omega_{n0}}\right)^2 \frac{e^2}{4\pi\varepsilon_0} U(\omega_{n0})|\langle n|e^{i\boldsymbol{k}\cdot\boldsymbol{r}}\hat{\boldsymbol{\varepsilon}}\cdot\nabla|0\rangle|^2 \qquad (4.97)$$

となる．ここでもう 1 つ考えておかなければならないのは，原子が吸収したり放出したりする現実のスペクトル線はいろいろな原因で幅をもっているということである．入射光が 1 本のスペクトル線であるときも広がりを考えなければならないと前に注意したのもそのことである．たとえば，原子の近くに他の原子や分子が通りかかることで幅ができる．プラズマ中のように場所場所で異なる電場やときには磁場が存在するときも，それに応じてエネルギー準位が変わるから ω_{n0} も変化する．気体の場合，原子が走っている速さやその向きによってドップラー効果の大きさが変わり，静止しているときとは異なる ω_{n0} の光を吸収したり放出したりする．これらの諸原因がないときでさえ励起状態のエネルギーはいつも不確定性をもち (寿命が有限であることによる)，ω_{n0} が幅をもつ．これらスペクトル線の広がりについては後節で述べるが，とにかく (4.95) で $t\to\infty$ としたときのような無限に鋭い選別は実際には生じない．(4.97) を出したときは $f(t,\Omega)$ が $\Omega=0$ でだけ寄与するとしたが，これは Dirac の δ 関数を用いるなら $f(t,\Omega)=\pi\delta(\Omega)t$ としたことに相当している．スペクトル線に幅があるときには $\delta(\Omega)$ を何らかの広がりをもつ関数 $S(\Omega)$ で置き換えなければならない．ただし，$S(\Omega)$ は $\Omega=0$ 付近の限られた範囲以外では無視できるほどに小さく

$$\int_{-\infty}^{\infty} S(\Omega)d\Omega = 1 \qquad (4.98)$$

のように規格化されているものとする ($S(\Omega)$ の関数形については §4.4.6 参照)．スペクトル線の幅が十分に狭いときは $S(\Omega)$ は $\delta(\Omega)$ で近似できて

(4.97)が使える．一般には入射光のうち ω, $\omega+d\omega$ の間のものによる単位時間あたりの励起確率は次式で与えられる．

$$W(0\to n\,;\omega)d\omega=\left(\frac{2\pi}{m_e\omega}\right)^2\frac{e^2}{4\pi\varepsilon_0}U(\omega)d\omega$$
$$\times|\langle n|e^{i\mathbf{k}\cdot\mathbf{r}}\boldsymbol{\varepsilon}\cdot\nabla|0\rangle|^2 S(\omega-\omega_{n0}) \tag{4.99}$$

これを ω で積分したものが単位時間あたりの全励起確率になる．上式に光子のエネルギー $\hbar\omega$ をかけると，単位時間あたりのエネルギー吸収率になる．これを入射光のエネルギー流束 $cU(\omega)d\omega$ で割れば光の吸収断面積 (absorption cross section) が得られる．§2.4.4で導入した超微細構造定数 α を用いると吸収断面積は

$$a(0\to n\,;\omega)=\frac{4\pi^2\alpha\hbar^2}{m_e^2\omega}|\langle n|e^{i\mathbf{k}\cdot\mathbf{r}}\boldsymbol{\varepsilon}\cdot\nabla|0\rangle|^2 S(\omega-\omega_{n0}) \tag{4.100}$$

となる．

次に(4.94)の第2項について考えよう．始状態"0"が励起状態であり，終状態"n"よりも上にあるときに問題になる項である．"0"から"n"へ落ちるときに出すであろう光と同じ振動数の光を当ててやると，光の放出が促進される現象である．誘導されて出る光は入射光と同じ伝搬ベクトル $\mathbf{k}$，同じ偏り $\boldsymbol{\varepsilon}$ をもつ．この脱励起の速さは前述の吸収の場合と同様に計算される．混乱を避けるために改めて1対のエネルギー準位の上の方を"n"，下の方を"m"と名づけることにすると

$$W(m\to n)=W(n\to m) \tag{4.101}$$

であることが示される．

以上では始状態も終状態も縮退なしと暗々裏に仮定してきた．もしも終状態として同じエネルギーをもつ複数の異なった状態があるときは，それらの寄与を加え合わせたものが観測される吸収または発光スペクトル線の強度を与える．もしまた，始状態が縮退しているときは，それらについての平均をとらなければならない．"n"に属する状態の1つを"i"，"m"に属する状態の1つを"j"とするとき，"i"，"j"については縮退なしの場合と同じ(4.97)が成り立つ．このことから，"n"，"m"準位がそれぞれ g_n, g_m 重に縮退しているときは

$$W(i\to j)=W(j\to i)$$

$$g_m W(m \to n) = \sum_{i(\subset n)} \sum_{j(\subset m)} W(i \to j) = g_n W(n \to m) \tag{4.102}$$

が成り立つ．

以上の他に，励起状態にある原子は外からの刺激がないときでも自分から光を出して低いエネルギー状態に移ることができる．これを**自然放出**(spontaneous emission) という．この放出の速さを求めるには以上のような半古典論でなく，電磁波を量子化して光子の集団とみる立場の理論 (量子電磁力学) を用いる．しかし本章ではそのような直接計算は行わず，次項に述べるアインシュタインの関係式を利用して吸収率からの間接的導出で満足することにしたい．

4.4.2　アインシュタインの係数 A, B とその関係式

同種原子の集団を考える．無数にあるエネルギー準位のうちの特定の 2 つに着目する．上の準位に "n"，下の準位に "m" と名をつけることにする (図4.9)． "n" 準位にある原子数を N_n とすると，単位時間内にこの集団から放出されるエネルギー $h\nu_{nm} (=\hbar\omega_{nm})$ の光子の数は

$$N_n A_{nm} \tag{4.103}$$

の形に書けるであろう．A は時間の逆数の次元をもち，この特定の遷移に固有な定数で，**アインシュタインの自然放出係数** (Einstein coefficient for spontaneous emission)，または簡単に **A 係数**と呼ばれる．

次に，入射光のスペクトルは，単位体積あたり振動数が $\nu, \nu+d\nu$ の間にある成分のエネルギーが

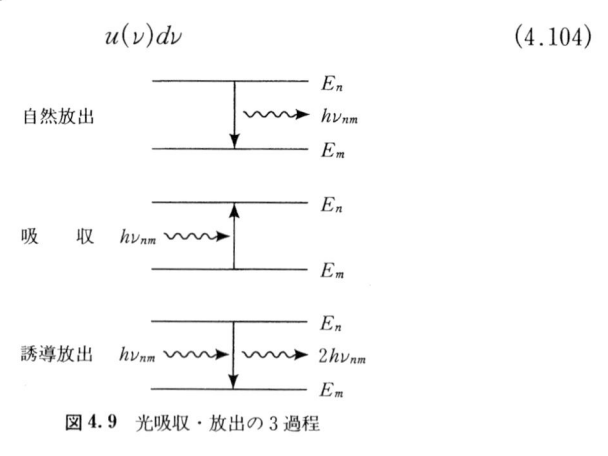

$$u(\nu)d\nu \tag{4.104}$$

図 4.9　光吸収・放出の 3 過程

であるとする*¹. この分布がいま問題にしている遷移の振動数 ν_{nm} で0でない
とき，単位時間内に $m \to n$ が起こって光子が吸収される数は

$$N_m u(\nu_{nm}) B_{mn} \qquad (4.105)$$

の形に書けるであろう．B は [体積/エネルギー・時間²] の次元をもつ定数である．人によっては u のかわりに入射光の比強度 $I = cu/4\pi$ を用い，(4.105) に相当する遷移率を

$$N_m I B_{mn}'$$

とおくことがある．したがって

$$B_{mn}' = \frac{4\pi}{c} B_{mn}$$

であり，B と B' とは次元が異なる．使いなれない文献を利用するときはどういう定義で B 係数が導入されているかを確かめる必要がある．B_{mn} は**アインシュタインの吸収係数** (Einstein coefficient for absorption) と呼ばれる．

最後に原子が励起状態 "n" にあるとき，それが放出しうる光と同じ振動数 ν_{nm} を含むスペクトル分布をもつ光線が入射するとき，それに誘発されて遷移 $n \to m$ が起こる．この発光率も入射光の強さを代表する $u(\nu)$ の $\nu = \nu_{nm}$ における値に比例するから

$$N_n u(\nu_{nm}) B_{nm} \qquad (4.106)$$

の形に書ける．この B は**アインシュタインの誘導放出係数** (Einstein coefficient for induced emission) と呼ばれる．B_{nm} と B_{mn} で添字の順序だけ変えて同じ B という記号を用いているのは，どちらも入射光の強度に比例して起こる現象の係数であること，すぐあとで示すようにこの2つの係数は同じ値または簡単な関係にあることなどによるもので，B 係数と総称される．

以上3つの放射過程の存在を経験的に承認したうえで，それらの係数の間で成り立たなければいけない関係式を導いたのが Einstein である．その関係式を求めるために，閉じた容器に多数の原子を入れ，全体を絶対温度 T に保って熱平衡状態が実現されているとする．統計力学でわかっているように，容器内の原子の内部エネルギー分布はボルツマン分布 (Boltzmann distribution) で表され，各準位にある原子数の比は

---

*¹ 慣例にしたがい，この小節では角振動数でなく振動数 $\nu = \omega/2\pi$ を用いる．

$$\frac{N_n}{N_m} = \frac{g_n}{g_m} \exp\left(-\frac{h\nu_{nm}}{\kappa T}\right) \qquad (4.107)$$

で与えられる．$\kappa\,(=1.380\,658\times10^{-23}\,\mathrm{J/K})$ はボルツマン定数である．また g は前項でも用いた準位の縮退度である (統計的重みともいう)．次に容器内部は Planck の公式

$$u(\nu, T) = \frac{8\pi h \nu^3}{c^3} \frac{1}{e^{h\nu/\kappa T}-1} \qquad (4.108)$$

にしたがってさまざまな振動数の電磁波で満たされている．このとき，各準位にある原子数分布が平衡状態にある (時間がたっても変わらない) ためには，次の関係式が成り立たなければならない．

$$N_n\{A_{nm} + B_{nm}u(\nu_{nm})\} = N_m B_{mn} u(\nu_{nm}) \qquad (4.109)$$

ここで N や u は温度 T によって変わるが，A や B は定数であることに注意する．そこで振動数 ν_{nm} を固定し，T を限りなく大きくしたときを考えると (4.108) により u もいくらでも大きくなる．そのとき (4.109) では A を含む項は無視できる．さらに同じ極限で (4.107) から $N_n/N_m \to g_n/g_m$ となるから，

$$g_n B_{nm} = g_m B_{mn} \qquad (4.110)$$

が一般に成り立たなければならない．そこでこの関係式を (4.109) に代入し，(4.107)(4.108) を用いると，A と B の関係が次のように得られる．

$$A_{nm} = \frac{8\pi h \nu_{nm}^3}{c^3} \frac{g_m}{g_n} B_{mn} \qquad (4.111)$$

(4.110)(4.111) が Einstein が見いだした A, B 係数間の関係式である．これらの式で統計的重み g_n, g_m の現れ方は次のように考えると理解しやすい．すなわち，"n"，"m" が縮退していて，それぞれ複数の異なる状態が同じエネルギーのところにあるとする．"n" に属する状態の 1 つを "i" とし，"m" に属する状態の 1 つを "j" とする．"i"，"j" はもう単独の状態であるから，これらに対しては (4.110)(4.111) で縮退なしとした形の式

$$B_{ij} = B_{ji}, \qquad A_{ij} = \frac{8\pi h \nu_{nm}^3}{c^3} B_{ij}$$

が成り立つ．そこで平均の A, B を

$$B_{mn} = \frac{1}{g_m}\sum_{i,j} B_{ji}, \qquad B_{nm} = \frac{1}{g_n}\sum_{i,j} B_{ij}, \qquad A_{nm} = \frac{1}{g_n}\sum_{i,j} A_{ij} \qquad (4.112)$$

によって求めると，これらが (4.110)(4.111) を満足することがすぐに確かめられる．

ここで原子がある準位 "n" に留まっている平均時間 (寿命) を出しておこう．はじめ (時刻 $t=0$) にこの準位にある原子数を $N_n(0)$ とする．この原子集団を放置すれば，自然放出により

$$\frac{dN_n(t)}{dt} = -N_n \sum_{m(<n)} A_{nm}$$

にしたがって "n" よりも低いエネルギーをもつ準位に飛び移り，始状態にある原子の数は減る．この式を積分すれば

$$N_n(t) = N_n(0) \exp\left(-\frac{t}{\tau_n}\right), \tag{4.113}$$

$$\tau_n = \left(\sum_{m(<n)} A_{nm}\right)^{-1} \tag{4.114}$$

が得られる．この τ_n が準位 "n" の平均寿命 (mean lifetime) である．

準位の寿命を実験的に求めるには，たとえば**ビーム・フォイル法** (beam-foil method) を用いる．加速されたイオンビームまたはそれをいったん気体のなかを走らせて中性化したものをごく薄い金属箔に当てる．イオンまたは中性原子はほとんど速度を失うことなく箔を突き抜けて先へ進む．通過したイオン，原子の一部は箔の中を通過する間の衝突によって励起されている．励起された状態からは光が放出され，励起準位にあるものの数は (4.113) のように指数関数的に減少する．それで，各励起状態から出る代表的な光の波長で発光をビームに垂直な方向から観測していると，箔からの距離が増すにつれて発光強度が減少するであろう．これから始状態の失われる速さ，したがって寿命が求められる．この際，注意しなければならないのは，注目している始状態よりも高いエネルギー準位に励起されたイオンまたは原子があるかもしれないということである．もしあれば，そこから光を出していま注目している準位に落ちてくる数も考慮に入れないといけない．一般に高く励起された原子はさまざまな波長の光を放出しながら，多くの中間準位を経由して下へ下へと落ちてきて，最後にはすべて基底状態に落ち着く．この様子は滝の水が，水面や岩に当たってはね飛ばされたり，宙を飛んだりしながら落ちてくるのに似ているところから，**カスケード効果** (cascade effect) と呼ばれる．

カスケードのような解析上厄介な要素を含まない実験法としては，電子励起における電子と光子との**遅延同時計数**(delayed coincidence)法がある．すなわち，原子に電子を当てて励起させ，散乱された電子と励起状態から出てくる光子とをともに観測し，その時間差をいろいろに変えたとき同時計数の数がどう変わるかを見ることによって励起状態の寿命を知る方法である．この場合，散乱電子のエネルギーを選別することにより衝突でどれだけのエネルギーを失ったかを確かめ，たとえばナトリウム蒸気でエネルギー損失が 2.10 eV であれば，一番外側の軌道を回る電子が 3s 軌道 (基底状態) から 3p 軌道へ励起されたことがわかるから，この励起状態の寿命を測っていることがはっきりする．

前項で光吸収などの確率の具体的な公式を導いた．それを利用して，前述の A, B 両係数の公式を求めておこう．前項 (§4.4.1) での扱いでスペクトル線の幅を考えなくてよい近似での光吸収率は (4.97) の $W(0 \to n)$ で与えられた．これに相当する量を B 係数を用いて書けば $u(\nu_{n0})B_{0n}$ である．そこでこれらを等しいとおき，さらに $U(\omega)d\omega = u(\nu)d\nu$, $\omega = 2\pi\nu$ により $U(\omega) = u(\nu)/2\pi$ であるから，B_{0n} が得られ，一般に B_{mn} に対する公式が以下のように求められる．

$$B_{mn} = \frac{1}{2\pi m_e^2 \nu_{nm}^2} \frac{e^2}{4\pi\varepsilon_0} \frac{1}{g_m} \sum_{i(\subset n)} \sum_{j(\subset m)} |\langle i|e^{i\boldsymbol{k}\cdot\boldsymbol{r}}\boldsymbol{\varepsilon}\cdot\nabla|j\rangle|^2 \qquad (4.115)$$

この公式はもとはといえば特定方向の伝播ベクトル $\boldsymbol{k}$, 特定の偏光方向 $\boldsymbol{\varepsilon}$ に対して導いてきた式である．原子の始状態が球対称なら $\boldsymbol{k}, \boldsymbol{\varepsilon}$ がどちらを向いていても変わりがないが，球対称でない場合にそれが空間の特定方向を向いているとすると，B_{mn} 係数の値は $\boldsymbol{k}$ の向き，$\boldsymbol{\varepsilon}$ の向きで変わるであろう．しかし，気体中の原子など多くの場合，さまざまな向きの原子があって集団全体では平均化され球対称と同じと考えられる．じつは上式を出すときに同じエネルギーをもつ状態について (i, j についての) 和をとってしまっている．これは原子の向きで平均したと同じことである．具体例をあげると，水素原子の主量子数 $n=2$ 準位は 2s, 2px, 2py, 2pz 状態の重なったものであるが，このうち 2s だけが球対称である．2pz ひとつだけをとりあげると，これは球対称でない．しかし 2px, 2py, 2pz について和をとると原子の向きで平均して 3 倍したこと

になり球対称原子と同じく $\boldsymbol{k}, \boldsymbol{\varepsilon}$ の向きによらない結果が出てくる．

　B_{mn} が決まれば，(4.110) によって B_{nm} が得られ，自然放出を表す A 係数は (4.111) を用いて導かれる．

4.4.3 光学的許容遷移，選択則

　ここで公式 (4.115) のなかの $\exp(i\boldsymbol{k}\cdot\boldsymbol{r})$ に注目する．$n\to m$ 遷移で放出される光の波長を λ_{nm} とすると，$\boldsymbol{k}$ の大きさは $k=2\pi/\lambda_{nm}$ である．可視光ならば λ はおよそ $400\sim800$ nm である．一方，原子内電子の波動関数の広がりは中性原子の外側の軌道関数でも数 Å 程度，すなわち 1 nm より小さく，電子の核からの距離 r は 1 nm を超えることは稀である．そうしてみると $\boldsymbol{k}\cdot\boldsymbol{r}\ll 1$ であることがわかる．硬 X 線のように波長が短くなり，原子内電子も高励起状態にあるなどして k,r ともに大きくなると $\boldsymbol{k}\cdot\boldsymbol{r}$ が 1 にくらべて小さいという近似が成り立たない場合もあるが，実用上重要な多くの例では $\boldsymbol{k}\cdot\boldsymbol{r}\ll 1$ としてよい．したがって

$$\exp(i\boldsymbol{k}\cdot\boldsymbol{r}) = 1 + i\boldsymbol{k}\cdot\boldsymbol{r} + \cdots\cdots \tag{4.116}$$

と展開してはじめの 1，2 項を考えるだけで十分精度の高い理論値が得られるであろう．そこでまず第 1 項だけをとり，$\exp(i\boldsymbol{k}\cdot\boldsymbol{r})\cong 1$ としよう．これは原子内各点で電磁波の位相が同じとしてよいという近似である．こうすると A, B 係数に現れる行列要素は

$$\langle i|e^{i\boldsymbol{k}\cdot\boldsymbol{r}}\boldsymbol{\varepsilon}\cdot\nabla|j\rangle \cong \boldsymbol{\varepsilon}\cdot\langle i|\nabla|j\rangle \tag{4.117}$$

となる．ところで

$$\langle i|\nabla|j\rangle \equiv \nabla_{ij} = -\frac{m_e}{\hbar}\omega_{nm}\boldsymbol{r}_{ij} \tag{4.118}$$

であることが示される（証明は後に示す）．したがって，

$$|\langle i|\boldsymbol{\varepsilon}\cdot\nabla|j\rangle|^2 = \left(\frac{m_e}{\hbar}\omega_{nm}\right)^2|\boldsymbol{\varepsilon}\cdot\boldsymbol{r}_{ij}|^2$$

となる．(4.116) の右辺第 1 項だけをとることで $\boldsymbol{k}$ の向きは表面に出ていないが，偏光方向 $\boldsymbol{\varepsilon}$ が $\boldsymbol{k}$ に垂直というところでまだ特定方向が問題になっている．$\boldsymbol{\varepsilon}$ は単位ベクトルであるから，$\boldsymbol{\varepsilon}\cdot\boldsymbol{r}$ は $\boldsymbol{r}$ の特定方向 $\boldsymbol{\varepsilon}$ への射影である．したがって，向きについて平均をとると

$$|\boldsymbol{\varepsilon}\cdot\boldsymbol{r}_{ij}|^2 \to \frac{1}{3}|\boldsymbol{r}_{ij}|^2$$

となる．これで，見た目にも向きで平均された A, B 係数が得られる．多電子系の式が必要なときは，$|\boldsymbol{r}_{ij}|^2$ を $|\langle i|\sum_s \boldsymbol{r}_s|j\rangle|^2$ とすればよい．電磁波との相互作用を考えるのに原子を電気双極子と見なした結果，そのモーメント $-e\sum_s \boldsymbol{r}_s$ の行列要素が現れているもので，**双極子近似** (dipole approximation) と呼ばれる．§4.3.1 で原子の動分極率を出したときの扱いも双極子近似になっていた．以上の近似のもとで A, B 係数は次のようになる．

$$B_{mn} = \frac{2\pi}{\hbar}\frac{e^2}{4\pi\varepsilon_0}\frac{1}{3g_m}\sum_i\sum_j|\boldsymbol{r}_{ij}|^2 = \frac{g_n}{g_m}B_{nm} \quad (4.119)$$

$$A_{nm} = \frac{8\pi}{hc^3}\omega_{nm}^3\frac{e^2}{4\pi\varepsilon_0}\frac{1}{3g_n}\sum_i\sum_j|\boldsymbol{r}_{ij}|^2 \quad (4.120)$$

これらの公式で記述されるのは，電気双極子モーメントを介しての遷移であるから，**電気双極遷移** (electric dipole transition) と呼ばれる．これら A, B 係数が 0 でない遷移を**光学的許容遷移** (optically allowed transition)，0 になるものを**光学的禁止遷移** (optically forbidden transition) と呼んで区別する．ただし，禁止遷移は絶対に起こらないということを意味してはいない．(4.116) の展開の初項は寄与しないということで，第 2 項以下が寄与するかもしれない．ただ，我々が出会うことの多い軽い原子では，これらの禁止遷移の A, B 係数は許容遷移にくらべて桁違いに小さいのが普通であり，そのため禁止遷移と呼んで区別しているのである．実例は後であげる．

ここで (4.118) の証明を示しておこう．一般に多電子系 (電子数を N とする) で考える．シュレーディンガー方程式は

$$-\frac{\hbar^2}{2m_e}\sum_s \nabla_s^2 \Psi_j + V\Psi_j = E_m\Psi_j$$

で，V は核と電子の間のクーロン引力，電子どうしのクーロン斥力のポテンシャルの和である．光の放出・吸収をここでは摂動論で扱っていて，行列要素を指定する i, j 等は第 0 次の状態を表すから，この方程式に電磁場の $\boldsymbol{A}$ を入れる必要はない．この式に左から

$$\Psi_i^*\sum_q \boldsymbol{r}_q$$

をかけ，得られた式から Ψ_j と Ψ_i^* をとりかえた式を引き，電子座標で積分す

ると次の式になる.

$$-\int\cdots\int\sum_q \boldsymbol{r}_q (\Psi_i^* \sum_s \nabla_s^2 \Psi_j - \Psi_j \sum_s \nabla_s^2 \Psi_i^*) d\boldsymbol{r}_1 \cdots d\boldsymbol{r}_N$$

$$= \frac{2m_e}{\hbar^2}(E_m - E_n)\int\cdots\int \Psi_i^* \sum_s \boldsymbol{r}_s \Psi_j d\boldsymbol{r}_1 \cdots d\boldsymbol{r}_N,$$

$$\text{左辺} = \int\cdots\int \sum_s (\Psi_i^* \nabla_s \Psi_j - \Psi_j \nabla_s \Psi_i^*) d\boldsymbol{r}_1 \cdots d\boldsymbol{r}_N + \text{表面積分}$$

$$= 2\sum_s \int\cdots\int \Psi_i^* \nabla_s \Psi_j d\boldsymbol{r}_1 \cdots d\boldsymbol{r}_N,$$

$$\text{右辺} = -\frac{2m_e}{\hbar^2}\hbar\omega_{nm}\sum_s (\boldsymbol{r}_s)_{ij}.$$

束縛状態の波動関数は遠方で速やかに0になるから,表面積分は0である.それで,左辺=右辺から,求める(4.118)を多電子系に拡張したものが得られる.

この式の証明法は他にもある.交換子$[a, b] = ab - ba$(§2.1)を用いると,同一電子の位置座標と運動量成分の間に

$$[x, p_x] = i\hbar$$
$$[y, p_y] = i\hbar$$
$$[z, p_z] = i\hbar$$

の関係が存在し,それ以外のすべての電子座標,運動量成分は可換である.このことを利用すると原子系のハミルトニアン

$$H = \sum_s \frac{\boldsymbol{p}_s^2}{2m_e} + V(\boldsymbol{r}_1, \boldsymbol{r}_2, \cdots, \boldsymbol{r}_N)$$

から

$$[\boldsymbol{r}, H] = \frac{i\hbar}{m_e}\boldsymbol{p} \tag{4.121}$$

が成り立つことがわかる.ただし,$\boldsymbol{r} = \sum_s \boldsymbol{r}_s$, $\boldsymbol{p} = \sum_s \boldsymbol{p}_s$である.一方,

$$[\boldsymbol{r}, H]_{ij} = (\boldsymbol{r}H)_{ij} - (H\boldsymbol{r})_{ij}$$
$$= \int\cdots\int \Psi_i^* \boldsymbol{r} H \Psi_j d\boldsymbol{r}_1 \cdots d\boldsymbol{r}_N - \int\cdots\int \Psi_i^* H \boldsymbol{r} \Psi_j d\boldsymbol{r}_1 \cdots d\boldsymbol{r}_N$$

で,第1の積分中,$H\Psi_j$は$E_m\Psi_j$に置き換えることができる.また第2の積分ではエルミート演算子の性質(3.20)を利用し,HをΨ_i^*に作用させると$(H\Psi_i)^* = E_n\Psi_i^*$になる.結局,

$$[\boldsymbol{r}, H]_{ij} = -(E_n - E_m)(\sum_s \boldsymbol{r}_s)_{ij} \tag{4.122}$$

となり，これを (4.121) とくらべて

$$\frac{i\hbar}{m_e}(\sum_s \boldsymbol{p}_s) = -(E_n - E_m)(\sum_s \boldsymbol{r}_s)_{ij} \tag{4.123}$$

$\boldsymbol{p}_s = -i\hbar \nabla_s$ であるから，再び (4.118) を多電子系に一般化した公式が得られる．

ついでに，もう1つの別の公式を導いておこう．(4.122) を出したのと同じやり方で

$$[\boldsymbol{p}, H]_{ij} = -(E_n - E_m)\boldsymbol{p}_{ij}$$

を出すことができるが，この左辺を計算すると

$$[\boldsymbol{p}, H]_{ij} = [\boldsymbol{p}, V]_{ij} = -i\hbar \sum_s (\nabla_s V)_{ij}$$

が得られる．V に具体的なクーロンポテンシャルを入れると，電子間斥力の項は消し合い，各電子と核の間の引力の項だけが残る．以上のようにして，A, B 係数中の行列要素 $\boldsymbol{r}_{ij}$ (多電子系なら $(\sum_s \boldsymbol{r}_s)_{ij}$) を次のように別の形に置き換えることができる．

$$\boldsymbol{r}_{ij} = -\frac{\hbar}{m_e \omega_{nm}} \nabla_{ij} = -\frac{i}{m_e \omega_{nm}} \boldsymbol{p}_{ij} \tag{4.124 a}*2$$

$$\boldsymbol{p}_{ij} = \frac{i}{\omega_{nm}} (\nabla V)_{ij} \tag{4.124 b}*3$$

$\boldsymbol{p}/m$ は速度であり，$-\nabla V$ は力，すなわち加速度に質量をかけたものである．これら3通りの行列要素 $[\boldsymbol{r}_{ij}, \boldsymbol{p}_{ij}, (\nabla V)_{ij}]$ の式で計算する方法は，それぞれ**双極子の長さ，速度，加速度公式** (dipole length, dipole velocity, dipole acceleration formula) と呼ばれる．Ψ_i, Ψ_j がシュレーディンガー方程式の正確な解であるかぎりどの方式を用いても同じ結果が出るはずであるが，多電子系では近似関数しか得られないために3通りの方式が異なった結果を与える．その場合，どれが正しい値に最も近いかを一般的にいうことはできない．多くの人はこのうちの2つか3つの方式で計算をして結果をくらべている．それらの差が小さくても，得られた A, B 係数の値の信頼度が高いと断言することはできないが，逆に差が大きいときは信頼度が低いといえるであろう．

[*2, *3] この式の分子にある i は虚数単位であり，行列要素を指定する i, j の i ではない．

さきに§4.3.4で導入した振動子強度も原子の双極子モーメントの行列要素の平方に若干の係数のかかったものであった。したがって，光学的許容遷移の A, B 係数は振動子強度で表すこともできる。たとえば A 係数は

$$A_{nm} = \frac{2\omega_{nm}^2}{m_e c^3} \frac{e^2}{4\pi\varepsilon_0} \frac{g_m}{g_n} f_{mn} \tag{4.125}$$

$$= 6.6702 \times 10^{-5} \frac{g_m}{g_n} \frac{f_{mn}}{\lambda_{nm}^2} \mathrm{s}^{-1}$$

（波長 $\lambda_{nm} = 2\pi c/\omega$ は m 単位の数値）

と書かれる。可視光線なら $\lambda_{nm} = 4 \sim 8 \times 10 \,(\mathrm{m})$ であり，また光学的許容遷移では振動子強度は $f = 0.1 \sim 1$ が代表的な値であるから，g_m/g_n が1の程度とすると，A 係数は $10^7 \sim 10^8 \,\mathrm{s}^{-1}$ くらいの大きさになる。これが許容遷移の代表的な確率である。波長が長くなればそれに応じて A 係数は小さくなる。

さて話を水素様原子に限ると，(2.29)により $E_n - E_m \propto Z^2$，一方，波動関数は Z が増すにつれて $1/Z$ 倍に縮むから $\sum_s \boldsymbol{r}_s$ の行列要素の平方は $1/Z^2$ に比例する。結局，振動子強度の定義式(4.80)から次式を得る。

$$f_{mn}(Z) = f_{mn}(Z=1) \quad (\text{水素様原子}) \tag{4.126}$$

この関係を(4.125)に用いると，A 係数は Z^4 に比例して増えることがわかる。

光学的許容遷移にくらべて禁止遷移の確率は桁違いに小さいから，どのような状態の組み合わせで許容遷移になるかは大変重要な問題である。双極子モーメントの行列要素が0でない組み合わせが許容遷移になることから，組み合わせの条件が出てくる。これを**選択則**（または**選択規則**，selection rule）という。最も簡単な水素様原子およびヘリウム様原子について次項で具体的に考えることにする。

4.4.4 水素様原子，ヘリウム様原子の許容遷移
a. 水素様原子

波動関数は(2.10)(2.15)(2.25)で与えられているから，それを用いて行列要素がどのようなときに0でないかを調べればよい。電子の位置ベクトル $\boldsymbol{r}$ の x, y, z 成分は極座標で書き表せば $r\sin\theta\cos\varphi, \ r\sin\theta\sin\varphi, \ r\cos\theta$ であ

るから，これらのうちの1つでも行列要素の0でないものがあればよい．波動関数の角度部分は球面調和関数であり，その性質から量子状態の遷移 $n, l, m \longrightarrow n', l', m'$ については

$$\Delta l \equiv l' - l = \pm 1 \tag{4.127 a}$$

$$\Delta m \equiv m' - m = 0, \pm 1 \tag{4.127 b}$$

以外では行列要素が0になることがわかる．0でない行列要素を書き出せば以下の公式が得られる．

$$\langle n'\, l+1\, m | z | nlm \rangle = \sqrt{\frac{(l+1)^2 - m^2}{(2l+3)(2l+1)}} R_{nl}^{n'l+1} \tag{4.128 a}$$

$$\langle n'\, l-1\, m | z | nlm \rangle = \sqrt{\frac{l^2 - m^2}{(2l+1)(2l-1)}} R_{nl}^{n'l-1} \tag{4.128 b}$$

$$\langle n'\, l+1\, m+1 | x+iy | nlm \rangle = \sqrt{\frac{(l+m+2)(l+m+1)}{(2l+3)(2l+1)}} R_{nl}^{n'l+1} \tag{4.128 c}$$

$$\langle n'\, l+1\, m-1 | x-iy | nlm \rangle = -\sqrt{\frac{(l-m+2)(l-m+1)}{(2l+3)(2l+1)}} R_{nl}^{n'l+1} \tag{4.128 d}$$

$$\langle n'\, l-1\, m+1 | x+iy | nlm \rangle = -\sqrt{\frac{(l-m)(l-m-1)}{(2l+1)(2l-1)}} R_{nl}^{n'l-1} \tag{4.128 e}$$

$$\langle n'\, l-1\, m-1 | x-iy | nlm \rangle = \sqrt{\frac{(l+m)(l+m+1)}{(2l+1)(2l-1)}} R_{nl}^{n'l-1} \tag{4.128 f}$$

ここで

$$R_{nl}^{n'l'} \equiv \int R_{n'l'}(r) R_{nl}(r) r^3 dr \tag{4.129}$$

$R_{nl}(r)$ は (2.25) で与えられる波動関数の動径部分である．この積分は Gordon[8]によって次のように求められた．

$$R_{nl}^{n'l-1} = R_{n'l-1}^{nl}$$

$$= \frac{(-1)^{n'-l}}{4(2l-1)!} \sqrt{\frac{(n+l)!(n'+l-1)!}{(n-l-1)!(n'-l)!}} \frac{(4nn')^{l+1}(n-n')^{n+n'-2l-2}}{(n+n')^{n+n'}}$$

$$\times \left\{ {}_2F_1\left(-n_r, -n_r'; 2l; -\frac{4nn'}{(n-n')^2}\right) \right.$$

$$\left. - \left(\frac{n-n'}{n+n'}\right)^2 {}_2F_1\left(-n_r-2, -n_r'; 2l; -\frac{4nn'}{(n-n')^2}\right) \right\} a_0 \tag{4.130}$$

ただし，$n_r = n-l-1$, $n_r' = n'-l$, また ${}_2F_1(\alpha, \beta; \gamma; x)$ は次式で定義される超

---

[8] W. Gordon, *Ann. der Physik* (5) **2**, 1031 (1929).

幾何関数である．

$$_2F_1(\alpha, \beta;\gamma;x) = \sum_{\nu=0}^{\infty} \frac{\alpha(\alpha+1)\cdots(\alpha+\nu-1)\beta(\beta+1)\cdots(\beta+\nu-1)}{\gamma(\gamma+1)\cdots(\gamma+\nu-1)\nu!} x^\nu \quad (4.131)$$

しかし，1950年代までは (4.130) の式でまともに計算するのは厄介としていろいろな近似法が考えられた．たとえば n, n' の一方か双方がきわめて大きいときの漸近式が Burgess によって与えられている[9]．

(4.128) によれば m' についての和は

$$\sum_{m'} |\langle n'\,l+1\,m'|\boldsymbol{r}|nlm\rangle|^2 = \frac{l+1}{2l+1}(R_{nl}^{n'\,l+1})^2 \quad (4.132\text{ a})$$

$$\sum_{m'} |\langle n'\,l-1\,m'|\boldsymbol{r}|nlm\rangle|^2 = \frac{l}{2l+1}(R_{nl}^{n'\,l-1})^2 \quad (4.132\text{ b})$$

となり，結果は m によらない．

水素様原子における f の値や A 係数は多くの人によって計算されている．たとえば Green たち[10] は $n, n' \leq 20$ で $R_{nl}^{n'l'}$ を計算し，$n=2$ に対しては $n' \leq 60$ までの $f_{nl,n'l'}$ を出した．Capriotti[11] はそれを用いて $n, n' \leq 12$ での A を出した．Hiskes と Tarter[12] は $n=26$ 以下のすべての準位間の遷移確率を出したほか，電場があるときの遷移 $n', n_1', n_2', m \longrightarrow n, n_1, n_2, m$ についての数値も与えている．水素原子の $n, n' \leq 4$ に対する波長，f 値，A 係数を表 4.2 に掲げる[*4]．

水素様原子に戻って，(4.127) では触れなかったが，許容遷移で扱っている相互作用には電子のスピンは関与していないから，スピンの向きは光の放出，吸収で変わらない．ただし，原子番号 Z が大きくなると，無視してきたスピン・軌道相互作用が重要になるので，スピンは無関係というのは厳密ではなくなる．

---

[9] A. Burgess, *Mon. Not. Roy. Astron. Soc.* **118**, 477 (1958).
[10] L. C. Green, P. P. Rush and C. D. Chandler, *Astrophys. J.* suppl. No. 26 (**3**, p. 37) (1957).
[11] E. R. Capriotti, *Astrophys. J.* **139**, 225 (1964).
[12] J. R. Hiskes and C. B. Tarter, Radiative Transition Probabilities in Hydrogen, Report UCRL-7088, Rev. I. Livermore, California (1964).
[*4] 水素以外まで含めた広範囲な原子（イオンを含む）についての遷移確率，f 値など（理論値，実験値を比較評価して得た推奨値）は Wiese らによるデータ集 [39]～[43] にまとめ

表 4.2 水素原子の許容遷移の例
(原子番号 Z の水素様原子でも f 値は同じ, 波長は Z^2 に反比例, A は Z^4 に比例して変わる.)

遷移 $n-m$	波長 (nm)	$A_{nm}(\mathrm{s}^{-1})$	f_{mn}
2p—1s	121.567	6.2646×10^8	0.4162
3s—2p	656.47	6.3132×10^6	0.01359
3p—1s	102.572	1.6724×10^8	0.07910
—2s	656.46	2.2447×10^7	0.4349
3d—2p	656.46	6.4648×10^7	0.6958
4s—2p	486.27	2.5780×10^6	0.003045
—3p	1875.62	1.8353×10^6	0.03225
4p—1s	97.254	6.8183×10^7	0.02899
—2s	486.27	9.6675×10^6	0.1028
—3s	1875.59	3.0650×10^6	0.4847
—3d	1875.63	3.4751×10^5	0.01099
4d—2p	486.27	2.0624×10^7	0.1218
—3p	1875.60	7.0372×10^6	0.6183
4f—3d	1875.62	1.3787×10^7	1.018

b. ヘリウム様原子

今度は2電子系であるから, スピンの一重項と三重項が区別される. 非相対論的な扱いの範囲での許容遷移ではスピンは保存され, 一重項と三重項の間の遷移は起こらないので2種の原子があるように考えて別々に扱えばよい. $\sum_s \boldsymbol{r}_s$ の行列要素が0にならないような始状態, 終状態の組み合わせを選び出せばよい. その前に原子内の角運動量の知識を整理しておく. 普通のヘリウム原子核はアルファ粒子でスピンが0であるから, ここでも簡単のため超微細構造は考えないでおく. 2電子の軌道角運動量を合成した全軌道角運動量 $\boldsymbol{L}\hbar$ と2電子のスピン角運動量を合成した全スピン角運動量 $\boldsymbol{S}\hbar$ があり, これらが合成されて原子の全角運動量 $\boldsymbol{J}\hbar$ になる. 外力が働いていなければ $\boldsymbol{J}$ は保存される. これらの角運動量は量子力学では演算子で, $\boldsymbol{L}^2, \boldsymbol{S}^2, \boldsymbol{J}^2$ の固有値はそれぞれ $L(L+1), S(S+1), J(J+1)$ の形に書かれ, $L=0,1,2,\cdots$, $S=0$ (一重項), 1 (三重項), $J=|L-S|,|L-S|+1,|L-S|+2,\cdots,L+S$ の値が可能である. ここでは証明は省くが, 選択則, すなわち許容遷移が起こりうる条件は

て出版されている. このうち [39] [40] は1960年代に出版されたもので, [41] 以降はそれらを更新したり, 原子番号の大きな元素に拡張したものである.

$$\left.\begin{array}{l}\varDelta J=0, \pm 1 \quad (0 \leftrightarrow 0 \text{ を除く}) \\ \varDelta M_J=0, \pm 1 \quad (\varDelta J=0 \text{ のときは} 0 \leftrightarrow 0 \text{ を除く}) \\ \text{パリティ：正} \leftrightarrow \text{負}\end{array}\right\} \quad (4.133)$$

である．すなわち，角運動量の大きさを表す量子数 J およびこの角運動量の z 成分を表す量子数 M_J は 1 以上変化することは許されない．パリティは偶奇性ともいい，系内のすべての粒子の位置座標を反転 ($\boldsymbol{r}_s \longrightarrow -\boldsymbol{r}_s$) したとき全系の波動関数が変わらないか符号だけ変わるかを区別する．変わらないものをパリティが正，変わるものを負と呼ぶ．許容遷移の確率は $\sum_s \boldsymbol{r}_s$ の行列要素の平方を含む．$\sum_s \boldsymbol{r}_s$ は反転において符号が変わるから，行列要素が 0 にならないためには始状態，終状態のパリティが同じであってはならないことは明らかである．電子が 1 個しかない水素様原子では軌道角運動量を表す方位量子数が偶数ならばパリティは正，奇数ならばパリティは負となるので，選択則 (4.127 a) よってパリティが変わることが保証されている．

具体例としてヘリウム様原子 He I, C V, O VII の許容遷移のいくつかについて水素の場合と同じような表を表 4.3 に掲げる．ここに I, II, …, V, VI, VII, … などの記号は分光学でよく用いられるもので，I は中性原子のスペクトルを，II は 1 価イオンのスペクトルを，VII は 6 価イオンのスペクトルを表す．^{1}P, ^{3}P 状態では軌道角運動量の大きさが $L=1$ であることを示す記号 P の右上に小さく o と書かれている．これはこの状態が奇関数，すなわちパリティ負の状態であることを示している．表のなかでそれ以外の状態はすべてパリティが正である．この表を見ると，同じく 2 個の電子をもつ原子[*5] でも原子番号 Z が変われば f の値も変わることがわかる（水素様原子では振動子強度は Z によらず一定であった）．波長や A 係数も水素のときと違って Z の何乗かに比例して変わるというような簡単な関係にはない．これは 2 電子間の相互作用による．しかし，Z が増すと原子核からの引力にくらべて電子間の斥力の影響が相対的に小さくなるから，いろいろな性質が電子が 1 個しかない水素様原子に似てくる．たとえば，振動子強度はヘリウムと C V, O VII ではまったく異な

[*5] 同数の電子をもつ原子，イオンの系列を**等電子系列**と呼ぶ．1 つの系列内では原子のさまざまな物理量が Z とともにゆるやかに変わるから，内挿，外挿したり，計算値や実測値のなかの不正確なものを見つけだしたりするのに役立つ．

表 4.3 ヘリウム様原子の許容遷移の例

遷移 $n-m$		波長 (nm)	$A_{nm}(s^{-1})$	f_{mn}
$1s2p\ ^1P^o-1s^2\ ^1S$	He I	58.433	1.799×10^9	0.2762
	C V	4.0268	8.873×10^{11}	0.6471
	O VII	2.1602	3.309×10^{12}	0.6944
$1s3p\ ^1P^o-1s^2\ ^1S$	He I	53.703	5.66×10^8	0.0734
	C V	3.4973	2.554×10^{11}	0.1405
	O VII	1.8627	9.365×10^{11}	0.1461
$1s2p\ ^3P^o-1s2s\ ^3S$	He I	1083.0	1.022×10^7	0.5391
	C V	227.46	5.646×10^7	0.1314
	O VII	163.03	7.935×10^7	0.09486
$1s2p\ ^1P^o-1s2s\ ^1S$	He I	2058.1	1.976×10^6	0.3764
	C V	352.77	1.663×10^7	0.09306
	O VII	244.97	2.514×10^7	0.06786
$1s3s\ ^1S-1s2p\ ^1P^o$	He I	728.14	1.81×10^7	0.0480
	C V	27.188	5.699×10^9	0.02105
	O VII	13.751	2.008×10^{10}	0.01897
$1s3d\ ^1D-1s2p\ ^1P^o$	He I	667.82	6.38×10^7	0.711
	C V	26.727	3.947×10^{10}	0.7045
	O VII	13.820	1.523×10^{11}	0.7021

数値は文献 [39][41] による.

るが,C V,O VII では接近しており,Z が増すとき f の値が一定値に近づく傾向が見られる.なお表のなかの ^3P など ^3S 以外の三重項はそれぞれ接近した3つのエネルギー準位の集合体である.それらの準位のどれとどれを組み合わせるかで $^3S-^3P$ では3本,$^3P-^3D$ では6本の接近したスペクトル線に分離して見える.表に示したのはこれらを統計的重み g_n, g_m を考慮して平均したものである.

ヘリウムなど原子番号の小さな原子ではスピン・軌道相互作用が小さいから,全軌道角運動量の大きさ L や,全スピン角運動量の大きさ S が状態ごとに確定しているとすることもかなりよい近似になっている.このような近似,いわゆる **LS 結合** または **ラッセル-ソンダーズ結合** と呼ばれるものでは上記の厳密な選択則のほか次の2つが付け加わる.

$$\left.\begin{array}{l} \Delta S=0 \\ \Delta L=0, \pm 1 \quad (0\leftrightarrow 0 \text{ を除く}) \end{array}\right\} \quad (4.134)$$

また,多電子原子で1個の電子だけが核から遠いところを運動しており,他の

電子はすべて核の近くにあって，遷移がもっぱら遠方の電子の運動状態の変化によって起こるようなときは，近似的に1電子遷移と考えられるので水素のときのように

$$\Delta l = \pm 1 \tag{4.135}$$

が成り立つ．

4.4.5 光学的禁止遷移

さきに (4.116) で第2項以下を省略した．第1項の寄与が0であるとき，第2項をとり多電子系へ一般化して $i\boldsymbol{k}\cdot\sum_s \boldsymbol{r}_s$ とし，$\boldsymbol{k}$ 方向に x 軸，偏光方向に y 軸を選べば，(4.117) への寄与の追加分は ($\nabla = i\boldsymbol{p}/\hbar$ を用いて)

$$\frac{i}{\hbar}\langle i|\sum_s ikx_sp_{y,s}|j\rangle = -\frac{\omega_{nm}}{c\hbar}\sum_s\langle i|x_sp_{y,s}|j\rangle \tag{4.136}$$

となる．ここで

$$xp_y = \frac{1}{2}(xp_y + p_xy) + \frac{1}{2}(xp_y - p_xy) \tag{4.137}$$

と書き直し，(4.121)，つまり $p_y = (Hy - yH)im_e/\hbar$ などが成り立つことを利用すると，上式の右辺第1項の括弧のなかは

$$xp_y + p_xy = \frac{im_e}{\hbar}(xHy - xyH + Hxy - xHy)$$

となるから，その行列要素は

$$\langle i|Hxy - xyH|j\rangle = E_n(xy)_{ij} - (xy)_{ij}E_m = \hbar\omega_{nm}(xy)_{ij}$$

である．次に (4.137) の右辺第2項を見ると $xp_y - p_xy = l_z\hbar$ は軌道角運動量の z 成分であるから，結局 (4.136) は

$$-\frac{\omega_{nm}}{2\hbar c}\sum_s[im_e\omega_{nm}(x_sy_s)_{ij} + (l_{z,s})_{ij}\hbar] \tag{4.138}$$

となる．第1項は電子座標の2次式を含み，電気四極モーメントの成分の行列要素に比例している．したがって，これは電磁波の電場と原子の電気四極モーメントとの相互作用の寄与である．第2項は角運動量の z 成分すなわち電磁波の磁場方向の成分が関与しているので，磁場と原子の磁気モーメントとの相互作用の寄与である．そうだとすると，シュレーディンガー方程式には現れてこない電子のスピンに伴う磁気モーメントも考慮に入れておかなければならな

い．全軌道角運動量を $\sum_s l_s = L$，全スピン角運動量を S としよう．電気双極子モーメントに相当する磁気量である，原子の磁気双極子モーメント M_d は，本書で用いてきた磁気モーメント M に μ_0 をかけた式

$$M_\mathrm{d} = -\frac{e\hbar\mu_0}{2m_\mathrm{e}}(L+2S)$$

で与えられるから，(4.138) の第 2 項にスピンの寄与を加えたものは

$$\frac{m_\mathrm{e}\omega_{nm}}{\hbar}\frac{1}{ce\mu_0}(M_{\mathrm{d},z})_{ij}$$

と書ける．これを (4.117)(4.118) とくらべると，電気双極遷移のときの $\hat{\varepsilon}\cdot r$ に相当するものが磁気双極遷移では $M_{\mathrm{d},z}/ce\mu_0$ になっていることから，この場合の A 係数が次のようになることが導かれる．

$$A_{nm} = \frac{8\pi}{hc^3}\omega_{nm}{}^3\frac{1}{4\pi\mu_0}\frac{1}{3g_n}\sum_i\sum_j|(M_\mathrm{d})_{ij}|^2. \quad \text{（磁気双極遷移）} \quad (4.139)$$

次に (4.138) の第 1 項に戻る．$-ex_sy_s$ を一般化すると電気四極子テンソル

$$\mathcal{N} \equiv -e\sum_s\left[r_sr_s - \frac{1}{3}r_s^2(\hat{i}\hat{i}+\hat{j}\hat{j}+\hat{k}\hat{k})\right]$$

となる．r_s は s 番目の電子の位置ベクトル，$\hat{i}, \hat{j}, \hat{k}$ は x, y, z 方向の単位ベクトルで，ベクトルが 2 つ並んでいるのはスカラー積ではなく 2 階テンソルである．すなわち

$$AB = \begin{bmatrix} A_xB_x & A_xB_y & A_xB_z \\ A_yB_x & A_yB_y & A_yB_z \\ A_zB_x & A_zB_y & A_zB_z \end{bmatrix}$$

である[*6]．なお原子分子の電気四極モーメントとしては 3 倍の $Q = 3\mathcal{N}$ を用いることが多い（§10.1.1 参照）．ここで (4.138) の括弧内第 1 項を用いて摂動計算をすると，結果は

$$A_{nm} = \frac{\pi}{hc^5}\omega_{nm}^5\frac{1}{4\pi\varepsilon_0}\frac{1}{5g_n}\sum_i\sum_j|\langle i|\mathcal{N}|j\rangle|^2. \quad \text{（電気四極遷移）} \quad (4.140)$$

選択則についてはあとで示すが，M も $\mathcal{N}$ も反転 $r_s \longrightarrow -r_s$ で不変だから，これらの相互作用による遷移ではパリティは不変である．したがって光学的許容遷移と平行して起こることはありえない．

[*6] したがって，u, v をベクトルとして $u\cdot AB\cdot v = (u\cdot A)(B\cdot v)$ である．

4.4 原子による光の放出・吸収

電気四極遷移や磁気双極遷移では光学的振動子強度 f は 0 になってしまう. そこで f 以外で許容遷移でも禁止遷移でも共通して存在する量として, 理論家はしばしば以下に定義する S_{ij} (スペクトル線の**線強度**, line strength) というものを使う.

$$S_{ij} = S_{ji} = |\langle i|\boldsymbol{P}|j\rangle|^2 \tag{4.141}$$

ここで $\boldsymbol{P}$ は遷移の種類によって異なり,

電気双極遷移では $\quad \boldsymbol{P} = -e\sum_s \boldsymbol{r}_s \tag{4.141 a}$

磁気双極遷移では $\quad \boldsymbol{P} = -\dfrac{e\hbar}{2m_e}\sum_s (\boldsymbol{l}_s + 2\boldsymbol{s}_s) \tag{4.141 b}$

電気四極遷移では $\quad \boldsymbol{P} = -e\sum_s \left[\boldsymbol{r}_s\boldsymbol{r}_s - \dfrac{1}{3}r_s^2(\hat{\boldsymbol{i}}\hat{\boldsymbol{i}} + \hat{\boldsymbol{j}}\hat{\boldsymbol{j}} + \hat{\boldsymbol{k}}\hat{\boldsymbol{k}})\right] \tag{4.141 c}$

で与えられる. いずれの場合も A, B 係数は該当する遷移の線強度に比例する.

さて, これらの線強度が 0 にならないという条件から選択則が導かれる.

磁気双極遷移では $\quad \Delta J = 0, \pm 1 \quad (0 \leftrightarrow 0 \text{ を除く})$
$\Delta M = 0, \pm 1 \,(\Delta J = 0 \text{ のときは } 0 \leftrightarrow 0 \text{ を除く})$
パリティ：不変 $\tag{4.142}$

電気四極遷移では $\quad \Delta J = 0, \pm 1, \pm 2 (0 \leftrightarrow 0, 1/2 \leftrightarrow 1/2, 0 \leftrightarrow 1 \text{ を除く})$
$\Delta M = 0, \pm 1, \pm 2$
パリティ：不変

$\tag{4.143}$

LS 結合がよく成り立つような原子番号が小さい原子では, 全スピン量子数 S, 全軌道角運動量量子数 L は定常状態ごとにそれぞれ近似的にきまった値をもつと見ることができて,

磁気双極遷移 (LS) では $\quad \Delta S = 0, \Delta L = 0, \Delta J = \pm 1 \tag{4.144}$

電気四極遷移 (LS) では $\quad \Delta S = 0, \Delta L = 0, \pm 1, \pm 2$
$\quad\quad\quad\quad\quad\quad\quad\quad\quad (0 \leftrightarrow 0, 0 \leftrightarrow 1 \text{ を除く}) \tag{4.145}$

という選択則が得られる.

以上 3 種の主な遷移について述べてきたが, これですべての重要な遷移を尽くしているわけではない. 以上述べた遷移の可能性がないか, あっても小さく

て，これら以外，たとえば磁気四極遷移を考えなければならない場合もある．このようなタイプの遷移については Mizushima（水島正喬）[13]，Garstang[14] などの研究がある．

ここで禁止遷移の実例を水素・ヘリウムの準安定状態からの発光について見てみよう[15]．

a. 水素原子の禁止遷移

まず水素原子の $n=2$ の励起状態であるが，非相対論では 2s と 2p が縮退している．このうち 2p は $10^9\,\mathrm{s}^{-1}$ に近い速さでライマン α 線を放出して 1s 状態に戻る．しかし 2s からは前に述べたどの遷移も確率 0 である．そこで相対論に移ると 2p は $2p\,^2P_{3/2}$ と $2p\,^2P_{1/2}$ に分かれるが寿命はほとんど変わらない．エネルギー準位が分かれたため $2p\,^2P_{3/2}$ から $2s\,^2S_{1/2}$ への遷移が可能になるが，A 係数の公式中の ν_{nm} がきわめて小さいために A は $10^{-6}\,\mathrm{s}^{-1}$ 以下と小さく，1s への遷移にくらべて無視できる．ラムシフトを考慮すると $2s\,^2S_{1/2}$ は $2p\,^2P_{1/2}$ より上になり，両者間で遷移が可能になる．しかしこの 2 つの準位間の間隔はさらに小さく，A 係数はきわめて小さい．そこで，1s への直接遷移を考えなければならない．相対論の効果による電子の波動関数の変形を考慮すると，磁気双極遷移が可能であることがわかっている．一般に原子番号 Z の水素様原子で

$$A(2s\,^2S_{1/2} \to 1s\,^2S_{1/2}) = 2.4958 \times 10^{-6} Z^{10}\,\mathrm{s}^{-1} \quad \text{（磁気双極遷移）}$$

である．$Z=1$ の水素ではこれもはなはだ小さい．そこで現実には 2 光子放出

$$H(2s) \longrightarrow H(1s) + h\nu + h\nu' \tag{4.146}$$

によって基底状態に戻るのが圧倒的多数となる．この過程は原子と電磁波の相互作用の高次の効果として可能になるもので，はじめ Breit と Teller により計算された[16]．$h\nu$ と $h\nu'$ の和は 2s 状態の励起エネルギー（$\cong 10.2\,\mathrm{eV}$）であるが，個々の光子に注目すると連続スペクトルになっている．ただし，一方の光

---

[13] M. Mizushima, *J. Phys. Soc. Japan* **21**, 2335 (1966).
[14] R. H. Garstang, *Astrophys. J.* **148**, 579 (1967).
[15] H, He 様原子の準安定状態の寿命について，G. W. F. Drake, *Atomic Physics* **3**, S. J. Smith and G. K. Walters eds. (Plenum, 1973) 269 ; G. W. F. Drake and A. van Wijngaarden, *Physics of Highly-Ionized Atoms*, R. Marrus ed. (Plenum, 1989) 143 の review article がある．
[16] G. Breit and E. Teller, *Astrophys. J.* **91**, 215 (1940).

子が与えられたエネルギーの大部分をもっていく確率は小さく，ν と ν' が同程度の値をもつ確率が大きい．その後くわしい計算で

$$A(2s\ ^2S_{1/2} \to 1s\ ^2S_{1/2}\ ;\ 2\text{光子放出}) = 8.2293810Z^6\,\text{s}^{-1} + \text{相対論補正}$$

が得られている[17]．これを前述の磁気双極放射とくらべてみると，原子番号が40近くなると両者が同程度になり，さらに Z が増すと磁気双極遷移の方が大きな確率で起こるようになることがわかる．

b. ヘリウム様原子の禁止遷移

ヘリウム様原子で，1つの電子が主量子数 $n=2$ の軌道に励起されている状態を考えよう．これにはエネルギーの低い方から順に $2\,^3S, 2\,^1S, 2\,^3P, 2\,^1P$ の4つの状態がある．一番上の $2\,^1P$ からは許容遷移によって直接基底状態へ飛び移ることができる．その確率は $A = 1.799 \times 10^9\,\text{s}^{-1}$ で，放出される光の波長はおよそ 58.43 nm である．この状態からは波長 2058.1 nm の赤外線を出して $2\,^1S$ へ遷移することもできるが，その確率はずっと小さく $A = 1.976 \times 10^6\,\text{s}^{-1}$ である．次の $2\,^3P$ は $2\,^3S$ へ許容遷移で移ることができ 1083.0 nm の波長をもつ赤外線を放出する．A 係数は $A = 1.022 \times 10^7\,\text{s}^{-1}$ である．残る2つの状態は許容遷移によって低いエネルギー状態へ移ることができず，したがって長い時間その状態にとどまる，いわゆる**準安定状態**(metastable state)である．$2\,^1S$ から $1\,^1S$ への遷移では2電子の合成スピン角運動量も軌道角運動量も0から0への遷移であり厳しく禁止されているものである．遷移は水素原子の 2s 状態のときと同様にもっぱら2光子放出による．中性ヘリウムでは $A = 51.3\,\text{s}^{-1}$ であるが，原子番号が増すにつれ急速に大きくなる．次に $2\,^3S$ であるが，はじめはこれも2光子放出で基底状態へ移ると思われていた．しかし詳細な計算によるとその確率はきわめて小さく (中性ヘリウムで $A = 4 \times 10^{-9}\,\text{s}^{-1}$)，それよりも相対論の効果によって可能となる磁気双極遷移の方が大きな確率をもつことが判明した (中性ヘリウムで $A = 1.272 \times 10^{-4}\,\text{s}^{-1}$)．この A 係数も原子番号とともに大きくなる．これら2つの準安定状態からの遷移についても，先にあげた Drake の報告[15]にくわしい．図 4.10 に2つの状態から基底状態へ遷移する遷移確率が原子番号とともに変化する様子を示す．

---

[17] G. W. F. Drake, *Phys. Rev.* **A34**, 4 (1986).

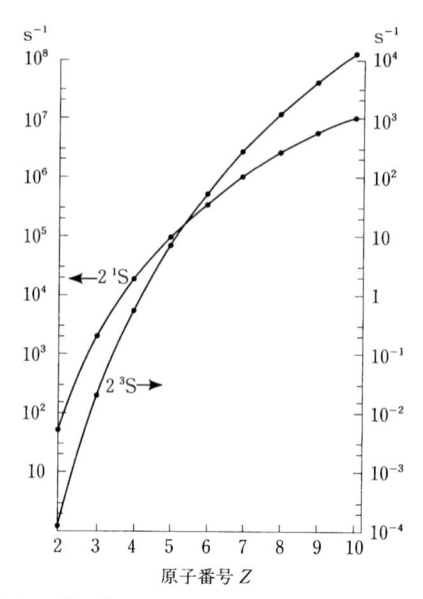

図 4.10　He 様原子の $2\,^1\mathrm{S}, 2\,^3\mathrm{S}$ 状態から基底状態への遷移確率の Z 依存性（理論値）

上記の $2\,^3\mathrm{S} \longrightarrow 1\,^1\mathrm{S}$ のように多重度の異なるエネルギー準位間の遷移で放出されるスペクトル線を**異重項間遷移線** (intercombination lines) と呼ぶ．禁止遷移に属し，LS 結合がよい近似となっている軽い原子ではその確率はきわめて小さい．しかし原子番号が大きくなるにつれてその遷移確率は大きくなる．

以上述べてきたのは孤立原子からの光の放出である．寿命の長い準安定状態では，外場によってその寿命が著しく変わるものがあるので注意を要する．たとえば，2s 状態にある水素原子に電場がかかっていると電子の波動関数がゆがんで 2p 状態がまじるから（シュタルク効果），1s への 1 光子放出が許容遷移になる．これはラムシフトの最初の実験として有名な W. E. Lamb と R. C. Retherford (1950) の仕事以来，H (2s) を扱う実験ではいつも注意を払われてきた現象である．水素では 2s, 2p のエネルギーがきわめて接近しているので，その混合がとくに顕著であるが，$2\,^1\mathrm{S}$ が $2\,^1\mathrm{P}$ と若干離れているヘリウム様原子でも電場により準安定状態が壊れるのは同様である．理論計算，実験とも，He$(2\,^1\mathrm{S})$ が失われる速さは，kV/cm 単位で表した電場を F としておよそ

0.93 $F^2\,\text{s}^{-1}$ であることを結論している．この係数 0.93 は原子番号が増えると徐々に減少し，Ne IX ではおよそ 0.62 となる（くわしい数字や出典は前述の Drake の文献[15] 参照）．

4.4.6 スペクトル線の形と広がり

前にも述べたように，線スペクトルであってもその一本一本の線は決して幅のない線ではなく広がりをもっている．始状態，終状態のエネルギーが決まった値であればその間の遷移で出る光の振動数，波長は確定すると思われるのに，そのような広がりができる理由は何か，またその関数形はどのようであるかを簡単に述べる．

第一の理由は遷移が可能であるというそのことのために少なくも上の準位は有限な寿命をもち，それが幅をつくり出す．不確定性関係は運動量と位置座標の間だけでなく，エネルギーと時間の間にも成り立ち，測定に十分な時間をかけられない有限寿命の状態のエネルギーは不確定となる．寿命が τ の状態であればエネルギーには $\hbar/\tau$ 程度の不確定を生ずる．式で書けば以下のようになる．まず，原子・分子の定常状態（n 番目の状態とする）の波動関数は，時間因子を含め ((1.10) 参照)

$$\Psi_n = 空間部分 \times \exp\left(-iE_n\frac{t}{\hbar}\right)$$

の形であるが，このままでは確率密度 $|\Psi_n|^2$ は時間的に不変である．実際は遷移してこの状態にとどまる確率が時間とともに減るので

$$|\Psi_n|^2 \propto \exp\left(-\frac{t}{\tau_n}\right) \tag{4.147}$$

の形にならなければいけない．そこで Ψ_n の時間因子を修正して

$$\Psi_n \propto \exp\left[-i\left(E_n - \frac{1}{2}i\hbar\frac{1}{\tau_n}\right)\frac{t}{\hbar}\right]$$

とおいてみると (4.147) が保証される．通常 $\hbar/\tau_n = \Gamma_n$ と書くので，ここでもそう書いておくと，

$$\Psi_n \propto \exp\left[-i\left(E_n - \frac{1}{2}i\Gamma_n\right)\frac{t}{\hbar}\right] \tag{4.148}$$

となる．そこに存在する確率が次第に減少して 0 になってしまう状態なので，

無限の過去から存在したはずはない．衝突現象や光吸収などによってある瞬間につくりだされたはずである．それを時間の原点 $t=0$ ととろう．(4.148)のように減衰しながら振動する状態のエネルギーはもはや一定ではない．それを見るには(4.148)をフーリエ展開してみるとよい．すなわちさまざまな E に対する振動関数 $\exp(-iEt/\hbar)$ の重ね合わせと考えるのである．特定の E に応じた成分量は

$$\int_0^\infty \exp\left(iE\frac{t}{\hbar}\right)\exp\left[-i\left(E_n-\frac{1}{2}i\Gamma_n\right)\frac{t}{\hbar}\right]dt = -\frac{\hbar}{i(E-E_n)-\Gamma_n/2}$$

に比例するから，絶対値の自乗をとり，エネルギーの全領域で積分して1になるように規格化すれば

$$\frac{\Gamma_n}{2\pi}\frac{1}{(E-E_n)^2+(\Gamma_n/2)^2}$$

となる．これが求める準位のエネルギー広がりを与える関数である．遷移の終状態 m もまた励起状態で有限寿命をもつときはそのエネルギーが同じように広がりをもち，スペクトル線の広がりは両状態の広がりが加えられていっそう広いものになる．その関数形を示すついでに独立変数をエネルギーから振動数 ν に変え，ν について $(-\infty, +\infty)$ で積分して1になるように規格化すれば，スペクトル線の輪郭 (spectral line profile) を与える関数は

$$\phi_{nm}(\nu)=\frac{1}{\pi}\frac{\gamma_{nm}/4\pi}{(\nu-\nu_{nm})^2+(\gamma_{nm}/4\pi)^2} \tag{4.149}$$

$$h\nu_{nm}=E_n-E_m, \qquad \gamma_{nm}=\frac{\Gamma_{nm}}{\hbar}=\frac{1}{\tau_n}+\frac{1}{\tau_m}$$

となる．ここで，τ_n, τ_m はそれぞれ n, m 状態の寿命である．(4.149)は $\nu=\nu_{nm}$ で極大となり，$\nu=\nu_{nm}\pm\gamma_{nm}/4\pi$ で極大値の半分になる．極大の半分の高さのところでの幅が $\gamma_{nm}/2$ になるので，この量を**半値幅** (half width) という．幅の半分と間違えないように**半値全幅** (full width at half maximum) と呼ぶこともある．(4.149)のような関数形を，次に述べるドップラー広がりで出てくるガウス関数の場合と区別して，**ローレンツ型** (Lorentz-type または Lorentzian) と呼ぶ．また上述のようにエネルギー準位の寿命が有限であるために生じる幅を**自然幅** (natural width) と呼ぶ．ここでは直観的な導出を示したがもう少しくわしい話は Heitler の本 [31] などを見ていただきたい．

スペクトル線に幅ができる別の原因に発光原子・分子の運動がある．静止時に振動数 ν_0 の光を出す発光体があり，観測者に対して視線速度(radial velocity) v_r (通常，遠ざかる向きを正にとる)で走っているとすれば，ドップラー効果によって観測者には振動数が

$$\Delta\nu = -\nu_0 \frac{v_r}{c} \tag{4.150}$$

だけずれて見える．$v_r > 0$ であれば波長の長い方へずれる．大きな速度で運動している天体を扱う天文学ではおなじみの現象であるが，身近な気体などでも原子分子の熱運動によってこの効果が現れ，いろいろな向き，大きさの速度をもつ原子分子があることから，振動数もある分布で広がり，スペクトル線の幅が生ずる．気体分子が，絶対温度 T のマクスウェルの速度分布則にしたがうとすれば，一定方向(いまの場合，観測の視線方向)に射影した速度が，v_r と $v_r + dv_r$ の間にある発光体(原子または分子)の数は，単位体積あたり次式で与えられる．

$$dn = N\sqrt{\frac{M}{2\pi\kappa T}}\exp\left(-\frac{Mv_r^2}{2\kappa T}\right)dv_r$$

ここで N は単位体積中の発光体の数，κ はボルツマン定数，M は発光体の質量である．この分布関数の変数 v_r を，(4.150)を用いて ν に変換すれば，ドップラー効果によるスペクトル線の広がりを表す関数が得られる．振動数 ν で積分して1になるように規格化すれば

$$\phi_{mn}(\nu) = \frac{1}{\sqrt{\pi}\,\xi\nu_{nm}}\exp\left[-\left(\frac{\nu-\nu_{nm}}{\xi\nu_{nm}}\right)^2\right], \qquad \xi = 2\frac{\kappa T}{Mc^2} \tag{4.151}$$

となる．これが**ドップラー広がり**(Doppler broadening)と呼ばれるものである．ローレンツ型のときと同様に極大値の半分の高さでの幅を求めてみれば

$$\Delta\nu = 2\nu_{nm}\sqrt{2\log 2\frac{\kappa T}{Mc^2}} \tag{4.152}$$

となり，**ドップラー幅**(Doppler width)と呼ばれる．プランク定数 h をかければエネルギーについての幅になる．

以上はきわめて希薄な気体におけるスペクトル線の広がりの主な原因で，これらの原因による幅は気体の圧力が増しても変わらない．ところが，気体の密度が増してくるとまわりに存在する他の原子分子の影響が重要になってきて，

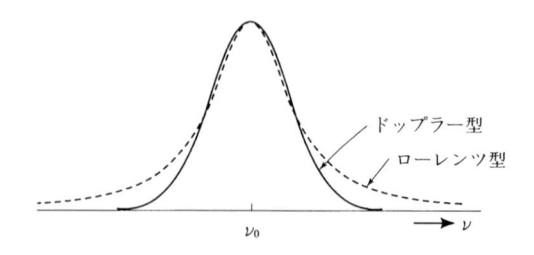

図 4.11 スペクトル線の形(ローレンツ型とドップラー型の比較)
極大値と半値幅を共通にとってある.

それがまたスペクトル線の広がりの原因になる.このように気体の圧力が増えるのに伴って現れる広がりは,**圧力広がり** (pressure broadening) と呼ばれる.数 cmHg(数 kPa)以上の圧力をもつ気体にあっては,可視光線,赤外線などでのスペクトル線の広がりは主として圧力広がりである.励起状態にあって光を放出しようとしている原子に他の原子(や分子)が衝突してくることによるスペクトル線の広がりがその主要なもので,**衝突広がり** (collision broadening) を与える.一方,電離気体のなかの励起原子には,まわりに多数ある荷電粒子の全体が原子の位置につくり出す局所電場があり,これによるシュタルク効果のためにスペクトル線がずれたり分離したりする.局所電場は絶えず変わるものであるから,スペクトル線のずれも発光原子ごとに,また時間とともに変わることになり,全体としてある広がりを生ずる.これが**シュタルク広がり** (Stark broadening) である.プラズマでは正のイオンの電荷を平均において打ち消すだけの自由電子が飛び回っているが,イオンと電子とがほぼ同じ温度の下にあるとすると電子の方がはるかに大きい速度をもっている.このため,発光原子にも電子が頻繁に衝突することになり,衝突広がりの寄与が重要になる.

衝突広がりについては古くは H. A. Lorentz の研究があり,その後多数の研究がある[18].これを大別すれば,準静的理論 (quasi-static theory) と衝突理論 (impact theory) の 2 つに分けられる.前者では他の原子分子など発光原子に

---

[18] 古くは J. H. Van Vleck and V. F. Weisskopf, *Rev. Mod. Phys.* **17**, 227 (1945); P. W. Anderson, *Phys. Rev.* **76**, 647 (1949). その後の review article で S. Y. Ch'en and M. Takeo, *Rev. Mod. Phys.* **29**, 20 (1957) などがある.

影響を与えるもの (perturber) の運動は無視される．周囲にあるすべての粒子との相互作用によって発光原子の状態がゆがめられ，エネルギー準位がずれる結果，放出光の振動数も変わる．周囲の粒子の分布を統計的に考慮するとスペクトル線の広がりとなる．これに対し衝突理論では瞬間的な2体衝突がスペクトル線の広がりの原因と考える．

本書では衝突問題を丁寧に解説する余裕がないので，すべて省略させていただくが[19]，大事な結論の1つは今度もスペクトル線の輪郭がローレンツ型になるということである．

これまでドップラー広がりと衝突広がりを別々に扱ってきたが，これらがともに重要であるときのスペクトル線の形は，ローレンツ型とドップラー型が組み合わされたものになる．再び振動数 ν で積分して1になるように規格化した形を示すなら

$$\phi_{mn}(\nu) = \frac{\gamma_{nm}}{\sqrt{\pi}\,\xi\nu_{nm}} \frac{1}{(2\pi)^2}$$
$$\times \int_0^\infty \frac{1}{(\nu-\nu'-\nu_{nm})^2 + (\gamma_{nm}/4\pi)^2} \exp\left[-\left(\frac{\nu'-\nu_{nm}}{\xi\nu_{nm}}\right)^2\right] d\nu' \quad (4.153)$$

となる．これは**フォークト関数** (Voigt function) と呼ばれることがある．

4.4.7 放射の伝達，レーザー

光などの電磁波が物質中を通過するとき，その強度やスペクトルがどのように変化するかは多くの応用において重要な問題である．この**放射伝達** (radiative transfer) について基礎的な概念のいくつかをここで説明しておく．光線に垂直な単位面積を通り毎秒単位立体角内に送られる光のエネルギースペクトルを $I(\nu)d\nu$ とする．光源から出た光は広がりながら伝わり，人為的につくられた平行光線でも若干の広がりをもつから，一般に進行方向の広がりを考慮に入れる必要があり，「単位立体角」が入ってくるのである．ビームに垂直な微小面積 dA を通り，単位時間に立体角 $d\omega$ 内に出ていく光のエネルギースペクトルは

---

[19] たとえば，V. P. Myerscough and G. Peach, in *Case Studies in Atomic Collision Physics* II, E. W. McDaniel and M. R. C. McDowell eds., Chapter 5 (North-Holland Publ. Co., 1972); G. Peach, *Contemp. Phys.* **16**, 17 (1975).

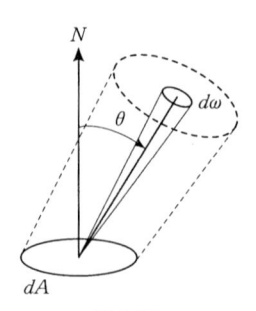

図 4.12
小面積 dA の法線 N と小立体角 $d\omega$ のなす角を θ とする.

$$I(\nu)d\nu dA d\omega$$

で与えられる．指定されたある面 (物体の表面など) の微小面積 dA を通る光の強さは

$$dE(\nu)=I(\nu)\cos\theta\, dAd\nu d\omega$$

となる．θ は与えられた面の法線と $d\omega$ のなす角である (図 4.12).

ビーム方向に x 軸をとる．距離 dx 進む間の $I(\nu)$ の変化は吸収や誘導放出によるもので $I(\nu)$ に比例するから (以下，場所への依存性を示すため $I(\nu,x)$ と書くことにする)

$$\frac{dI(\nu,x)}{dx}=-k(\nu)I(\nu,x) \tag{4.154}$$

の形の式が成り立つ．比例係数 $k(\nu)$ が**吸収係数** (absorption coefficient) である[*7]．ビームに沿って媒質が均一，したがって $k(\nu)$ が変わらなければ，上式は積分できて

$$I(\nu,x)=I_0(\nu)\exp[-k(\nu)x] \tag{4.155}$$

となる．$I_0(\nu)$ は $x=0$ でのエネルギースペクトルである．一定の厚さの媒質を通過したときの強度変化を測れば，$\log[I(\nu,x)/I_0(\nu)]$ から吸収係数が求められる．光の進む道筋に沿って $k(\nu)$ が一様でないときは

$$\frac{dI(\nu,x)}{I(\nu,x)}=-k(\nu,x)dx \tag{4.156}$$

を積分して

[*7] 同じことであるが，単位質量あたりの吸収係数 (mass absorption coefficient) を定義し，それに媒質の密度をかけて $k(\nu)$ のかわりに用いている本もある．

$$I(\nu, x) = I_0(\nu)\exp[-\tau(\nu)], \tag{4.157}$$

$$\tau(\nu, x) = \int_0^x k(\nu, x) dx \tag{4.158}$$

が得られる．無次元量 $\tau(\nu, x)$ は**光学的深さ** (optical depth) と呼ばれる．$\tau \ll 1$ であるような物質層はその振動数の光をほとんど吸収しないし，$\tau \gg 1$ なら大部分吸収してしまう．

スペクトル線の広がりよりも十分広い振動数領域で，強度一定の連続スペクトルの光が，厚い物質層に入射するとしよう．まず線の中央部に対して $\tau \gg 1$ となり，この領域の光が吸収されてしまう．さらに深く進むと残された線の裾野 (wing) も次第に吸収され減衰していく．

これから吸収係数を§4.4.2で導入した B_{mn}, B_{nm} で表すのであるが，その前に若干注意しておきたいことがある．第一に，前節ではもっぱら発光スペクトル線の広がりを議論してきたが，吸収や誘導放出でも遷移の前後のエネルギー準位の寿命や，ドップラー効果によって広がりを生ずるのは同じことである．次に，(4.105)(4.106) で B 係数を定義したときはまだ吸収スペクトル線は十分細いとしてその広がりを考えていなかった．入射光のエネルギースペクトル $u(\nu)$ が問題にしているスペクトル線の広がりの範囲で変化するようなときは (線スペクトルの光が物質中を通過するという本節で扱っている話題がそれに該当する)，スペクトル線の輪郭を表す関数 $\phi(\nu)$ を導入して

$$B_{mn} \longrightarrow B_{mn}(\nu) = B_{mn}\phi(\nu),$$
$$B_{nm} \longrightarrow B_{nm}(\nu) = B_{nm}\phi(\nu)$$

(同じ記号を用いているが，(ν) のついていない B 係数は ν によらない定数である) のように拡張しなければならない．これによって (4.105)(4.106) はそれぞれ

$$N_m u(\nu) B_{mn}\phi(\nu), \qquad N_n u(\nu) B_{nm}\phi(\nu)$$

のようになる．線幅が十分細いとして $\phi(\nu)$ を δ 関数で近似し，振動数について積分すれば (4.105)(4.106) に戻ることはすぐにわかる．

そこで媒質原子のエネルギー準位 n, m 間のエネルギー差 $h\nu_{nm}$ に近い振動数の光を考えよう．距離 dx 進む間の $I(\nu)$ の変化を考えると

$$k(\nu)I(\nu)d\nu dx = h\nu\left[(N_m dx)B_{mn}(\nu)\frac{I(\nu)d\nu}{c} - (N_n dx)B_{nm}(\nu)\frac{I(\nu)d\nu}{c}\right]$$

で与えられる．第1項は吸収，第2項は誘導放出で負の吸収 (negative absorption) とも呼ばれる．$N_m dx, N_n dx$ はそれぞれ底面が単位面積，厚さ dx の薄い微小体積内で下の準位，上の準位にある原子数である．$I(\nu)d\nu$ を光速度 c で割ったのは単位体積あたりのエネルギー ((4.104)(4.106) の u) にするためである．[ ] 内はこの微小体積内で単位時間内に起こる吸収の回数であるが，左辺は吸収されるエネルギーであるから，右辺も吸収回数に光子のエネルギー $h\nu$ をかけて吸収エネルギーにしてある．これから

$$k(\nu) = \{N_m B_{mn}(\nu) - N_n B_{nm}(\nu)\}\frac{h\nu}{c} \tag{4.159}$$

が出る．原子がボルツマン分布をしていれば

$$\frac{N_n}{N_m} = \frac{g_n}{g_m}\exp\left(-\frac{E_n - E_m}{\kappa T}\right)$$

であるから

$$k(\nu) = N_m B_{mn}(\nu)\left\{1 - \exp\left(-\frac{h\nu_{nm}}{\kappa T}\right)\right\}\frac{h\nu}{c} \tag{4.160}$$

となる．これはいつも正であるが，もし原子の準位分布がボルツマン分布でなく，(4.159) で $N_n B_{nm}(\nu) > N_m B_{mn}(\nu)$ となるような状態がつくられるなら $k(\nu) < 0$ となり，光は増幅される．1954 年，マイクロ波に対してこのような条件をはじめて人為的につくり出したのが**メーザー** (MASER, microwave, amplification by stimulated emission of radiation) のはじまりである．その後，赤外線・可視光線・紫外線へと波長範囲が拡張され**レーザー** (LASER, light amplification by stimulated emission of radiation) と総称されるようになった．自然界では 1960 年代はじめに，電波天文学の進歩に伴い水酸基 OH をはじめとして多くの星間分子の回転スペクトルにメーザー発振が見いだされた．

レーザーは
(1) 指向性がよい
(2) 波の位相がよく揃っている
(3) ほとんど完全に単色
(4) 指向性がよいので小さな空間に大きな密度でエネルギーを集中させら

れる
(5) 単色性がよいので狭いスペクトル線の幅のなかで輝度をきわめて高くできる
(6) 超短光パルスを発生できる

など多くのすぐれた特徴をもっている[*8]．レーザー技術の進歩は原子分子物理学の実験にも大きな革新をもたらし，それまで不可能であった多くのことを可能にした．現在では，レーザー抜きには先端的研究が不可能といえるほどに重要な存在になっている．

さて，室温かそれ以下の温度にある気体の原子や分子は通常最低エネルギーの電子状態にある（分子振動や回転では励起状態にあるものも稀ではない）．そこで最低電子状態にある原子だけからなる気体を考えよう．このような場合，その中を通過する光に対しては誘導放出は考えなくてよいから，吸収係数(4.159)では第1項だけを残しておけばよい．原子の数密度を N として

$$k(\nu)=a(\nu)N \tag{4.161}$$

の形になっている．$a(\nu)$ は面積の次元をもち，その原子に固有の量になる．これが**吸収断面積**である．$a(\nu)$ が大きいということはその振動数の光に対して原子が大きな障害物になるということを意味する．$a(\nu)$ を具体的に知りたいなら，(4.159)から

$$a(\nu)=B_{mn}\phi_{nm}(\nu)\frac{h\nu}{c} \tag{4.162}$$

である（この場合，m は基底状態）．

以上では，外からやってきた光線が媒質中でどのように強度を変えていくかを見てきた．媒質が有限温度にあれば励起状態にある原子もありうるので，誘導放出のあるときも含めたが，そのようなときは自然放出もあるに違いない．温度が高くなればそのような媒質自身からの発光が重要になってくる．いま気体の単位体積から毎秒放出される振動数 $\nu,\nu+d\nu$ の間の光のエネルギーを $j(\nu)d\nu$ とするとき，$j(\nu)$ を**放出率**または**放射率**（emissivity）という．(4.154)のような放射伝達の式に出てくる $I(\nu,x)$ は単位立体角あたりの光エネルギー

[*8] レーザー物理についての解説書に，霜田光一著『レーザー物理入門』（岩波書店，1983年）がある．

の流れを表していたのであるから，この式に媒質の発光の寄与を付け加えるには考えている方向のまわりの単位立体角あたりの発光を取り入れるとよい．そこで，発光が等方的と考え 4π で割る．式は次のようになる．

$$\frac{dI(\nu, x)}{dx} = -k(\nu)I(\nu, x) + \frac{j(\nu)}{4\pi} \tag{4.163}$$

比 $j(\nu)/4\pi k(\nu)$ は**湧き出し関数**，または**源泉関数** (source function) と呼ばれる．キルヒホッフ (Kirchhoff) の法則 (1860 年頃) によれば，この比は物質の種類にはよらず，光の振動数とその場所における媒質の温度だけで決まる．

もう1つ，いままで触れなかったが，光線の減衰はエネルギーが標的原子の内部エネルギーになるものだけでなく，側方へ散乱されるものも含まれる．ところが散乱は等方的とは限らない．このような問題まで論ずるには3次元空間内での光の進む方向を考慮に入れないといけない．たとえば星の大気を通して光が外へ出ていく問題では，外向き半径方向に進む光だけでなく，各点で半径方向といろいろな角 θ をなす方向へ進む光についても考えていかなければならない．すなわち I は振動数，深さだけでなく θ の関数にもなる．しかし，これ以上の話は本書としては脇道にそれすぎるので，ここで打ち切りとしたい．

原子の1つの励起状態から基底状態へ許容遷移によって放出された光は気体中の他の同種原子によって容易に吸収されるから，**共鳴放射** (resonance radiation) と呼ばれ，気体の空間的広がりにもよるが，その気体から簡単には逃げ出せないことがしばしば起こる．これを**共鳴放射の閉じこめ** (imprisonment of resonance radiation) という．とくに重要なのは基底状態から許容遷移によって移ることのできる最低の励起状態である．この状態からは基底状態へ遷移する他はなく，そうして放出された光は他の原子によって再吸収されやすい．もっと高い励起状態からはそれ以下の励起状態へ落ちる可能性があり，その場合に出る光子のエネルギーは小さいから，はじめと同じ励起を他の原子で再現する可能性は失われる．気体中の大部分の原子が基底状態にあるときは，それと最低励起準位との間での2準位問題として扱ってよいであろう．この問題をはじめてくわしく論じたのは Holstein[20] である．その議論の内容を紹介

---

[20] T. Holstein, *Phys. Rev.* **72**, 1212 (1947); **83**, 1159 (1951).

することはやめるが，その結果得られた式を見ると，気体中に残っている励起原子の数は光を閉じこめた直後は時間の複雑な関数として減少するが，少し時間が経過するとあとはほぼ単純な指数関数的減少に移ることがわかる．

具体例として Wieme と Mortier が行った実験[21] をとりあげてみよう．直径が 3.6 cm, 長さ 40 cm のパイレックス管に Xe を入れ，放電のあとで共鳴放射の減衰を測定した．波長 129.6 nm の $^1P_1$—$^1S_0$ 線と 147.0 nm の $^3P_1$—$^1S_1$ 線である．自然放出の寿命はいずれも 4 ns 程度であるが(Xe のように重い原子では三重項から一重項への遷移も一重項間の遷移と同じくらい容易に起こる)，閉じこめにより減衰は長びき，これを $\exp(-\beta t)$ としたときの $1/\beta$ はおよそ 8 μs くらいと大変長かった．閉じこめ時間は広い圧力範囲にわたってほぼ一定であった．Holstein の理論にもとづく計算からも同じ結論が得られる．Wieme らはこの実験から遷移の f 値を求めている．

4.4.8 多光子過程

§4.4.5 で述べたように，水素原子の 2s ⟶ 1s 遷移，ヘリウム原子の 2^1S ⟶ 1^1S 遷移は 2 光子放出によって達成される．それならば，その逆過程として原子が 2 光子を吸収して励起されたり，電離されたりすることも可能であろう．実際それは可能であって，レーザー技術の進歩により強い光を原子に当てることができるようになった結果，実験室で確かめられ，多くの問題に応用されている．水素原子の 2s 状態励起を例にとれば，当てる光は $h\nu' + h\nu''$ がちょうど励起エネルギーになるような振動数 ν', ν'' の光でなければならない．もし単色光を当てるなら，ちょうど $2h\nu$ が励起エネルギーになるような ν に限られる．これが電離となると，終状態が連続スペクトル領域なので，$2h\nu$ が電離エネルギー I より大きくさえあれば電離が可能となる．

2 光子励起が可能なら，3 光子，4 光子による励起も可能であろうから，振動数可変の光源を用意できるならば，$3h\nu, 4h\nu, \cdots$ がちょうど励起エネルギーになるたびに励起が見られると思われるかもしれないが，いつもそうなるのではなく，1 光子の場合に準じた選択則が存在する．入射光が極端に強くないか

---

[21] W. Wieme and P. Mortier, *Physica* **65**, 198 (1973). Na の D 線での同様の実験に J. Huennekens and A. Gallagher, *Phys. Rev.* **A28**, 238 (1983) がある．

ぎり摂動論が使えるが，具体例で見ることにしよう．Breit と Teller が水素原子の 2s ⟶ 1s における 2 光子放出を計算した式を見ると，一方の光子の振動数が小領域 (ν', $\nu'+d\nu'$) 内にあるような自然放出の 1 秒あたりの確率は次の形になっている．

$$Ad\nu' = 定数 \times \nu'^3 \nu''^3 \left(\left| \sum_m \left[\frac{\langle 0|\boldsymbol{r}\cdot\hat{\boldsymbol{\varepsilon}}'|m\rangle\langle m|\boldsymbol{r}\cdot\hat{\boldsymbol{\varepsilon}}''|n\rangle}{\nu'' - \nu_{nm}} \right. \right. \right.$$
$$\left. \left. \left. + \frac{\langle 0|\boldsymbol{r}\cdot\hat{\boldsymbol{\varepsilon}}''|m\rangle\langle m|\boldsymbol{r}\cdot\hat{\boldsymbol{\varepsilon}}'|n\rangle}{\nu' - \nu_{nm}} \right] \right|^2 \right)_{\mathrm{AV}} d\nu' \qquad (4.164)$$

ここで $\hat{\boldsymbol{\varepsilon}}'$ は振動数 ν' の光のかたより，$\hat{\boldsymbol{\varepsilon}}''$ は振動数 ν'' の光のかたよりを表す．ν_{nm} は n ⟶ m 遷移で吸収または放出される光の振動数，( )$_\mathrm{AV}$ は光の進行方向とかたより方向についての平均を意味する．電子の位置ベクトル $\boldsymbol{r}$ の行列要素は状態 0 (基底状態) と m, m と n (励起状態) の組み合わせが通常の選択則にしたがうときだけ 0 でない．たとえば，0 と m, m と n はそれぞれ異なったパリティをもたなければならず，0 と n は同じパリティでなければならない．これからわかるように，始状態・終状態のパリティが同じなら，関与する光子の数は偶数に限られ，パリティが異なれば光子数は奇数に限られる．この他にも，両状態の角運動量の組み合わせもある範囲内でなければならないという制限が出ることは理解できるであろう．なお，上式で m は中間状態を表すが，選択則から考えて水素の 1s ⟷ 2s の場合は np ($n=2, 3, \cdots$) に限られる．摂動論の出発時にはこの原子の定常状態全体が完全系をつくるとして展開しているので，その和には束縛状態だけでなく連続スペクトルになる電離状態についての積分も含まれていることに注意する必要がある．

図 4.13 (a) は 3 光子共鳴励起の説明図である．この種の多光子励起の他に，

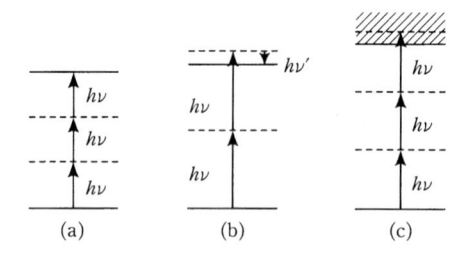

図 4.13　多光子遷移の例

異なる振動数の光子の吸収と誘導放出を組み合わせた，図の(b)のような遷移も可能である．電離の例を(c)に示す．いずれの場合も点線で示したのは光子のエネルギーを目で見えるようにしただけで，そこに原子のエネルギー準位があるというわけではない．しかし，たまたまそこに準位が実在すれば励起や電離の確率は格段に大きくなる．

5
一般の原子

5.1 原子構造の概要

5.1.1 基底状態の電子配置, 周期律

　多電子原子のなかで最も簡単な 2 電子原子についてはすでに 3 章で見てきた．これからもっと一般的な多電子原子を考えることにする．非相対論の範囲では，シュレーディンガー方程式を解けばよい．この近似ではスピンと軌道運動は直接作用し合わないから電子系の全軌道角運動量 L と全スピン角運動量 S とはそれぞれ保存される．一方，個々の電子が感ずる場は他の電子の位置に応じて時々刻々変化する非中心力であるから，電子それぞれの軌道角運動量は保存されない．したがって電子を決まった軌道にあてはめて電子配置を考えるのは厳密な記述にはなりえない．ヘリウムの基底状態でも，$(1s)^2$ と考えてしまうのは厳密ではなく，たとえば $(2p)^2$ のような配置を表す関数を加えることによりいっそう本物に近い基底関数をつくることができた．しかし軌道に電子を割り振る電子配置という考えがまったく無意味であるということではない．厳密ではなくとも，かなりよい近似として原子の各状態に電子配置を対応させることは有意義であり，多くの事実，現象を大まかに理解するのに役立つ．たとえば，Bhadra たち[1]の計算によれば，He の基底状態の波動関数 Ψ を電子配置 $(1s)^2, (1s)(2s), (2s)^2, (2p)^2$ の重ね合わせとして，それらのまざり合う割合を求めたところ，(各配置を表す関数 ψ は規格化されている)

$$\Psi = 0.9993\psi[(1s)^2] - 0.00506\psi[(1s)(2s)] - 0.00933\psi[(2s)^2]$$
$$- 0.00551\psi[(2p)^2]$$

---

[1] K. Bhadra, J. Callaway and R. J. W. Henry, *Phys. Rev.* **A19**, 1841 (1979).

が得られ，$(1s)^2$配置が圧倒的に大きな比率で含まれていることがわかる．

核と電子群のつくる平均場（電子交換効果が含まれるので局所的でない．球対称でないときは向きで平均して球対称にする）のなかを各電子が運動するとするハートリー-フォックの方法で一群の軌道が得られ，原子の電子状態を表す電子配置が決まる．この近似では個々の電子の軌道関数はrの関数（動径関数）$R(r)$と球面調和関数の積の形になる．軌道角運動量の大きさを表す方位量子数lを決めると遠心力ポテンシャルが決まり，これを平均場ポテンシャルに加えた有効ポテンシャルのなかでの動径方向の式を解いてエネルギー固有値（軌道エネルギー）と関数$R(r)$が決まる．その際，エネルギーの低い方から順に並べると，これらの関数$R(r)$はそれぞれ原点と無限遠の間に節点を$0, 1, 2,$ …個もっている．これらの1電子軌道に主量子数を$n = l+1, l+2, \cdots$と割り当てる．このような決め方は水素原子でのnの決め方と矛盾しない．ただ，水素様原子ではエネルギーはnだけで決まったが，一般の原子では個々の電子が感ずる平均場が純粋のクーロン場でないために，エネルギーはlにも依存する．

指定された(n, l)の組には，角運動量の空間的な向きに応じて$2l+1$通りの独立な軌道関数がある．そのおのおのにスピンが逆向きの電子2個までを収容できるから，合計$2(2l+1)$電子まで入れることが可能である．同じ(n, l)に属する電子は**等価電子**(equivalent electrons)と呼ばれ，これらは1つの**電子殻**(electron shell)をつくっているという．収容できるだけの電子を取り込んだ電子殻を**閉殻**(closed shell)，空席が残っている電子殻を**開殻**(open shell)または**不完全殻**(incomplete shell)という．そこで原子番号$Z=1$から始めてZを1ずつ増やしていくとき，中性原子の基底状態の電子配置がどのようなものになるかを考えるには，水素様原子でのエネルギー準位の順序が参考になる．ただし，水素のシュレーディンガー方程式の解ではエネルギーは主量子数nだけで決まったが，一般には前述のようにlによってもエネルギーが変わる．その際，lが小さいほど斥力である遠心力が弱いから，軌道関数はrの小さいところまで入り込み，そこでは核からの引力が強いからlが大きい軌道よりもエネルギーが低くなる．こうして電子数が増すにつれて 1s, 2s, 2p, 3s, 3p, 3d, 4s, 4p, ……の順で電子が埋まっていくと予想される．実際，原子番号が比

較的小さいうちはこの順に電子が収容されていくが、やがて l の値の大きいものが現れると、その軌道エネルギーは同じ n で $l=0$ の軌道にくらべてかなりエネルギーが高くなる。一方、1つの n と次の n の間のエネルギー差は水素原子の例から類推されるように次第に小さくなっていく。こうして1つの n の下で許される大きな l の軌道は次の n の $l=0$ 軌道よりもエネルギーが上に

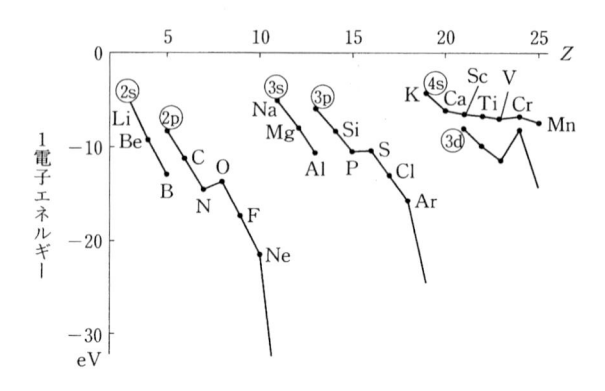

図 5.1 外殻電子のエネルギー（実測された電離エネルギーの符号を変えたもの）

表 5.1 $(3d)^p(4s)^q$ 配置の電離エネルギー

Ar 型電子配置をもつ芯のまわりの 3d, 4s 軌道に電子が何個か入っている中性原子について、電子を1個取り除くのに要するエネルギーを示す．括弧内はつくられるイオンの電子配置、数字は同じ電子配置のなかの最低エネルギー状態をつくるのに要するエネルギーで単位は eV．

Z	元素	基底状態	電離エネルギー (eV)		
19	K	$4s\ ^2S_{1/2}$	4.34 $(3p^6)$		
20	Ca	$4s^2\ ^1S_0$	6.11 $(3p^64s)$		
21	Sc	$3d\ 4s^2\ ^2D_{3/2}$	6.56 $(3d4s)$	8.02 $(4s^2)$	
22	Ti	$3d^2\ 4s^2\ ^3F_2$	6.82 $(3d^24s)$	9.91 $(3d4s^2)$	
23	V	$3d^3\ 4s^2\ ^4F_{3/2}$	6.74 $(3d^4)$	7.06 $(3d^34s)$	11.44 $(3d^24s^2)$
24	Cr	$3d^5\ 4s\ ^7S_3$	6.77 $(3d^5)$	8.25 $(3d^44s)$	
25	Mn	$3d^5\ 4s^2\ ^6S_{5/2}$	7.43 $(3d^54s)$	9.21 $(3d^6)$	14.23 $(3d^44s^2)$
26	Fe	$3d^6\ 4s^2\ ^5D_4$	7.90 $(3d^64s)$	8.13 $(3d^7)$	10.79 $(3d^54s^2)$
27	Co	$3d^7\ 4s^2\ ^4F_{9/2}$	7.86 $(3d^8)$	8.28 $(3d^74s)$	12.91 $(3d^64s^2)$
28	Ni	$3d^8\ 4s^2\ ^3F_4$	7.64 $(3d^9)$	8.68 $(3d^84s)$	
29	Cu	$3d^{10}4s\ ^2S_{1/2}$	7.73 $(3d^{10})$		
30	Zn	$3d^{10}4s^2\ ^1S_0$	9.39 $(3d^{10}4s)$		

J. Sugar and Ch. Corliss, "Atomic Energy Levels of the Iron-Period Elements: Potassium through Nickel", *J. Phys. Chem. Ref. Data* **14**, suppl. 2 (1985) の数値による．

なることが予想される．Z を増していったとき，はじめてそのような状況が現れるのは，$Z=18$ で 3p が閉殻になったあとである．$Z=19$ の Kr では 3d ではなくて 4s がまず電子を受け入れる（図 5.1 および表 5.1 参照）．このように，接近した軌道エネルギーをもつ 2 つの軌道のどちらから電子を受け入れていくかについては，E. Madelung が見いだした経験則がある．それは

> 中性原子で最外殻電子が充塡されていく順序は，$k=n+l$ の小さいものから順で，同じ k では n の小さいものから埋まっていく

というものである．それでは 4s 軌道はこのあと常に 3d 軌道よりも優先的に電子を受け入れるかというとそうでもない．核電荷が増え，電子数が増すにしたがい事情が変わる．$(3d)(4s)^2$ という電子配置の基底状態をもつ Sc 原子を電離するとき，3d 電子よりも 4s 電子の方が少ないエネルギーで原子から引き離される（表 5.1 参照）．Sc の一価イオンは中性の Ca と同数の電子をもつが，核電荷が 1 単位大きいことで電子配置が変わり $(3d)(4s)$ ^{3}D となっているのである．もともと原子の基底状態がどのような電子配置をとるかは原子全体のエネルギーが最低になるように選ばれているのであって，1 電子軌道の 3d や 4s が確定したエネルギーをもって存在しているわけではない．

さらに原子番号が増えて 23 の V から 24 の Cr に移るとき，3d 電子が 2 個増えて 4s 電子が 1 個減っている．一般に複数の電子があるとき，これらの電子はなるべく異なった軌道に入ってスピンを同じ方向に向けようとする傾向をもっている．これは F. Hund により見いだされた経験則の一部になっている．このフントの規則 (Hund rule) は

1: 原子の，最低エネルギーの電子配置のなかでは，スピン多重度 $2S+1$ の最も大きいものが最低エネルギーをもつ．

2: スピン多重度最大の準位が 2 つ以上あるときは，そのなかで合成軌道角運動量 L が最大のものがエネルギー最低である．

というものである[*1]．Cr の場合 6 個の電子のスピンがすべて同じ方向に揃って，$S=3$，多重度は $2S+1=7$ となっている．この経験則，とくに前半が成り立つ理由について，以前考えられていた単純な説明が正しくないことはすで

[*1] 励起電子状態，たとえばあとで図 5.7 に示す炭素原子の $(2p)(2p')$ 配置では，^{3}P が ^{1}P より高いエネルギーをもち，フントの規則はあてはまらない．

に述べた (§3.7). さらに Z が増えて Cu になると, 再び 4s 電子を 1 つ減らして 3d 電子を 10 個, つまり閉殻にしている. 電子殻をなるべく閉殻にしようとする傾向が見られる.

以上 Sc から Cu までは表面に球対称の 4s 電子が 1 個か 2 個あって, そのすぐ内側で 3d 電子が充填される区間になっていて, $Z \leqq 20$ で原子番号 Z が変わるたびに元素の性質がかなり変わったのとは違って性質の類似した元素が続いている. たとえば電離エネルギーはすべて 6.5 eV から 8 eV の間にある. 似たようなことが 4d 殻に電子が入っていく $Z=39$ の Y から 47 の Ag まで, 5d 殻に電子が入っていく $Z=71$ の Lu から 79 の Au まででも見られる. さらに, 4f 殻が埋められていく $Z=58$ の Ce から 70 の Yb までと, 5f 殻に電子が入っていく $Z=89$ の Ac から 103 の Lr までもそれぞれ似た性質の元素が並んでいる. これらは遷移元素 (transition element) と呼ばれている. とくに d 殻が充填されていく区間の元素は遷移金属 (transition metal) と総称される.

ここでもう一度図 5.1 を見よう. 遷移元素を別にすれば, s 殻や p 殻が埋められていく過程では原子番号が増えるたびに束縛エネルギーが格段に増えている. N と O, P と S で逆転しているのは, p 電子が 3 個までは異なる p 軌道に別々に入ることができるが, 4 個目は既存の電子のどれかと同じ軌道で対をつくらなければならず, クーロン斥力がここから大きくなるためである. 5 個目, 6 個目でもクーロン斥力は大きいが, 核電荷が増大するために引力も強まって電子の束縛エネルギーは増え続ける. こうして閉殻直前では電子の結合エネルギーは相当に大きくなっている. それで, 閉殻まであと 1 つしか空席を残していない F, Cl, Br, I などのハロゲン元素では余分の電子をつかまえて負イオンになる傾向が強い. 一般に原子のなかには負のイオンになりうるものと, そうでないものがある. 負のイオンになる場合, 余分の電子を引き離して中性原子に戻すのに要するエネルギーが**電子親和力**である. 中性原子や正イオンにおける電離エネルギーに相当するものである. 若干の数値例を表 5.2 に示す. 多くの負イオンでは電子親和力は 1 eV 前後であるが, 前述のようにハロゲン元素ではとくに大きく 3 eV を超える値になっている. なお, 表 5.2 には示してないが, 励起原子に余分の電子がつくこともある. たとえば, 基底状態の He には余分の電子は束縛されないが, 1s2s ^{3}S 状態にはもう 1 個の電子が

ついて 1s2s2p ^{4}P という準安定状態の負イオンがつくられる.

表 5.2 電子親和力 (EA)

原子番号 $Z=30$ までと,その他で EA が比較的大きなものを示す.EA の括弧内は数値の最後の桁における不確かさを表す.

Z	元素	EA (eV)	負イオンの状態
1	H	0.754209(3)	$(1s)^2\ ^1S_0$
2	He	<0	
3	Li	0.6180(5)	$(2s)^2\ ^1S_0$
4	Be	<0	
5	B	0.277(10)	$(2p)^2\ ^3P_0$
6	C	1.2629(3)	$(2p)^3\ ^4S_{3/2}$
7	N	<0	
8	O	1.4611215(10)	$(2p)^5\ ^2P_{3/2}$
9	F	3.399(3)	$(2p)^6\ ^1S_0$
10	Ne	<0	
11	Na	0.547930(25)	$(3s)^2\ ^1S_0$
12	Mg	<0	
13	Al	0.441(10)	$(3p)^2\ ^3P_0$
14	Si	1.385(5)	$(3p)^3\ ^4S_{3/2}$
15	P	0.7465(3)	$(3p)^4\ ^3P_2$
16	S	2.077120(1)	$(3p)^5\ ^2P_{3/2}$
17	Cl	3.617(3)	$(3p)^6\ ^1S_0$
18	Ar	<0	
19	K	0.50147(10)	$(4s)^2\ ^1S_0$
20	Ca	<0	
21	Sc	0.188(20)	$(3d)(4s)^2(4p)\ ^1D$ または ^3D
22	Ti	0.079(14)	$(3d)^3(4s)^2\ ^4F_{3/2}$
23	V	0.525(12)	$(3d)^4(4s)^2\ ^5D_0$
24	Cr	0.666(12)	$(3d)^5(4s)^2\ ^6S_{5/2}$
25	Mn	<0	
26	Fe	0.163(35)	$(3d)^7(4s)^2\ ^4F_{9/2}$
27	Co	0.661(10)	$(3d)^8(4s)^2\ ^3F_4$
28	Ni	1.156(10)	$(3d)^9(4s)^2\ ^2D_{5/2}$
29	Cu	1.228(10)	$(3d)^{10}(4s)^2\ ^1S_0$
30	Zn	<0	
34	Se	2.02069(3)	$(4p)^5\ ^2P_{3/2}$
35	Br	3.365(3)	$(4p)^6\ ^1S_0$
78	Pt	2.128(2)	$(5d)^9(6s)^2\ ^2D_{5/2}$
79	Au	2.30863(3)	$(5d)^{10}(6s)^2\ ^1S_0$

H. Hotop and W. C. Lineberger, *J. Phys. Chem. Ref. Data* **14**, 731 (1985) による推奨値.

ちょうど閉殻構造になる He, Ne, Ar, Kr, Xe などの希ガス元素では電離エネルギーが他の元素よりも際だって大きく，安定な電子構造であることを示している．これにさらに1個の電子が付け加わった電子配置をもつ Li, Na, K, Rb, Cs などのアルカリ金属元素では，最後の電子は，外側の新しい軌道に入るので電離エネルギーがきわめて小さい．これらの元素の原子は容易に電離されて正イオンになりやすい．また結合エネルギーが小さいことから外界からの影響を受けやすい．たとえば原子を電場に入れたときの分極率が他の原子より際だって大きい．通常の原子の分極率は旧単位系で 1 Å^3 程度であるのに，アルカリ金属では 20～60 Å^3 くらいに達する．

以上のように原子番号の順に元素を並べるとさまざまな物理的性質の似たものが繰り返し現れる．化学的な性質についても同様である．たとえば，化合物をつくるとき他の原子との結合をいくつもつことができるかという数を**原子価** (valence) というが，その値も Z とともに繰り返し増えたり減ったりする．これらは，もとはといえばパウリの排他律によって電子が同じ軌道，同じスピンの向きには2個入れないことから，次々に新しい殻に入っていくことによっている．こうして元素の**周期律** (periodic law) が理解できる．その意味では原子番号よりも電子数が重要といえる．もちろん，中性原子では電子数は Z に等

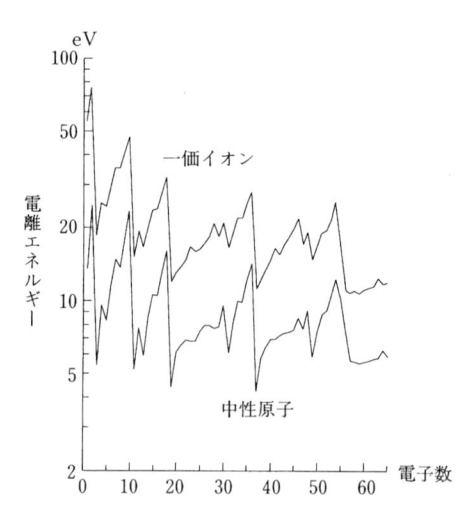

図 5.2　中性原子と一価イオンの電離エネルギー（実験値）

しいが，イオンになれば違いが出る．図5.2で中性原子と一価イオンの電離エネルギーをくらべてある．電子数の関数として，両者がきわめて類似した振る舞いをすることがわかる．

以上では軌道角運動量 L とスピン角運動量 S とは独立に保存されるとしてきたが，現実にはスピン・軌道相互作用が存在するので，これらの角運動量はベクトル的に合成され，それらの和 $L+S=J$ だけが保存されることになる．しかし，原子番号が小さいうちはまだこの相互作用が弱いので，L, S の大きさがほぼ決まった値をもち続けると考えることはそう悪い近似ではない．L, S のなす角により J の大きさが変わり，スピン・軌道相互作用も変わるからわずかずつエネルギーの違う状態がつくられる．このようにして発生するエネルギー準位の分裂を**多重項分裂**(multiplet splitting)，または**微細構造**(fine structure)という．角運動量合成の数学的表現については§5.2で改めて述べる．

5.1.2 励起状態，特性X線

以上では基底状態にある原子の電子状態についてざっと眺めてきた．原子は光の吸収とか，他の粒子との衝突などさまざまな刺激によって励起されることがある．最も普通に見られるのは最外殻の電子がその外（エネルギーなら上）にある空いている軌道に飛び移ることである．そのようにしてつくられた励起原子のうち，選択則によって低い軌道への遷移がすべて禁止遷移である場合は，しばらく光を出さない**準安定状態**となる．それ以外の励起の場合，原子は光を放出して低いエネルギーの軌道へ戻る．電子がきわめて主量子数の大きい軌道に励起されたものは**高励起原子**(highly-excited atom)または**リュードベリ原子**と呼ばれ，通常見られる原子とはかけ離れたさまざまな性質をもつ．これについては後に述べる（§5.4）．また，2個かそれ以上の複数の電子が励起軌道に上げられることもあるが，そのような多重励起状態についても後に述べることにする（§5.5）．

もっと多量のエネルギーを与えると，内側の軌道（**内殻**, inner shell）にある電子を空いている軌道にたたき上げたり，電離させたりすることも可能になる．エネルギーの高い電子やイオンを衝突させたり，波長の短いX線を吸収

させることによってそのような状態をつくりだせる．たとえば，エネルギー的に最も深いところにある 1s 軌道の電子の 1 つを取り除いて空席をつくると，2p, 3p などの軌道にある電子の 1 つがここへ飛び込んできて，エネルギー差を光として放出する可能性がある．これは X 線領域の光になる．その波長は原子番号 Z に応じて変わり逆に放出される X 線の波長を調べることで Z の値を決定することができる．そのようなことから，X 線領域の線スペクトルはそれを放出した原子の**特性 X 線** (characteristic X-rays) と呼ばれる．さて，主量子数 n が 1, 2, 3, ⋯ である軌道群を **K 殻**，**L 殻**，**M 殻** などと呼ぶ[*2]．前に n と方位量子数 l とを指定した軌道群を殻と呼んだ．多くの場合，「殻」はその意味に使われる．K 殻，L 殻などが登場して，それらと区別する必要があるときは nl で指定されるものは**副殻** (subshell) と呼ばれる．K 殻に空席があるとき，ここへ L 以上の殻からの電子が飛び込んできて放出される一連の X 線を **K 系列** (K series) の X 線と呼ぶ．同様に L 殻が最外殻でないとき，ここに空席ができて外殻から電子が飛び込んできて放出される X 線は **L 系列** の X 線であり，M 殻が内殻であるとき **M 系列** の X 線スペクトルが得られる．L 殻から上では $l \neq 0$ の副殻を含み，原子核からの引力場の強い内殻では相対論効果が無視できず，スピン・軌道相互作用によって副殻の軌道エネルギーがそれぞれ 2 つに分裂する．たとえば K 殻に空孔ができたとき，L 殻の 2p ($j=3/2$) の軌道から電子が飛び移るか，2p ($j=1/2$) の軌道からになるかで放出される光のエネルギー，したがって波長がわずかに異なる[*3]．これらはそれぞれ Kα_1, Kα_2 線と呼ばれる．表 5.3 にスペクトル線の名称を示す[2]．このような X 線領域でのスペクトル線の名称は原子のエネルギー準位についてまだよくわかっていない時期につけられたものが多く，首尾一貫した命名法になっていない．表

[*2] 元素の特性 X 線を発見した C. G. Barkla は，1 つの元素の X 線に透過力の違う 2 種がまじっているのに気づき，透過力の弱い方を A グループ，強い方を B グループと名づけた．その後 A より弱いもの，B より強いものもあるだろうと考えて，1911 年の論文では強い方(硬 X 線)を K，弱い方(軟 X 線)を L としてアルファベットの中途の K から始めるように改めたという．くわしくは M. Inokuti and T. Noguchi, *Am. J. Phys.* **42**, 1118 (1974) を参照されたい．

[*3] あとで §5.2.2 で簡単に触れるが，$(2p)^5\,{}^2P_{1/2}$ と $(2p)^5\,{}^2P_{3/2}$ のエネルギー差は 2p $^2P_{1/2}$ と 2p $^2P_{3/2}$ のエネルギー差の符号を変えたもので近似できる．

[2] E. U. Condon and H. Odishaw eds., *Handbook of Physics* (McGraw-Hill, 1958) のなかで Condon 自身が書いている X 線の章に掲載されている表にもとづく．

5.1 原子構造の概要

表5.3 X線準位とスペクトル線の名称

終準位			始準位								
	nl	j	K	L_I	L_{II}	L_{III}	M_I	M_{II}	M_{III}	M_{IV}	M_V
L_I	2s	1/2	K系列								
L_{II}	2p	1/2	α_2								
L_{III}	2p	3/2	α_1		L系列						
M_I	3s	1/2				l					
M_{II}	3p	1/2	β_3	β_4		t					
M_{III}	3p	3/2	β_1	β_3		s					
M_{IV}	3d	3/2	β_{10}	β_1		α_2					
M_V	3d	5/2	β_9			α_1		M系列			
N_I	4s	1/2			γ_5	β_6					
N_{II}	4p	1/2	$\}\beta_2$	γ_2							
N_{III}	4p	3/2									
N_{IV}	4d	3/2			γ_1	β_{15}				γ_2	
N_V	4d	5/2				β_2				γ_1	
N_{VI}	4f	5/2			$\}v$					β_1	α_2
N_{VII}	4f	7/2									α_1
O_I	5s	1/2			γ_8	β_7					
O_{II}	5p	1/2			$\}\gamma_4$						
O_{III}	5p	3/2									
O_{IV}	5d	3/2			γ_6						
O_V	5d	5/2				β_5			ε		

のなかで始状態ははじめに空孔のあった軌道で表し,終状態は遷移後に空孔が移った軌道で指定している.K殻を除き,I,II,IIIなどの区別がある.L殻を例にとれば,2s電子を1個取り除いた状態がL_I,2p電子を1個除いたあとが$^2P_{1/2}$であるものをL_{II},$^2P_{3/2}$であるものをL_{III}と呼んで区別している.同様にM殻でのI〜Vは$^2S_{1/2}$,$^2P_{1/2}$,$^2P_{3/2}$,$^2D_{3/2}$,$^2D_{5/2}$に対応している[*4].

これらX線系列についてはH. G. S. Moseley (1913) の見いだした経験則がある.その法則というのは,各系列において波数または振動数の平方根が

$$\frac{1}{\sqrt{\lambda}} \propto \sqrt{\nu} = k(Z-s) \tag{5.1}$$

[*4] $^2D_{5/2}$ など多重項を表す記号については§5.2.2で述べる.

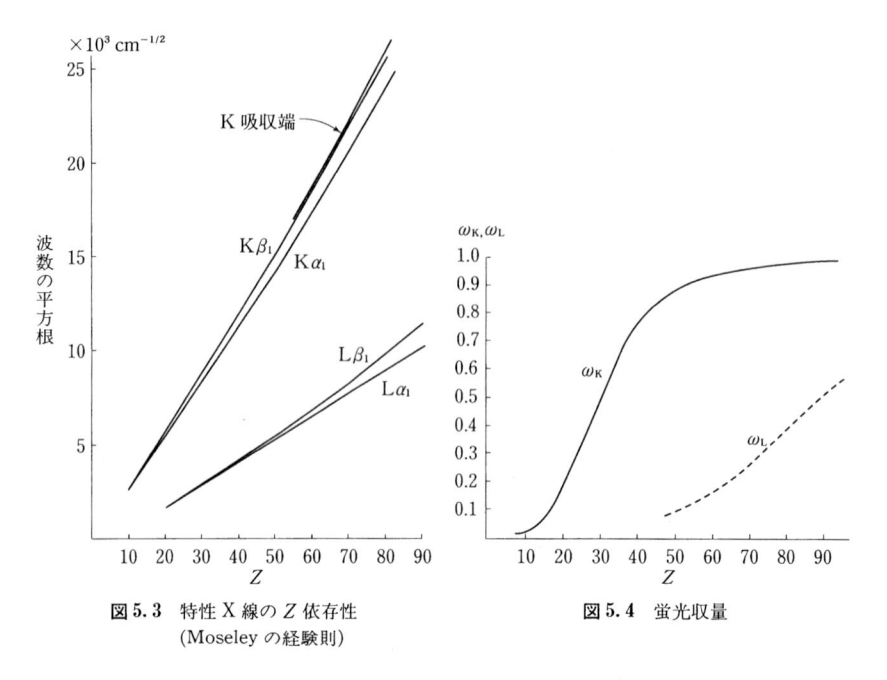

図 5.3　特性 X 線の Z 依存性
（Moseley の経験則）

図 5.4　蛍光収量

のように原子番号 Z の一次式になるというもので，k は Z によらない定数，s は厳密な定数でなく Z とともにゆっくり変わる数である．実例を図 5.3 に示す．**K 吸収端**（absorption edge）と書いてあるのは，ここから短波長側で K 殻からの電離が可能になる境界にあたる波長のことで，図ではそれを波数の平方根に換算して示したものである．いずれにせよ前節で見たような外殻電子によって支配されている原子の諸性質が周期律という言葉で表現されるように増減を繰り返すのとは違って，内殻電子のスペクトルや電離エネルギーは Z の単調関数であり，それを利用して元素の同定が行われている所以である．

　ところで，内殻に空孔ができたらいつでも外側の殻から電子が飛び込んで光を放出するとは限らない．一般に，内殻に空孔ができてそれが電子によって埋められるときに放射を伴う確率を**蛍光収量**（fluorescence yield）という．K 殻および L 殻に空孔ができたときの蛍光収量 ω_K，ω_L を図 5.4 に示す[3]．L 殻の場合はどの副殻に空孔をつくるかで結果が違うし，空孔のつくり方によってど

---

[3] W. Bambynek, B. Crasemann, R. W. Fink, H.-U. Freund, H. Mark, C. D. Swift, R. E. Price and P. Venugopala Rao, *Rev. Mod. Phys.* **44**, 716–813 (1972).

の副殻にそれができやすいかも変わるので,図の曲線はある種の平均値である.これを見てもわかるように,蛍光収量が1に近づくのは重い原子でK殻に空孔ができたときだけである.それでは光を出さないで空孔が埋められるのはどのような過程によるのであろうか.1925年にP. Augerが発見した**オージェ効果**(Auger effect)がそれである.すなわち空孔に電子が飛び込んできたときに生ずる余剰エネルギーを光に変えるかわりに他の電子に与えてその電子を外に放り出す現象である.

いまK殻に空孔ができたとすると,ここへ飛び込む電子の大部分はL殻からのものである.もっと外の軌道にある電子はK殻軌道とは空間的に離れているし,エネルギー差も大きく,飛び移りにくい状況にある.ところで,L殻の電子が1個K空孔に飛び込んだとき,オージェ効果で放出される電子はやはりL殻からのものが最も多い.これを記号的にK-LL遷移という.原子番号がごく小さいところではL殻より外には電子はまだないか少数なので,K-LLが主要な遷移となることはよくわかる.しかしそれだけではない.オージェ効果は空孔に飛び込む電子と外へ飛び出す電子の間のクーロン斥力を媒介として起こるもので,平均距離が小さい,同じ殻内の電子がエネルギーを最ももらいやすいことは容易に理解できるであろう.$Z>50$になるとK-LX型(XはLより外の殻)の遷移,すなわちL殻からの電子がK空孔へ飛び込み,そのエネルギー余剰でもっと外の軌道の電子が飛び出す過程が30%程度は見られるようになる.K空孔へ飛び込むのも外へ飛び出すのもL殻よりも外側の軌道からであるようなオージェ遷移は原子番号が90くらいになっても5〜6%程度しか起こらない.K殻以外の内殻で空孔を生じたときは次のような過程も可能になる.すなわちL殻やもっと外の電子殻では複数の副殻をもつから,そのうちの一番上のエネルギーのもの以外に空孔ができたら,外の殻からの電子が飛び込んでこないうちに同じ殻の別の副殻から電子がやってくるというもので,**コスター–クローニッヒ遷移**(Coster-Kronig transition)と呼ばれる.たとえばL_Iに空孔ができたとき,L_{II}またはL_{III}からの電子がこれを埋める確率は,元素によっても異なるがM殻に多数の電子をもつ$Z>20$でも0.5以上が大多数で0.9を超えるものもある.コスター–クローニッヒ遷移のとき,生じた余剰エネルギーは光として放出する可能性もあるが,主として外殻の電

子に与え原子から飛び出させる一種のオージェ効果をもたらす．

　本節では理論計算法については述べなかったが，若干の注意事項を書き出すなら，まず X 線放出は§4.4 で扱った光の放出と同じことで，近似的には飛び移る電子だけに着目した 1 電子問題として計算することができる．ただ，重い原子の内殻は原子核からの引力が強い場所なので，相対論を考慮に入れた Dirac の理論にもとづいた光の放出の式を導出して使うことが望ましい．また，オージェ効果の計算は近似的には関与する 2 電子だけの問題として行えるが，電子系の波動関数の反対称性を考慮した計算を行う必要がある．これらについてここでは立ち入らないが，理論計算，実験法，得られたデータなどについては前出の Bambynek たちの論文[3]を参照されたい．

5.2　角運動量の合成，多重項構造[*1]

5.2.1　角　運　動　量

　角運動量はエネルギーとともに原子の状態を指定する重要な物理量の 1 つである．本書では 1 粒子の古典力学における角運動量の表式を量子力学に翻訳して，軌道角運動量の 3 成分を (2.16) で導入し，それらの間に (2.17) のような交換関係が成り立つことを注意した．スピン角運動量については，まず経験的にその存在が認識され，軌道角運動量と同じ形の交換関係 (2.52) が成り立つとして話を進め，のちに相対論を考慮した Dirac の理論 (§2.4.3) で，スピンが自動的に理論に取り入れられていること，スピンに伴う磁気モーメントが存在することなどを述べてきた．一般の多電子原子では，個々の電子に対するこのような軌道運動およびスピンの角運動量をベクトル的に合成して全系の角運動量が

$$\sum_i \boldsymbol{l}_i + \sum_i \boldsymbol{s}_i = \boldsymbol{J} \tag{5.2}$$

のように得られる．ベクトル $\boldsymbol{J}$ の 3 成分の間の交換子をつくってみるとき，同じ電子の $\boldsymbol{l}$ の成分間，$\boldsymbol{s}$ の成分間の交換子は (2.17)(2.52) のように 0 でない値をもつが，それ以外の組み合わせはすべて可換であることに注意すれば

[*1]　§5.2 では簡単のため $\hbar$ を省略する．すなわち，$\hbar$ を単位とした角運動量を扱う．

$$\left.\begin{array}{l}J_xJ_y-J_yJ_x=iJ_z\\J_yJ_z-J_zJ_y=iJ_x\\J_zJ_x-J_xJ_z=iJ_y\end{array}\right\} \tag{5.3}$$

が導かれる.

系の角運動量はしばしば回転操作と関係づけて導入される.たとえば1電子の位置座標 xyz の関数 $\psi(xyz)$ があり,それを z 軸のまわりに微小角 $d\theta$ だけ回転させる.得られた関数を $R\psi(xyz)$ と書くことにする.点 xyz におけるその値は,回転前に

$$\left.\begin{array}{l}x'=x+yd\theta\\y'=y-xd\theta\\z'=z\end{array}\right\}$$

で関数がもっていた値である.そこで

$$R\psi(xyz)=\psi(x'y'z')=\psi(x+yd\theta, y-xd\theta, z)$$
$$=\psi(xyz)+d\theta\left(y\frac{\partial}{\partial x}-x\frac{\partial}{\partial y}\right)\psi(xyz)$$

となる.これを $=(1-id\theta J_z)\psi(xyz)$ とおくと,

$$J_z=-i\left(x\frac{\partial}{\partial y}-y\frac{\partial}{\partial x}\right)$$

同様に x, y 軸のまわりの回転を考えて

$$J_x=-i\left(y\frac{\partial}{\partial z}-z\frac{\partial}{\partial y}\right),$$
$$J_y=-i\left(z\frac{\partial}{\partial x}-x\frac{\partial}{\partial z}\right).$$

これらは (2.16) で導入された軌道運動の角運動量の成分 l_x, l_y, l_z にほかならない.そこで,一般に単位ベクトル $\hat{\boldsymbol{n}}$ のまわりの角 θ の回転に対し

$$R\psi=e^{-i\theta(\hat{\boldsymbol{n}}\cdot\boldsymbol{J})}\psi$$

とおくことにより,ψ で表される系の状態の角運動量 $\boldsymbol{J}$ が定義される.このような方法であれば多電子系でもスピンを含む場合でも使える.回転の幾何学的考察から再び交換関係 (5.3) を導くことができる.

いずれにせよ (5.3) から出発して角運動量のもつさまざまな性質(関係式)を導くことができるのであるが,くわしくは Condon and Shortley の原子ス

ベクトルの本 [3]，角運動量についての Rose の本 [34]，その他量子力学の教科書などに出ているのを見ていただくことにして，ここでは主要な結果を示すだけにする．

まず孤立原子のハミルトニアン H は回転に対して不変であること，したがって H が J_x, J_y, J_z のいずれとも可換であることが示される．これにより H は $J^2 = J_x^2 + J_y^2 + J_z^2$ とも可換である．J^2 はまた J_x, J_y, J_z とも可換であることが (5.3) を用いて直接確かめられる．また (5.3) によって J_x, J_y, J_z の1つの値を指定すれば，残りの2成分の値は決められない．結局，これら3成分のうちの1つ（通常 J_z を選ぶ）と J^2 との値を指定して状態を表すことになる．角運動量の大きさを表す量子数 J とその z 成分を表す量子数 M とが導入されて，

$$J^2 \psi_{\gamma JM} = J(J+1)\psi_{\gamma JM}, \qquad J \text{ は整数または半整数,} \tag{5.4a}$$

$$J_z \psi_{\gamma JM} = M\psi_{\gamma JM}, \qquad M = J, J-1, J-2, \cdots, -J+1, -J \tag{5.4b}$$

のような関係が成り立つことが示される．γ は状態を指定するのに必要な J, M 以外のすべての量子数をまとめて書いたもの，$\psi_{\gamma JM}$ は γ, J, M で指定される系の波動関数である．J または M の異なる関数どうしは直交する．そこで各関数が規格化されているとして

$$(JM|J^2|J'M') \equiv \int \psi_{\gamma JM}^* J^2 \psi_{\gamma J'M'} d\tau = J(J+1)\delta_{JJ'}\delta_{MM'}, \tag{5.5a}$$

$$(JM|J_z|J'M') = M\delta_{JJ'}\delta_{MM'} \tag{5.5b}$$

を得る．ただし，$\int d\tau$ はすべての位置座標についての積分，すべてのスピン座標についての和をとることを意味する．左辺の行列要素の表式では γ はすべてに共通として簡単のため省略した．次に角運動量の理論ではしばしば

$$J_\pm = J_x \pm iJ_y \tag{5.6}$$

という演算子を用いる．その行列要素は

$$(JM|J_\pm|J'M') = [(J \mp M')(J \pm M' + 1)]^{\frac{1}{2}} \delta_{JJ'}\delta_{M, M' \pm 1} \tag{5.7}$$

であり，$J_\pm$ が J は変えず，M の値を1単位増減する演算子であることを示している．

5.2.2 多 重 項 構 造

ここで は LS 結合方式にもとづいて，与えられた電子配置からどのような角運動量状態がつくり出されるかを見ることにする．さしあたりスピン・軌道相互作用は弱いとして無視する．系のハミルトニアンは電子どうしのクーロン斥力を含み，個々の電子の軌道角運動量 l_i は保存されないが，全軌道角運動量 $\boldsymbol{L}=\sum_i \boldsymbol{l}_i$ の大きさを表す量子数 L と z 成分 $M_L=\sum_i m_{li}$ は確定した値をもち，全スピン角運動量 $\boldsymbol{S}=\sum_i \boldsymbol{s}_i$ の大きさ S と z 成分 $M_S=\sum_i m_{si}$ も決まった値をもつ．L を異にする状態は電子間斥力ポテンシャルの期待値が一般に違うためエネルギーを異にする．また S を異にする状態は波動関数の空間部分の対称性に影響を与え，やはりエネルギーの違いを生ずる．(n, l) が与えられたとき，それに属する 1 電子の独立なスピン軌道関数は $2(2l+1)$ 個存在する．2 通りのスピンの向きはスピンの z 成分を表す量子数 m_s で区別でき，$2l+1$ 通りの軌道関数は軌道角運動量の z 成分を表す量子数 m_l で区別できる．たとえば (n, l) 殻に 1 個，(n', l') 殻に 1 個電子が入っているとする．スピンについて 2×2，軌道については $(2l+1)(2l'+1)$ 通りの自由度がある．この電子配置 $(n, l)(n', l')$ がどのような多重項 (一重項, 二重項など) を含んでいるかを見るのが問題である．

具体例で話を進めるのがわかりよいと思うので，ここでは pp′ 型の 2 電子配置を考えよう．一方にダッシュをつけたのは，2 つの p 軌道が等価でなく，主量子数 n を異にする 2 つの p 軌道というつもりである．これらの電子の他に閉殻があってもよい．たとえば炭素原子の励起状態で

$$(1s)^2(2s)^2(2p)(3p)$$

という電子配置がいま考えようとしている例題の 1 つになる．閉殻構造はエネルギー計算では無視できないが，角運動量にはまったく寄与しないから，当面 $(1s)^2(2s)^2$ は無視してよい．さて p と p′ とは別の軌道であるから，そこに 1 つずつ入る電子のスピンについては制限はない．それぞれの電子が α スピンまたは β スピン状態に自由に入りうる（それぞれ $m_s=1/2, -1/2$）．その結果，独立なスピン状態は

m_{s1}	m_{s2}	M_S
1/2	1/2	1
1/2	$-$1/2	0
$-$1/2	1/2	0
$-$1/2	$-$1/2	$-$1

のように4通りあり，$M_S=1,0$(二重)，-1が可能である．これから一重項，三重項のスピン状態が(3.7)のように得られる．次に軌道運動についてはl_1, l_2がともに1の場合であるから，次の表が得られる．

m_{l1}	m_{l2}	M_L
1	1	2
1	0	1
1	$-$1	0
0	1	1
0	0	0
0	$-$1	$-$1
$-$1	1	0
$-$1	0	$-$1
$-$1	$-$1	$-$2

こうして$M_L=2,1$(二重)，0(三重)，-1(二重)，-2が得られた．さきに求めたスピン状態を表す独立な状態の数とあわせて，図5.5が得られる．これは見てわかるように，図5.6に示す6個の多重項 ^{1}S, ^{1}P, ^{1}D, ^{3}S, ^{3}P, ^{3}D の図形を重ね合わせたものになっている．

ここで，これまでにも断片的には用いてきたが，用語および記号について整理しておこう．電子配置が与えられそこに含まれるいくつかの(L, S)の組が

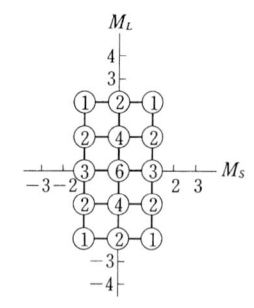

図5.5 電子配置 pp′ から出る独立な (M_S, M_L) 状態の数

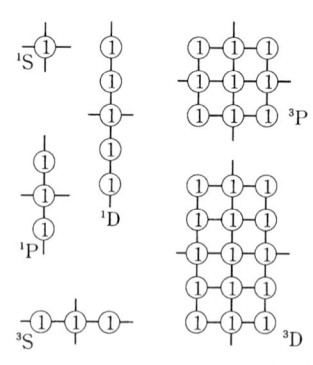

図5.6 電子配置 pp′ から出る多重項

上述の例のように明らかになったとき，その一組の (L, S) からつくられる異なった J の準位の全体を**多重項** (multiplet) という．$L \geqq S$ では $2S+1$ 本の準位を含み，$L < S$ では $2L+1$ 本にしかならない．いずれの場合も $2S+1$ のことを**多重度** (multiplicity)，またはもっと丁寧にスピン多重度という．$S=0$ ならば**一重項** (singlet) といい，その後 $S=1/2, 1, 3/2, 2, \cdots$ にしたがって**二重項** (doublet)，**三重項** (triplet)，**四重項** (quartet)，**五重項** (quintet)，などと呼ぶ．記号的には ^{2S+1}L の形に書く．すなわち，多重度 $2S+1$ を左上に小さく書き，中央に L の大きさを記号で書く．この記号としては1電子の軌道角運動量の大きさを表す方位量子数 l が $0, 1, 2, 3, \cdots$ であるのに応じて s, p, d, f, $\cdots$ の文字を用いたように，$L=0, 1, 2, 3, \cdots$ に応じて S, P, D, F, G, H, I, K, L, M, N, $\cdots$ などと書く (はじめの4文字がアルファベットの順でないこと，J だけはずしてあることに注意)．口に出して読むときは，^{1}S ならば singlet S，^{3}P ならば triplet P などという．1つの多重項のなかの異なった準位は J の値によって区別される．それを記号で明示したければ L を表す記号の右下に小さく J の値を数字で書く．たとえば ^{3}P で $J=2$ ならば ^{3}P$_2$ となる．

すでに述べたように，各 (n, l) 殻への電子数配分が決められても，L, S の値が違えば一般にエネルギーは異なる．さらに，スピン・軌道相互作用を考慮に入れるなら，一組の (L, S) において，J の値の違いに応じてわずかずつエネルギーが異なる．

話を戻して，pp′ という電子配置から6通りの多重項がつくり出されることがわかった．この程度のものであれば，じつは数を数えるまでもなく導ける．すなわち，2つの角運動量を合成して得られるベクトルの大きさを表す量子数が (2.90) で示したような値をとりうることから，$l_1 = l_2 = 1$ では合成角運動量の量子数は $L=0, 1, 2$ の3つに限られることがわかり，それにスピン合成から決まる $S=0, 1$ を組み合わせるとすぐに上述の6通りの状態が出てくる．しかし，(2.90) では説明抜きに規則だけを書いてあったので，いまここで1つの具体例についてそれを確認したことになる．他の例についても図5.5のような図形を描きそれを分解することによって (2.90) が成り立つことを確かめることができる．

電子状態の波動関数を求めることは次節で扱うことにし，ここでは何らかの

手段によって，すでに近似的な1電子軌道関数がわかっているとして原子のエネルギーを計算することを考えよう．1電子関数は
$$\psi_{nlm}(\boldsymbol{r}) = R_{nl}(r) Y_{lm}(\theta, \varphi)$$
の形で，動径関数 $R(r)$ は規格直交化されているとする．すなわち
$$\int_0^\infty R_{nl}(r) R_{n'l}(r) r^2 dr = \delta_{nn'}.$$

pp′配置に話を戻すと，2電子をスピンおよび軌道へあてはめる仕方は $2 \times 2 \times (2l_1+1) \times (2l_2+1) = 36$ 通りあった．前と同じ炭素原子を例にとれば，今度は $(1s)^2(2s)^2$ も無視できないから，具体的なあてはめ方の1つは次のようになる．

$$\phi_1(\boldsymbol{r}_1, \sigma_1) \phi_2(\boldsymbol{r}_2, \sigma_2) \phi_3(\boldsymbol{r}_3, \sigma_3) \phi_4(\boldsymbol{r}_4, \sigma_4) \phi_5(\boldsymbol{r}_5, \sigma_5) \phi_6(\boldsymbol{r}_6, \sigma_6)$$
$$= \psi_{1s}(\boldsymbol{r}_1) \alpha(\sigma_1) \psi_{1s}(\boldsymbol{r}_2) \beta(\sigma_2) \psi_{2s}(\boldsymbol{r}_3) \alpha(\sigma_3) \psi_{2s}(\boldsymbol{r}_4) \beta(\sigma_4)$$
$$\times R_{2p}(r_5) Y_{1m}(\theta_5, \varphi_5) \gamma(\sigma_5) R_{3p}(r_6) Y_{1m'}(\theta_6, \varphi_6) \gamma'(\sigma_6)$$

m, m' をそれぞれ $1, 0, -1$ に変え，γ, γ' をそれぞれ α か β にすることで36通りの選択の余地がある．その各々を6電子について反対称化すると§3.2で導入したスレーター行列式

$$\Phi = \frac{1}{\sqrt{6!}} \begin{vmatrix} \phi_1(\boldsymbol{r}_1, \sigma_1) & \phi_2(\boldsymbol{r}_1, \sigma_1) & \cdots & \phi_6(\boldsymbol{r}_1, \sigma_1) \\ \phi_1(\boldsymbol{r}_2, \sigma_2) & \phi_2(\boldsymbol{r}_2, \sigma_2) & \cdots & \phi_6(\boldsymbol{r}_2, \sigma_2) \\ \cdots\cdots\cdots\cdots \\ \phi_1(\boldsymbol{r}_6, \sigma_6) & \phi_2(\boldsymbol{r}_6, \sigma_6) & \cdots & \phi_6(\boldsymbol{r}_6, \sigma_6) \end{vmatrix} \tag{5.8}$$

の形になる．こうして得られる36個の行列式 $\Phi_j (j=1, 2, \cdots, 36)$ の一次結合で原子の電子状態を近似する．

$$\Psi = \sum_j C_j \Phi_j. \tag{5.9}$$

これをシュレーディンガー方程式 $H\Psi = E\Psi$ に入れて，左から1つの $\Phi_k^* (k=1, 2, \cdots, 36)$ をかけて全位置座標で積分し，スピン座標についての和をとると，未知係数 C_j についての連立方程式が出て，それが0でない解をもつための条件として永年方程式

$$\begin{vmatrix} H_{11}-E & H_{12} & H_{13} & \cdots & H_{1,36} \\ H_{21} & H_{22}-E & H_{23} & \cdots & H_{2,36} \\ H_{31} & H_{32} & H_{33}-E & \cdots & H_{3,36} \\ & & \cdots\cdots\cdots & & \\ H_{36,1} & H_{36,2} & H_{36,3} & \cdots & H_{36,36}-E \end{vmatrix} = 0 \quad (5.10)$$

が得られる ((3.27) 参照). この解のなかに ^{1}S, ^{1}P, ^{1}D, ^{3}S, ^{3}P, ^{3}D 状態のエネルギーが, それぞれ 1, 3, 5, 3, 9, 15 個含まれているはずである. しかし, 実際に 36 行 36 列の永年方程式を解く必要はない. 素材として用いているスピン軌道関数が互いに直交することから, M_S, M_L の異なる $\varPhi_j$ は互いに直交する. ハミルトニアン H は M_S, M_L を変えないから, M_L, M_S を異にする $\varPhi_j, \varPhi_k$ ではさんだ行列要素

$$H_{jk} = \int \varPhi_j^* H \varPhi_k d\tau$$

も 0 となる. このため, 永年方程式は M_L, M_S の値ごとの低次元の式に分離され, それらを個別に解けばよいことになる.

まず pp′ 電子がともに α スピン, 軌道角運動量の z 成分が $m=m'=1$ のときを考えよう. これを $(\alpha\alpha, 1, 1)$ と書こう. 図 5.5 では右上隅の $M_S=1, M_L=2$ を表す①に対応し, それは分解した図 5.6 からわかるように ^{3}D の $M_S=1, M_L=2$ と一致する. したがって, 積分

$$(\alpha\alpha, 1, 1|H|\alpha\alpha, 1, 1) = \int \varPhi^*(\alpha\alpha, 1, 1) H \varPhi(\alpha\alpha, 1, 1) d\tau$$

によって ^{3}D 状態のエネルギー $E(^3\text{D})$ が得られる. 図 5.6 の ^{3}D ブロックにある残り 14 個の①は, 空間における角運動量の向きだけが異なっていて内部状態, したがってエネルギーは同じであることから改めて計算する必要がないのである. 次に図 5.5 で $M_S=1, M_L=1$ のところの②を考える. これは電子配置 $(\alpha\alpha, 1, 0), (\alpha\alpha, 0, 1)$ に対応している. 今度は 2 次元の永年方程式を解かなければならないかというと, ここでもその必要はない. それを説明する前に対角和の規則 (diagonal sum rule) と呼ばれる定理を証明しておく. (5.10) の形の, 一般に N 行, N 列の永年方程式を考える. これを展開し $(-E)$ の高次の方から 2 項を書き出せば

$$(-E)^N + (-E)^{N-1}\sum_k H_{kk} + \cdots\cdots = 0$$

となる．一方，この式の解 $E_1, E_2, \cdots, E_N$ がわかったとすると上式は

$$C(E-E_1)(E-E_2)\cdots\cdots(E-E_N) = 0$$

の形に書けるはずである．C は定数である．これを展開すると

$$CE^N - CE^{N-1}\sum_k E_k + \cdots\cdots = 0$$

となるから，前の形とくらべてみると

$$C = (-1)^N, \qquad \sum_k E_k = \sum_k H_{kk}$$

が得られる．すなわち，永年方程式の解の和はハミルトニアンの対角要素の和に等しいということで，線形代数学ではよく知られた定理である．これが対角和の規則で，これを用いると計算はさらに簡単になる．いま考えている $M_S=1, M_L=1$ では

$$E(^3\mathrm{D}) + E(^3\mathrm{P}) = (\alpha\alpha, 1, 0|H|\alpha\alpha, 1, 0) + (\alpha\alpha, 0, 1|H|\alpha\alpha, 0, 1)$$

である．右辺の2つの積分を計算すれば，$E(^3\mathrm{D})$ はすでにわかっているので，もう1つの解 $E(^3\mathrm{P})$ が容易に得られる．同様に $M_S=1, M_L=0$ の③から，対角和を計算することで $E(^3\mathrm{D}) + E(^3\mathrm{P}) + E(^3\mathrm{S})$ がわかり，$E(^3\mathrm{D}), E(^3\mathrm{P})$ がすでにわかっていることから $E(^3\mathrm{S})$ が簡単に得られる．次に $M_S=0, M_L=2$ の対角和から $E(^3\mathrm{D}) + E(^1\mathrm{D})$ が出て，$E(^1\mathrm{D})$ が得られ，$M_S=0, M_L=1$ から $E(^1\mathrm{P})$

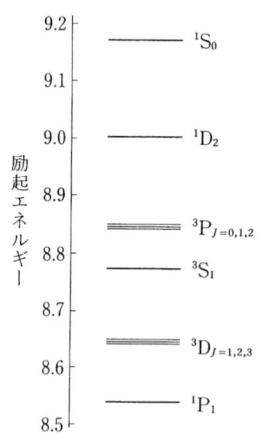

図5.7 C:$(1\mathrm{s})^2(2\mathrm{s})^2(2\mathrm{p})(3\mathrm{p})$ のエネルギー準位 $^3\mathrm{P}$ の分裂は，見やすいように実際より大きく描いてある．

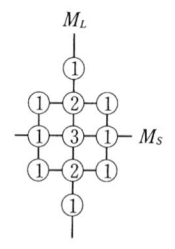

図5.8 $(n\mathrm{p})^2$ から出る独立な (M_S, M_L) 状態の数

が決まり，$M_S=0$, $M_L=0$ から $E(^1S)$ が決定される．このように対角和の規則を活用することにより永年方程式の解は著しく簡単になる．

ここまで無視してきたスピン・軌道相互作用が弱いながら存在することを考慮すると，以上の6準位のうち L も S も 0 でない ^3D と ^3P とでは，J の値の違う状態はベクトル $\boldsymbol{L}$ と $\boldsymbol{S}$ のなす角が違うことに相当するから，わずかにエネルギーを異にする．すなわちエネルギー準位が3本に分かれる．これまで実例としてあげてきた炭素原子の実際のエネルギー準位を図5.7に示す．この例の場合，3本に分かれたところでは J の値の小さい準位ほどエネルギーが低い．

この例題を終わる前にもう1つ注意しておこう．与えられた J の値をもつ準位には $2J+1$ 個の独立な状態が重なっている．図5.7のすべての準位の $2J+1$ を合計すると，独立な状態の数として36が得られる．これは最初に見いだした独立状態の数と一致する．弱い磁場をかけると0でない J をもつ準位は $2J+1$ 本に分かれ，すべての準位は縮退がとけて36本の異なった準位になる．

今度は同じ電子殻に2個の電子が入り込む例を考える．具体的には $(2p)^2$ をとりあげよう．炭素で基底状態を含む一群のエネルギー状態がこのような電子配置になっている．前の例の図5.5に相当するものをまず求める．今度は主量子数が共通であるから，同じ m_s, m_l のスピン軌道には2個の電子が入れないという排他律を考慮に入れなければならない．そのような制限の下で許される独立な配置の数を数え上げると，前よりもかなり減って図5.8が得られる．

これを分解すると $^3P+^1S+^1D$ になっていることがわかる．すなわち $(np)(n'p)$ のときには存在した ^3D, ^3S, ^1P は $(np)^2$ では許されないのである．最低エネルギーの電子配置 $(2p)^2$ で許される3つの状態のうちでは，フントの規則により多重度の大きい ^3P が最もエネルギーの低い状態と推定されるが，実際，炭素原子の基底状態は ^3P である．前の例と同様，^3P は接近した3本の準位から成り，このなかでは $J=0$ が最も低い．つまり基底状態は $^3P_0$ である．これから 1.26 eV ほど上に ^1D が，2.68 eV ほど上に ^1S がある．

ここで，2p殻に4個の電子をもつ酸素原子でも基底状態は ^3P であり，同じ電子配置から励起状態 ^1D, ^1S がつくられていることに注意したい（表5.4参

表5.4 炭素および酸素原子の低いエネルギー準位 (実測値)

C:$(1s)^2(2s)^2(2p)^2$			O:$(1s)^2(2s)^2(2p)^4$		
^3P	$J=0$	0 eV	^3P	$J=2$	0 eV
	1	0.00203		1	0.0196
	2	0.00538		0	0.0281
^1D	2	1.2637	^1D	2	1.9674
^1S	0	2.6840	^1S	0	4.1898

照). すなわち, $(2p)^2$ と $(2p)^4$ で同じ多重項構造になっている. これは偶然であろうか. じつは偶然ではなく, 説明のできることである. 与えられた (n, l) 殻には $N=2(2l+1)$ 個までの電子が収容できて, その数まで電子が入ったとき閉殻ということはすでに述べた. 閉殻ではスピンも軌道運動の角運動量も消し合って $S=L=0$ となっている. いま N より少ない N' 個の電子があるときと, $N-N'=N''$ 個の電子があるときを考えよう. N' 個の電子の許される配置の1つで $\sum_j m_{sj}, \sum_j m_{lj}$ がそれぞれ M_S', M_L' であるとしよう. このとき空いているスピン軌道に N'' 個の電子をあてはめると閉殻になるから全体では S も L も 0 になる. それで, はじめに入れた N' 電子を取り除き N'' 電子だけを残せばその $\sum_j m_{sj}, \sum_j m_{lj}$ はそれぞれ $-M_S', -M_L'$ でなければならない. このことから電子数 N' のときと, N'' のときとで図5.8 に相当する図が同じになることがわかる. したがって同じ多重項が両者に含まれる. さらに, これら多重項の上下関係, エネルギー差などが近似的には同じになることが示されるが, ここでは立ち入らない. 炭素と酸素での実際の数字をすでに掲げた表5.4 で見ていただきたい. この表に関連してもう1つ注意しておきたいことは, 多重項のなかのエネルギー準位の順序である. C の ^3P では J が増えるのに伴ってエネルギーが増加しているが, O ではその逆になっている. C のような場合を **正常項** (normal term または regular term), O のように逆になっているものを **逆転項** (inverted term) と呼ぶ. 他の例をあげると, B($Z=5$) では最外殻は 2p 電子1個で, 基底状態は $^2P^o$ (右上の "o" は odd parity すなわちパリティが負であることを示す), $J=1/2$ よりも $J=3/2$ が高くなっていて正常項である. F($Z=9$) では $2p^5$ の電子配置で基底状態はやはり $^2P^o$ であるが, $J=3/2$ が $J=1/2$ よりも低い. 一般に (nl) 殻が半分以上満たされているときに逆転項になる.

スピン・軌道相互作用を全電子で加えたものの期待値を，指定された (L,S) の波動関数を用いて求めると，一般に $A\boldsymbol{S}\cdot\boldsymbol{L}$ の形になる．A は S,L によるが，J にはよらない．ここに出てきたスカラー積は

$$\boldsymbol{S}\cdot\boldsymbol{L}=\frac{1}{2}[J(J+1)-L(L+1)-S(S+1)]$$

と書けるから，J の隣り合う準位の間隔は

$$\varDelta E_{J,J-1}=AJ$$

で，J に比例する．これをランデの間隔規則 (Landé interval rule) という (1923)．

具体例として p^2 の場合を見てきたが，等価電子を含む他の主要な例として $\mathrm{p}^q, \mathrm{d}^q$ の場合を表5.5に示す（f^q の場合は Slater の本 [4] に出ている）．

表5.5 等価電子群から生ずる多重項

配置	多重項
p, p^5	^{2}P^{o}
p^2, p^4	^{3}P, ^{1}D, ^{1}S
p^3	^{4}S^{o}, ^{2}D^{o}, ^{2}P^{o}
d, d^9	^{2}D
d^2, d^8	^{3}F, ^{3}P, ^{1}G, ^{1}D, ^{1}S
d^3, d^7	^{4}F, ^{4}P, ^{2}H, ^{2}G, ^{2}F, ^{2}D, ^{2}D, ^{2}P
d^4, d^6	^{5}D, ^{3}H, ^{3}G, ^{3}F, ^{3}F, ^{3}D, ^{3}P, ^{3}P, ^{1}I, ^{1}G, ^{1}G, ^{1}F, ^{1}D, ^{1}D, ^{1}S, ^{1}S
d^5	^{6}S, ^{4}G, ^{4}F, ^{4}D, ^{4}P, ^{2}I, ^{2}H, ^{2}G, ^{2}G, ^{2}F, ^{2}F, ^{2}D, ^{2}D, ^{2}D, ^{2}P, ^{2}S

同じ記号が重複して書いてあるのはそれだけ独立な状態があることを意味する．$\mathrm{s}^2, \mathrm{p}^6, \mathrm{d}^{10}$ などの閉殻はすべて ^{1}S である．

以上では1つの不完全殻があるときを扱ってきたが，原子に2つ以上の不完全殻があるときは，まずそれぞれの殻からどのような角運動量の状態(多重項)が出てくるかを調べ，そのあとで異なった殻の間の角運動量合成を考えればよい．

5.2.3 角運動量合成の係数[*2]

ここまでで，与えられた電子配置からどのような多重項ができるかを見てきた．また，それらのエネルギーは永年方程式を解いて決められること，その計

[*2] 本小節のうち，本書でこのあと必要となるのは主に CG 係数の導入 (5.13) までで，そのあとの諸係数の関係は読まずに先へ進んでも差し支えない．

算は対角和の規則により簡単化されることを見た．それではそれらに対応する波動関数はどうなるであろうか．永年方程式の解としてエネルギー値が得られたら，それを用い，永年方程式のもとになった連立方程式を利用することによって(5.9)の係数を決めることができる．

しかし，角運動量状態を表す波動関数に関しては個々の原子のエネルギーなどに依存しない便利な数学的手段が開発されている．ここでその詳細を論ずることはできないが，二三の変換係数の定義やしばしば用いられる関係式などをまとめておきたい[*3]．

2つの角運動量の規格化された固有関数 $\psi_{j_1 m_1}, \psi_{j_2 m_2}$ があるとしよう．差し当たり j_1, j_2 は固定するが，m_1, m_2 はそれぞれ $(2j_1+1), (2j_2+1)$ 通りの値をとりうる．これらはそれぞれ1電子の関数でもよいし，原子内の1つの電子殻の角運動量状態を表すものであってもよい．いずれにせよこの2つの部分系を合わせた全系の角運動量を論じようというのである．ベクトル式で書けば

$$\boldsymbol{j}_1 + \boldsymbol{j}_2 = \boldsymbol{j}. \tag{5.11}$$

全系の角運動量の大きさを表す量子数 j とその z 成分を表す量子数 m とは，すでに述べたように

$$\begin{aligned} j &= |j_1-j_2|, |j_1-j_2|+1, \cdots, j_1+j_2-1, j_1+j_2, \\ m &= m_1 + m_2 \end{aligned} \tag{5.12}$$

の範囲にある．このように，j_1, j_2 の一方か双方が0でないかぎり，j はいろいろな値をとりうるが，そのうちの1つの値を指定したら，その状態はどのような波動関数で表されるかを考える．素材となるのは $(2j_1+1)(2j_2+1)$ 通りの積 $\psi_{j_1 m_1}\psi_{j_2 m_2}$ で，求める (j, m) 状態の関数もそれらの一次結合で与えられるであろう．そこで

$$\psi_{jm} = \sum_{m_1 m_2} C(j_1 j_2 j; m_1 m_2 m) \psi_{j_1 m_1} \psi_{j_2 m_2} \tag{5.13}$$

とおく．この係数 C の性質をこのあと見ていくのであるが，この係数はクレ

[*3] くわしくは Rose の本 [34] や基礎的な諸論文を集めた論文集 (Biedenharn and Van Dam 編 [37]) などを見ていただきたい．[3]〜[5], [35] でも同じ問題が論じられている．またこの話題は多くの場合群論を使って論じられる．群論とその原子分子への応用に関しては，[35], [36] 以来多くの著書が出ているが，国内で出た比較的新しいものを1つあげると，犬井他の本 [38] がある．本書では分子における軌道関数の対称性に関連して，§9.1.2 で少し群論について述べる．

ブシュ-ゴルダン係数(Clebsch-Gordan coefficient)，ウィグナー係数(Wigner coefficient)，またはベクトル加法係数(vector addition coefficient)，ベクトル結合係数(vector coupling coefficient)などと呼ばれている．CG係数またはC係数と略称されることも多い．本書ではCG係数と呼ぶことにしよう．また記号的には，ここに示したCのかわりに

$$(j_1 j_2 m_1 m_2 | j_1 j_2 j m) \quad \text{や} \quad S^{j_1 j_2}_{jm m_1 m_2}$$

が用いられることがある．この係数と密接に関係しているウィグナーの$3j$記号というものがあり，これを使う人も多い．それは

$$\begin{pmatrix} j_1 & j_2 & j \\ m_1 & m_2 & -m \end{pmatrix} = \frac{(-1)^{j_1-j_2+m}}{\sqrt{2j+1}} (j_1 j_2 m_1 m_2 | j_1 j_2 j m) \qquad (5.14)$$

で与えられる．(5.13)の両辺に$j_z=j_{1z}+j_{2z}$を作用させると

$$m\psi_{jm} = \sum_{m_1 m_2} (m_1+m_2) C(j_1 j_2 j\,;\,m_1 m_2 m) \psi_{j_1 m_1} \psi_{j_2 m_2}$$

となり，左辺に(5.13)を代入し$\psi_{j_1 m_1} \psi_{j_2 m_2}$が一次独立であることを使うと

$$m=m_1+m_2 \text{以外では} \quad C(j_1 j_2 j\,;\,m_1 m_2 m)=0 \qquad (5.15)$$

であることがわかる．これで(5.12)の第2式が証明された．第1式も証明できるがここでは省略する．このようにmはm_1+m_2に等しいので書かなくてもわかるとして$C(j_1 j_2 j\,;\,m_1 m_2)$と書くこともある．

こうして得られる一連のψ_{jm}が規格化されているようにCG係数を選ぶことにする．j, mの異なる$\psi_{jm}, \psi_{j'm'}$の直交性は

$$\boldsymbol{j}^2 \psi_{jm} = j(j+1) \psi_{jm}, \qquad j_z \psi_{jm} = m \psi_{jm} \qquad (5.16)$$

と$\boldsymbol{j}^2, j_z$のエルミート性から保証されている．したがって

$$\int \psi_{jm}^* \psi_{j'm'} d\tau = \delta_{jj'} \delta_{mm'}.$$

これから(5.13)の係数に課せられる次の条件が出てくる．

$$\sum_{m_1} C(j_1 j_2 j\,;\,m_1, m-m_1, m) C(j_1 j_2 j'\,;\,m_1, m-m_1, m) = \delta_{jj'}. \qquad (5.17)$$

この直交関係を用いると(5.13)の逆変換が

$$\psi_{j_1 m_1} \psi_{j_2 m_2} = \sum_j C(j_1 j_2 j\,;\,m_1, m_2, m_1+m_2) \psi_{jm_1+m_2} \qquad (5.18)$$

であることを示せる．(5.18)の両辺に$C(j_1 j_2 j'\,;\,m_1, m-m_1, m)$をかけて$m_1$で加えると(5.13)に戻ることがわかる．また(5.13)から(5.17)を求めたと同

様に (5.18) から

$$\sum_j C(j_1 j_2 j\,;\,m_1, m-m_1, m) C(j_1 j_2 j\,;\,m_1', m'-m_1', m') = \delta_{m_1 m_1'} \delta_{m m'} \quad (5.19)$$

が得られる．

ところで (5.11) は3つのベクトル $\boldsymbol{j}_1, \boldsymbol{j}_2, \boldsymbol{j}$ が三角形をつくっていることを意味する．量子数でいうと j は $j_1+j_2, j_1+j_2-1, j_1+j_2-2, \cdots, |j_1-j_2|$ というとびとびの値だけをとりうるので，それ以外の組み合わせでは CG 係数は 0 となる．ところで，$\boldsymbol{j}=\boldsymbol{j}_1+\boldsymbol{j}_2$ は $\boldsymbol{j}_1=\boldsymbol{j}+(-\boldsymbol{j}_2), \boldsymbol{j}_2=\boldsymbol{j}+(-\boldsymbol{j}_1)$ などとも書けるから，ベクトルの向きを変えると同じ三角形を使って $\boldsymbol{j}_1$ や $\boldsymbol{j}_2$ を他の2つのベクトルの和と見なすことができる．それで CG 係数の中身の順序を変えたものは，もとの係数と何らかの関係をもつことが予想されるが，事実多くの対称性をもっている．

$$C(j_1 j_2 j_3\,;\,m_1 m_2 m_3) = (-1)^{j_1+j_2-j_3} C(j_1 j_2 j_3\,;\,-m_1, -m_2, -m_3) \quad (5.20\text{a})$$

$$= (-1)^{j_1+j_2-j_3} C(j_2 j_1 j_3\,;\,m_2 m_1 m_3) \quad (5.20\text{b})$$

$$= (-1)^{j_1-m_1} \left(\frac{2j_3+1}{2j_2+1}\right)^{\frac{1}{2}} C(j_1 j_3 j_2\,;\,m_1, -m_3, -m_2). \quad (5.20\text{c})$$

これらを繰り返し用いることにより，さらに次のような公式も導かれる．

$$C(j_1 j_2 j_3\,;\,m_1 m_2 m_3) = (-1)^{j_2+m_2} \left(\frac{2j_3+1}{2j_1+1}\right)^{\frac{1}{2}} C(j_3 j_2 j_1\,;\,-m_3, m_2, -m_1) \quad (5.20\text{d})$$

$$= (-1)^{j_1-m_1} \left(\frac{2j_3+1}{2j_2+1}\right)^{\frac{1}{2}} C(j_3 j_1 j_2\,;\,m_3, -m_1, m_2) \quad (5.20\text{e})$$

$$= (-1)^{j_2+m_2} \left(\frac{2j_3+1}{2j_1+1}\right)^{\frac{1}{2}} C(j_2 j_3 j_1\,;\,-m_2, m_3, m_1). \quad (5.20\text{f})$$

右辺の CG 係数における m の符号がところどころで変わっていることについては，たとえば (5.20 d～f) なら，それぞれ $\boldsymbol{j}_1+\boldsymbol{j}_2=\boldsymbol{j}_3$ を書き換えた $(-\boldsymbol{j}_1)=(-\boldsymbol{j}_3)+\boldsymbol{j}_2, \boldsymbol{j}_2=\boldsymbol{j}_3+(-\boldsymbol{j}_1), \boldsymbol{j}_1=(-\boldsymbol{j}_2)+\boldsymbol{j}_3$ に対応しているとして理解できるであろう．このように $\boldsymbol{j}_1, \boldsymbol{j}_2, \boldsymbol{j}_3$ を入れ換えた CG 係数が存在することからもわかるように

$$j_3 = |j_1-j_2|, \cdots, j_1+j_2 \quad (5.21\text{a})$$

だけでなく，

$$j_1 = |j_2-j_3|, \cdots, j_2+j_3, \quad (5.21\text{b})$$

$$j_2 = |j_3 - j_1|, \cdots, j_3 + j_1. \tag{5.21c}$$

によって3つのjの許容値が限定されている.これが量子数に関する三角形条件である.これから出る1つの結論は$j_1 + j_2 + j_3$がいつも整数に限るということである.もし$j_1 + j_2 + j_3$が半整数,したがってj_1, j_2, j_3のうちの1つまたは3つともが半整数になると,たとえばj_3と$j_1 + j_2$は一方が整数,他方が半整数となってj_3は(5.21a)の右辺のどれとも等しくなりえず,CG係数は0である.このことから(5.20 a, b)の(-1)の肩にのっている数は整数であることがわかる.また(5.20 c〜f)でも(-1)の肩は整数であって,これらの位相因子はすべて実数である.

ここで,CG係数を具体的に求める方法の1つを簡単に紹介しておこう.それは(5.13)でmが最大の値から出発し,順次1ずつ小さいmの値に対する関数ψ_{jm}を求めていく方法である.mの最大値は$m_1 + m_2$の最大値すなわち$j_1 + j_2$であることは明らかであるから,求める関数は

$$\psi_{j_1+j_2, j_1+j_2} = \psi_{j_1 j_1} \psi_{j_2 j_2} \tag{5.22}$$

で与えられる.これに(5.6)で導入した$j_- = j_x - i j_y$を作用させる.すると(5.7)により

$$j_- \psi_{jm} = \sqrt{j(j+1) - m(m-1)}\, \psi_{j, m-1}$$

であるから

$$j_- \psi_{j_1+j_2, j_1+j_2} = \sqrt{2j_1 + 2j_2}\, \psi_{j_1+j_2, j_1+j_2-1}.$$

一方,j_-は$j_{1-} + j_{2-}$とも書けるから,

$$(j_{1-} + j_{2-}) \psi_{j_1 j_1} \psi_{j_2 j_2} = \sqrt{2j_1}\, \psi_{j_1, j_1-1} \psi_{j_2 j_2} + \sqrt{2j_2}\, \psi_{j_1 j_1} \psi_{j_2, j_2-1}.$$

これら2式の右辺どうしを等しいとおくと

$$\psi_{j_1+j_2,\, j_1+j_2-1} = \sqrt{\frac{j_1}{j_1+j_2}}\, \psi_{j_1, j_1-1} \psi_{j_2 j_2} + \sqrt{\frac{j_2}{j_1+j_2}}\, \psi_{j_1 j_1} \psi_{j_2, j_2-1} \tag{5.23}$$

が得られる.これにj_-を繰り返し作用させることにより,$j = j_1 + j_2$は固定したままでmが1ずつ小さい状態の関数を$m = -m_1 - m_2$まで次々に求めることができる.次に(5.23)を見ると$j_1 j_2 m_1 m_2$表示での2つの独立な関数の一次結合になっている.同じ2つの関数の一次結合で(5.23)に直交する関数が1つあるに違いない.それは$j = j_1 + j_2 - 1$に属する$m = j_1 + j_2 - 1$の関数以外にはありえない.こうして

$$\psi_{j_1+j_2-1,j_1+j_2-1} = \sqrt{\frac{j_2}{j_1+j_2}}\psi_{j_1,j_1-1}\psi_{j_2 j_2} - \sqrt{\frac{j_1}{j_1+j_2}}\psi_{j_1 j_1}\psi_{j_2,j_2-1} \tag{5.24}$$

が得られ，この関数に j_- を次々に作用させることにより $j=j_1+j_2-1$ に属するすべての m の関数を求めることができる．続いて $m=j_1+j_2-2$ では $j_1 j_2 m_1 m_2$ 表示での3つの関数の一次結合が出てくるが，そのうちの2つまではすでに $j=j_1+j_2$ および $j=j_1+j_2-1$ に属するものとしてわかっているので，それらに直交するもう1つの関数を求めると，それは $j=j_1+j_2-2$ に属するものにほかならない．以下同様にしてすべての $j_1 j_2 jm$ 表示の関数が得られる．(5.23)(5.24)などで右辺に出てくる一次結合の係数が CG 係数にほかならない．

CG 係数は直接その数値を用いるより，直交性や対称性などの公式を活用することにより，与えられた式を変形簡単化して，多くの目的は達成されてしまうものであるが，具体的な値がほしいときは，小さい $j_1 j_2 j$ に対しては表が与えられており，大きい j に対しては Wigner [35] が求めた公式または Racah[4] が求めた公式によって計算される．後者によると

$$C(j_1 j_2 j_3 ; m_1 m_2 m_3) = \delta_{m_3, m_1+m_2} \times \left[(2j_3+1)\frac{(j_1+j_2-j_3)!(j_3+j_1-j_2)!(j_3+j_2-j_1)!}{(j_1+j_2+j_3+1)!} \right.$$
$$\left. \times (j_1+m_1)!(j_1-m_1)!(j_2+m_2)!(j_2-m_2)!(j_3+m_3)!(j_3-m_3)! \right]^{\frac{1}{2}}$$
$$\times \sum_{\nu} \frac{(-1)^{\nu}}{\nu!}[(j_1+j_2-j_3-\nu)!(j_1-m_1-\nu)!(j_2+m_2-\nu)!$$
$$\times (j_3-j_2+m_1+\nu)!(j_3-j_1-m_2+\nu)!]^{-1}. \tag{5.25}$$

ν は整数で，それについての和は [ ]$^{-1}$ 内の階乗の引数が負にならない範囲でとる．

$j_2=1/2$ および 1 のときの $C(j_1 j_2 j ; m_1 m_2 m)$ を表 5.6 に掲げる．

$m_1=m_2=m_3=0$ のときは，まず j_1, j_2, j_3 は半整数ではありえない（j が半整数ならその z 成分に相当する m は $\pm 1/2$ などの値をとり 0 にはならない）．またこのとき (5.20 a) から

$$C(j_1 j_2 j_3 ; 000) = (-1)^{j_1+j_2-j_3} C(j_1 j_2 j_3 ; 000)$$

---
[4] G. Racah, *Phys. Rev.* **62**, 438 (1942).

5.2 角運動量の合成，多重項構造

表 5.6 $j_2 = 1/2, 1$ に対する $C(j_1 j_2 j\,;\, m_1 m_2 m)$ の表

$C(j_1, 1/2, j\,;\, m_1 m_2 m)$

	$m_2 = 1/2$	$-1/2$
$j = j_1 + \dfrac{1}{2}$	$\sqrt{\dfrac{j_1 + m + \frac{1}{2}}{2j_1 + 1}}$	$\sqrt{\dfrac{j_1 - m + \frac{1}{2}}{2j_1 + 1}}$
$j_1 - \dfrac{1}{2}$	$-\sqrt{\dfrac{j_1 - m + \frac{1}{2}}{2j_1 + 1}}$	$\sqrt{\dfrac{j_1 + m + \frac{1}{2}}{2j_1 + 1}}$

$C(j_1, 1, j\,;\, m_1 m_2 m)$

	$m_2 = 1$	0	-1
$j = j_1 + 1$	$\sqrt{\dfrac{(j_1 + m)(j_1 + m + 1)}{(2j_1 + 1)(2j_1 + 2)}}$	$\sqrt{\dfrac{(j_1 - m + 1)(j_1 + m + 1)}{(2j_1 + 1)(j_1 + 1)}}$	$\sqrt{\dfrac{(j_1 - m)(j_1 - m + 1)}{(2j_1 + 1)(2j_1 + 2)}}$
j_1	$-\sqrt{\dfrac{(j_1 + m)(j_1 - m + 1)}{2j_1(j_1 + 1)}}$	$\dfrac{m}{\sqrt{j_1(j_1 + 1)}}$	$\sqrt{\dfrac{(j_1 - m)(j_1 + m + 1)}{2j_1(j_1 + 1)}}$
$j_1 - 1$	$\sqrt{\dfrac{(j_1 - m)(j_1 - m + 1)}{2j_1(2j_1 + 1)}}$	$-\sqrt{\dfrac{(j_1 - m)(j_1 + m)}{j_1(2j_1 + 1)}}$	$\sqrt{\dfrac{(j_1 + m + 1)(j_1 + m)}{2j_1(2j_1 + 1)}}$

であるから $j_1 + j_2 - j_3$ は偶数でなければならない．j_3 は上述のように整数だから $2j_3$ は偶数，したがって

$$j_1 + j_2 + j_3 = \text{偶数} \quad \text{でなければ} \quad C(j_1 j_2 j_3\,;\, 000) = 0. \tag{5.26}$$

以上，2つの角運動量を合成するときに広く用いられる道具である CG 係数について述べてきた．それでは 3 つ以上の角運動量を結びつけるにはどうしたらよいであろうか．ここでは 3 つの角運動量の場合についてざっと見ておくことにする．3 つの角運動量の和を

$$\boldsymbol{j} = \boldsymbol{j}_1 + \boldsymbol{j}_2 + \boldsymbol{j}_3 \tag{5.27}$$

とする．$\boldsymbol{j}_1^2, \boldsymbol{j}_2^2, \boldsymbol{j}_3^2, j_{1z}, j_{2z}, j_{3z}$ の値を指定する $(j_1 j_2 j_3 m_1 m_2 m_3)$ 表示から全角運動量の平方 $\boldsymbol{j}^2$ とその z 成分 j_z の値を指定する表示を導きだしたい．それには角運動量 $\boldsymbol{j}_1, \boldsymbol{j}_2, \boldsymbol{j}_3$ のうちの 2 つをまず合成して中間の角運動量 $\boldsymbol{j}_\text{中間}$ をつくり，ついで $\boldsymbol{j}_\text{中間}$ に残りの角運動量を加えて $\boldsymbol{j}$ にする．そこで

$$\boldsymbol{j}_1^2, \boldsymbol{j}_2^2, \boldsymbol{j}_3^2, \boldsymbol{j}_\text{中間}^2, \boldsymbol{j}^2, j_z$$

の値を指定できる表示（これらの演算子の行列表示が対角形になるような関数の組）を求めたい．その際，$\boldsymbol{j}_\text{中間}$ としては $\boldsymbol{j}_1 + \boldsymbol{j}_2, \boldsymbol{j}_1 + \boldsymbol{j}_3, \boldsymbol{j}_2 + \boldsymbol{j}_3$ という 3 通りのとり方がある．いずれも

$$\psi_{j_1m_1}\psi_{j_2m_2}\psi_{j_3m_3}$$

の形の積の一次結合で表される関数の組を与えるから，jの大きさとそのz成分を表す量子数j, mの値が共通であれば，それらは相互にユニタリ変換によって結ばれるはずである．いま，$j_{中間}$として$j'=j_1+j_2$を用いて導かれる表示 $\psi_{jm}(j')$ と $j_{中間}$ として $j''=j_2+j_3$ を用いて得られる表示 $\psi_{jm}(j'')$ とが

$$\psi_{jm}(j')=\sum_{j''}R_{j''j'}\psi_{jm}(j'') \tag{5.28}$$

のように結ばれているとする．この変換係数を

$$R_{j''j'}=[(2j''+1)(2j'+1)]^{\frac{1}{2}}W(j_1j_2jj_3;j'j'') \tag{5.29}$$

とおいて得られる W を **ラカー係数** (Racah coefficient) という．$\psi_{jm}(j')$ は 2 つずつの角運動量合成を 2 回行って得られるもので，CG 係数を用いると

$$\psi_{j'm'}=\sum_{m_1}C(j_1j_2j';m_1, m'-m_1, m')\psi_{j_1m_1}\psi_{j_2,m'-m_1}$$

$$\psi_{jm}(j')=\sum_{m'}C(j'j_3j;m', m-m', m)\psi_{j_3,m-m'}\psi_{j'm'}$$

同様に $\psi_{jm}(j'')$ も CG 係数を用いて書ける．そこで両者の関係を求めると変換係数 $R_{j''j'}$ が出てくる．それから (5.29) によってラカー係数 W に書き直せば，W を CG 係数で書き表すことができる．この段階では 4 つの CG 係数の積を多数加え合わせた形で W が与えられているが，さらにこの和を計算してラカー係数の表式が得られる．結果だけを示すと

$$W(abcd;ef)=\Delta(abe)\Delta(cde)\Delta(acf)\Delta(bdf)$$
$$\times \sum_k \frac{(-1)^{k+a+b+c+d}(k+1)!}{(k-a-b-e)!(k-c-d-e)!(k-a-c-f)!(k-b-d-f)!}$$
$$\times \frac{1}{(a+b+c+d-k)!(a+d+e+f-k)!(b+c+e+f-k)!} \tag{5.30}$$

ただし，

$$\Delta(abc)=\left[\frac{(a+b-c)!(a-b+c)!(-a+b+c)!}{(a+b+c+1)!}\right]^{\frac{1}{2}} \tag{5.31}$$

で，abc が三角形条件を満たさないときは $\Delta(abc)=0$ である．

このようにして導入されたラカー係数の対称性やこれを用いての原子のエネ

---

[5] G. Racah, *Phys. Rev.* **63**, 367 (1943); **76**, 1352 (1949).

ルギーの計算などについては本書では立ち入らない.Racahの論文などを見ていただきたい[4)5)].

5.3 電子状態のエネルギーと波動関数

5.3.1 電子状態のエネルギーの計算

2電子系の場合の(3.81)〜(3.83)をN電子系に拡張する.簡単な場合は系の波動関数は1つのスレーター行列式

$$\frac{1}{\sqrt{N!}} \begin{vmatrix} \phi_1(\xi_1) & \phi_2(\xi_1) & \cdots & \phi_N(\xi_1) \\ \phi_1(\xi_2) & \phi_2(\xi_2) & \cdots & \phi_N(\xi_2) \\ & \cdots\cdots\cdots\cdots & & \\ \phi_1(\xi_N) & \phi_2(\xi_N) & \cdots & \phi_N(\xi_N) \end{vmatrix} \quad (5.32)$$

で表される($\xi=(\boldsymbol{r},\sigma)$.以下出てくるスピン軌道関数$\phi$はすべて規格直交化されているとする).一般には,電子相関を入れるためにいくつもの電子配置を混合するとか,開殻構造で全角運動量を指定した値にするために異なるスレーター行列式の一次結合をつくる必要があるなどで複数のスレーター行列式を含む関数が用いられることが少なくない.そこで異なるN行N列の行列式でハミルトニアンをはさんで積分することが必要になる.

非相対論的なハミルトニアンは1電子部分Fと2電子部分Gに分けられる.

$$H = F + G = \sum_{i=1}^{N} f(\boldsymbol{r}_i) + \sum_{i=1}^{N-1}\sum_{j=i+1}^{N} g(\boldsymbol{r}_i,\boldsymbol{r}_j), \quad (5.33)$$

$$f(\boldsymbol{r}) = -\frac{\hbar^2}{2m_e}\nabla^2 - \frac{Ze^2}{4\pi\varepsilon_0 r}, \qquad g(\boldsymbol{r}_i,\boldsymbol{r}_j) = \frac{e^2}{4\pi\varepsilon_0|\boldsymbol{r}_i-\boldsymbol{r}_j|}. \quad (5.34)$$

以下,簡単のために原子単位を用いることにしよう.すると上式で$\hbar$, m_e, $e^2/4\pi\varepsilon_0$はいずれも1となる.ここで2つのスレーター行列式Ψ_A, Ψ_Bが与えられたときの積分

$$\begin{aligned} I = \int \Psi_A^* H \Psi_B d\tau &= \int \Psi_A^* (F+G) \Psi_B d\tau \\ &= I_F + I_G \end{aligned} \quad (5.35)$$

を考える.行列式を展開形で書けば

$$\Psi_A = \frac{1}{\sqrt{N!}} \sum_P (-1)^P P[\phi_1(\xi_1)\phi_2(\xi_2)\cdots\phi_N(\xi_N)],$$

$$\Psi_B = \frac{1}{\sqrt{N!}} \sum_{P'} (-1)^{P'} P'[\phi_1'(\xi_1)\phi_2'(\xi_2)\cdots\phi_N'(\xi_N)].$$

P や P' は電子座標 $\xi_1, \xi_2, \cdots, \xi_N$ を並べ替える $N!$ 通りの置換を表し，$(-1)^P$ は P が偶置換 (2 電子座標の交換を偶数回行って得られる置換) では 1，奇置換 (奇数回の電子交換で得られる置換) では -1 である．ところで $H = F + G$ は任意の 2 つの電子座標の入れ換えに対して不変，すなわち対称的であるが，Ψ_B は反対称である．Ψ_A を展開して得られる $N!$ 項のどれをとってもそれに $(F+G)\Psi_B$ をかけて積分したものは同じ値を与える．その理由を簡単に説明しよう．いま，Ψ_A の展開の任意の 1 項をとってきて

$$(-1)^P \phi_1^*(\xi_\alpha)\phi_2^*(\xi_\beta)\cdots\phi_N^*(\xi_\nu)$$

としよう．これを $(F+G)\Psi_B$ にかけた積分において $\xi_\alpha, \xi_\beta, \cdots, \xi_\nu$ の置換を行う．そのとき $(F+G)$ が電子座標に関して対称，Ψ_B が反対称であることを利用すると，積分の値を変えずに

$$\int \phi_1^*(\xi_1)\phi_2^*(\xi_2)\cdots\phi_N^*(\xi_N)(F+G)\Psi_B d\tau$$

とすることができるのである．したがって Ψ_A の展開のどの項からも同じ積分に導かれ，任意の 1 項で計算して $N!$ 倍すればよいことになる．そこで

$$I = \int \phi_1^*(\xi_1)\cdots\phi_N^*(\xi_N)(F+G)\sum_P(-1)^P P[\phi_1'(\xi_1)\cdots\phi_N'(\xi_N)]d\tau$$

を考えればよいことになる．まず 1 電子演算子 $F = \sum f(r_i)$ を含む積分 I_F を考える．F のどの項をとるかによってどれか 1 つの電子についてだけ $f(r)$ を含む積分になり，残り $N-1$ 電子については ϕ の 1 つと ϕ' の 1 つの内積

$$(\phi_\alpha, \phi_{\beta'}) \equiv \sum_\sigma \int \phi_\alpha^*(r, \sigma)\phi_{\beta'}(r, \sigma)dr \tag{5.36}$$

を与えるだけであるから，$N-1$ 電子のすべてでこれが 0 にならないためには $\phi_\alpha = \phi_{\beta'}$ のように対応するスピン軌道がまったく同一であることが必要である．したがって $\phi_1', \cdots, \phi_N'$ を適当な置換 P によって並べ替えたものが $N-1$ 個まで $\phi_1, \cdots, \phi_N$ と同じになるときだけ I_F が 0 でない値をもつ可能性がある (前には置換は電子座標の順序の並べ替えといったが，あらゆる置換で加えるので電子の番号順を固定してスピン軌道の順序を並べ替えても同じことであ

る). ϕ_s 以外の ϕ がすべて ϕ' のなかに同じものをもてば, ϕ_s の相手になるものを $\phi_{a'}$ として

$$I_F = (-1)^P \sum_\sigma \int \phi_s^*(\boldsymbol{r}, \sigma) f(\boldsymbol{r}) \phi_{a'}(\boldsymbol{r}, \sigma) d\boldsymbol{r} \tag{5.37}$$

となる. P は上述のように $\phi_1', \cdots, \phi_{N'}$ を $\phi_1, \cdots, \phi_N$ に対応づけるために必要な置換である. Ψ_B が Ψ_A と一致し, $\phi_{a'}$ が ϕ_s と一致するときもこの式が使える.

同様に $G = \sum_{i<j} g(\boldsymbol{r}_i, \boldsymbol{r}_j)$ を含む積分 I_G を考えると, Ψ_B に含まれるスピン軌道を適当に並べ替えたときに少なくも $N-2$ 個までは対応する Ψ_A と同じになるのでなければ $I_G = 0$ である. Ψ_A のなかの $\phi_s(\boldsymbol{r}, \sigma)$ と $\phi_t(\boldsymbol{r}, \sigma)$ だけが Ψ_B のなかに同じ相手をもたず, 対応するものが $\phi_{a'}, \phi_{b'}$ であるとき

$$\begin{aligned} I_G = (-1)^P \sum_{\sigma_i} \sum_{\sigma_j} \iint [&\phi_s^*(\boldsymbol{r}_i, \sigma_i) \phi_t^*(\boldsymbol{r}_j, \sigma_j) g(\boldsymbol{r}_i, \boldsymbol{r}_j) \phi_{a'}(\boldsymbol{r}_i, \sigma_i) \phi_{b'}(\boldsymbol{r}_j, \sigma_j) \\ &- \phi_s^*(\boldsymbol{r}_i, \sigma_i) \phi_t^*(\boldsymbol{r}_j, \sigma_j) g(\boldsymbol{r}_i, \boldsymbol{r}_j) \phi_{b'}(\boldsymbol{r}_i, \sigma_i) \phi_{a'}(\boldsymbol{r}_j, \sigma_j)] d\boldsymbol{r}_i d\boldsymbol{r}_j \end{aligned} \tag{5.38}$$

となる. P は Ψ_B に含まれるスピン軌道を並べ替えて2つを除いて Ψ_A と一致させるのに要する置換である. この式は $\phi_{a'}, \phi_{b'}$ の一方または双方が ϕ_s, ϕ_t と一致するときも使える.

ここでスピン軌道関数が

$$\phi_{nlmm_s}(\xi) \equiv \phi_{nlmm_s}(\boldsymbol{r}, \sigma) = R_{nl}(r) Y_{lm} \gamma_{m_s}(\sigma)$$

と書かれることを利用し, 積分計算をもう少し具体的に考える. まず1電子積分 I_F のうちの運動エネルギー $-\nabla^2/2$ を含む積分は (2.8)~(2.11) を参照すれば次のようになる.

$$\begin{aligned} &\sum_\sigma \int \phi_{n_1 l_1 m_1 m_{s1}}^*(\boldsymbol{r}, \sigma) \left(-\frac{1}{2}\nabla^2\right) \phi_{n_2 l_2 m_2 m_{s2}}(\boldsymbol{r}, \sigma) d\boldsymbol{r} \\ &= \frac{1}{2} \delta_{l_1 l_2} \delta_{m_1 m_2} \delta_{m_{s1} m_{s2}} \int_0^\infty R_{n_1 l_1} \left[\frac{1}{r^2} \frac{d}{dr}\left(r^2 \frac{dR_{n_2 l_2}}{dr}\right) + \frac{l_2(l_2+1)}{r^2} R_{n_2 l_2} \right] r^2 dr \\ &= \frac{1}{2} \delta_{l_1 l_2} \delta_{m_1 m_2} \delta_{m_{s1} m_{s2}} \int_0^\infty \left[r^2 \frac{dR_{n_1 l_1}}{dr} \frac{dR_{n_2 l_2}}{dr} + l_2(l_2+1) R_{n_1 l_1} R_{n_2 l_2} \right] dr. \end{aligned} \tag{5.39}$$

第1項で部分積分を行った. 次に核からの引力ポテンシャルを含む積分は

$$\sum_\sigma \int \phi^*_{n_1 l_1 m_1 m_{s1}}(\boldsymbol{r}, \sigma)\left(-\frac{Z}{r}\right)\phi_{n_2 l_2 m_2 m_{s2}}(\boldsymbol{r}, \sigma)d\boldsymbol{r}$$

$$= -Z\delta_{l_1 l_2}\delta_{m_1 m_2}\delta_{m_{s1} m_{s2}}\int_0^\infty r R_{n_1 l_1} R_{n_2 l_2} dr \tag{5.40}$$

となる．次に2電子積分 I_G であるが

$$\sum_{\sigma_i}\sum_{\sigma_j}\iint \phi^*_{n_1 l_1 m_1 m_{s1}}(\boldsymbol{r}_i, \sigma_i)\phi^*_{n_2 l_2 m_2 m_{s2}}(\boldsymbol{r}_j, \sigma_j)\frac{1}{r_{ij}}$$

$$\times \phi_{n_3 l_3 m_3 m_{s3}}(\boldsymbol{r}_i, \sigma_i)\phi_{n_4 l_4 m_4 m_{s4}}(\boldsymbol{r}_j, \sigma_j) d\boldsymbol{r}_i d\boldsymbol{r}_j$$

の形の表式を計算しなければならない．ここで用いるのは物理数学でよく知られた次の公式である．

$$\frac{1}{r_{ij}} = \frac{1}{\sqrt{r_i^2 + r_j^2 - 2r_i r_j \cos\omega}} = \sum_{l=0}^\infty \frac{r_<^l}{r_>^{l+1}} P_l(\cos\omega). \tag{5.41}$$

ここで $r_<, r_>$ はそれぞれ r_i, r_j のうちの小さい方，大きい方で，P_l はルジャンドル多項式，ω は $\boldsymbol{r}_i, \boldsymbol{r}_j$ のなす角である．これはさらに公式

$$P_l(\cos\omega) = \frac{4\pi}{2l+1}\sum_m Y^*_{lm}(\theta_i, \varphi_i)Y_{lm}(\theta_j, \varphi_j) \tag{5.42}$$

によって2つの電子の球面調和関数の積に分解されるから，結局求める積分のうち角度部分は i 電子，j 電子ともそれぞれ3つの球面調和関数の積の積分に帰着し，残りは $r_i < r_j$, $r_i > r_j$ の2つの領域に分けての r_i, r_j に関する積分になる．これでわかるように，3つの球面調和関数の積の積分が原子構造計算では頻繁に出てくる．そこで記号的に

$$c^k(lm, l'm') = \sqrt{\frac{4\pi}{2k+1}}\iint Y^*_{lm}(\theta, \varphi)Y_{km-m'}(\theta, \varphi)Y_{l'm'}(\theta, \varphi)\sin\theta\, d\theta d\varphi,$$
$$(k=0, 1, 2, \cdots) \tag{5.43}$$

とおいて，$c^k(lm, l'm')$ の数表がつくられている（たとえばCondon and Shortleyの本 [3]）．(5.41)は無限級数になっているが，$k > l + l'$ では積分は0になるので，実際に2電子積分に寄与するのは有限項である．

　CG係数を用いると(5.43)は次式で計算される．

$$c^k(lm, l'm') = (-1)^{m'}\frac{[(2l+1)(2l'+1)]^{\frac{1}{2}}}{2k+1}$$
$$\times C(ll'k; 000)C(ll'k; -m, m', m'-m). \tag{5.44}$$

また，先に述べたウィグナーの $3j$ 記号を用いると，きれいな形の公式

$$\iint Y_{l_1 m_1} Y_{l_2 m_2} Y_{l_3 m_3} \sin\theta \, d\theta d\varphi$$
$$= \left[\frac{(2l_1+1)(2l_2+1)(2l_3+1)}{4\pi} \right]^{\frac{1}{2}} \begin{pmatrix} l_1 & l_2 & l_3 \\ 0 & 0 & 0 \end{pmatrix} \begin{pmatrix} l_1 & l_2 & l_3 \\ m_1 & m_2 & m_3 \end{pmatrix} \quad (5.45)$$

が得られる．必要に応じて公式
$$Y_{lm}^*(\theta, \varphi) = (-1)^m Y_{l,-m}(\theta, \varphi) \quad (5.46)$$
を用いて Y^* を含む表式に適用できる．

残る動径関数の積分は $n_1 l_1, n_2 l_2, \cdots$ を $1, 2, \cdots$ と略記して
$$R^k(12;34) = \int_0^\infty \int_0^\infty R_{n_1 l_1}(r_i) R_{n_2 l_2}(r_j) R_{n_3 l_3}(r_i) R_{n_4 l_4}(r_j) \times \frac{r_<^k}{r_>^{k+1}} r_i^2 r_j^2 dr_i dr_j \quad (5.47)$$

の形であるが，とくに
$$R^k(12;12) \quad \text{を} \quad F^k(n_1 l_1; n_2 l_2)$$
$$R^k(12;21) \quad \text{を} \quad G^k(n_1 l_1; n_2 l_2)$$

と書く習慣がある．これを用いると**クーロン積分**と呼ばれる2電子積分の対角項は
$$J_{12} = \sum_{\sigma_i} \sum_{\sigma_j} \iint \phi_1(\xi_i)^2 \phi_2(\xi_j)^2 \frac{1}{r_{ij}} d\boldsymbol{r}_i d\boldsymbol{r}_j$$
$$= \sum_{k=0}^\infty a^k(l_1 m_1; l_2 m_2) F^k(n_1 l_1; n_2 l_2), \quad (5.48)$$

ただし
$$a^k(l_1 m_1; l_2 m_2) = c^k(l_1 m_1; l_1 m_1) c^k(l_2 m_2; l_2 m_2) \quad (5.49)$$

となり，また**交換積分**と呼ばれるものは
$$K_{12} = \sum_{\sigma_i} \sum_{\sigma_j} \iint \phi_1^*(\xi_i) \phi_2^*(\xi_j) \frac{1}{r_{ij}} \phi_2(\xi_i) \phi_1(\xi_j) d\boldsymbol{r}_i d\boldsymbol{r}_j$$
$$= \delta_{m_{s1} m_{s2}} \sum_{k=0}^\infty b^k(l_1 m_1; l_2 m_2) G^k(n_1 l_1; n_2 l_2), \quad (5.50)$$
$$b^k(l_1 m_1; l_2 m_2) = [c^k(l_1 m_1; l_2 m_2)]^2 \quad (5.51)$$

で与えられる．これらを用いると電子系のエネルギーは
$$E = \sum_{i=1}^N H_{ii}(nl) + \sum_{i<j} J_{ij} - \sum_{i<j} K_{ij}. \quad (5.52)$$

ここで H_{ii} は1電子積分 (5.39) (5.40) の和である．このようにして，あとは

必要な動径関数が与えられたら解析的または数値的に積分を実行して上式により原子のエネルギーが求められる．

5.3.2 波動関数の計算

軌道関数がわかっていないとき，それを求めるのに広く用いられているのは2電子系についてすでに述べたハートリー-フォックの方法である．スレーター行列式の形の波動関数を仮定し，変分法を適用してスピン軌道関数に対する連立微積分方程式を導く．2電子系の場合は(3.86)が得られ，適当な変換によって右辺を単純化したのが(3.87)であった．これがハートリー-フォックの方程式の正準形(canonical form)である．同じことをN電子系で行えば，次のようなN本の連立微積分方程式が得られる（$\psi(r)$はスピン軌道$\phi(\xi)$の空間軌道部分である）．

$$\left[-\frac{1}{2}\nabla_1^2 - \frac{Z}{r_1} + \sum_j \int \frac{1}{r_{12}} |\psi_j(r_2)|^2 dr_2 \right] \psi_i(r_1)$$
$$- \left[\sum_j \delta(m_{si}, m_{sj}) \int \frac{1}{r_{12}} \psi_j^*(r_2) \psi_i(r_2) dr_2 \right] \psi_j(r_1) = \varepsilon_i \psi_i(r_1). \quad (5.53)$$

ここで$i=1,2,3,\cdots,N$, $\psi_i(r)$は規格化された関数である．jについての和は占有されているスピン軌道についての和である．こうするとクーロン斥力の項に$j=i$として自分自身とのクーロン力が入ってしまっておかしいと思われるかもしれないが，これは交換項のなかの$j=i$の項と消し合うので困ったことにはならない．この連立方程式を解くとN通り以上，無数のスピン軌道が出てくる．Nを超える解があるのは，電子によって占有されていない**空の軌道**(unoccupied orbital, **仮想軌道** virtual orbital ともいう) も解になっているからである[*1]．これらの解は互いに直交する．すなわち，上式に左から$\psi_k^*(r_1)$をかけた式を①とし，上式のψ_iをψ_kに置き換えたものの複素共役の式をつくりそれに左から$\psi_i(r_1)$をかけたものを②とし，①-②をr_1で積分すると，ψ_i, ψ_kが遠方で十分速やかに0になることに注意して

[*1] ただし，空の軌道に対して得られるエネルギーは，占有軌道の電子1つをもってきてそこへ入れたときのエネルギーではなく，占有軌道の電子配置は動かさず，外から別の電子を1個もってきて空軌道に入れたときのエネルギーなので，注意を要する（藤永『分子軌道法』[14] §5.4, 『入門分子軌道法』[15] §13.1）．

$$(\varepsilon_k - \varepsilon_i)\int \psi_k^* \psi_i d\bm{r} = 0$$

が得られる．そこでハートリー-フォック方程式の解となる軌道は，空のものも含めて，互いに直交することがわかる．これらの関数を規格化することによって規格直交化されたスピン軌道の完全系が得られ，座標とスピンの任意の関数を展開するのに利用できる．たとえば配置混合によって電子相関を取り入れるとき，まぜる励起状態のスレーター行列式をつくる素材に使える．

(5.53)のなかの交換項の性格を調べるためにその分母分子に $\psi_i^*(\bm{r}_1)\psi_i(\bm{r}_1)$ をかけて

$$-\left[\sum_j \delta(m_{si}, m_{sj}) \frac{\int \psi_i^*(\bm{r}_1)\psi_j^*(\bm{r}_2)\frac{1}{r_{12}}\psi_j(\bm{r}_1)\psi_i(\bm{r}_2)d\bm{r}_2}{\psi_i^*(\bm{r}_1)\psi_i(\bm{r}_1)}\right]\psi_i(\bm{r}_1) \qquad (5.54)$$

という形にして $-[\ ]$ を，$\psi_i(\bm{r}_1)$ を決める波動方程式に現れる一種の有効ポテンシャルと見る．言ってみれば $\bm{r}_1$ にある電子1に $\bm{r}_2$ にある電荷

$$-\sum_j \delta(m_{si}, m_{sj}) \frac{\psi_i^*(\bm{r}_1)\psi_j^*(\bm{r}_2)\psi_j(\bm{r}_1)\psi_i(\bm{r}_2)}{\psi_i^*(\bm{r}_1)\psi_i(\bm{r}_1)}$$

が及ぼすクーロンポテンシャルと見ることができる．この有効電荷分布を $\bm{r}_2$ で積分すると，もし ψ_i が占有されている軌道の1つならば j の和のなかに i が含まれるから $j=i$ の項が残って積分は -1 になる．もし ψ_i が空軌道なら $\sum$ のなかに ψ_i は含まれないから積分は 0 となる．こうして，前にも述べたように，クーロン項のなかの $j=i$ で自分自身の電荷分布からの力が入っているように見えるのを交換項で打ち消している．さらに有効電荷は $\delta(m_{si}, m_{sj})$ を含むから自分と同じ向きのスピンをもつ電子だけが関与している．次に $\bm{r}_2$ を $\bm{r}_1$ に近づけると，有効電荷分布は

$$-\sum_j \delta(m_{si}, m_{sj}) \psi_j^*(\bm{r}_1)\psi_j(\bm{r}_1)$$

となり，クーロン項の電荷分布のうち問題の電子と同じスピンの電子がつくる電荷密度をすべて消してしまう．言い換えると，各電子のすぐまわりでは同じ向きのスピンをもつ他の電子が遠ざけられている．場所とともにゆっくり変化している電荷分布にちょうど1単位の穴があいているということになる．これはパウリの排他律，さらにもとをただせば，電子がフェルミ統計にしたがうことからの帰結の1つである．これをフェルミの穴 (Fermi hole) と呼ぶことが

ある.実際の穴の形などは場合場合により異なるかもしれないが,いずれにせよ積分してしまえば電子1個分の穴であるから,これを近似して各電子のまわりに球形のフェルミの穴ができていると考えることがある.そのあたりで注目している電子と同じ向きのスピンをもつ電子密度を ρ, 穴の半径を R とすれば,$(4/3)\pi R^3 \rho = 1$ であるから,半径 R は $\rho^{-1/3}$ に比例することがわかる.ところで一様密度の電荷分布の場合,半径 R の穴ができると,その中心のポテンシャルエネルギーは R^{-1} に比例する.つまり $\rho^{1/3}$ に比例する.中央に置かれた電子と同じ負の電荷の分布に穴があるのだからエネルギーの符号は負(斥力が減ってエネルギーが下がる)となる.こうして交換項は近似的には $-\rho^{1/3}$ に比例するポテンシャルエネルギーの降下を与える.

このことから近似的に交換項を局所的ポテンシャルで代用できないかということが考えられる.交換項は実際は非局所的相互作用を表していて,このことがハートリー-フォックの式の解法を厄介なものにしている.この方程式は原子だけでなく,分子や固体にも用いられ,きわめて多数の電子の系を扱うことが多いから,近似的であってもはるかに扱いやすい局所ポテンシャルが見つかれば大変便利である.Bloch[6] は自由電子気体についてフェルミの穴の計算をしている.原子内電子は自由電子気体ではないが,近似的に自由電子気体での結果を使うことにすると,交換項 (5.54) は

$$-3\left[\frac{3}{4\pi}\sum_{j}\psi_j^*(\boldsymbol{r}_1)\psi_j(\boldsymbol{r}_1)\right]^{\frac{1}{3}}\psi_i(\boldsymbol{r}_1) \tag{5.55}$$

で置き換えられる[7].j についての和は ψ_i と同じスピンの向きの j についての和である.電子密度が高く変化もはげしい原子核周辺および,電子密度がきわめて低い遠方ではこの近似はよくないが,それ以外では (5.54) をまともに計算したものとそう大きくは違っていない.Herman と Skillman[8] はこのような局所ポテンシャル近似でハートリー-フォック方程式を解き,その結果を数表にして示している.

さてハートリー-フォックの式が与えられても,このあと具体的な原子でエ

---

[6] F. Bloch, *Z. Physik* **57**, 545 (1929).
[7] J. C. Slater, *Phys. Rev.* **81**, 385 (1951). (5.55) の導出は Slater の本の第2巻 [5] の Appendix 22 に 2 通りのやり方で示されている.
[8] F. Herman and S. Skillman, *Atomic Structure Calculations* (Prentice-Hall, 1963).

ネルギーや波動関数を出す作業は簡単とはいえないが,本書ではこれから先の計算の実際的な話は省略する.具体的な計算法については,たとえば Slater [5], Fischer [7], 藤永 [14] などの本を参照されたい.ただ,いままで述べなかったいくつかの関連する話題を列挙するだけにしよう.

ハートリー–フォックの式は逐次近似法で解いて軌道関数を数値的に求めるのが本来のやり方であるが,電子の数が多くなり決めなければならない軌道関数の数が多くなるとその手間は大変なものになる.そこで軌道関数を適当な基底関数 (basis functions) の一次結合で近似し,その係数および基底関数に含まれる少数の未定定数を変分パラメーターとして変分計算を行ってハートリー–フォック法の近似解を求めることが多い.これは Roothaan の方法と呼ばれる.基底関数としてよく用いられるものの1つにスレーター型関数と呼ばれるものがある (軌道関数にはなっていないが,しばしば Slater type orbitals, 略して STO という). Slater が考えた関数は

$$\psi = R_{nl}(r) Y_{lm}(\theta, \varphi), \qquad (5.56\text{a})$$
$$R_{nl}(r) = N r^{n^*-1} \exp(-\zeta r) \quad (N \text{ は規格化定数}) \qquad (5.56\text{b})$$

のような形をしている.もともとハートリー–フォックの数値解を近似的に再現する表式として導入され,n^*, ζ の選び方も提案されている.主量子数 n が 1, 2, 3 の範囲では有効主量子数 n^* は n に等しくとられ,ζ は

$$\zeta = \frac{Z - S}{n^*} \qquad (5.57)$$

で与えられる.Z は原子番号,すなわち,原子核の電荷数で,S は問題にしている軌道にいる電子に対して原子内の他の電子が核電荷を遮蔽する程度を表す数 (遮蔽定数, screening constant) である.S を決めるには軌道を

1s, (2s, 2p), (3s, 3p), 3d, (4s, 4p), 4d, 4f, …

のようにグループ分けして (s と p は1つのグループとし,それ以外は単独に1グループとする),考えている電子より内側,同じグループ,外側にある他の電子がそれぞれ以下のように S に寄与するとする.まず,外の電子の寄与は0とする.同じグループ内の他の電子1個あたり 0.35 (1s に限り 0.30) の寄与, s, p 軌道に対してはすぐ内側のグループの電子1個あたり 0.85, それより内側は1個あたり 1.0, d, f 軌道に対しては内側のすべてで電子1個あた

り 1.0 としてこれらの寄与を加えて S を求める. さらに, n が 4 またはそれ以上では $n^*=n-\delta$ とおき, 4s, 4p などでは $\delta=0.3$, 5s, 5p などでは $\delta=1.0$ などととる. このように Slater が決めた n^*, ζ のとり方があるが, ハートリー–フォックの軌道関数を (5.56) のような形の関数の一次結合で近似するときは, 通常 n^* および ζ をはじめから決めてしまわず, 変分で決めるのである.

いままでのところでは, 同じ n, l に属する軌道関数はすべて共通の動径関数 $R_{nl}(r)$ をもつとしてきた. しかし具体例, たとえば Li 原子の基底状態 $(1s)^2(2s)$ を考えてみるとすぐわかるように, 1s 軌道にある電子のうち, 2s 電子と同じ向きのスピンをもつものと反対向きのスピンをもつものでは軌道関数を決めるハートリー–フォックの式に電子交換の項があるかないかの違いがあって, 同じ 1s 軌道といっても関数が同じという制限をつけるのは不自然である. そこで同じ n, l に属していてもスピンの向きにより動径関数が違ってよいとしてそれらの形を決めるやり方が考えられ, 非制限ハートリー–フォック法 (Unrestricted Hartree-Fock method, 略して UHF 法) と呼ばれる. これに対して, いままで述べてきたようにすべての R_{nl} を共通にとるやり方は制限ハートリー–フォック法 (Restricted Hartree-Fock method, 略して RHF 法) と呼ばれる.

ハートリー–フォック法は軌道という考えやすい描像を与えてくれるので大変有用であるが, この方法では電子相関が無視されているから, 得られるエネルギーや波動関数の精度には限度がある. これを改善するためによく用いられる方法はヘリウム様原子の章で触れた配置混合法 (しばしば配置間相互作用法を意味する CI 法が略称として使われる) である. 異なった電子配置に対応する多数のスレーター行列式の一次結合で全系の波動関数を表し, 変分法によって係数を決める. たとえば閉殻構造の電子系でハートリー–フォック法で基底状態の波動関数 (1 つのスレーター行列式で表される) を求めたら, その際同時に得られる空き軌道群を利用して 1 電子励起, 2 電子励起, ……の配置関数をつくり, それらの一次結合を変分関数として係数を決める. N 個まで電子配置を考慮すると N 次の永年方程式を解くことでエネルギー値が得られる. N を増やしていくとそれだけ試行関数の柔軟性が広がるから, 得られるエネルギー値は次第に減少し, または前と同じで, 途中で増加することはない. す

なわち,有限次数で打ち切ったときの結果は正しいエネルギー値の上界を与える.式で書くと,N次の永年方程式の下からi番目のエネルギー値を$E_i^{(N)}$($i=1,2,\cdots,N$)とすると

$$E_i^{(N+1)} \leq E_i^{(N)} \leq E_{i+1}^{(N+1)} \tag{5.58}$$

であることが証明される.CI法は電子配置の数を増やしていくとき収束が通常あまり速くないのが問題とされている.

この方法はハートリー–フォック法の答えを改善するものになってはいるが,つじつまの合った1電子軌道関数を求めるというSCF法からは逸脱している.そこで一歩進めて,電子配置で展開した展開係数だけでなく,個々の軌道関数も変分の対象とすることが考えられる.これが多配置ハートリー–フォック法(Multi-Configuration Hartree-Fock method,略してMCHF法)である.

変分法と並んで量子論でよく用いられるのは摂動論である.N電子系のハミルトニアン(T_i, C_iはi番目の電子の運動エネルギーと核からの引力のポテンシャル,V_{ij}はi, j電子の間のクーロン斥力ポテンシャルとして)

$$H = \sum_i (T_i + C_i) + \sum_{i<j} V_{ij}$$

を次のように書き直す.ただし,V_iは適当に選ばれた一体ポテンシャルである.

$$H = \sum_i (T_i + C_i + V_i) + \left(\sum_{i<j} V_{ij} - \sum_i V_i \right). \tag{5.59}$$

第1項だけを用いると,電子どうしの相関は入っていないから系の波動関数とエネルギーは容易に求められて,これが第0次近似になる.上式の第2項を摂動として1次,2次,3次と相関効果が取り入れられる.Kelly[9]に始まる多体摂動論(Many-Body Perturbation Theory,略してMBPT法)[10]では,高次に進むにつれてさまざまな項が出てくることから,各項を代表するダイヤグラムを導入して摂動展開を整理し,主要な項を落とさず入れて計算を進める.し

---

[9] H. P. Kelly, *Phys. Rev.* **131**, 684 (1963).なお,多体摂動論は,はじめ場の量子論で展開され,のちに量子統計力学で用いられ(松原武生,1955),さらにおくれて原子分子でも使われるようになったものである.

[10] MBPT法のその後についてのざっとしたreview(相対論的計算を狙ったもの)として,たとえばA.-M. Martensson-Pendrill, *Physica Scripta* **T46**, 102 (1993)がある.

かし予想されるように次数増加とともに計算規模は急速に拡大し，そのわりには収束は早くない．

第3の方法として用いられるものにクラスター展開法と呼ばれるものがある．ハートリー–フォック法などで得られた電子系の近似波動関数が出発点となる．正しい波動関数は与えられた近似関数を初項とする展開形に書けて，第2項以下がさまざまな電子相関を表す補正項になる．これらのうち重要度の低いものを除き大事なものを取り入れることで，はじめに与えた関数を改善できる．多電子系の波動関数をそのような形に書いて解析し，新しい電子相関計算法の基礎を与えたのは Sinanoğlu である[11]．クラスター展開法では高次効果が自動的に含まれ収束が早い[12]．

以上の他，密度汎関数法と呼ばれる，基底状態を対象とした理論がある（§5.6参照）．

5.3.3 相対論の効果

いままでは非相対論の枠内で話を進めてきた．しかし原子番号が増すにつれて原子内電子の感ずる力の場が強くなり，軌道速度も増してくる結果，相対論の効果が顕著になってくる．§3.6で述べたように，まず1電子ハミルトニアンは Dirac のハミルトニアン，すなわち(2.59b)に核からのクーロン引力ポテンシャルを加えたものに置き換えられ，軌道関数は4成分をもつようになる．電子間のクーロン斥力の他にブライトの相互作用（§3.6）が取り入れられる．ただし，このブライトの相互作用は通常摂動論で扱われる．すなわち，はじめこの相互作用を除いて0次の波動関数を求めたあと，これを補正するために摂動として導入される．

N 個の電子の系において，これらの電子が入る軌道関数を ϕ_i ($i=1, 2, \cdots, N$) とし，これらに電子を入れ，反対称化して原子の波動関数とする．

$$\Psi = \mathcal{A}[\phi_1(r_1)\phi_2(r_2)\cdots\phi_N(r_N)]. \tag{5.60}$$

これを用いてハミルトニアンの期待値を計算し，非相対論のときと同様の変分

---

[11] Oktay Sinanoğlu, *J. Chem. Phys.* **36**, 706 (1962); *Rev. Mod. Phys.* **35**, 517 (1963).
[12] CI法，MBPT法，クラスター展開法などについての解説が，大峰 巌『分子理論と分子計算』[16] 第2章にある．

法の考えで軌道関数 ϕ_i に対する連立微積分方程式が導かれる．これを解くのがハートリー-フォック法の相対論版であり，ディラック-フォック法 (Dirac-Fock method) と呼ばれる．これにブライトの相互作用，さらに自己エネルギー・真空偏極などの QED 効果を加えて原子系のエネルギー・波動関数が決まる．

これらの計算の詳細には本書では立ち入らない．若干の review article をあげておくので参考にしていただきたい[13]．ここでは相対論効果がどのくらい重要かを計算例について見てみよう．まず表 5.7 では Mg 様イオンにおける異重項間遷移 $3s^2\ {}^1S_0 \longrightarrow 3s3p\ {}^3P_1$ の波長の計算値を実験値とくらべてある[14]．

表 5.7 Mg 様イオンの $3s^2\ {}^1S_0 \longrightarrow 3s3p\ {}^3P_1$ 遷移の波長 (Kim[14])

イオン	Mg	Ca^{8+}	Cu^{17+}	Mo^{30+}
波長の実測値 (Å)	4572.5	691.37	345.54	190.47
非相対論ハートリー-フォック計算	68.2	88.1	87.2	82.3
単一電子配置ディラック-フォック計算	68.6	90.3	93.3	95.7
多重電子配置ディラック-フォック計算	96.2	99.3	99.7	99.99

計算値は実測波長に対する百分率で表してある．

これを見ると，原子番号が小さい間は相対論の効果が小さく，電子相関（多くの電子配置を混合させることによって考慮に入れられる）の効果が大きいのに対し，原子番号が大きくなると相対論効果が大きくなり，逆に電子相関は相対的にはそれほど大きな寄与をしていないことがわかる．ただしこの計算は等電子系列について行っているので，中性原子と違い，原子番号の大きなところでは多価イオンとなり，外側の電子に至るまで強い電場のなかに置かれているから上に述べた傾向がとりわけ強く現れているのである．

次に QED 効果の大きさを示す例として Hg の K 殻電子の結合エネルギーの計算値の内訳を表 5.8 に示す[15]．

---

[13] L. Armstrong, Jr. and S. Feneuille, *Adv. Atom. Mol. Phys.* **10**, 1 (1974); 香川貴司, 日本物理学会誌 **30**, 497 (1975); L. Armstrong, Jr., *Atomic Physics*, **vol. 8**, I. Lindgren, A. Rosen and S. Svanberg eds. (Plenum, 1983) p. 129; W. R. Johnson, 同前, p. 149; Y.-K. Kim, *AIP Conference Proc.* **206**, Y.-K. Kim and R. C. Elton eds. (1990) p. 19.

[14] Y.-K. Kim, Invited talk presented at the 4th Internat. Colloq. on Atomic Spectra and Oscillator Strength for Astrophysical and Laboratory Physics, 14-17 Sept. 1992, Gaithersburg.

表5.8 Hg原子のK殻電子の結合エネルギー (Chen, et al.[15])

電気的作用		83560.0 eV
ブライト相互作用	磁気的作用	−317.6
	遅延効果	20.2
QED効果	自己エネルギー	−198.7
	真空偏極	43.2
	真空偏極補正	−1.7
総　計		83105.6 eV

四捨五入のため各寄与の和は総計と少し異なる.

　この計算では原子核が有限な大きさをもつ効果も取り入れられている．また，ブライト相互作用の見積もりには光子波数 k が0でないものの寄与も含まれている．別の計算[16]によると，$k \neq 0$ の寄与は 6.0 eV 程度であるという．QED効果の計算にあたっては水素様イオンに対する公式を流用するために各電子が感ずる有効核電荷が必要となり，他電子による遮蔽の見積もり方の違いにより1〜2eV程度の差が生ずるようである．なお，表5.8の総計とくらべるべき実測値としては83102 eVという値が出ているが[17]，化学結合効果や表面効果による正確にはわかっていない補正が必要で，6〜8 eV くらい値が増えると思われる (Johnson[13]).

　ところで相対論効果が大きくなると，その1つとしてスピン・軌道相互作用も強くなる．その結果，§5.2で角運動量合成を説明したときに用いた LS 結合方式は適当でなくなる．個々の電子の軌道角運動量 $l\hbar$ とスピン角運動量 $s\hbar$ が結びついて1電子の全角運動量 $j\hbar$ をつくる．たとえば3p軌道にある電子なら，$j=1/2, 3/2$ の2通りの j が可能となり，エネルギーにも差が出る．これらの状態は記号的に $3p_{1/2}, 3p_{3/2}$ などと書かれる．ついで原子内の電子の $j\hbar$ がベクトル的に合成されて全系の角運動量 $J\hbar$ が求められる．これが **jj結合方式** と呼ばれるものである．原子番号やどの電子殻に着目するかなどによっては LS 方式，jj 方式のどちらかが明確にすぐれているとはいえず，クーロン力，スピン・軌道相互作用が同程度の重要性をもち，これらを対等に扱う中間結合と呼ばれる取り扱いが必要なこともある．

---

[15] M. H. Chen, et. al., *Atom. Data Nucl. Data Tables* **26**, 561 (1981).
[16] J. P. Desclaux, *Physica Scripta* **21**, 436 (1980).
[17] S. Manson (Johnson[13] に引用されている).

相対論の効果でもう1つ付け加えておくと，水素様原子では相対論的計算により波動関数が空間的に縮むことが知れているが，多電子原子でも相対論効果がとくに大きい内殻電子において同様なことが見られる．その結果，これらの電子による原子核電荷の遮蔽がよくなって，外側の電子については逆に軌道関数が広がることになる．重い原子の6p殻で，$6p_{1/2}$は"内殻"的で，非相対論の計算にくらべて著しく縮むのに反し，$6p_{3/2}$は"外殻"的で非相対論のときからあまり変化していないという[17)18)]．

5.4 高励起原子

5.4.1 高励起原子の所在と特徴

ここで高励起原子とは基底状態の電子配置から1つの電子が主量子数 n のきわめて大きい軌道に移った励起原子をいう．一般に1つの電子が n の大きい軌道に励起された状態はリュードベリ状態と呼ばれ，そのなかで n がとくに大きいものがここでの議論の対象となる．したがって高励起リュードベリ状態にある原子といってもよい．2電子が励起軌道(必ずしも大きな n とは限らない)に移った電子配置の方がエネルギーで見ればはるかに高いのが普通であるが，これについては次節で述べる．中性原子の1つの電子が n の大きい軌道に移ると，核からの平均距離が他の電子に比べてはるかに大きくなるから，近似的には残りの原子(この場合は1価イオン．原子芯またはコア core という)は $+e$ の点電荷と見なせる．すなわち，励起軌道は水素原子軌道にきわめて類似したものであろうと考えられる．一方，原子芯は1電子減って電子間斥力が少し減るので，核の引力が相対的に強まり，各電子の軌道は少し縮むであろう．さらに，遠方に行ったとはいえ無視できない励起軌道の電子との相互作用で，芯は電気的に分極する．したがって励起電子は球対称のクーロン力の他に分極力を感ずることになる．さらに芯が球対称でなくて四極モーメントなどをもつときはそれとの相互作用も存在する．

[18)] 以上，§5.3では一般原子のエネルギー・波動関数についてざっと見てきた．具体的な計算のためには多くのコンピュータープログラムが開発されている．たとえば中性原子のエネルギー計算に用いられる多くのプログラムの所在リストが次の文献に載っている．B. Crasemann, K. R. Karim and M. H. Chen, *Atom. Data Nucl. Data Tables*, **36**, 355 (1987).

図 5.9 量子欠損の計算値の例

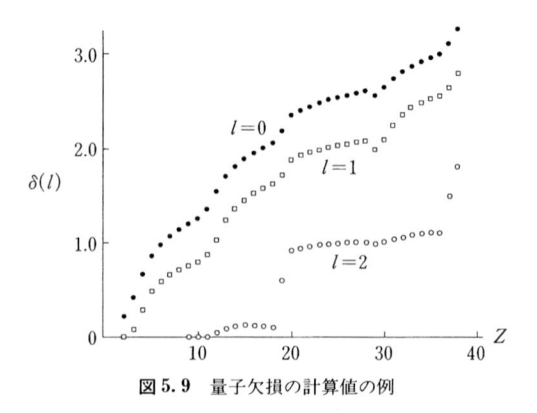

　高励起原子は普通の原子と違うさまざまな特徴をもつ．まず励起電子の核からの平均距離は§2.2 で見たようにほぼ n^2 に比例して大きくなる．いわば膨れ上がった原子になる．方位量子数 l によって若干変わるが，$n=10$ で $r/a_0 = 1.0 \sim 1.5 \times 10^2$，$n=100$ で $r/a_0 = 1.0 \sim 1.5 \times 10^4$ 程度になる．a_0 はボーア半径である．次にエネルギーは，水素原子で原子核の質量を無限大としたものは $-\mathrm{Ry}/n^2$ であるが，芯が点電荷でないことからさまざまな補正が必要となり，(3.94) 式ですでに見たように

$$E(n, l) = E_{\mathrm{core}} - \frac{\mathrm{Ry}}{n^{*2}}, \qquad n^* = n - \delta(l) \tag{5.61}$$

の形になる．E_{core} はコアのエネルギー，$\delta(l)$ は量子欠損，n^* は有効量子数である．量子欠損がどのくらいの大きさをもつかを見るために，中性原子で計算された値の一部を図 5.9 に示す[19]．コアは基底状態にあるとしているが，周期律によりその性質が変わっていくのに応じて量子欠損も波打った振る舞いをしているのがわかる．いずれにせよ，n が十分大きくなると電離エネルギーはほぼ n^2 に反比例して小さくなり，n の値が 1 だけ違う準位の間隔は n^3 に反比例して小さくなる．そうなるともともと小さい値（少なくとも軽い原子では）をもつと思ってきたスピン・軌道相互作用，超微細構造，ラムシフトなどとの比

---

[19] C. E. Theodosiou, M. Inokuti and S. T. Manson, *Atomic Data and Nuclear Data Tables* **35**, 473 (1986). $Z \leq 50$ のすべての原子・イオンで $l=0, 1, 2, 3$ の $\delta(l)$ を計算した．関連文献に C. E. Theodosiou, S. T. Manson and M. Inokuti, *Phys. Rev.* **A34**, 943 (1986) がある．

較が気になるが，これらのエネルギー補正はいずれもほぼ n^3 に反比例して小さくなっている (Bethe and Salpeter [1])．また光の放出によりエネルギーの低い状態へ遷移することによる励起状態の平均寿命 τ_{nl} は，l を固定し n を大きくしていくと

$$\tau_{nl} \propto n^3 \quad (n \text{ 大}, l \text{ 固定}) \tag{5.62}$$

のように増加し，l について統計的平均をとれば

$$\tau_n = \frac{1}{\sum_l \dfrac{2l+1}{n^2} \dfrac{1}{\tau_{nl}}} \propto n^{4.5} \tag{5.63}$$

となる．このように寿命はどんどん長くなるので，それに反比例する準位の自然幅は小さくなる．

これに関連して，高励起軌道の波動関数についてすこし述べておこう．水素様原子の場合，(2.12)を解いて動径関数 R_{nl} を求める際，n が大きければエネルギー E の絶対値はほとんど 0 である．そうだとすると，ポテンシャルの絶対値が E にくらべて十分大きい近距離での動径関数の形は n にほとんどよらないことになる．ただ，規格化因子は関数が遠方でどこまで広がっているかに

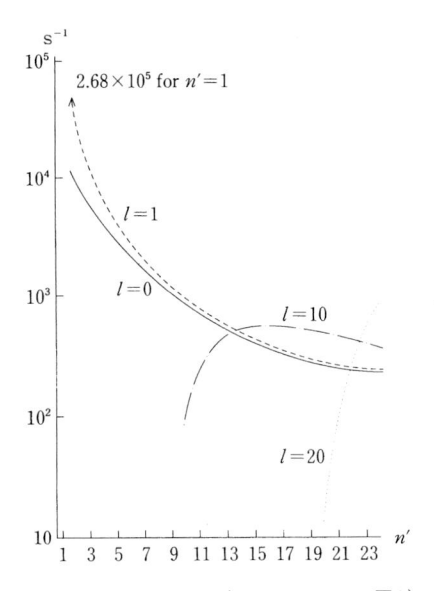

図 5.10 水素原子の $A(n=25, l \longrightarrow n', \Sigma l')$

よって変わるので，この因子を通じて n への依存性が現れる．一般に，$n \gg l$ であれば，あまり大きくない距離 r で

$$R_{nl} \cong 2\left(\frac{Z}{n}\right)^{3/2} \frac{(2Zr)^l}{(2l+1)!} \left(1 - \frac{2Zr}{2l+2} + \cdots\cdots\right) \tag{5.64}$$

となり (Bethe and Salpeter [1], p. 18)，n への依存性はもっぱら $n^{-3/2}$ の因子によっている．これを応用して (5.62) を導いてみよう．自然放出の A 係数 (4.120) で，振動数 ν と双極子モーメントの行列要素を通じて n への依存性が出てくる．ところが l が比較的小さいときは遷移は主としてごく低いエネルギー準位へ向かって起こる (図 5.10 に $n=25$ のときの A 係数を示す．§4.4.4 で引用した Hiskes and Tarter の表による)．したがって，電離エネルギーがごく小さい高励起軌道の n が変わっても放出する光の振動数はほとんど変わらない．次に双極子モーメントの行列要素は (5.64) によって $n^{-3/2}$ に比例するから，それを平方して A 係数は n^{-3} に比例，したがってそれと逆数関係にある平均寿命は n^3 に比例するという (5.62) が出てくる．ついでながら，光吸収・誘導放出を表す B 係数は (4.119) に見るとおり振動数因子を含まず，双極子モーメントの行列要素だけを含む．そこで高励起準位間の遷移を考えると，始状態終状態とも空間的に広がっているので，行列要素は低準位の場合にくらべて著しく大きくなりうる．その結果，吸収が効率よく起こることになる．この場合，吸収・放出される光は赤外線・マイクロ波などの領域にあるから，高励起原子はこれらの領域の光の検出に役立つ．

前述のように高励起原子は大きく膨れ上がっているので，他の物体との衝突の頻度を表す衝突断面積は著しく大きく，衝突を起こしやすい．また，励起電子は原子芯との結合が弱いので，わずかな外力によってもその運動状態を変えられやすい．水素のシュタルク効果の式 (4.26) を見ると，量子数が大きくなるにつれてエネルギーの変化も大きい．何よりも電離エネルギーが大変小さいから，わずかのエネルギーをもらっただけで容易に電離してしまう．水素原子の式を用いて電離エネルギーを概算すると，$n=10$ で $0.136\,\text{eV}$，$n=100$ で $1.36\,\text{meV}$ となり，後者は室温における熱エネルギー κT (κ はボルツマン定数) $\sim 25\,\text{meV}$ にくらべてずっと小さい．ということは，仮に実験室で $n=100$ くらいの高励起原子をつくったとしても，室内に充満している熱放射によって

たちどころに電離されてしまうということである．実験するなら衝突頻度が低くなるように高い真空度をもち，熱放射が邪魔しないように冷やした装置のなかで行うことが必要であり，通常 $n=100$ よりは低い n の範囲で研究が行われている．このように高励起原子はもろいものであるから，自然界にはほとんど存在せず論じてもあまり役に立たないと思われるかもしれない．しかし広い宇宙のなかには高励起原子にとって居心地のよいところがある．それは実験室での超高真空よりも物質密度が低く，星からの距離がある程度大きくて光子密度も大変低くなっている星間空間 (interstellar space) と呼ばれる場所である．また，もう少し密度が高く，衝突による消失が無視できないようなところでも，あとからあとから n の大きな高励起原子がつくり出されているような場所があれば，高励起準位からの発光が観測される．明るい星によって照らされ電離している星間気体 (主成分の水素原子がほとんど電離しているということから，このような場所を H II 領域と呼ぶ) を電波観測するとそのようなスペクトル線が多く観測される．イオンと電子の再結合によって生ずるので再結合線 (recombination lines) と呼ばれる．あとの章で見るように，イオンと電子が光を放出して結合するとき電子温度が低ければ高励起状態の原子になりやすい．衝突が無視できないようなところでは，まず同じ n のもとでの異なった l の状態への移行が最も起こりやすい．エネルギー差がほとんどないからである．その結果，統計的重みの大きい，n に近い大きな l をもつ励起原子が増えてくる．こうして大きな l をもつ状態がつくられると選択則によって遷移する先の l も大きな値になるから，終状態の主量子数 n はあまり小さくはなりえない．電波望遠鏡で観測される再結合線も１つ下か２つ下の n への遷移が多く見られる．水素のバルマー系列で $n=3\longrightarrow 2$ のスペクトル線を Hα，$4\longrightarrow 2$ の線を Hβ などと呼び，np $\longrightarrow$ 1s 遷移によるライマン系列 (Lyman series) でも $n=2\longrightarrow 1$ は Lyα，$3\longrightarrow 1$ は Lyβ というように，高励起状態間の $n+1\longrightarrow n$ で放出されるスペクトル線を $n\alpha$ 線，$n+2\longrightarrow n$ で出るものを $n\beta$ 線などと呼ぶ．換算質量のわずかな差による波長のずれも検出されて，少なくも水素，ヘリウム，炭素などの再結合線が識別される．なお，n の大きなもの

---

[20] A. A. Konovalenko and L. G. Sodin, *Nature* **294**, 135 (1981); A. A. Konovalenko, *Pis'ma Astron. Zh.* **10**, 846 (1984).

では 600~700 程度のものも観測されている[20].

5.4.2 低速電子散乱との関連

先に述べたように高励起軌道の動径関数の r の小さなところでの関数形は，ほとんど n によらない．同じことがエネルギーが正の，しかし 0 にごく近いときの関数についてもいえる．すなわち，エネルギーが負から正に変わることによって r の小さいところでの動径関数の形はほとんど変わらない．ところが，複雑な相互作用はもっぱらこの領域に限られている．その外へ出ると，あとは単純なクーロン力や分極力などだけになる．遠方での振る舞いはもちろん束縛状態か自由状態かで大きく異なるが，このように主たる相互作用領域で共通の関数形をもつことはエネルギー0 のすぐ上とすぐ下の関数に密接な関係があることを示唆する．この点を具体的にとりあげたのは M. J. Seaton に始まる[21]．彼はコア（正イオン）による低速電子の散乱の程度を表す位相のずれ η_l（散乱電子の方位量子数 l ごとに決まり，エネルギーの関数である）と前述の量子欠損 $\delta(l)$ の間に簡単な関係が成り立つことを見いだした．これをはじめとして，正イオンによる低速電子の散乱と原子の高励起状態を統一的に扱う**量子欠損理論** (quantum defect theory, 略して QDT) が展開されてきた．詳細は本書の姉妹編である『原子分子過程』に譲るとして，ここでは，そのはじめの部分のあらすじだけを紹介することにする．高励起電子に対する水素様原子の (2.22) (2.23) に相当する動径方程式から始める．簡単のため原子単位を用いる．

$$-\frac{1}{2}\frac{d^2u}{dr^2}+\frac{l(l+1)}{2r^2}u+V(r)u=\varepsilon u.$$

ε はエネルギーである．ここでの問題は本当は 1 電子問題ではない．r の小さいところでは電子がコアのなかに入り込み，電子交換効果があるために相互作用は局所的でなく，また球対称とも限らないのであるが，ここでは一般的な扱いはせず，近距離力が，ある有効ポテンシャルで表されるとして話を進めよう．十分大きな距離 r_0 の外では比較的簡単な長距離力だけを考えればよいよ

---

[21] M. J. Seaton, *Compt. Rend.* **240**, 1317 (1955); *Monthly Notices Roy. Astron. Soc.* **118**, 504 (1958).

うになる．簡単のため $r>r_0$ ではクーロン力だけとしよう．分極力など他の長距離力があるときもそれに応じて扱いを修正することで，同様の議論を進めることができる．

$$V(r) = -\frac{1}{r}, \qquad r > r_0.$$

この外側の領域での解 $u(r)$ はよく知られた2種のクーロン関数の一次結合の形に書ける．すなわち原点 $r=0$ までのばしたとき正則な関数 $f(\varepsilon, l, r)$ と，非正則な関数 $g(\varepsilon, l, r)$ を用いて，一般解は

$$u_l \propto f(\varepsilon, l, r)\cos\pi\mu_l - g(\varepsilon, l, r)\sin\pi\mu_l, \qquad r > r_0 \tag{5.65}$$

となる．μ_l は定数である．まず，エネルギーが負のときを考える．遠方では f, g とも指数関数的に増加する関数 f^+ と減少する関数 f^- のまじったものになる．

$$f^\pm \sim e^{\mp \frac{r}{\nu}} e^{\pm \nu \log r}, \qquad r \to \infty.$$

ただし $\varepsilon = -1/2\nu^2$ とおいた．このような漸近形をもつ関数 $f^\pm$ を用いると f, g は

$$f = \left(\frac{\nu}{\pi}\right)^{\frac{1}{2}} [\sin\beta\, D^{-1}f^- - \cos\beta\, Df^+],$$

$$g = -\left(\frac{\nu}{\pi}\right)^{\frac{1}{2}} [\cos\beta\, D^{-1}f^- + \sin\beta\, Df^+], \qquad \varepsilon < 0 \tag{5.66}$$

と書ける．β と D は ε, l に依存するパラメターである．とくにクーロン場では

$$\beta = \pi(\nu - l) \quad (クーロン場). \tag{5.67}$$

もし原点に至るまで純粋のクーロン場であるなら（すなわち水素様原子の高励起状態），原点で正則で無限遠方で0になる解は，関数 f で f^- の係数が0になるものでなければならない．そこで $\sin\beta = 0$ が許される束縛状態が存在するための条件になる．(5.67) により $\nu - l = n_r + 1$, $n_r = 0, 1, 2, \cdots$ となり，これから ν を出し，エネルギー ε に戻すと

$$\varepsilon = -\frac{1}{2(n_r + l + 1)^2} = -\frac{1}{2n^2}, \qquad n = l+1, l+2, \cdots\cdots$$

のようによく知られた水素原子のエネルギー準位になる．コアがあるときは，内部領域は別個に解かなければならない．$r=0$ で発散しない解を求め，$r = r_0$

で外側の一般解になめらかにつなぐ．すると (5.65) で $\mu_l \neq 0$ となり，f^- の係数は

$$\cos\pi\mu_l \sin\beta + \sin\pi\mu_l \cos\beta = \sin\pi(\nu - l + \mu_l)$$

となる．これが 0 であるために $\nu - l + \mu_l = n_r + 1$,

$$\varepsilon = -\frac{1}{2(n-\mu_l)^2}, \qquad n = l+1, l+2, \cdots\cdots$$

となり，μ_l が量子欠損 $\delta(l)$ にほかならないことがわかる．

$\varepsilon > 0$ のときは，$\varepsilon = k^2/2$ とおき，クーロン関数の漸近形は

$$\left.\begin{aligned}f &\sim \left(\frac{2}{\pi k}\right)^{\frac{1}{2}} \sin\left[kr - \frac{1}{2}l\pi + \frac{1}{k}\log 2kr + \sigma_l\right], \\ g &\sim -\left(\frac{2}{\pi k}\right)^{\frac{1}{2}} \cos\left[kr - \frac{1}{2}l\pi + \frac{1}{k}\log 2kr + \sigma_l\right], \\ \sigma_l &= \arg \Gamma\left(l + 1 + \frac{i}{k}\right)\end{aligned}\right\} \quad (5.68)$$

となる．位相のなかで σ_l および対数を含む項は長距離力であるクーロン力の効果を表すものである．コアがあるとき，内側の解になめらかにつないだ外側の解はこれらの f, g の一次結合で

$$u_l \sim \left(\frac{2}{\pi k}\right)^{\frac{1}{2}} \sin\left[kr - \frac{1}{2}l\pi + \frac{1}{k}\log 2kr + \sigma_l + \eta_l(k)\right] \quad (5.69)$$

のようになる．$\eta_l(k)$ はコアとの相互作用のうちクーロン力以外による散乱効果を表す量で，位相のずれ (phase shift) と呼ばれる．

先に述べたように，エネルギー 0 のすぐ上とすぐ下とでは，引力の強い内部領域における電子の波動関数 $u(r)$ にはほとんど差がない．このことから，Seaton は，エネルギー 0 の極限で

$$\eta_l = \pi\delta(l) \quad (5.70)$$

の関係が成り立つことを見いだした．これにより，高励起状態のエネルギー準位の知識から低速電子のコアによる散乱についての知見を得ることができる．これをはじめとして高励起電子の振る舞いと，コアによる低速電子の散乱とを統一的に扱う理論が展開され，前述のように量子欠損理論と呼ばれている．

以上ではコアは終始基底状態にあるとしてきたが，一般にはコアはいろいろな励起状態にありうる．それぞれに対応して，原子全体としてのエネルギーの

5.4 高励起原子

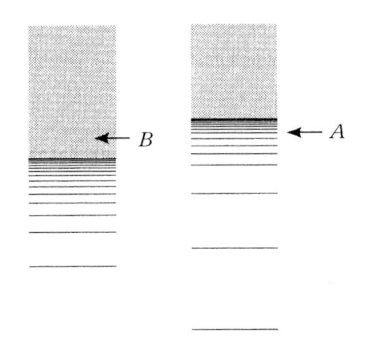

[図: エネルギー準位図。左側「基底状態のコア」に矢印Bで示される準位、右側「励起状態のコア」に矢印Aで示される準位]

基底状態のコア　　励起状態のコア

図 5.11　高励起原子の自動電離

異なるところで連続スペクトル(電離)が始まる，別々のリュードベリ系列が存在する．これら系列は無関係ではなく，1つの系列から他の系列へ移ることができる．図5.11には2つの系列のエネルギー準位を模式的に図示したが，コアの励起エネルギーをもらうことで，A準位にある高励起電子はBの電離状態へ飛び移ることができる．すなわち原子の自動電離が可能である．このように互いに結合する複数の系列 (チャネル，channel ともいう) が存在する場合に量子欠損理論を拡張したものは**多チャネル量子欠損理論** (multi-channel quantum defect theory, 略して MCQDT) と総称されるが，本書ではこれ以上立ち入らないことにする．たとえば脚注の review articles[22] を見ていただきたい．

5.4.3　電場中の高励起原子

先にも述べたように，高励起電子は結合エネルギーがきわめて小さいので，小さな外力によってもその運動状態を大きく変えられる．その1つの例として電場をかけたときの分極率がきわめて大きい．ns状態にある水素原子の分極率については Shimamura (島村 勲)[23]，McDowell[24] による詳細な計算があ

---

[22]　M. J. Seaton, *Rep. Prog. Phys.* **46**, 167 (1983); A. R. P. Rau, *Photophysics and Photochemistry in the Vacuum Ultraviolet*, S. P. McGlynn, G. L. Findley and R. H. Huebner, eds. (Reidel, 1985) 191; M. Aymar, et al., *Rev. Mod. Phys.* **68**, 1015 (1996).

[23]　I. Shimamura, *J. Phys. Soc. Japan* **40**, 239 (1976).

る．後者では

$$\alpha(n\mathrm{s}) = \frac{n^4(2n^2+7)}{2} \text{ a.u.(原子単位)} \tag{5.71}$$

という公式が得られているが，$n=10$ ですでに 10^6 a.u. にもなる．van Raan らによる，主量子数 $n=40\sim60$ の高励起 Cs 原子ビームの静電偏向実験から得られた分極率が $10^9\sim10^{10}$ Å^3 に達することは上記の水素での理論計算と合っている[25]．

電場をかけると高励起原子が電離することは§4.1.4 ですでに述べた．たとえば z 軸方向に電場 F をかけると，z 軸上負の側でエネルギー

$$-2\sqrt{\frac{e^3 F}{4\pi\varepsilon_0}}$$

のところにポテンシャルの極大ができる．これを近似的に高励起電子のエネルギーの式 $-\mathrm{Ry}/2n^{*2}$（n^* は量子欠損を含む有効量子数）に等しいとおくと，与えられた準位に対応する電場の臨界値 F_{cr} は

$$F_{\mathrm{cr}} = \mathrm{Ry}^2 \left(\frac{4\pi\varepsilon_0}{e^3}\right)(2n^*)^{-4} \tag{5.72}$$

となり，$(2n^*)^4 F_{\mathrm{cr}}$ は準位によらずほぼ一定になるはずである．実験的にもこれが確認されている．たとえば，Na の ns, np, nd 状態での実験[26]がそうである．

しかし，以上の話は近似的なものである．厳密にいうと，トンネル効果でポテンシャル障壁を突き抜ける可能性があるし，各エネルギー準位はシュタルク効果で多数の準位に分裂するから，そのうちのどの準位にあるかを区別しなければならない．高励起電子の振る舞いは近似的には水素原子と同じであるから，§4.1.3 で見たシュタルク効果の式が使える．主量子数 n，磁気量子数 m が与えられている準位が分裂すると $n-|m|$ 本になり，場があまり強くない間は $Fn(n_1-n_2)$ に比例してエネルギー準位が上昇または下降する（(4.28)式）．当然，エネルギーが高くなった準位からは，低くなった準位よりも容易に電離が起こると思われるであろうが，じつは逆である．その理由は $n_1-n_2>0$ の準

---

[24] K. McDowell, *J. Chem. Phys.* **65**, 2518 (1976).
[25] A. F. J. van Raan, G. Baum and W. Raith, *J. Phys.* **B9**, L349 (1976).
[26] J. L. Vialle and H. T. Duong, *J. Phys.* **B12**, 1407 (1979).

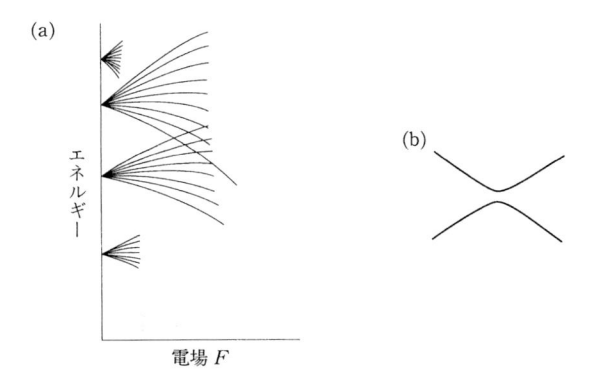

図 5.12 高励起準位のシュタルク分裂とエネルギー曲線の擬交差

位(エネルギーは増加)の電子の波動関数は原子核から見てポテンシャル極大とは反対側に集中しているのに反し，$n_1-n_2<0$ の準位ではエネルギーは低いが波動関数がポテンシャル極大の側に集まっているためである．

　電場を強くしていくと準位の分裂は大きくなる．高励起原子ではもともとエネルギー準位の間隔が小さいから，図 5.12(a) に模式的に示したように $F\to 0$ で異なった n に属していた準位が交差するようになる．分裂した準位の 1 つに沿って F とともにエネルギーが増加または減少してきた原子が，他のエネルギー曲線と交差するところにきたとき，いままで来た曲線の延長方向へ進み続けるか，他の曲線に乗り移るかは，交差する曲線によって代表される状態の対称性の異同や電場を強めていく速さによって変わる．

　ここで，ポテンシャル曲線の交差について若干説明をしておこう．ここでの問題では電場 F を横軸にとり，系のエネルギーを縦軸にとって描いた曲線の交差を議論するが，2 原子系では原子間距離を横軸にとってエネルギー曲線が描かれ，それらの間の交差がしばしば見られて同様の議論が適用される．この種の問題は原子分子物理の多くの問題で遭遇するものである．高励起原子に話を戻して，電子が感ずる場が純粋のクーロン場であるときは電子の波動関数は特別な対称性をもち，曲線が交差しても変化の道筋が折れ曲がることはないが，一般の高励起原子では電子の波動関数がクーロン関数からはずれることから，交差点の近傍で共通の m をもつ状態はまじり合う．この場合，すべての相互作用を取り入れて波動方程式を解くなら交差点付近のエネルギー曲線は一

般に図 5.12 (b) に示すように上下に若干離れた 2 本の曲線になる．このような状況を**交差回避** (avoided crossing) または**擬交差** (pseudo-crossing) という．このとき，電場 F をきわめてゆっくりと変えていくと，系の状態は擬交差を飛び越えることなく，1 つのつながった曲線に沿って進むというのは，量子力学系で広く知られている断熱変化 (adiabatic change) の一例となる．しかし有限な速さで F を変えていくと，その速さ，2 つの曲線の間隔の大きさ，2 つの曲線の傾きの差に応じて，間隙を飛び越えて相手の曲線で表される状態に移ったり移らなかったりする．

上下に分かれた 2 つの曲線 (これらを断熱曲線という) の間の遷移を**非断熱遷移** (non-adiabatic transition) または**透熱遷移** (diabatic transition) という．

その確率を定量的に求めるのに 1930 年代に導かれた Landau-Zener の公式を用いることが多いが，この公式の適用範囲以外にも使えて精度の高い公式が 1990 年代になって Zhu, Nakamura (朱 超原，中村宏樹) によって導きだされた．これらの公式については後章の分子の話のなかで具体的に述べることにする．

エネルギー準位の分裂，交差を考慮に入れた電場による電離の実例 (実験や計算) について若干の文献をあげておく[27]．

以上では電場のなかの高励起原子について述べたが，磁場によっても高励起原子は大きな影響を受ける．§4.2.3 で述べたように磁場は電子の波動関数を押しつぶす作用をもち，電場が高励起原子を電離してしまうのに対し磁場では原子は安定化の傾向をもつ．低励起状態と著しく異なることの 1 つとして反磁性の寄与が重要であることを注意しておきたい．反磁性エネルギーは (4.48)，(4.49) からわかるように，核からの距離の平方 (もう少し正確には磁場と位置ベクトルのなす角を θ として $r^2\sin^2\theta$ の平均) に比例する．r^2 の平均はほぼ n^4 に比例して増大するから，容易に通常のゼーマンエネルギーを超えるのである．その他，電場・磁場中の高励起原子については文献をあげるだけにして次の話題に進むことにする[28]．

---

[27] M. G. Littman, et al., *Phys. Rev. Lett.* **37**, 486 (1976); T. F. Gallagher, et al., *Phys. Rev.* **A16**, 1098 (1977); M. G. Littman, et al., *Phys. Rev. Lett.* **41**, 103 (1978); F. G. Kellert, et al., *J. Chem. Phys.* **72**, 3179 (1980); T. H. Jeys, et al., *Phys. Rev. Lett.* **44**, 390 (1980).

[28] Ch. W. Clark, K. T. Lu and A. F. Starace, *Progress in Atomic Spectroscopy,* Part C, H.

5.4.4 高励起原子の生成と検出

実験室や自然界における高励起原子の生成や，できた高励起原子の検出法を眺めることは，このような状態にある原子の性質についての理解を深めるのに役立つので，簡単に触れることにしよう．

まず高励起原子はさまざまな衝突過程によってつくられる．代表的なものは正の原子イオンと中性原子分子の衝突における電荷移行 (charge transfer) 過程

$$A^+ + B \longrightarrow A^{**} + B^+$$

(本節では ** 印は高励起状態を表す)，および電子（またはイオン）衝突による励起

$$e^- + A \longrightarrow A^{**} + e^-$$

である．衝突するイオンや電子が十分に高速であれば，いろいろな主量子数 n の状態がつくられる相対確率は $1/n^3$ に比例することが理論的にも実験的にも知られている．

特定の n の状態をつくりたいときに用いられるのは，励起エネルギーに応じた波長のレーザー光をあてる方法である．1つの光子で十分なエネルギーが得られない場合には，2つの波長のレーザーを組み合わせて使う．たとえば，Na の最外殻電子を励起するのに，波長がおよそ 589 nm のレーザー光をあてて原子を基底状態 ($^2S_{1/2}$) から $^2P_{3/2}$ 状態に励起し，これが自然放射しないうちに波長がおよそ 410 nm くらいの第2のレーザー光をあてると高励起状態がつくられる．第2のレーザー光の波長を調節することにより希望する n の状態をつくり出すことができる．しかし光の吸収は主として光学的許容遷移であるから，つくり出される状態の方位量子数 l は1光子吸収，2光子吸収などでは小さな値に限定される．上記の Na の例では，つくられる状態は n は大きくとも，l は 0 か 2 に限られる．

l の大きな状態をつくり出す1つの方法は，電場 F とマイクロ波をかけ F の大きさを時間とともに変えていくやり方である．シュタルク効果のエネルギーの式 (4.27) でわかるように，二次摂動の寄与のなかに $F^2 n^4 m^2$ に比例し

J. Beyer and H. Kleinpoppen eds. (Plenum, 1984) 247 ; D. Delande, et al., *New Trends in Atomic Physics* **vol.1**, G. Grynberg and T. Stora eds. (North-Holland, 1984) 351 ; Wintgen, et al., *J. Phys.* **B19**, L557 (1986).

ている項があり，電場があるとき $|m|$ の異なる準位はエネルギー差をもつ．そこで F をある大きめの値から徐々に小さくしていくと，マイクロ波と共鳴する間隔をもった，隣り合った m の間で遷移が起こり，$|m|$ を1単位ずつ増していくことができる．最後に電場を0にすると大きな $|m|$，したがって大きな l をもつ状態がつくられる．

前述の2段励起で第1段を低速電子衝撃で行うこともある．電子衝突の場合，基底状態とは多重度の異なる準安定状態がつくられやすい．そこで，それに第2段のレーザー光を当てて望みの高励起状態まで励起するというやり方である．

前に述べた星間空間で観測されている高励起原子は主として電子とイオンの**放射再結合** (radiative recombination)

$$e^- + A^+ \longrightarrow A^{**} + h\nu \qquad (5.73)$$

によってつくられる．この過程については次の章で改めて述べるが，温度 T の電離気体で(電子とイオンの温度が異なるときは電子温度を用いる)，電子数密度(単位体積中の電子の数)，イオン数密度をそれぞれ $n(e), n(+)$ として，単位体積中で単位時間内に起こる再結合の数を $\alpha(T)n(e)n(+)$ と書くとき，$\alpha(T)$ は**再結合係数** (recombination coefficient)と呼ばれ，この過程の速さを代表する．再結合でどのような励起状態がつくられるかは水素原子については詳細に理論計算されている (§6.3.3)．

さてつくられた高励起原子の検出法は，まず蛍光観測，たとえば電波天文学における再結合線の観測のように，励起状態からの発光を見るやり方がある．

次に電場をかけて電離が起こることを利用し，電場の強さを変えてどこから電離が始まるかによってどのような n をもつかを求めることができる．静電場のかわりに周波数の低い電波やマイクロ波を当てて，その電場成分の強さがある値以上で電離することを用いることもできる．

この他，金属表面に当てて電離を起こさせ，自由になった電子またはイオンを検出する方法もある．また，励起エネルギーが大きいことから，そのエネルギーで他の原子や分子を電離させるかどうか低速衝突実験で判定する方法もある．

$$A^{**} + B \longrightarrow A^+ + B + e^-.$$

高励起原子の話をひとまず終わるにあたって，一般的な参考文献を脚注に二三あげておく[29]．

5.5 多重励起状態

5.5.1 多重励起状態の存在と特徴

いままで原子の励起状態としては，基底状態の電子配置から1個の電子があいている軌道に移ったものを主に考えてきた．しかし，励起状態のなかには2つかそれ以上の電子が励起軌道に移ってできるものもある．He原子での2電子励起状態の例のいくつかを，エネルギー準位の図3.1aに示した．このような状態は通常の1電子励起状態よりもはるかに高いエネルギーをもち，そのエネルギーが1つの電子に集中すれば原子の電離が起こりうる．すなわち，自動電離状態である．

2重励起状態の存在はすでに1920年代末には知られていた．そのような励起原子は光吸収または電子などの粒子衝撃によってつくられる．1935年にはH. Beutlerが光電離断面積（入射光の波長ごとに標的原子の電離の起こりやすさを代表する面積の次元をもつ量．6章で扱う）が自動電離状態のエネルギーのところで非対称ピークを示すことを見いだしている．しかし，2電子励起状態の研究が本格的に進められるようになったのは1960年代で，最も簡単なHe原子でそのような状態が実験的に確認されてからである．Heの2電子励起状態は60 eV近くの励起エネルギーをもつから，光吸収でそのような状態をつくろうとすれば波長20 nmあたりで十分な強度をもつ光源を必要とする．高エネルギーに加速された電子が磁場のなかで運動するとき放出する光はシンクロトロン放射 (synchrotron radiation) と呼ばれているが，これを用いてHeをはじめ希ガス元素の2電子励起状態を観測したのはNBS (National Bureau of Standards, 現在のNational Institute of Standards and Technology) の

---

[29] S. Feneuille and P. Jacquinot, *Adv. Atom. Mol. Phys.* **17**, 99 (1981); R. F. Stebbings and F. B. Dunning eds., *Rydberg States of Atoms and Molecules* (Cambridge Univ. Press, 1983); 松澤通生, 日本物理学会誌 **41**, 402 (1986);『物理学最前線』**24**, 117 (共立出版, 1989); Th. F. Gallagher, Rydberg Atoms (*Cambridge Monographs on Atom. Mol. Chem. Phys.* **vol. 3**, 1994).

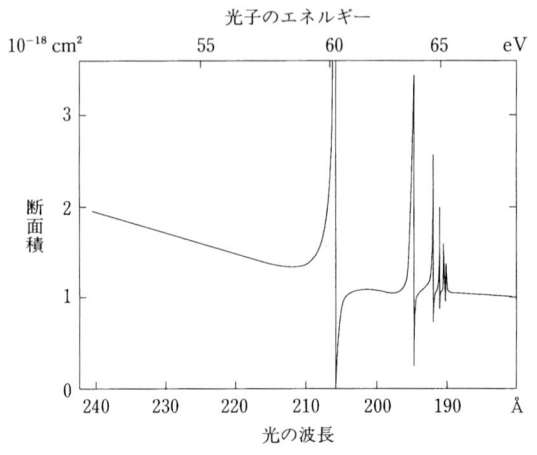

図 5.13 He の光電離断面積 (Madden と Codling の実験による)

Madden と Codling である[30]. 電離断面積は波長の関数として通常なめらかに変化するが, 2電子励起状態と一致するエネルギーのあたりでは一般に非対称な構造をもつ(図 5.13). これらの狭いエネルギー領域での電離は標的原子の電子の1つが光子のエネルギーをもらって直ちに電離するのと, いったん2電子励起状態がつくられて, それが自動電離する現象の2つの経路の寄与の和である. 非対称な形状が見られることは2つの寄与の単純な和でなく, それらの間の干渉の存在を意味する. 共通の始状態と終状態の間を2つ以上の経路で結ぶことができるとき, 異なった経路を通る波の位相差に応じて干渉特有の現象が見られるのは量子力学の特徴の1つである. 上述の非対称性は実験的には前述の Beutler 以来知られていたが, 理論的には Fano の論文[31]ではじめて論じられた. 彼の仕事のあらましは次章で光電離を扱うときに述べることにする.

1960年代は, 電子ビームを用いた実験の技術が一段と進歩した時期でもある. エネルギーがよく揃った電子ビームを用意し, それが標的原子や分子に

---

[30] E. P. Madden and K. Codling, *Phys. Rev. Lett.* **10**, 516 (1963); *J. Opt. Soc. Am.* **54**, 268 (1964); *Astrophys. J.* **141**, 364 (1965).
[31] U. Fano, *Nuovo Cimento* **12**, 156 (1935); *Phys. Rev.* **124**, 1866 (1961). 第一の論文は Beutler の見つけたスペクトルの構造を説明するために, 著者が E. Fermi の指導下にあった時代に書かれた. その後, 同様の現象が電子衝突を含め, 広く見られることがわかって, 理論を整理し拡張したのが第二論文である.

よって散乱されたあとのエネルギーを精度よく測定することによって，衝突によって失ったエネルギーのスペクトル（どのようなエネルギー損失がどのような頻度で起こっているか）が得られる．これを**エネルギー損失スペクトル**(energy-loss spectrum，略して ELS) という．稀には励起原子分子からエネルギーをもらうこともあり，この場合はエネルギー損失が負の範囲にまでスペクトルが広がる．1960 年代はこのような電子分光実験の分解能が著しく向上した時期であった．さらに，これは本書の姉妹編である『原子分子過程』で論ずることであるが，光吸収による原子や分子の励起・電離と高速荷電粒子の衝突による励起・電離とは密接に関係していて，電子衝突実験で得られる ELS でも前述の光吸収と同様の非対称ピークが観測できるようになってきた[32]．これらの実験研究に刺激されて2電子励起状態の関与する理論研究も活発化した．

ところで多重励起原子の特徴は電子相関がきわめて重要であることといえる．励起された電子は原子核からの平均距離が大きくなり，クーロン引力は格段に小さくなる．その分，電子どうしのクーロン斥力が相対的に重要になり，決まった軌道に電子をはめ込むといういままで近似的には成功していた描像が現実的でなくなる．これをいままで用いてきた手法の範囲内で処理しようとすると，きわめて多数の電子配置を考慮に入れて配置混合計算を行わなければならない．これは原子の基底状態や1電子励起状態とはかなり様子の違うもので，原子物理学における新しい課題の1つとなっている．

たとえば Madden と Codling が見いだした He の2電子励起状態は基底状態 (^{1}S) から光吸収によってつくられたものであるから ^{1}P 状態と考えてよい．これに寄与する電子配置としてはまず 2s2p をはじめとして，2snp, n's2p, n'snp ($n, n'=3, 4, 5, \cdots$) が思いつくが，この他に npn''d からも ^{1}P がつくられる．2電子のスピンが逆向きであるから，波動関数は2電子の位置座標の交換に関しては対称なはずである．たとえば 2snp なら

$$\psi(2\mathrm{s}\,n\mathrm{p})=\frac{1}{\sqrt{2}}\{\psi_{2\mathrm{s}}(\boldsymbol{r}_1)\psi_{n\mathrm{p}}(\boldsymbol{r}_2)+\psi_{2\mathrm{s}}(\boldsymbol{r}_2)\psi_{n\mathrm{p}}(\boldsymbol{r}_1)\}$$

の形に書かれるであろう．$\psi_{2\mathrm{s}}, \psi_{n\mathrm{p}}$ は1電子軌道関数である．ところで He で

---

[32] G. J. Schultz, *Phys. Rev. Lett.* **10**, 104 (1963); J. A. Simpson, *Rev. Sci. Instr.* **35**, 1698 (1964).

は平均場近似で得られる軌道に2電子をあてはめると2snpと2pnsとはほとんど同じエネルギーをもつ．これは内側の電子と原子核とに着目すると水素様原子になっていて同じ主量子数ならlが違ってもエネルギーに差がないというHe原子特有の事情によっている．このため電子間斥力によりこれらの配置を表す関数は強くまじり合い，エネルギーの異なる2つの状態をつくり出す．これらは近似的には

$$\frac{1}{\sqrt{2}}\{\psi(2\mathrm{s}n\mathrm{p})\pm\psi(2\mathrm{p}n\mathrm{s})\} \tag{5.74}$$

で表されるような状態で，$2n$sp$^+$状態，$2n$sp$^-$状態と呼ばれることがある[33]．MaddenとCodlingが実験的に見いだした2電子励起状態の電離への寄与は$2n$sp$^+$シリーズ（$n=2,3,4,\cdots$）が最も強く（はじめこれだけが見つかった），次が$2n$sp$^-$シリーズ（$n=3,4,5,\cdots$）で，2pndからの寄与が最も弱いことがわかっている．このような違いが何から出てくるかは当初謎とされていて遷移の禁止の程度を表すweaknessと呼ばれる量子数wが導入されたこともあったが，その根拠は明確でなかった．

　2電子励起状態について話を進める前に，1光子を吸収してなぜ2電子が同時に励起されるかについて若干述べておきたい．結局は電子相関，つまり2電子が互いに無関係ではないからだと言ってしまえばそのとおりであるが，もう少しわかりやすいモデルがほしい．そのような定性的モデルの1つで早くから使われてきた考えは**瞬間近似**(sudden approximation)にもとづくものである．すなわち，1つの電子が光子を吸収して励起軌道へ飛び上がるのが瞬間的なので，残された電子はその直後はいままでどおりの軌道関数で表される状態にある．しかし相手の電子が飛び移ったために核電荷の遮蔽が激減し，その新しい環境の下ではいままでの軌道関数はもはや定常状態ではありえない．新しい環境下で許される軌道群（そのような1電子軌道を考えること自体近似であるが）の重ね合わせとしていままでの軌道関数を展開すると，どの軌道にどのような確率で移るかが推定される．もちろん，励起にはエネルギーの分け前をもらうことも必要であるから，新旧軌道関数の重なりだけですべてが決まるわけではない．

---

[33] J. W. Cooper, U. Fano and F. Prats, *Phys. Rev. Lett.* **10**, 518 (1963).

5.5.2 超球座標の導入

2電子励起状態の研究が進むうちに，Macek[34] は **超球座標** (hyperspherical coordinates) を用いてシュレーディンガー方程式を解くことを試みた．He 様原子の場合，それは次のような変数の使用を意味する．

$$R=(r_1^2+r_2^2)^{\frac{1}{2}}, \quad \alpha=\tan^{-1}\frac{r_2}{r_1}, \quad \hat{\boldsymbol{r}}_1, \quad \hat{\boldsymbol{r}}_2 \tag{5.75}$$

ただし，2電子の位置ベクトルを $\boldsymbol{r}_1, \boldsymbol{r}_2$ とし，それぞれの方向の単位ベクトルを $\hat{\boldsymbol{r}}_1, \hat{\boldsymbol{r}}_2$ とした．3次元空間と同様，長さの次元をもつのは R ひとつになるようにするため，r_2/r_1 の比を疑似角 α に置き換えたのである．以下，本節では原子単位を用いることにする．He 様原子の波動方程式は，電子系のハミルトニアン，エネルギー，波動関数をそれぞれ H, E, Ψ とし，$\boldsymbol{l}_1, \boldsymbol{l}_2$ を2電子の軌道角運動量，Z を核電荷として

$$H\Psi = E\Psi, \tag{5.76}$$

$$H = K_r + \frac{\boldsymbol{l}_1^2}{2r_1^2} + \frac{\boldsymbol{l}_2^2}{2r_2^2} - \frac{Z}{r_1} - \frac{Z}{r_2} + \frac{1}{r_{12}} \tag{5.77 a}$$

$$K_r = -\frac{1}{2}\left[\frac{1}{r_1^2}\frac{\partial}{\partial r_1}\left(r_1^2\frac{\partial}{\partial r_1}\right) + \frac{1}{r_2^2}\frac{\partial}{\partial r_2}\left(r_2^2\frac{\partial}{\partial r_2}\right)\right] \tag{5.77 b}$$

であるが，ここで，上述のような変数変換を行うと，運動エネルギーの動径部分にあたる K_r は次のようになることが直接計算によって確かめられる．

$$K_r = -\frac{1}{2}\left[\frac{\partial^2}{\partial R^2} + \frac{5}{R}\frac{\partial}{\partial R} + \frac{1}{R^2\sin^2\alpha\cos^2\alpha}\frac{\partial}{\partial \alpha}\left(\sin^2\alpha\cos^2\alpha\frac{\partial}{\partial \alpha}\right)\right]. \tag{5.78}$$

そこでこの表式を (5.76)(5.77) に代入し，得られた式を簡単化するために

$$\Psi = \frac{\Psi_1}{R^{5/2}\sin\alpha\cos\alpha} \tag{5.79}$$

とおく．これを代入して計算すると波動方程式は次のようになる．

$$\left[-\frac{1}{2}\frac{\partial^2}{\partial R^2} + \frac{\Lambda^2 - \frac{1}{4}}{2R^2} - \frac{C}{R}\right]\Psi_1 = E\Psi_1, \tag{5.80}$$

$$\Lambda^2 = -\frac{\partial^2}{\partial \alpha^2} + \frac{\boldsymbol{l}_1^2}{\cos^2\alpha} + \frac{\boldsymbol{l}_2^2}{\sin^2\alpha}, \tag{5.81 a}$$

---

[34] J. Macek, *J. Phys.* **B1**, 831 (1968).

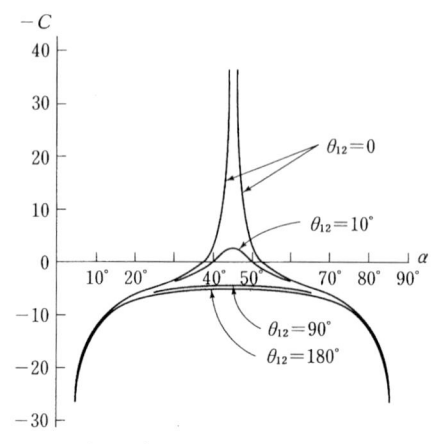

図 5.14 (5.81 b) 式の関数 $C(Z;\alpha,\theta_{12})$ (He の場合)

$$C=\frac{Z}{\cos\alpha}+\frac{Z}{\sin\alpha}-\frac{1}{\sqrt{1-\sin 2\alpha\cos\theta_{12}}}. \tag{5.81 b}$$

(5.80) は水素様原子の方程式に似た形になっており, Λ^2 が角運動量の平方, C が有効電荷に相当する. なお θ_{12} はベクトル $\boldsymbol{r}_1, \boldsymbol{r}_2$ のなす角である. $-C/R$ が核と 2 電子の 3 粒子系のポテンシャルである. He の場合 $(Z=2)$ の $-C$ を α, θ_{12} の関数として図 5.14 に示す. $\alpha=0°, 90°$ の落ち込みは一方の電子が核に近づくことによる引力の増大を表し, $\alpha=45°, \theta_{12}=0°$ の近傍での鋭いピークは 2 電子の接近による斥力の増大に対応している. これらを除く広い領域内で C がほぼ一定の値を保っているのが, この関数の特徴の 1 つである.

理論計算の経験から, R と他の座標は近似的に分離できることがわかった. そこで, R を固定し, 所定の角運動量 (たとえば ^{1}P) の下でまず

$$[\Lambda^2-2RC]\Phi_\nu(R;\alpha,\hat{\boldsymbol{r}}_1,\hat{\boldsymbol{r}}_2)=R^2U_\nu(R)\Phi_\nu(R;\alpha,\hat{\boldsymbol{r}}_1,\hat{\boldsymbol{r}}_2) \tag{5.82}$$

を解いて一連の固有値 U と固有関数 Φ を求める. これらはパラメターとしての R に依存する. 一般的には, (5.80) の解 Ψ_1 を (5.82) で得られた関数 Φ_ν で展開して

$$\Psi_1=\sum_\nu F_\nu(R)\Phi_\nu(R;\alpha,\hat{\boldsymbol{r}}_1,\hat{\boldsymbol{r}}_2) \tag{5.83}$$

とし, 動径関数 $F_\nu(R)$ に対する連立微分方程式を得る.

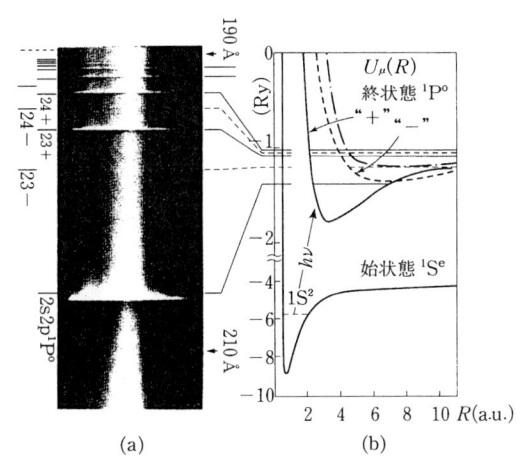

図 5.15　2 電子励起 He 原子の断熱ポテンシャル曲線と吸収スペクトル（渡辺信一氏提供）

$$\left[\frac{d^2}{dR^2}+\frac{1}{4R^2}-U_\mu(R)+W_{\mu\mu}(R)+2E\right]F_\mu(R)$$
$$+\sum_\nu W_{\mu\nu}(R)F_\nu(R)=0, \tag{5.84}$$

$$W_{\mu\nu}=2\left\langle\Phi_\mu\left|\frac{\partial}{\partial R}\right|\Phi_\nu\right\rangle\frac{d}{dR}+\left\langle\Phi_\mu\left|\frac{\partial^2}{\partial R^2}\right|\Phi_\nu\right\rangle. \tag{5.85}$$

これを解いて固有値 $E_1, E_2, \cdots$ およびそれぞれに対応する関数 $F_\mu(R)$ のセットが得られ，(5.83)によって波動関数が決まる．

　以上の手続きは二原子分子の定常状態を扱うときに通常用いられるやり方に似ている．そこではまず 2 個の原子核の運動を凍結し，核間距離 R をパラメーターとして電子状態のエネルギー固有値，固有関数を求め，そのあとで核の運動を論ずるのである．2 電子励起原子に戻り，まず (5.82) を解いて U を求め，(5.84) によってエネルギー，固有関数が決まる．He における U の例を図 5.15 に示す．一般に $R\to\infty$ とすると一方の電子が遠方に去ったときに対応するから，残りのイオンは水素様原子となり，そこにとどまった電子は特定の主量子数（これを N とする）の軌道にあり，系のエネルギーは $\mathrm{He}^+(N)$ のエネルギーになる．図 5.15 は基底状態，および漸近的に $\mathrm{He}^+(N=2)$ となる ^{1}P 状態の曲線群を示してある．なお，図を見ると U を表す曲線どうしが交差しているところがある．このような場所を除くと，通常 W は小さく，近似的

には (5.84) を U_μ ごとの独立した微分方程式にして解 $\Psi_1 = F_\nu(R)\Phi_\nu(R;\alpha,\hat{r}_1,\hat{r}_2)$ を求める．そのようなとき U_μ はチャネルポテンシャル，得られる Φ_μ をチャネル関数などと呼ぶ．より正確には擬交差領域を通じての，チャネル間相互作用を考慮して連立微分方程式 (5.84) を解かなければならない[35]．

5.5.3 2電子励起状態の分類

2電子がそれぞれ属する電子殻の主量子数を $N, n\,(N \leq n)$ とする．N, n が比較的小さい間は N と $N+1$，n と $n+1$ の準位間のエネルギー差はまだそれほど小さくはないので，N や n のいろいろな値の関数がまじって2電子励起状態の波動関数をつくることまで考える必要はなさそうである．つまり，(N, n) の組が2電子励起状態ごとにほぼ確定していると見ることができる．これに反し (l_1, l_2) は前にも述べたようにいろいろな値のものがまじるので l_1, l_2 はもはやよい量子数ではありえない．それではどのような量子数で各状態が区別されるのであろうか．また計算によって得られる一連のエネルギー準位にはなんらかの規則性が見られはしないか，それを詳細な計算の結果をまたずに見当をつけることはできないか．これらの疑問を解くために多くの研究がなされた．

Herrick たちは原子核構造で用いられてきた群論的手法を応用して2電子励起状態を整理分類し，詳細な計算で知られていたエネルギー準位をグループに分け，**超多重項** (supermultiplet) と呼ばれる構造が存在することを見いだした[36]．電子間相互作用とスピンをしばらく無視すると，各電子の運動は単純なクーロン場のなかの運動になり，水素様原子と同じである．そこでは軌道角運動量が保存される．古典力学によれば電子は楕円軌道を描き，角運動量はこの軌道面に垂直なベクトルである．この軌道面内で楕円軌道がどちらを向いているか（具体的には長軸の向き）は角運動量とは別のもう1つの運動の定数，Runge-Lenz ベクトルによって指定される．量子力学に移るとこのベクトルは

---

[35] 超球座標が2電子励起状態の扱いの他，3体の系の散乱問題にも有用であることについて，S. Watanabe, et al., *Nucl. Instr. Meth. Phys. Res.* **B124**, 218 (1997) がある．

[36] D. R. Herrick and O. Sinanoğlu, *Phys. Rev.* **A11**, 97 (1975); D. R. Herrick and M. E. Kellman, *Phys. Rev.* **A21**, 418 (1980); D. R. Herrick, M. E. Kellman and R. D. Poliak, *Phys. Rev.* **A22**, 1517 (1980); D. R. Herrick, *Adv. Chem. Phys.* **52**, 1 (1983). 最後のものは詳細な review article である．

5.5 多重励起状態

$$A = \hat{r} - \frac{1}{2Z}(\boldsymbol{p} \times \boldsymbol{l} - \boldsymbol{l} \times \boldsymbol{p}) \quad (\boldsymbol{p} \text{ は運動量}) \tag{5.86}$$

という演算子として与えられる[37]。ここで

$$\frac{Z\boldsymbol{A}}{\sqrt{-E}} = \boldsymbol{a} \tag{5.87}$$

を導入すると，$\boldsymbol{a}$ の成分どうし，また $\boldsymbol{a}$ の成分と $\boldsymbol{l}$ の成分の間の交換関係は[*1]

$$[a_p, a_q] = ie_{pqr} l_r, \tag{5.88 a}$$

$$[l_p, a_q] = ie_{pqr} a_r \tag{5.88 b}$$

となることが示される．これを (2.17) の

$$[l_p, l_q] = ie_{pqr} l_r$$

と組み合わせると，$\boldsymbol{l}, \boldsymbol{a}$ 2 つのベクトルで 4 次元空間内の無限小回転の演算子と同じ交換関係になっていることがわかる[*2]．これがクーロン場のなかの運動の対称性として知られるもので W. Pauli (1926) によって見いだされ，V. Fock (1935) が発展させた話題である．

ここで 2 電子系に話を戻すと，全軌道角運動量 $\boldsymbol{L} = \boldsymbol{l}_1 + \boldsymbol{l}_2$ が保存量となって状態を分類するのに用いられるのにならって，Runge-Lenz ベクトルでははじめ $\boldsymbol{A} = \boldsymbol{a}_1 + \boldsymbol{a}_2$ が考えられたが，

$$\boldsymbol{B} = \boldsymbol{a}_1 - \boldsymbol{a}_2 \tag{5.89}$$

の方が電子間距離 r_{12} の大小との対応がよく，有用であることがわかり，後者が用いられるようになった．B が大きいことは r_{12} が大きいことに通じ，斥力 $1/r_{12}$ の期待値を小さくするのである．B^2 を対角化するような関数系を用いると，近似的に $1/r_{12}$ が対角化される[38]．

一方，C. D. Lin は Macek にならって超球座標を用いて状態の整理分類を進

---
[37] L. D. Landau and E. M. Lifshitz, *Quantum Mechanics — Non-relativistic Theory* [33] §36．(5.86) 式の第 2 項の係数 $-1/2Z$ を原子単位でなく普通に書けば $-4\pi\varepsilon_0\hbar/2m_e Ze^2$ となる．
[*1] e_{pqr} は pqr が 123, 231, または 312 なら $+1$，321, 213, 132 なら -1，それ以外なら 0 である．
[*2] 角運動量が空間の微小回転と結びついていることは §5.2.1 で述べた．いまの場合，l_x, l_y, l_z が yz, zx, xy 面内の回転を表すのに対し，a_x, a_y, a_z は xa, ya, za 面内の回転に対応している．
[38] O. Sinanoğlu and D. R. Herrick, *J. Chem. Phys.* **62**, 886 (1975) はこの方針での計算をしている．

めている[39)]. 彼は Herrick と Sinanoğlu[40)] が導入した K, T という量子数を利用し, 他に A と呼ばれる補助的量子数を加え, 状態を区別するのに次のような1組の量子数を用いることを提案した[39b)].

$$_n(K,T)_N^A\,{}^{2S+1}L^\pi$$

n と N はそれぞれ外側および内側の電子の主量子数である. K と T は2電子の角相関に関係している. L, S はいつものように全軌道角運動量, 全スピン角運動量の大きさを表す量子数, π はパリティである. L, N が与えられたとき, K, T がとりうる値の範囲は

$$T = 0, 1, 2, \cdots, \min(L, N-1),$$
$$\pm K = N-T-1,\ N-T-3, \cdots, 1\,(\text{または}\,0)$$

で S, π によらない. たとえば $N=3$ なら, 可能な (K, T) の組み合わせは

$\quad{}^{1,3}S^e$ なら $\quad(2, 0), (0, 0), (-2, 0),$

$\quad{}^{1,3}P^o$ なら $\quad(2, 0), (1, 1), (0, 0), (-1, 1), (-2, 0)$

となる (添字 e, o はパリティの even, odd を表す). K, T はもともと群論的考察から導入されたものであるが, Lin は一方の電子が十分遠くに行ったとき, 残りのイオンの電気双極子との相互作用を考えることによって, これらの量子数の物理的意味づけを与えている. それによると

$$K \propto -\langle r_< \cos\theta_{12}\rangle = -\langle \boldsymbol{r}_< \cdot \hat{\boldsymbol{r}}_>\rangle$$
$$T^2 \propto \langle \boldsymbol{L} \cdot \hat{\boldsymbol{r}}_>\rangle^2.$$

$r_<, r_>$ は r_1, r_2 の小さい方, 大きい方である. K が正で大きいと, 2電子は主に核の反対側にあり, 逆に負になると核の同じ側にくる頻度が高い. $r_>, r_<$ にある電子の角運動量を $\boldsymbol{l}_>, \boldsymbol{l}_<$ と書けば, スカラー積 $\boldsymbol{L}\cdot\hat{\boldsymbol{r}}_>$ は $\boldsymbol{l}_<\cdot\hat{\boldsymbol{r}}_>$ とも書ける ($\boldsymbol{l}_>\cdot\hat{\boldsymbol{r}}_>=0$ であるから). 古典的に考えて2つの電子の軌道面が共通なら, $T=0$ である. ただし, $\pi=(-1)^{L+1}$ の関係がある状態は $T=0$ にはなりえない. 以上の説明からわかるように, K, T は主として2電子の角相関を代表している. そこで動径方向の相関を表すものとして A が導入された. A のとりうる値は $+1, 0, -1$ の3通りである. $A=+1$ は $\alpha=45°$ (すなわち $r_1=r_2$) あたり

[39)] C. D. Lin, (a) *Phys. Rev.* **A10**, 1986 (1974); (b) *Phys. Rev.* **A29**, 1019 (1984); (c) *Adv. Atom. Mol. Phys.* **22**, 77 (1986); (d) *Physica Scripta* **T46**, 65 (1993).
[40)] D. R. Herrick and O. Sinanoğlu, *Phys. Rev.* **A11**, 97 (1975).

5.5 多重励起状態

でチャネル関数 Φ_ν の絶対値が大きくなっている状態を意味し，$A=-1$ は同じ領域で Φ_ν が節をもっていることを表す．それ以外，というのはポテンシャル面の尾根から離れた谷間（α が 0, $\pi/2$ の近傍）に Φ_ν が集中している場合になるが，これらを $A=0$ とするのである．ポテンシャルの谷間はいずれか一方の電子が原子核の近くにいることに相当する．1電子励起状態にこの約束をあてはめると，すべて $A=0$ になる．なお，このように導入された A は他の量子数と独立ではなく次の式で与えられる．

$$A=\begin{cases} \pi(-1)^{S+T}=\pi(-1)^{S+N-K-1} & (K>L-N \text{ のとき}) \\ 0 & (K\leq L-N \text{ のとき}). \end{cases}$$

$^1\mathrm{S}^\mathrm{e}$ 状態ではいつも $A=1$，$^3\mathrm{S}^\mathrm{e}$ では -1，$L\geq 5$ ではすべて $A=0$ となる．$L=1,2,3,4$ では $A=1, 0, -1$ が可能である．

なお，N が大きくなると多くの (n, N) 配置から出るエネルギー準位が接近してきて，それらがさかんにまじり合うようになるから，n, N を指定する上記の方法は適当でなくなる．

チャネルポテンシャル $U_\nu(R)$ はそれぞれ $(K, T)_N^A$ によって区別される．図5.15 の曲線 "+"，"−" と第3の励起状態の曲線は §5.5.1 で出てきた $2n\mathrm{sp}^+$, $2n\mathrm{sp}^-$, $2p n d$ に対応するものである．Lin の記号を用いると，$_n(0,1)_2^+$, $_n(1,0)_2^-$, $_n(-1,0)_2^0$ である．これらの曲線の極小点の位置をくらべてみるのは興味がある．基底状態 $1\mathrm{s}^2$ から光吸収によって2電子励起状態ができるときのつくられやすさは，角運動量の値による選択則（He の場合主として $^1\mathrm{P}$ 状態がつくられる）の他に遷移前後の波動関数の空間的重なりによっても支配される．基底状態では波動関数は R が小さい領域に集中しているのに対し，2電子励起状態ではずっと大きな R の領域に広がっている．$2n\mathrm{sp}^+, 2n\mathrm{sp}^-, 2pnd$ 状態はこの順序で U 曲線の極小の位置が遠くなっている．一般に $A=+1$ の状態のポテンシャル極小は比較的内側にあり，$A=-1$ ではこれより外になり，$A=0$ ではさらに外になるうえ，ポテンシャルの谷が他の曲線よりずっと浅くなってしまう傾向がある．このことが §5.5.1 の終わりで述べた実験で得られた励起確率の大きな違いを説明してくれる．図5.15 は $N=2$ の場合であったが，同じ He で $N=3$ になると，$A=+1$ のチャネルでは L, S, π によらずポテンシャルの極小は $R\sim 16$ のあたりにあり，$A=-1$ では $R\sim 24$ 付近にある．$N=4$ に

なると，＋チャネルの極小は $R\sim30$ あたり，－チャネルでは $R\sim42$ 付近にくる．一般に $(K,T)^A$ が同じで，L,S,π の違うものどうしは電子相関の様子が似ていて，ポテンシャル U_ν の形，極小の位置などほぼ同じである．$(K,T)^A (A\neq 0)$ が同じで L も共通なら，S,π が異なっていてもエネルギーはほぼ同じになる．L の違うものをくらべると，直線分子の回転準位に似たエネルギー構造を示すことが計算によってわかってきた．たとえば $(2,0)^+$ に属する $^1S^e, ^3P^o, ^1D^e$ のそれぞれ最低エネルギー固有値をくらべると，定数 $+L(L+1)B$ $(L=0,1,2)$ の形になる．B は分子の回転定数に相当する定数である．

一般に K が正で大きいときは θ_{12} は $180°$ に近くなり2電子はいつも原子核の反対側に位置する傾向がある．このとき，電子間斥力が最も小さくなるから，エネルギーが低くなる．逆にエネルギー準位の低いものでは K の大きいものが多い．このときの核と2電子から成る系はちょうど3原子分子，たとえば二酸化炭素 CO_2 で，2つの酸素原子がいつも炭素の反対側にあって，回転しているのに似ている．もちろん，電子は核よりもはるかに軽いので，分子内原子が相対位置を大きくは変えないのに対し，電子はそれほど固くは核に結びついていないが，それでも分子回転に似たエネルギー準位を示しているのである．さらに，分子の振動準位に似たほぼ等間隔の準位構造も見いだされている[41]．

5.6 トーマス-フェルミの方法と密度汎関数理論

1926年，Fermi と Dirac によりフェルミ-ディラック統計の基礎がつくられたのを受けて，1927年に Thomas と Fermi が独立に以下述べるような原子模型を提出した．一口にいうと，原子内の電子集団を，引力ポテンシャルの箱のなかに入れられた自由電子気体と見るものである．原子の構造・性質を精密に与える理論ではないが，原子内ポテンシャル場と電子の密度分布を簡単なわりにはよい精度で与えてくれるので，原子構造だけでなく，分子，分子間力，固体などでもいろいろな問題に応用されている．この理論は多くの文献[42]で説

---

[41] ヘリウム様イオン $(Z=1\sim 5)$ の2電子励起状態の，エネルギー準位の表が L. Lipsky, R. Anania and M. J. Conneely, *Atom. Data Nucl. Data Tables* **20**, 127 (1977) に，He での寿命の表が W. Shearer-Izumi, *ibid.* 531 にある．

[42] たとえば，参考文献 [8], [9], [10], [32], [33] など．

明されているので，ここではそのあらすじを紹介するだけにしよう．

自由電子気体で電子の運動エネルギー $T=\hbar^2k^2/2m_e$ の最大のものはフェルミエネルギーであるが，これを $T_{max}=\hbar^2k_F^2/2m_e$ と書こう．運動量空間で $\hbar k_F$ 以下の運動量をもつ状態の体積は $(4\pi/3)(\hbar k_F)^3$，考えている座標空間の体積を V_s とすると，両者を合わせた6次元の，いわゆる位相空間(phase space)の体積は

$$\frac{4\pi}{3}(\hbar k_F)^3 V_s$$

になる．これを $h^3=(2\pi\hbar)^3$ で割っただけの数の独立な運動状態があり[*1]，スピン自由度を考えに入れると，この2倍の数までの電子をこの位相空間の領域に収容できる．基底状態の原子は絶対温度0Kの電子気体に相当すると考えられるから，エネルギーの低い方から順に隙間なく電子を運動状態に詰めていき，$\hbar k_F$ の運動量までになったとすると単位体積あたりの電子の数(電子数密度) n は $k_F^3/3\pi^2$ となる．

原子内の各電子が感ずるポテンシャルエネルギーを $V(r)$ とすると，全エネルギーは $\hbar^2k^2/2m_e+V(r)$ であるが，各点におけるその最大値 $E_{max}=\hbar^2k_F^2/2m_e+V(r)$ は r によって変わってはならないから(場所によって変われば電子の移動が起こって E_{max} はどこも同じになる．)，

$$E_{max}-V(r)=T(r) \tag{5.90}$$

とおけば，$T(r)$ は各点における電子群のなかの最高の運動エネルギーに相当する．そこで，自由電子気体の式を拡張して，電子密度が

$$n(r)=\frac{1}{3\pi^2}\left\{\frac{2m_e}{\hbar^2}T(r)\right\}^{\frac{3}{2}} \tag{5.91}$$

と書けるとする．$V(r)>E_{max}$ のところでは，定義からは $T(r)<0$ となるが，古典的にはここは電子の入り込めない領域であるから $n(r)=0$ でなければならない．そこで

$$V(r)>E_{max} \text{ では } T(r)=0 \tag{5.92}$$

とする．ここで静電気学における静電ポテンシャル $\phi(r)$ と電荷密度 $\rho(r)$ を結びつけるポアッソンの式(Poisson equation)

[*1] 空間を稜の長さ L の立方体 $V_s=L^3$ に分割し，波動関数は各稜の方向に周期 L の周期関数に限るとして独立な状態の数を求めることで導かれる．

$$\nabla^2 \phi = -\frac{\rho}{\varepsilon_0} \tag{5.93}$$

を用いる．以下，球対称を仮定しよう．我々の問題では $V(r) = -e\phi(r)$ である．$r \neq 0$ では $\rho(r) = -en(r)$ であり，$r \to 0$ では V の主要部分は核からの引力ポテンシャルであるから，核電荷を Ze として

$$\lim_{r \to 0} r\phi(r) = \frac{Ze}{4\pi\varepsilon_0}. \tag{5.94}$$

(5.93) の左辺で，ϕ を $-V(r)/e$ に変え，$V(r)$ を (5.90) によって $T(r)$ に置き換える．一方，(5.93) の右辺では $\rho(r) = -en(r)$ に (5.91) を代入する．こうして $T(r)$ に対する微分方程式が得られる．その式を簡単にするため，無次元関数

$$\chi(r) = \frac{4\pi\varepsilon_0 r T(r)}{Ze^2} \tag{5.95}$$

を導入し，変数を

$$x = \frac{r}{b}, \qquad b = (3\pi)^{2/3} \frac{a_0 Z^{-1/3}}{2^{7/3}} \tag{5.96}$$

に変えると，最終的な微分方程式は次のように簡単な形になる．

$$\frac{d^2\chi}{dx^2} = \frac{1}{\sqrt{x}} \chi^{\frac{3}{2}}. \tag{5.97}$$

これがトーマス-フェルミの式であり，$\chi(x)$ はトーマス-フェルミ関数と呼ばれる．χ は $x=0$ での値が 1 となり，これから単調に減少して，$V(r) = E_{\max}$ となる点 $x = x_0$ で 0 になることが示される．

原子内電子の総数を N とすると，$N = Z$ なら中性原子であるが，このとき，$x_0 = \infty$ となり，中性原子の電子雲は無限に広がっていることになる．正イオン ($N < Z$) では有限な x_0 で電荷分布は境界をもつ．負イオン ($N > Z$) では解がない．

トーマス-フェルミの式は原子番号 Z を含まないから，一度解いてしまえばどの Z に対しても使えるので便利である．このようにトーマス-フェルミ理論は簡単で広く用いられる点では便利であるが，欠点もある．原子核の位置での電子密度が発散し，遠方では指数関数的な減少が見られない．電子群が多くの殻に配分されているという原子に固有な性質が出てこないので，元素の周期律

は説明できない．さらに，この理論によると，原子どうしは分子や固体をつくることができない．すなわち，複数の核をもつ系にこの理論を適用したときのエネルギーをばらばらの原子にしたときのエネルギーとくらべてみると，ばらばらの方がエネルギーが低くなってしまう (E. Teller (1962), E. H. Lieb and B. Simon (1973) など)[43]．そのような欠陥をもちながらも，トーマス–フェルミ理論は簡単な計算で原子の定性的傾向を与えてくれるところから，ひき続きこの方法の詳細な吟味や改善を論ずる論文が書かれている[44]．

1930年にP. A. M. Diracは同じ向きのスピンをもつ電子どうしの相関を考慮に入れてトーマス–フェルミの式を修正した．これをトーマス–フェルミ–ディラックの理論という．ここで出てきた式は負イオンにも使える．ただし，式中に現れるパラメーターがZに依存するので，もはやすべてのZに共通な解は得られなくなる．さらにP. Gombás (1943)は異なった向きのスピンをもつ電子間の相関も取り入れることを考えている．

1998年のノーベル化学賞受賞者のひとり，W. Kohnは**密度汎関数理論** (density functional theory) の研究が受賞理由となっている．これは波動関数を求めるシュレーディンガー方程式でなく，電子密度$n(r)$だけを扱う方法である．しかも，トーマス–フェルミ理論と違って，多電子系のエネルギーを厳密に与えるという画期的な理論である．これが適用されるのは基底状態に限られるが，通常の波動方程式の解法が困難な，大きい分子や固体の理論研究に有力な手段を提供している．Kohn自身もこの理論の確立，展開の他，これを固体表面への原子分子の吸着に応用するなどで多くの研究を行っている．理論の内容の具体的な紹介は本書では省略する[45]．

---

[43] 江沢洋『量子力学の展望』下 (江沢洋，恒藤敏彦編) 第22章 (岩波書店，1978) にこの問題についての解説がある．
[44] E. H. Lieb, Rev. Mod. Phys. **53**, 603 (1981); L. Spruch, Rev. Mod. Phys. **63**, 151 (1991).
[45] たとえば，R. O. Jones and O. Gunnarsson, Rev. Mod. Phys. **61**, 689 (1989); V. Sahni, Quantum-Mechanical Interpretation of Density Functional Theory, *Topics in Current Chemistry* **vol. 182** (Springer, 1996); D. Doubert ed., *Density Functionals, Theory and Applications* (Springer, 1998). 最後の文献にはKohn自身による解説も含まれている．

6
光電離と放射再結合

§4.4 で原子による光の放出・吸収について述べたが,これらは**束縛-束縛遷移** (bound-bound transition, 略して **b-b 遷移**) と呼ばれるものである.この他に光の吸収・放出には**束縛-自由遷移** (bound-free transition, 略して **b-f 遷移**), **自由-自由遷移** (free-free transition, 略して **f-f 遷移**) がある.b-f 遷移は束縛状態から自由状態(電子のエネルギーが正で,原子を離れて遠方へ脱出できる状態)への遷移,すなわち**光電離**

$$A + h\nu \longrightarrow A^+ + e^- \tag{6.1}$$

または逆に自由状態から光を放出して束縛状態への**放射再結合**

$$A^+ + e^- \longrightarrow A + h\nu \tag{6.2}$$

である.(6.1) でつくられる A^+, (6.2) でつくられる A はいろいろの状態のものがありうる.

f-f 遷移は,原子の近くにやってきた電子が原子との相互作用で軌道を曲げられるとき光を放出または吸収する過程である.とくにエネルギーの高い電子(や他の荷電粒子)が原子や分子と衝突してしばしばエネルギーの大きな光子を放出してエネルギーを失うことは物質中での高速電子の減速の主要な原因の1つで,**制動放射** (bremsstrahlung) と呼ばれる.

このように原子の束縛を解かれた自由電子を表す波動関数は全空間に広がっていて,束縛状態のときのように絶対値の平方を全空間で積分して1に規格化すればよいというわけにはいかない.もっとも,エネルギー・運動量を確定せず,波束 ((1.8) 式参照) にしてその時間変化を追いかける扱いでは絶対値の平方を積分して1にできないことはないが,通常一定のエネルギーの下での議論をすることが多いので,別の規格化を考えなければならない.そのようなことがあって,いままで連続エネルギー状態の波動関数には触れないできた.本章

ではまず連続状態にある電子の波動関数について述べたあと，光電離などの過程に進むことにする．

6.1 連続エネルギー状態の波動関数

6.1.1 中性原子がつくる場のなかの自由電子

まず中性原子がつくる球対称ポテンシャル $V(r)$ のなかの自由電子を考えよう．束縛状態のときと同様に波動関数は動径関数 $R(r)$ と球面調和関数 $Y_{lm}(\theta, \varphi)$ の積の形に求められる．球面調和関数の性質はよくわかっているので，動径関数について考えよう．水素様原子のときの(2.22)式に相当して $u(r)=rR(r)$ に対する動径方程式は

$$\left[-\frac{\hbar^2}{2m_e}\frac{d^2}{dr^2}+\frac{l(l+1)\hbar^2}{2m_e r^2}+V(r)\right]u_k^l=Eu_k^l$$

である．エネルギー E が正の場合を扱うので $E=k^2\hbar^2/2m_e$，また $2m_e V(r)/\hbar^2 = U(r)$ とおけば

$$\left[\frac{d^2}{dr^2}+k^2-\frac{l(l+1)}{r^2}-U(r)\right]u_k^l=0. \tag{6.3}$$

k と異なる波数 k' に対する同様の式を書く．

$$\left[\frac{d^2}{dr^2}+k'^2-\frac{l(l+1)}{r^2}-U(r)\right]u_{k'}^l=0. \tag{6.4}$$

以下，簡単のために u の添字の l は省略する．(6.4)に左から u_k をかけ，(6.3)に左から $u_{k'}$ をかけて差をとり，r について 0 から ∞ まで積分すると，$u(r)$ は原点で 0 であるから

$$\left[u_k\frac{d}{dr}u_{k'}-u_{k'}\frac{d}{dr}u_k\right]_{r\to\infty}+(k'^2-k^2)\int_0^\infty u_k u_{k'} dr=0 \tag{6.5}$$

が得られる．さて，$r\to\infty$ では(6.3)(6.4)で遠心力も $U(r)$ も速やかに 0 になるから(クーロン力が残るイオンの場合は次節で扱う)，$u_k, u_{k'}$ の漸近形は

$$u_k \propto \sin(kr+\zeta(k)), \qquad u_{k'} \propto \sin(k'r+\zeta(k')).$$

原子が存在しないまったくの自由空間に電子がもち込まれたときは，(6.3)(6.4)で $U(r)=0$ になるが，このとき原点で特異性をもたない解はよく知られていて，$u(r)$ に相当するものは

$$\text{定数} \times r j_l(kr)$$

で与えられる．$j_l(x)$ は球ベッセル関数 (spherical Bessel function) である．この関数の漸近形は

$$j_l(kr) \to \sin\left(kr - \frac{1}{2}l\pi\right) \quad (r \to \infty) \tag{6.6}$$

となる．それで前述の位相 $\zeta(k)$ などを，原子がないときの位相と原子が存在するときの位相の変化とに分けて

$$\zeta(k) = -\frac{1}{2}l\pi + \eta_l(k) \tag{6.7}$$

と書く．$\eta_l(k)$ は**位相のずれ** (phase shift) と呼ばれる．そこで (6.5) の第1項に $u_k, u_{k'}$ の漸近形を入れてみると，0 にはならないが $r \to \infty$ で k, k' の関数として限りなくはげしく振動する．そこで小さい区間内で k または k' について積分すると 0 になる．したがって (6.5) から異なる波数をもつ u 関数は直交することがわかる．一方，$k = k'$ のときは明らかに

$$\int_0^\infty u_k^2 dr \to \infty$$

であるから，積分 $\int_0^\infty u_k u_{k'} dr$ は δ 関数的であることがわかる．そこで u 関数は通常

$$\int_0^\infty u_k(r) u_{k'}(r) dr = \delta(k - k') \tag{6.8}$$

によって規格化される．$\delta(k-k')$ は Dirac の δ 関数で，k または k' について積分されることを期待している表示である．同じことであるが

$$\int_0^\infty dr\, u_k(r) \int_{\Delta k} dk'\, u_{k'}(r) = \begin{cases} 1 & (k \text{ が区間 } \Delta k \text{ に含まれるとき}) \\ 0 & (\text{それ以外}). \end{cases} \tag{6.9}$$

これで動径関数 $u(r) = rR(r)$ の規格化が決まったから，1電子の波動関数全体を考えることにしよう．波動関数 ψ は一般に次のように展開される．

$$\psi = \sum_{lm} Y_{lm}(\theta, \varphi) \left\{ \sum_{n=l+1}^\infty a_{nlm} R_{nl}(r) + \int_{k=0}^\infty dT(k)\, a_{Tlm} R_{Tl}(r) \right\}. \tag{6.10}$$

T としては k 自身（その場合 (6.8) (6.9) の規格化条件がそのまま用いられる）または k の関数，たとえばエネルギー $E = \hbar^2 k^2 / 2m_e$ を用いてもよい．いずれにしても連続エネルギー領域での規格化としては前述の形を拡張した

6.1 連続エネルギー状態の波動関数

$$\int_0^\infty R_{Tl}(r) R_{T'l}(r) r^2 dr = \delta(T - T') \tag{6.11}$$

が用いられる．$R_{Tl}(r)$ と先に求めた $u_k^l = r R_{kl}(r)$ との関係は以下のようにして得られる．(ふたたび添字 l を省略して)

$$\iint R_k R_{k'} r^2 dr dk = 1 = \iint R_T R_{T'} r^2 dr dT = \iint R_T R_{T'} r^2 dr \frac{dT}{dk} dk$$
$$= \iint R_T \left(\frac{dT}{dk}\right)^{\frac{1}{2}} R_{T'} \left(\frac{dT}{dk}\right)^{\frac{1}{2}} r^2 dr dk.$$

これから

$$R_T = \left(\frac{dT}{dk}\right)^{-\frac{1}{2}} R_k \tag{6.12}$$

である．

まず，T として k 自身を用い

$$u_k \to C \sin(kr + \zeta(r))$$

とおいて，(6.9) により規格化因子 C を求めてみよう．まず，$\int_0^\infty u_k u_{k'} dr$ は $k = k'$ 以外では実質的に 0 で $k = k'$ では無限大になることがわかっているので，r の小さいところで u_k が上記の漸近形から外れることによる差は無限大のうちの有限値で無視できる．そこで相対的に小さい項を無視して

$$\int_{k-\Delta k}^{k+\Delta k} dk' \sin(k'r + \zeta(k')) \cong 2 \sin(kr + \zeta(k)) \cdot \frac{\sin(\Delta k \cdot r)}{r}$$

を得る．そこで (6.9) によって

$$2C^2 \int_0^\infty \frac{\sin(\Delta k \cdot r)}{r} dr \cdot \sin^2(kr + \zeta(k))$$

を 1 にすればよい．$\sin^2(\cdots)$ ははげしく振動しているとして平均値 $1/2$ で置き換えると $\pi C^2/2 = 1$，すなわち $C = \sqrt{2/\pi}$ が得られる．したがって，求める規格化された動径関数の漸近形は

$$R_k = \frac{u_k}{r} \to \sqrt{\frac{2}{\pi}} \frac{1}{r} \sin(kr + \zeta(k)) \tag{6.13}$$

となる．次に，T としてエネルギー E を用いるなら，$\dfrac{dE}{dk} = \dfrac{\hbar^2 k}{m_e}$ だから (6.12) により

$$R_E(r) \to \sqrt{\frac{2m_e}{\pi k}} \frac{1}{\hbar r} \sin(kr + \zeta(k)) \qquad (6.14)$$

となる．束縛状態についてはもちろん

$$\int_0^\infty R_{nl}(r) R_{n'l}(r) r^2 dr = \delta_{nn'}$$

である．束縛状態の関数と自由状態の関数とは直交するから，波動関数 ψ が与えられたときの展開係数は次式によって計算される．

$$a_{nlm} = \int_0^\infty r^2 dr \int_0^\pi \sin\theta \, d\theta \int_0^{2\pi} d\varphi \, \psi R_{nl}(r) Y_{lm}^*(\theta, \varphi), \qquad (6.15\,\mathrm{a})$$

$$a_{Tlm} = \int_0^\infty r^2 dr \int_0^\pi \sin\theta \, d\theta \int_0^{2\pi} d\varphi \, \psi R_{Tl}(r) Y_{lm}^*(\theta, \varphi). \qquad (6.15\,\mathrm{b})$$

なお，このとき

$$\int |\psi|^2 d\mathbf{r} = \sum_{lm} \left(\sum_n |a_{nlm}|^2 + \int dT |a_{Tlm}|^2 \right)$$

はシュレーディンガー方程式が保証する粒子数保存により一定である．たとえば，1電子なら1に規格化できる．$|a_{nlm}|^2$ が nlm 状態に電子がある確率を表すのに相当して $dT|a_{Tlm}|^2$ は T が T と $T+dT$ の間にあり，lm が指定された状態にある確率を表す．

6.1.2 イオンがつくる場のなかの電子

中性原子の電離によって飛び出した電子は背後にイオンを残すのでクーロン場のなかの運動を考えなければならない．ここでは途中の議論は省略するが，前節からの大きな変更は，クーロン力が長距離力で遠方で速やかに小さくなってくれないために u_k に相当する関数の漸近形で，位相が $\zeta(k)$ のように定数にならず r の関数として残る点にある．具体的には

$$u_k \to C \sin\left(kr + \frac{Z}{ka_0} \log 2kr + \zeta(k)\right)$$

の形をもつ．Z はイオンの電荷数である．この関数に (6.9) の規格化条件をあてはめて係数 C を求めると，(6.13) を求めたときと同様の手続きになる．クーロン場の影響が入っている Z を含む位相は $\sin^2(\cdots)$ を平均値で置き換えたところで消えてしまうから，結果は前とまったく同じである．すなわち，規格化されたクーロン関数は

$$R_k = \frac{u_k}{r} \to \sqrt{\frac{2}{\pi}}\frac{1}{r}\sin\left(kr + \frac{Z}{ka_0}\log 2kr + \zeta(k)\right) \tag{6.16}$$

となる．

6.1.3　平面波の規格化

ついでに平面波の規格化についても述べておく．原子の光電離で出る電子の波動関数は，選択則によって限られた範囲内の軌道角運動量でなければならないが，逆過程の再結合では遠方から電子がやってくるので事情が違う．遠方の点源から出た電子を記述する波動関数は，はじめは球面波であっても距離が大きくなるにつれて波面の曲率はどんどん小さくなり，標的原子から見ると無限に広がる平面波とほとんど同じである．古典的にいうと，入射電子の初期軌道としては，標的の原子核からいろいろな距離のところを狙ってやってくる無数の，たがいにほぼ平行な軌道の可能性がある．さらに言い換えると，標的から見てさまざまな角運動量状態がまじっていることになる．それで平面波は角運動量の確定した波の重ね合わせとして書くことができる．物理数学でよく知られているように

$$\begin{aligned}\exp(i\boldsymbol{k}\cdot\boldsymbol{r}) &= \sum_l (2l+1)i^l j_l(kr) P_l(\hat{\boldsymbol{k}}\cdot\hat{\boldsymbol{r}}) \\ &= 4\pi\sum_{lm} i^l j_l(kr) Y_{lm}^*(\hat{\boldsymbol{r}}) Y_{lm}(\hat{\boldsymbol{k}})\end{aligned} \tag{6.17}$$

のように lm の確定した部分波に分解される．

ここではこの平面波 $\exp(i\boldsymbol{k}\cdot\boldsymbol{r})$ に適当な係数をかけて規格化しようというのである．まず簡単のために1次元の e^{ikx} について考える．方針は(6.9)と同じである．

$$\int_{k-\Delta k}^{k+\Delta k} e^{ik'x} dk' = \frac{1}{ix}[\exp(i(k+\Delta k)x) - \exp(i(k-\Delta k)x)] = \frac{2e^{ikx}}{x}\sin(\Delta k\cdot x)$$

であるから

$$\int_{-\infty}^{\infty}(e^{ikx})^* dx \int_{k-\Delta k}^{k+\Delta k} e^{ik'x} dk' = 2\int_{-\infty}^{\infty}\frac{\sin(\Delta k\cdot x)}{x}dx = 2\pi$$

となり，したがって規格化すれば $(2\pi)^{-1/2}\exp(ikx)$ となる．3次元の平面波は x,y,z 方向の平面波の積であるから

$$(2\pi)^{-\frac{3}{2}}\exp(i\boldsymbol{k}\cdot\boldsymbol{r}) \equiv f_{\boldsymbol{k}}(\boldsymbol{r}) \tag{6.18}$$

が規格化された平面波である．すなわち，$\boldsymbol{k}, \boldsymbol{k}'$ の3成分を (k_x, k_y, k_z), (k_x', k_y', k_z') として

$$\int f_{\boldsymbol{k}}^*(\boldsymbol{r}) f_{\boldsymbol{k}'}(\boldsymbol{r}) d\boldsymbol{r} = \delta(\boldsymbol{k} - \boldsymbol{k}')$$
$$= \delta(k_x - k_x')\delta(k_y - k_y')\delta(k_z - k_z')$$

で，$\boldsymbol{k}$ の全空間で積分すると1になる．もし，k_x, k_y, k_z でなく，エネルギー E と波の進行方向(ベクトル $\boldsymbol{k}$ の方向)について規格化された平面波がほしければ，変数変換式

$$\iiint dk_x dk_y dk_z \cdots = \int d\hat{\boldsymbol{k}} \int \left(\frac{m_e}{\hbar^2}\right)^{\frac{3}{2}} \sqrt{2E}\, dE \cdots$$
$$= \int d\hat{\boldsymbol{k}} \int \frac{m_e k}{\hbar^2} dE \cdots$$

を考慮して，

$$\left(\frac{m_e k}{\hbar^2}\right)^{\frac{1}{2}}(2\pi)^{-\frac{3}{2}}\exp(i\boldsymbol{k}\cdot\boldsymbol{r}) = \frac{(m_e^2 v)^{1/2}}{h^{3/2}}\exp(i\boldsymbol{k}\cdot\boldsymbol{r}) \tag{6.19}$$

とすればよい．v は電子の速さである．

6.2 光　電　離

6.2.1 光電離の断面積

束縛状態で成り立つ関係式のなかには適当な翻訳をすることで電離状態を含む関係式に変形できるものがある．ここでは，さきに b-b 遷移に対して導いた光吸収断面積の終状態を電離状態と読みかえることによって光電離断面積を導こう．b-b 吸収断面積は (4.119) (4.174) によって次のように与えられる．

$$a(\nu) = \frac{2\pi}{\hbar^2} \frac{e'h\nu}{c} \frac{1}{3g_m} \sum_{i,j} |\langle i|\sum_s \boldsymbol{r}_s|j\rangle|^2 \delta\left(\nu - \frac{E_n - E_m}{h}\right).$$

これは

$$A(j) + h\nu \longrightarrow A(i)$$

という吸収過程の断面積を，始状態 m (g_m 重に縮退)に属するすべての j について平均し，終状態 n に属するすべての i について加えたものである．式中で $e'^2 = e^2/4\pi\varepsilon_0$ である．これを b-f 遷移に翻訳するには終状態をどう記述する

か決めておかなければならない．たとえば，出ていく電子の角運動量を指定し量子数 l, m で表し，束縛状態の主量子数に代わるものとして十分遠方へ行ったときの運動エネルギー $\varepsilon = \hbar^2 k^2 / 2m_e$ を用い，残りのイオンの状態を改めて i と書くことにすると

$$A(j) + h\nu \longrightarrow A^+(i) + e^-(\varepsilon, l, m)$$

という現象を扱うことになり，エネルギーが ε と $\varepsilon + d\varepsilon$ の間にある電子が飛び出す過程の断面積は b-b 遷移に対する上記の公式から次のように導かれる．

$$da(\nu) = \frac{8\pi^3 e'^2 \nu}{hc} \frac{1}{3g_m} \sum_{l,m} \sum_{i,j} |\langle \varepsilon, l, m, i | \sum_s \boldsymbol{r}_s | j \rangle|^2 \delta\left(\nu - \frac{I+\varepsilon}{h}\right) d\varepsilon. \quad (6.20)$$

$\varepsilon = h\nu - I$ (I は電離エネルギー) の関係を δ 関数の中身を書くのに用いた．また，終状態で出ていく電子の波動関数の動径部分は ε に関して規格化された関数 $R_{\varepsilon l}(r)$ を用いる．(6.20) を ε で積分すると，δ 関数の積分から h が出るから

$$a(\nu) = \frac{8\pi^3 e'^2 \nu}{c} \frac{1}{3g_m} \sum_{l,m} \sum_{i,j} |\langle \varepsilon, l, m, i | \sum_s \boldsymbol{r}_s | j \rangle|^2 \quad (6.21)$$

となる．実験では，放出された電子の出ていく方向とエネルギーを，指定した方向に置いた検出器で測定するのが普通である．出ていく電子の l, m を指定せず ε と出ていく方向で終状態を指定しようとすれば，それに応じた規格化された関数を遷移行列要素の計算に用いなければならず，上式の $\sum_{l,m}$ に相当するものは出ていく方向についての積分になる．

話を具体的にすると，出ていく電子の波動関数の漸近形は

$$\psi_k \to \exp(i\boldsymbol{k}\cdot\boldsymbol{r}) + \frac{1}{r} f(\hat{\boldsymbol{r}}) \exp(-ikr) \quad (6.22)$$

の形になる．これは，波数 k の電子がイオン周辺に集まってくる内向き球面波で入射し，散乱された結果，特定の $\boldsymbol{k}$ の方向へ平面波となって出ていくことを表している．$f(\hat{\boldsymbol{r}})$ は球面波の振幅が，やってくる方向 ($\hat{\boldsymbol{r}}$ は $\boldsymbol{r}$ 方向の単位ベクトル) によって一般に異なることを示す．簡単のため遠方まで残る，イオンによる平面波や球面波のゆがみを無視して書いた (あとで示す式ではこれを考慮に入れる)．束縛状態からこのような散乱波へ飛び移るのが電離である．(6.22) のような漸近形をもつ波動関数を，エネルギーと出ていく方向について規格化しようとすれば，(6.19) と同じく

$$\frac{(m_e^2 v)^{1/2}}{h^{3/2}}\psi_k \tag{6.23}$$

とすればよいことが示されるので，(6.22) を終状態として遷移行列要素を計算したときの断面積の公式は次のようになる．

$$a(\nu)=\frac{8\pi^3 m_e^2 e'^2}{3g_m h^3 c}\sum_{i,j}(\nu\nu)\int|\langle \bm{k},i|\sum_s \bm{r}_s|j\rangle|^2 d\hat{\bm{k}}. \tag{6.24}$$

v は出ていく電子の速さである．

ここで簡単な例，すなわち閉殻構造のコアのまわりに 1 個だけ電子があるような原子について，さらに具体的な式を示そう．問題の電子とコアの間の交換効果は無視し，スピンも不変だからいちいち書かない．始状態は

$$\psi_{nlm}=R_{nl}(r)Y_{lm}(\theta,\varphi)\times(\text{コアの波動関数}) \tag{6.25}$$

で近似する．終状態では

$$\psi_k=\sum_{l'=0}^{\infty}(2l'+1)i^{l'}\exp(-i\eta(k,l'))R_{kl'}(r)P_{l'}(\cos\theta')$$
$$\times(\text{コアの波動関数}) \tag{6.26}$$

の形となる．ただし $R_{kl'}$ は漸近的に次のような形になるように選んでおく．そうすれば (6.26) は遠方で (6.22) の形をもつ散乱波の関数となり，$\bm{k}$ 方向に出ていく電子を表してくれる．

$$R_{kl'}\to\frac{1}{kr}\sin\left(kr-\frac{1}{2}l'\pi+\eta(k,l')+\alpha\log 2kr\right). \tag{6.27}$$

$\alpha(=Z/ka_0)$ を含む項は残されるコアが電荷数 Z のイオンであるとき，クーロン力が長距離力であるための寄与である．また (6.26) の θ' は電子が出ていく方向 (Θ,Φ) と位置ベクトル（行列要素計算のときの積分変数）$\bm{r}(r,\theta,\varphi)$ とのなす角である．したがって，よく知られた公式により

$$(2l'+1)P_{l'}(\cos\theta')=4\pi\sum_{m'}Y_{l'm'}^*(\theta,\varphi)Y_{l'm'}(\Theta,\Phi) \tag{6.28}$$

と書かれるから，これを (6.26) に代入して，それを用いて行列要素の計算を行う．計算には (4.130)(4.134) で与えてある公式が役立ち，電子の出ていく方向で積分した結果は

$$\int|\langle\bm{k}|\bm{r}|nlm\rangle|^2 d\hat{\bm{k}}=(4\pi)^2\left\{\frac{l+1}{2l+1}(R_{nl}^{k,l+1})^2+\frac{l}{2l+1}(R_{nl}^{k,l-1})^2\right\} \tag{6.29}$$

となる．ここで $R_{nl}^{kl'}=\int_0^{\infty}R_{kl'}(r)R_{nl}(r)r^3 dr$ である．

6.2 光 電 離

結局，光電離断面積は

$$a(\nu) = \frac{16\pi^2 m_e^2 e'^2}{3\hbar^3 c}(\nu\nu)\left\{\frac{l+1}{2l+1}(R_{nl}^{k,l+1})^2 + \frac{l}{2l+1}(R_{nl}^{k,l-1})^2\right\}C \tag{6.30}$$

となる．C は残されたコアの波動関数が電離に伴って少し変わるために生ずる因子 (始状態と終状態の波動関数の重なり積分の平方) で，1 に近い．

実際の原子の光電離断面積の数値例についてはのちに見ることにする．

ここで振動子強度との関係を示しておこう．(4.80)(4.81) で導入された b-b 遷移に対する振動子強度は，$a_0^2 \mathrm{Ry} = \hbar^2/2m_e$ の関係を用いると

$$f_{mn} = \frac{\varDelta E}{\mathrm{Ry}} \frac{1}{3g_m} \sum_{i,j} \left|\left\langle n,i \left|\frac{1}{a_0}\sum_s \boldsymbol{r}_s\right| m,j\right\rangle\right|^2$$

と書ける．$\varDelta E = E_n - E_m$ は励起エネルギーである．この形ならこの量が無次元であることが明瞭である．この式を励起の終状態がエネルギーの連続スペクトル領域にある場合に拡張すると，

$$\frac{df}{d\varepsilon}d\varepsilon = \frac{\varDelta E}{\mathrm{Ry}} \frac{1}{3g_m} d\varepsilon \sum_{i,j} \int \left|\left\langle \hat{\boldsymbol{k}},\varepsilon,i \left|\frac{1}{a_0}\sum_s \boldsymbol{r}_s\right| m,j\right\rangle\right|^2 d\hat{\boldsymbol{k}} \tag{6.31}$$

となる．これを用いると，吸収断面積は

$$a(\nu) = \frac{\pi h e'^2}{m_e c}\frac{df}{d\varepsilon} = 4\pi^2 \alpha a_0^2 \frac{df}{d(\varepsilon/\mathrm{Ry})}, \qquad e'^2 = \frac{e^2}{4\pi\varepsilon_0} \tag{6.32}$$

と書くことができる．

具体例の最初に最も簡単な原子である水素様原子をとりあげよう．これについては前期量子論の時代に H. A. Kramers (1923) が対応論的手法で光電離の確率を出し，量子力学ができてからは Gaunt が双極子近似での断面積を求めている[1]．Gaunt の得た断面積は次のような形をしている．

$$a(n \to \text{電離};\nu) = \frac{2^6\pi^4 m_e Z^4 e'^{10}}{3\sqrt{3}\hbar^6 c\nu^3 n^5}g$$

$$= \frac{2^6\pi}{3\sqrt{3}}\alpha a_0^2 \frac{Z^4}{n^5}\left(\frac{\mathrm{Ry}}{h\nu}\right)^3 g. \tag{6.33}$$

g を除いたものが Kramers の得ていた公式になっている．g を**ガウント因子** (Gaunt factor) と呼ぶ．Gaunt は二三の特別な場合について g の値を計算している．放出される電子の始状態での結合エネルギー，自由になってからの運動エネルギーのどちらもが十分小さいとき $g \approx 1$ であることが示されている．

---

[1] J. A. Gaunt, *Phil. Trans. Roy. Soc.* **229**, A200 (1929).

水素様原子の放射過程については A. Sommerfeld のくわしい議論があるが，そこで示された公式をもっと数値計算に便利な形に書き換えたうえで f-f, b-f, b-b 遷移のガウント因子や振動子強度の計算をしたのは Karzas と Latter である[2]．b-f 遷移についてはさらに Burgess が詳細な計算を行った[3]．主量子数 n が 20 までの範囲で，すべての状態 nl からの電離断面積をそれぞれの電離エネルギーのおよそ 42 倍の光子エネルギーまで計算をした．水素の 1s, 2s, 2p からの電離断面積を図 6.1 に示す．併せてヘリウム原子（基底状態）の断面積も示した．光電離が起こるためには入射光子のエネルギーは原子の電離エネルギー以上でなければならない．この，ぎりぎりのエネルギーは光電離の**しきい値エネルギー**(threshold energy) と呼ばれる．(6.33) 式を見てもわかるように電離は光子のエネルギーが電離エネルギーを超えたとたんに始まり，さらにエネルギーが増すと断面積は単調に減少している．しかし，どの原子でもこのように単調に変化するとは限らない．しきい値のあと，いったん増加して極大を経て減少に移る場合もある．断面積がほとんど 0 になるような深い谷をもつ場合もある．ヘリウムでは図 5.13 で見たような複雑な構造が現れるが，図 6.1 ではこれをならしてしまってある．3 個以上の電子をもつ原子では必然的に電子は複数の電子殻にわたって収容されている．どの電子殻から電子を放出させるかによって電離エネルギーが異なるから，まず最低の電離エネルギー（普通にその原子の電離エネルギーと呼んでいるもの）のところで電離が始まるが，次の電離エネルギーのところで新しい殻からの電離が加わる．したがって，断面積もそこで不連続的に増加する．そのような多電子原子の例として酸素原子の電離断面積 (Kennedy and Manson[4] の計算値) を図 6.2 に示す．

(6.32) に示されているように，光電離断面積は定数因子を除き振動子強度と同じである．振動子強度が，放出される電子のエネルギーの関数としてどのように振る舞うか，それをどのような解析的な式で表せるかを論じ，実測値の内外挿などに役立てようという研究が Dillon と Inokuti (井口道生) によって行われている[5]．

---

[2] W. J. Karzas and R. Latter, *Astrophys. J.* suppl. **6**, 167 (1961).
[3] A. Burgess, *Mem. Roy. Astron. Soc.* **69**, 1 (1965).
[4] D. J. Kennedy and S. T. Manson, *Planet. Space Sci.* **20**, 621 (1972).
[5] M. A. Dillon and M. Inokuti, *J. Chem. Phys.* **74**, 6271 (1981) ; **82**, 4415 (1985).

図 6.1 H, He 原子の光電離断面積

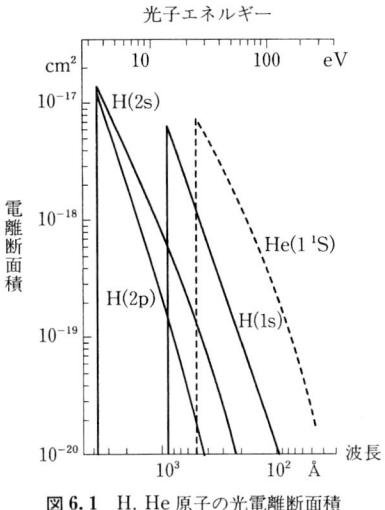

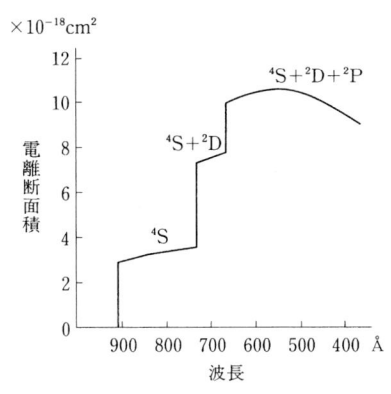

図 6.2 酸素原子の光電離断面積
^4S 等はあとに残る O^+ の状態.

　本節ではもっぱら1つの電子殻からの電離の全断面積を与える公式を導いてきた．前述のように複数の電子殻が寄与するときはどの殻から電子が飛び出すか，言い換えると後に残されるイオンがどのような電子配置をもつかに応じて計算をし，加え合わせなければならない．実験的には飛び出した電子のエネルギー ε を測定することによってどの殻から飛び出したかを区別することができる．

　次に光電子の角分布，すなわち電子が飛び出す方向分布が必要なこともある．とくに入射光が偏光であるとき，かたよりの方向と電子が飛び出す方向の間の関係を知りたい．その場合は (6.20) でなく §4.4.3 で b-b 遷移について見たように，もうひとつ前に遡って

$$\frac{1}{3}|\boldsymbol{r}_{ij}|^2 \longrightarrow |\hat{\boldsymbol{\varepsilon}}\cdot\boldsymbol{r}_{ij}|^2$$

として，偏光方向 $\hat{\boldsymbol{\varepsilon}}$ を残した計算をする必要がある．ここでは途中の議論は省略して結果だけを示す．電子がある方向の単位立体角内に出ていく微分断面積は（立体角を Ω で表す．双極子近似がよいとする）

$$\frac{da(\nu)}{d\Omega}=\frac{a(\nu)}{4\pi}[1+\beta P_2(\cos\theta)] \tag{6.34}$$

で与えられる[6]．θ は光の電場ベクトルと電子放出方向のなす角，β は個々に計算，または測定して決められる定数である．入射光がかたよっていないときは上式を偏光方向で平均して，

$$\frac{da(\nu)}{d\Omega} = \frac{a(\nu)}{4\pi}\left[1 - \frac{1}{2}\beta P_2(\cos\Theta)\right] \tag{6.35}$$

を得る．Θ は光の入射方向と電子の放出方向のなす角である．β は一般に $+2$ と -1 の間の値をもつ．He など相対論効果が小さい軽い原子の状態は LS 結合方式で記述されるが，この場合 s 軌道からの電離では，$\beta=2$ が理論的に予測され実験結果もそうなっている．重い原子，s 軌道以外からの電離では β は入射光子のエネルギーとともに変化する．Ne の 2p 軌道，Ar の 3p 軌道からの電離での β を図 6.3 に示す．これらは Amusia たちの計算によるが[7]，実測とほぼ一致している．

原子の光電離の実験法，測定結果，理論との比較などについては Samson の review[8] がある．

以上では 1 つの光子を吸収して 1 つの電子が飛び出す場合だけを見てきた．入射光の強度が著しく大きくなると §4.4.8 で見たように多光子過程が可能となるが，この話題についての説明は省く．

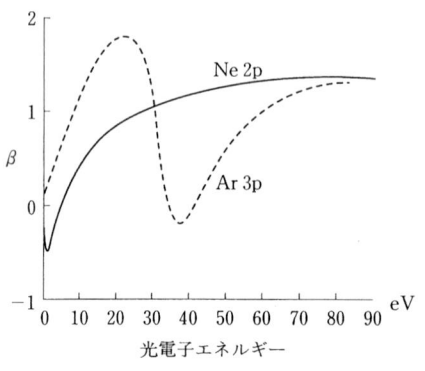

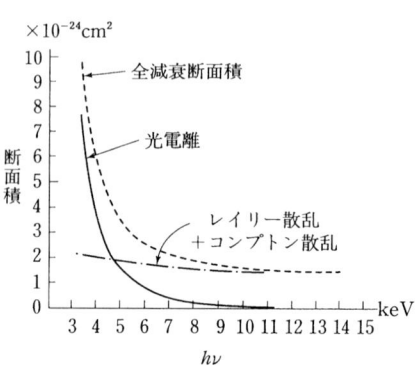

図 6.3　Ne, Ar からの光電子の角分布パラメーター β

図 6.4　He による X 線の減衰断面積

---

[6] P. Auger and F. Perrin, *J. de Phys.* 8, 93 (1927); C. N. Yang, *Phys. Rev.* **74**, 764 (1948); J. Cooper and R. N. Zare, *J. Chem. Phys.* **48**, 942 (1968).
[7] M. Ya Amusia, N. A. Cherepkov and L. V. Chenysheva, *Phys. Lett.* **40A**, 15 (1972).
[8] J. A. R. Samson, *Handbuch der Physik*, *XXXI* (Springer-Verlag, 1982) 123.

He で見ると，光子エネルギーが keV 領域に入ると光電離断面積は急速に小さくなる．この領域での光の減衰にはレイリー散乱とコンプトン散乱という散乱現象が重要になる．その様子を図 6.4 に示す (Y. Azuma (東 善郎) 他[9]による)．さらにエネルギーが高くなると，原子番号にもよるが U で数 MeV，軽元素で数十 MeV 以上で対生成 (pair creation) が優勢となる．すなわち，電子・陽電子対をつくり出すことに光子のエネルギーが使われるようになる．入射光の波長がきわめて短く，飛び出す電子の速度が大きくなると，光の波長が原子にくらべて十分大きいといえなくなり双極子近似からの外れが問題になるし，相対論的扱いも必要になる．これらについては，たとえば Bethe and Salpeter の本 [1] を参照されたい．

6.2.2 自動電離状態の寄与

多電子原子の光電離は 2 通りの異なる経路で起こりうる．1 つは光を吸って 1 つの電子が直ちに飛び出すもので直接過程による電離である．前節で論じてきたのがこれにあたる．もう 1 つは 2 電子励起状態がつくられるもので，平均的にはその状態の寿命だけたったところでエネルギーが 1 つの電子に集中してそれが飛び出すという 2 段階を経由する過程である．光子のエネルギーが特定の狭い領域内にあるときに，このような自動電離状態が励起される可能性がある．2 つの接近したスリットを通ってきた光波が干渉し合うように，量子力学では 2 つの経路を通ってきた電子波は干渉し合う．その結果が図 5.13 のような構造となるのであるが，これについては第 5 章で述べたように Fano の議論がある．その概略を説明しよう．

2 電子励起状態を表す関数を ϕ とする．この状態における系のハミルトニアンの期待値を $\langle \phi | H | \phi \rangle = E_\phi$ とする．次にエネルギー E における系の電離状態を表す関数を ψ_E とし，次の式で規格化する．

$$\langle \psi_{E''} | H | \psi_{E'} \rangle = E' \delta(E'' - E'). \tag{6.36}$$

2 電子励起状態がいつまでも存続せず自動電離するということは，ハミルトニアン H の下で ϕ と連続エネルギー状態を表す関数 ψ_E とがまじり合うことを

---

[9] Y. Azuma, et al., *Phys. Rev.* **A51**, 447 (1995).

意味する. そこで H の非対角要素を
$$\langle \psi_{E'}|H|\phi\rangle = V_{E'} \tag{6.37}$$
とおく. エネルギー E_ϕ の近傍では2電子励起状態と電離状態の両方が存在し, しかも両者の間に結びつきがあるので, ϕ だけでは H の固有関数にならない. H の固有関数としてはこれらの一次結合
$$\Psi_E = a(E)\phi + \int dE' \psi_{E'} b_{E'}(E) \tag{6.38}$$
でよい近似が得られると仮定する. これを波動方程式 $H\Psi_E = E\Psi_E$ へ代入, 左から ϕ^* または $\psi_{E'}{}^*$ をかけて電子系の位置座標で積分すると次式を得る.
$$E_\phi a + \int dE' V_{E'}{}^* b_{E'} = Ea, \tag{6.39a}$$
$$V_{E'} a + E' b_{E'} = E b_{E'}. \tag{6.39b}$$
まず, 第2式を満たす $b_{E'}$ の一般形は
$$b_{E'} = \left(\frac{P}{E-E'} + z(E)\delta(E-E')\right) V_{E'} a \tag{6.40}$$
で, P は主値を表す. $z(E)$ はすぐあとで決まるが, 物理的意味は自由電子の波動関数の遠方での位相変化である. すなわち, $\psi_{E'}$ が漸近的に $\sin(k(E')r+\zeta)$ に比例するとすれば, (6.40) を (6.38) に入れたとき $\int dE' \psi_{E'} b_{E'}$ は
$$-\pi \cos(k(E)r+\zeta) V_E a + z(E)\sin(k(E)r+\zeta) V_E a$$
$$\propto \sin(k(E)r+\zeta+\varDelta)$$
に比例する. ただし,
$$\varDelta = -\tan^{-1} \frac{\pi}{z(E)}. \tag{6.41}$$
具体的に $z(E)$ を決めるには (6.40) を (6.39a) に入れるとよい. すると
$$E_\phi + P\int dE' \frac{|V_E|^2}{E-E'} + z(E)|V_E|^2 = E$$
となる. P を含む項を $F(E)$ と書くことにすれば,
$$z(E) = \frac{E - E_\phi - F(E)}{|V_E|^2} \tag{6.42}$$
と書ける. $|V_E|^2$ はエネルギーの次元をもち, $z(E)$ は無次元である. 次に, ϕ が ψ_E と直交すること, および (6.38) の Ψ_E がエネルギーに関して規格化され

6.2 光電離

ているという条件から

$$\delta(\bar{E}-E)=\langle\Psi_{\bar{E}}|\Psi_E\rangle=a^*(\bar{E})a(E)+\int dE' b_{E'}{}^*(\bar{E})b_{E'}(E). \tag{6.43}$$

ここへ (6.40) を代入し,若干の計算の結果 $a(E)$ が決まる.

$$|a(E)|^2=\frac{1}{|V_E|^2\{\pi^2+z^2(E)\}}=\frac{|V_E|^2}{\{E-E_\phi-F(E)\}^2+\pi^2|V_E|^2}. \tag{6.44}$$

この表式を見ると,E_ϕ と思っていた 2 電子励起状態のエネルギーが,連続エネルギー状態とのまじり合い(配置混合)があるために $F(E)$ だけずれ,半値幅 $\Gamma=\pi|V_E|^2$ に広がっていることがわかる.幅と寿命の関係から,状態 ϕ がつくられたら,平均寿命 $h/2\pi|V_E|^2$ で自動電離する.上式から $a(E)$ が決まり,それを (6.40) に入れて b_E が決まるからこれで系の波動関数 Ψ_E が決まる.

$$a=\frac{\sin\varDelta}{\pi V_E}, \qquad \varDelta=-\tan^{-1}\frac{\pi|V_E|^2}{E-E_\phi-F(E)} \tag{6.45 a}$$

$$b_{E'}=\frac{V_{E'}}{\pi V_E}\frac{\sin\varDelta}{E-E'}-\cos\varDelta\cdot\delta(E-E'). \tag{6.45 b}$$

原子が外界との相互作用(光吸収とか電子衝撃とかによる)で Ψ_E 状態に励起されると,これは 2 電子励起状態の励起と直接電離の両方を含んでいて,そこから干渉効果も出る.一般に始状態(これを i で表そう)から Ψ_E への遷移は適当な演算子 T の行列要素 $\langle\Psi_E|T|i\rangle$ の平方に比例する.双極子近似の光吸収なら T は双極子モーメントである.Ψ_E の式を代入して

$$\langle\Psi_E|T|i\rangle=\frac{1}{\pi V_E{}^*}\langle\varPhi|T|i\rangle\sin\varDelta-\langle\psi_E|T|i\rangle\cos\varDelta. \tag{6.46}$$

ただし,

$$\varPhi=\phi+P\int dE'\frac{V_{E'}\psi_{E'}}{E-E'} \tag{6.47}$$

は配置混合の結果 ϕ が変形したものである.

$E=E_\phi+F$ は 2 電子励起状態がつくられる共鳴エネルギーであるが,$\sin\varDelta$,$\cos\varDelta$ の一方は $E-E_\phi-F$ の偶関数,他方は奇関数になるから,(6.46) により共鳴の両側で異なる干渉が生じる.その様子を見るため,Fano は直接電離しかないときの行列要素 $\langle\psi_E|T|i\rangle$ で (6.46) を割った比 R を求め,それを平方して干渉効果の一般形を導いた.R は

$$R = \frac{\langle \Phi | T | i \rangle}{\pi V_E^* \langle \psi_E | T | i \rangle} \sin\varDelta - \cos\varDelta$$

となるから，$\sin\varDelta$ の係数を q と書くことにし，また $\cot\varDelta = -\varepsilon$ とおけば，$\sin\varDelta = 1/\sqrt{1+\varepsilon^2}$，$\cos\varDelta = -\varepsilon/\sqrt{1+\varepsilon^2}$ となるから，$R = (q+\varepsilon)/\sqrt{1+\varepsilon^2}$ となり，その平方は

$$|R|^2 = \frac{(q+\varepsilon)^2}{1+\varepsilon^2} \tag{6.48}$$

で与えられる．なお，上述の定義 $\varepsilon = -\cot\varDelta$ に (6.45 a) の $\varDelta$ を入れることにより，ε は共鳴エネルギーを基準として測った系のエネルギー E を無次元化したものであることがわかる．

$$\varepsilon = \frac{E - E_\phi - F(E)}{\pi V_E} = \frac{E - E_\phi - F(E)}{\varGamma/2}. \tag{6.49}$$

パラメター q の値により断面積に現れる共鳴構造の形がさまざまに変わる様子を図 6.5 に示す．ただし，1 つの共鳴構造の見られる範囲内で q，$F(E)$，幅 $\varGamma$ は定数と見なせるとしている．曲線は $\varepsilon = -q$ で極小（値は 0）をもち，$\varepsilon = 1/q$ で極大 $(1+q^2)$ をもつ．$q \geqq 0$ の場合だけを図示したが，q が負のときは図形が左右逆になる．

以上説明してきたのは単一の 2 重励起状態がある場合であった．連続エネルギースペクトルのなかに埋もれて複数の二重励起状態があるとき，または二重

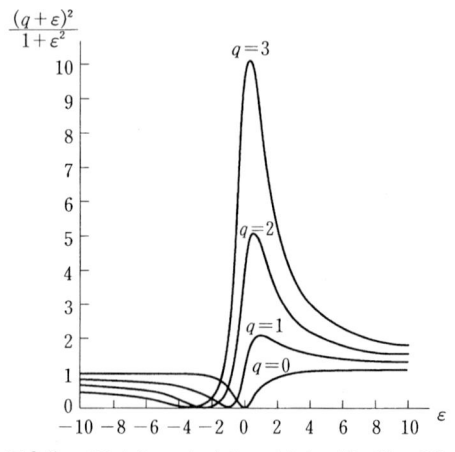

図 6.5　パラメター q によるスペクトル線の形の変化

励起状態は1つだが電離のあとに残るイオンの状態が異なるのに応じて複数の連続状態があるときなどについては Fano の論文でも若干議論している．共鳴準位が密に並んでいるとき，それぞれの幅のなかに他の準位が入り込むようなときはさらに進んだ取り扱いが必要となる．

6.2.3 多 重 電 離

いままで光子を吸収して1つの電子が飛び出すとしてきた．しかし，1つの光子を吸収して2電子励起状態がつくられたように，たとえば He の1光子吸収で1つの電子が飛び出し，同時に残りの電子が励起されるとか，2電子が同時に飛び出すことも可能である．現に He での2重電離は，吸収される光子のエネルギーによっても変わるが，通常の1電子電離の数％くらいの頻度で起こっている．このような1光子2電子遷移は電子相関によるもので，2電子遷移について理論値を実測値と比較することは理論の波動関数がどの程度まで正確に電子相関を記述しているかを見る上でも興味のあるところである．

最も素朴な考えの1つは§5.5.1の終わりで簡単に述べた瞬間近似である．§3.4.2での最も簡単な He の変分計算では，基底状態の2電子はそれぞれ相手の電子による遮蔽で核電荷が2単位でなく27/16単位であるように感じ，そのような環境下での水素様軌道に入っているという近似的描像を得た．いま光を吸収して1つの電子が一瞬のうちに自由電子となって原子から飛び出したとすると，もう1つの電子はまるまる2単位の電荷をもつ核のまわりに自分だけが残されていると感じるようになる．一瞬前の1電子軌道関数を電離後の He^+ の波動関数で展開すると，さまざまな状態がまじっていることになる．すなわち He^+ のいろいろな状態に電子を見いだす確率が，いわゆる重なり積分の平方で計算される．飛び移る先の状態のなかには離散状態だけでなく連続エネルギー状態も含まれる．すなわち，はじめの電子が飛び出したショックでもう1つの電子も飛び出して2重電離を実現する可能性が含まれる．このようなモデルは時としてシェイクオフ (shake off, まだ適当な訳語が定着していない) という言葉で表現されることがある．もちろん2電子が飛び出すには第2の電子がそれに必要なエネルギーを第1の電子からもらわなければならないから現実はもっと複雑である．別のモデルとして1つの電子がまず光を吸ってエネル

ギーを獲得し,飛び出す際にもう1つの電子をけとばしていくという2段階メカニズムも考えられる.さらに,そもそも原子の厳密な波動関数であれば電子相関が完全に取り入れられていて,2電子の座標に分離できないものになっている.このように電子相関をとり入れた基底状態の関数を用いて電気双極子(2電子の寄与の和)の遷移行列要素を計算すると0でない答えが出てくる.このようにいろいろなモデルが考えられるが,そのうちのどれが最も真実に近いか,またはすべてが寄与するとしたらどれが最も重要かを論ずるのはじつは意味がない.Hino(日野健一)らが多体摂動論で計算したところによると,ほぼ上の3つの考えに相当する寄与がすべて含まれているが,遷移行列の計算に双極子モーメントの長さ,速度,加速度(§4.4.3)のどの方式を用いるかで相対寄与がまったく変わってしまうのである[10].しかしすべてを取り入れて計算すると結果は同じになる.つまりこの現象をいろいろなメカニズムの寄与へ分解しようというのは無意味である.光子エネルギーが10 keV以上では2重電離断面積の1電子電離断面積に対する比はほぼ一定になり,1.6%ほどである.これはLevinたちの実験[11]ともよく合っている.

同じ結果は他の計算方法でも得られている.その1つを紹介しよう.KabirとSalpeterはHeの1電子電離で残りがHe$^+$(1s)になる過程の振動子強度がエネルギーの高い方の極限で次の形になることを示した[12].

$$\frac{df^+}{d\varepsilon} \sim C(1s)(2\varepsilon)^{-7/2}\left(1-\frac{2\pi}{(2\varepsilon)^{1/2}}\right). \qquad (6.50)$$

εは飛び出す電子の運動エネルギーを原子単位で表したもの,$C(1s)$は比例定数である.DalgarnoとStewartは電気双極子モーメントの行列要素の計算に加速度方式(§4.4.3)を用い,一般に入射光子エネルギーが高い極限では残りのイオンがns状態にあるときの比例計数として次のような簡単な式が得られることを示した[13].

$$C(n\mathrm{s}) = 512\frac{\pi Z^2}{3}|\langle\Psi(\boldsymbol{r}_1,\boldsymbol{r}_2)|\delta(\boldsymbol{r}_2)|u_{n\mathrm{s}}(\boldsymbol{r}_1)\rangle|^2 \qquad (6.51)$$

---

[10] K. Hino, T. Ishihara, F. Shimizu, N. Toshima and J. H. McGuire, *Phys. Rev.* **A48**, 1271 (1993).
[11] J. C. Levin, et al., *Phys. Rev. Lett.* **67**, 968 (1991).
[12] P. K. Kabir and E. E. Salpeter, *Phys. Rev.* **108**, 1256 (1957).
[13] A. Dalgarno and A. L. Stewart, *Proc. Phys. Soc. London* **76**, 49 (1960).

Z は核電荷, $u_{ns}(r)$ は水素様軌道の動径関数, $\Psi(r_1, r_2)$ は始状態の波動関数, $\delta(r_2)$ は Dirac の δ 関数である. この $C(ns)$ を連続エネルギー状態の εs (運動エネルギー ε, 軌道角運動量量子数 $l=0$) にまで拡張して, 残りのイオンのあらゆる可能な状態で加え合わせると

$$C \equiv \sum_n C(ns) + \int_0^\infty C(\varepsilon's) d\varepsilon' = 512 \frac{\pi Z^2}{3} \langle |\Psi(r_1, 0)|^2 \rangle \tag{6.52}$$

は基底状態の波動関数さえ正確にわかっていれば計算できることが示された. 残りのイオンの連続状態への遷移は 2 重電離にほかならない. そこで C を見積もるとともに, 離散準位への遷移の係数 (6.51) を求めることができれば, それらの差として 2 重電離状態の寄与が出てくる. こうして 2 重電離断面積の 1 電子電離断面積に対する比が求められる[14]. 離散準位は無限にあるが, 高い準位への遷移確率はきわめて小さく, 実際にははじめのいくつかの n できちんと計算し, その先からの寄与は外挿によって推定して大きな誤差は出ない程度である. 結果は 1.68% であった. 同じような計算を他の 2 電子系 H$^-$ と Li$^+$ でも行い, それぞれ 1.51%, 0.89% を得ている.

これらの高いエネルギーの光, つまり X 線領域ではじつはコンプトン散乱の寄与が重要で, それを考慮するとせっかく理論と実験のよい一致が得られたのが崩れてしまうのではないかという指摘があり, Hino たちが改めてコンプトン散乱の計算を行った[15]. それによると, He ではコンプトン散乱はたしかに 7 keV あたりから主要部分を占めるようになるが, この効果による断面積比はやはり 1.6% 余りであって実験との一致が保たれることがわかった.

始状態と終状態の双方でできるだけ正確な波動関数を求めて, 双極子モーメントの遷移行列要素を計算する方式では, 3 つの荷電粒子がバラバラになる終状態の波動関数の決め方がとくに厄介な問題となる. Tang と Shimamura (島村 勲) は超球座標を用いることによって低エネルギー領域 (しきい値から光子エネルギー 280 eV まで) での精度のよい計算を行った[16].

なお, He の励起状態 $n\,^1$S, $n\,^3$S からの電離の際の断面積比[17], さらには二

---

[14] A. Dalgarno and H. R. Sadeghpour, *Phys. Rev.* **A46**, R3951 (1992).
[15] K. Hino, P. M. Bergstrom, Jr. and J. H. Macek, *Phys. Rev. Lett.* **72**, 1620 (1994).
[16] J.-Z. Tang and I. Shimamura, *Phys. Rev.* **A52**, R3413 (1995).
[17] R. C. Forrey, et al., *Phys. Rev.* **51**, 2112 (1995).

重電離で出てくる2つの電子のエネルギーおよび角度分布[18]についても理論計算が行われている．

6.2.4 負イオンからの光脱離

§5.1.1 で見たように中性原子のなかにはさらに1つ余分の電子を抱え込んで負のイオンになるものがある．このような負イオンから光吸収で余分の電子を放出させることを**光脱離** (photodetachment) という．光電離と同様の取り扱いができるが，残されるのがイオンでなく中性原子であるから，距離とともに相互作用が急速に弱くなるのが大きな違いとなる．地球の上層大気などあまり高温でない電離気体では多くの負イオンができているから (O^- などの原子イオンだけでなく O_2^-, OH^- などの分子イオンも多い)，光脱離は重要な素過程の1つである．

中性原子の電離断面積がしきい値エネルギーで有限値から始まるのに対し，負イオンからの脱離では残されるものが中性であることにより，しきい値のすぐ上 (飛び出す電子の波数 k がごく小さい領域) では k^{2l+1} に比例する．l は出ていく電子の角運動量量子数である．中性原子と遠ざかっていく電子の間でやや遠方まで残る相互作用 (分極力や，原子がもつかもしれない四極モーメントによる相互作用) を考慮すると[19]

$$a(\nu) = C_1 k^{2l+1}[1 - C_2 k^2 \log k + O(k^2)] \qquad (6.53)$$

の形になる．C_1, C_2 は定数．光脱離に限らず，しきい値エネルギー付近での断面積の振る舞いは多くの現象で研究されていて，**しきい則** (threshold law) と呼ばれる．

例として水素の負イオンからの光脱離の断面積を図6.6に示す．光の波長が十分短くなると後に残る中性水素原子が励起状態になる可能性がある．$n=2$ の状態がつくられるしきい値エネルギーのわずかに上で鋭い共鳴のピークが見られる．電子衝突理論で形状共鳴 (shape resonance) と呼ばれるものになっている．ここに掲げた曲線の共鳴の寄与は Macek[20] の計算によるもので，その

---

[18] Z.-J. Teng and R. Shakeshaft, *Phys. Rev.* **A49**, 3597 (1994).
[19] T. F. O'Malley, *Phys. Rev.* **137**, A1668 (1965).
[20] J. Macek, *Proc. Phys. Soc.* **92**, 365 (1967).

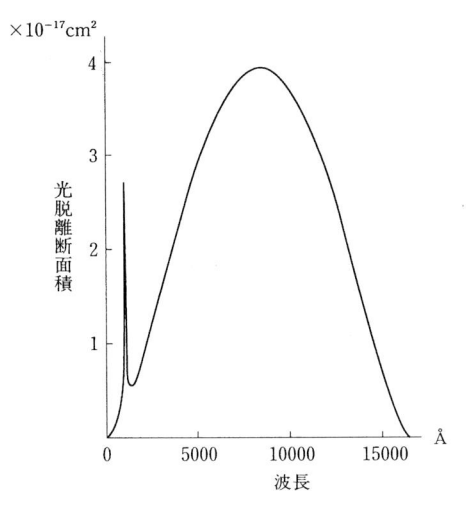

図 6.6 H^- の光脱離断面積

他の領域では Geltman[21] の値を用いた.

6.3 放射再結合

6.3.1 再結合過程のいろいろ

光吸収や粒子の衝突などさまざまな原因で気体の原子や分子が電離しているとき,これを放置すれば正イオンと電子の再結合が起こる.主なものを列挙すれば,まず光電離の逆過程である**放射再結合**

$$A^+ + e^- \longrightarrow A^{(*)} + h\nu \tag{6.54}$$

がある.つくられる原子 A は励起状態にあることが多い.それを示すため $^{(*)}$ 印をつけた.次に2電子励起状態(A^{**} で示す)を経由しての電離の逆過程

$$A^+ + e^- \longrightarrow A^{**} \longrightarrow A^{(*)} + h\nu \tag{6.55}$$

があり,**2電子性再結合**(dielectronic recombination)と呼ばれる.他の粒子,たとえば電子との衝突による電離の逆過程は**3体再結合**(three-body recombination)である.

$$A^+ + e^- + e^- \longrightarrow A^{(*)} + e^-. \tag{6.56}$$

---

[21] S. Geltman, *Astrophys. J.* **136**, 935 (1962).

この場合，発生する余分のエネルギーは第2の電子が持ち去ってくれる．このような3体衝突は粒子数密度が相当大きくならないと起こらない．

この他，分子に特有のものに，**解離再結合** (dissociative recombination)

$$AB^+ + e^- \longrightarrow A^{(*)} + B^{(*)} \tag{6.57}$$

がある．電子がいったん中性粒子に付着して負イオンをつくってから，正イオンとの間で中性化するルートもある．すなわち，

$$AB + e^- \longrightarrow A^- + B$$
$$A + e^- + e^- \longrightarrow A^- + e^-$$
$$A^- + C^+ \longrightarrow A + C$$

などである．本節では放射再結合について述べる．あとで実例を示すが，これは電子のエネルギーが低いほど起こりやすい．一方，ここでは式には書かないが(姉妹編『原子分子過程』で扱う)，2電子性再結合は高温の電離気体で重要となる．すなわち，(6.55)で入射電子がイオンを励起してエネルギーを失ったとき，自分はちょうどよい負のエネルギーにならなければ2電子励起状態はつくれない．ちょうどよいというのは，励起イオンのつくる場のなかで許されるエネルギー状態の1つに十分近くないといけないということである．イオンを励起したあとの電子のエネルギーが小さな負の値であればそこには多数の高励起軌道があるから容易に条件を満たし，A^{**}で示した2電子励起状態ができやすい．ところで，電子衝突で起こりやすい許容遷移に限ると，イオンの最低励起エネルギーはHe^+で$40\,eV$，O^+で$15\,eV$くらいなどと$10\,eV$前後かそれ以上が普通である．入射電子はそれくらいのエネルギーをもたなければならない．温度にして数十万から百万度くらいが必要となる．この再結合方式が重要と認められたのは太陽のコロナの研究からであった．その後，核融合プラズマの研究でもこの過程抜きでは定量的な議論ができないことが常識となっている．

6.3.2　放射再結合断面積の導出

放射再結合が光電離の逆過程であることから，詳細釣り合い(個別釣り合い，detailed balance ともいう)の考えにより断面積を求めることができる．§4.4.2でアインシュタインのA係数，B係数の関係式を導いたときと同様

6.3 放射再結合

に，熱平衡状態にある気体のなかでの正反応と逆反応の釣り合いを考えることで一方の断面積から他方の値を求める手法である．

対象となる過程は

$$A_n + h\nu \rightleftarrows A^+ + e^- \text{(速度 } v\text{)}, \qquad h\nu = I_n + \frac{1}{2}m_e v^2 \tag{6.58}$$

である．添字 n は原子 A の始状態を表す．基底状態とは限らないことを明示するためにつけた．I_n はその状態からの電離エネルギーである．A が水素様原子でなく，$h\nu$ が十分な大きさをもてば，つくられる A^+ イオンもいろいろな状態にありうるが，簡単のためにこちらは添字を省略する．イオンが指定された状態にある場合に注目していると考えていただきたい．

そこで絶対温度 T の平衡状態にある気体の単位体積中で，毎秒発生する電離と再結合の数が等しく全体として釣り合っているという式を書く．光電離で指定された状態のイオンができる断面積を $a_{ni}(\nu)$，逆の再結合断面積を $\sigma_{in}(v)$ とすると，

$$\left[1-\exp\left(-\frac{h\nu}{\kappa T}\right)\right] N_n c \frac{u(\nu)d\nu}{h\nu} a_{ni}(\nu)$$
$$= N_+ n_e f(v) dv \sigma_{in}(v) v \tag{6.59}$$

ここで N_n, N_+, n_e はそれぞれ A_n, A^+，および自由電子の数密度である．また $u(\nu)d\nu$ は振動数が ν と $\nu+d\nu$ の間にある光の単位体積あたりのエネルギー，$f(v)dv$ は積分して1になるように規格化された，電子速度 v のマクスウェル分布である．左辺の指数関数は負の吸収，すなわち誘導放出の寄与を表す．熱平衡状態では

$$u(\nu) = \frac{8\pi h\nu^3}{c^3} \frac{1}{\exp(h\nu/\kappa T)-1}, \tag{6.60}$$

$$f(v) = 4\pi \left(\frac{m_e}{2\pi\kappa T}\right)^{\frac{3}{2}} \exp\left(-\frac{m_e v^2}{2\kappa T}\right) v^2 \tag{6.61}$$

であり，また統計力学で知られた Boltzmann-Saha の式

$$\frac{N_+ n_e}{N_n} = \frac{(2\pi m_e \kappa T)^{\frac{3}{2}}}{h^3} \frac{g_+ g_e}{g_n} \exp\left(-\frac{I_n}{\kappa T}\right) \tag{6.62}$$

が成り立つから，これらを (6.59) に代入すると，断面積の間の求める関係式が得られる．(6.62) で g_n, g_+, g_e は統計的重みで，とくに $g_e = 2$ である．A が

水素様原子で, n が主量子数で l, m_l は指定しないとすると $g_e g_+/g_n=1/n^2$ となる. 添字 n がじつは (n, l) を意味するなら $g_e g_+/g_n=1/(2l+1)$ である. 得られた関係式は

$$\frac{a_{n,i}(\nu)}{\sigma_{i,n}(v)}=\frac{m_e^2 c^2 v^2}{h^2 \nu^2}\frac{g_e g_+}{2g_n}. \tag{6.63}$$

この式は Milne の式と呼ばれることもあるが, じつは E. A. Milne (1924) がこれを発表した前年に H. A. Kramers が同じ式を導いている. それで Kramers-Milne の公式と呼ぶのが適当であろう.

6.3.3 再結合係数

電離気体のなかで電子とイオンがめぐり会って再結合し, n 状態の原子ができる数は, 電子数密度 n_e とイオン数密度 N_+ の積に比例し, 毎秒単位体積あたり

$$\alpha_n(T) n_e N_+ \tag{6.64}$$

の形に書ける. α は**再結合係数**である. イオンの始状態, 原子の終状態に関心がなければこれらについてそれぞれ平均, 和をとればよいが, 詳細なモデル計算などでは特定の始状態, 終状態に対する値が必要になる. さて Kramers-Milne の式によると再結合衝突の断面積は光電離断面積 (6.24) から求められて ($e'^2 = e^2/4\pi\varepsilon_0$)

$$\sigma_{in}(v)=\frac{8\pi^3 \nu^3 e'^2}{hc^3 v}\frac{1}{3g_+}\sum_{i,j}\int|\langle \boldsymbol{k}, i|\sum_s \boldsymbol{r}_s|j\rangle|^2 d\hat{\boldsymbol{k}}. \tag{6.65}$$

これを用いると再結合係数は次式で与えられる.

$$\alpha_n(T)=\int_0^\infty v\sigma_{in}(v)f(v)dv. \tag{6.66}$$

ここで $f(v)$ にマクスウェル分布 (6.61) を入れ, さらに $v^2=(2/m_e)(h\nu-I_n)$ を用いて積分変数を電子速度 v から光子エネルギー $h\nu$ に変えると, 次のような式が得られる.

$$\alpha_n(T)=\frac{4\pi}{(2\pi m_e \kappa T)^{3/2} c^2}\frac{2g_n}{g_e g_+}e^{\frac{I_n}{\kappa T}}$$
$$\times \int_{I_n}^\infty \exp\left(-\frac{h\nu}{\kappa T}\right) a_{ni}(\nu)(h\nu)^2 d(h\nu). \tag{6.67}$$

とくに水素様原子のときは Kramers-Gaunt の公式 (6.33) を $a(\nu)$ に代入する

ことにより，

$$\alpha_n(T) = \frac{2^6}{3}\sqrt{\frac{\pi}{3}} Z a_0^2 \alpha^4 c e^{\frac{I_n}{\kappa T}} \left(\frac{I_n}{\kappa T}\right)^{\frac{3}{2}}$$
$$\times \int_{I_n}^{\infty} \exp\left(-\frac{h\nu}{\kappa T}\right) \frac{g}{h\nu} d(h\nu) \quad (6.68)$$

が得られる．ガウント因子 g を近似的に 1 とおくなら，積分は積分指数関数

$$\int_y^{\infty} \frac{e^{-x}}{x} dx = Ei(y), \qquad y = \frac{I_n}{\kappa T}$$

を用いて表される．

再結合の終状態を (n, l) で指定するには，それに応じた電離断面積を (6.67) に入れなければならない．そのようにして特定 (n, l) への再結合係数 α_{nl} が得られる．主量子数 n だけで区別するなら

$$\alpha_n(T) = \sum_l \alpha_{nl}(T) \quad (6.69)$$

であり，全再結合係数は

$$\alpha(T) = \sum_n \alpha_n(T) = \sum_{nl} \alpha_{nl}(T) \quad (6.70)$$

で求められる．さて水素原子に対しては Boardman[22] が前掲の Karzas and Latter[2] の公式を用い，10^3 K から 10^6 K までの α_{nl} を $n \leq 10$ の範囲で計算している．さらに光電離に対する前掲の Burgess の論文[3] では，水素様原子に対し $n \leq 20$ の範囲で α_{nl} を計算するための補助関数が与えられている．これらの計算により，再結合の結果つくられる状態 (n, l) の分布は温度によって著しく変わることがわかった．積分指数関数 $Ei(y)$ が $y \ll 1$ のとき近似的に $y^{-1}e^{-y}$ であることを用いると，低温のとき，具体的には $\kappa T \ll Z^2 \mathrm{Ry}/n^2$ のとき，(6.69) はほぼ $T^{-1/2}/n$ に比例することがわかる．これに対し，高温になるにつれて高い n への再結合が次第に減る傾向がある．具体的に数字で示すと温度 10^3 K および 10^6 K での α_n/α_1 ($n=1, 2, \cdots, 10$) は表 6.1 のようになる．

同じ n で異なった l への分布も温度で変わる．図 6.7 (a)(b) にその様子を図示した．ただし多数の線が接近して見にくいところは一部省略した．

多電子イオンと電子との放射再結合では n の小さなところはすでに他の電子によって占められているので入れないし，このイオンコア近くでは外からやってくる電子の感ずる場はクーロン場とはかなり違うものになるから，当然

表 6.1 水素の再結合係数 α_n の n 分布
($n \leq 10$ での比 α_n/α_1)

n	$T=10^3$ K	$T=10^6$ K
1	1.000	1.000
2	0.541	0.227
3	0.364	0.0866
4	0.269	0.0427
5	0.209	0.0243
6	0.168	0.0152
7	0.138	0.0102
8	0.116	0.0073
9	0.0980	0.0053
10	0.0840	0.0040

Boardman[22] の数値にもとづいて計算した.

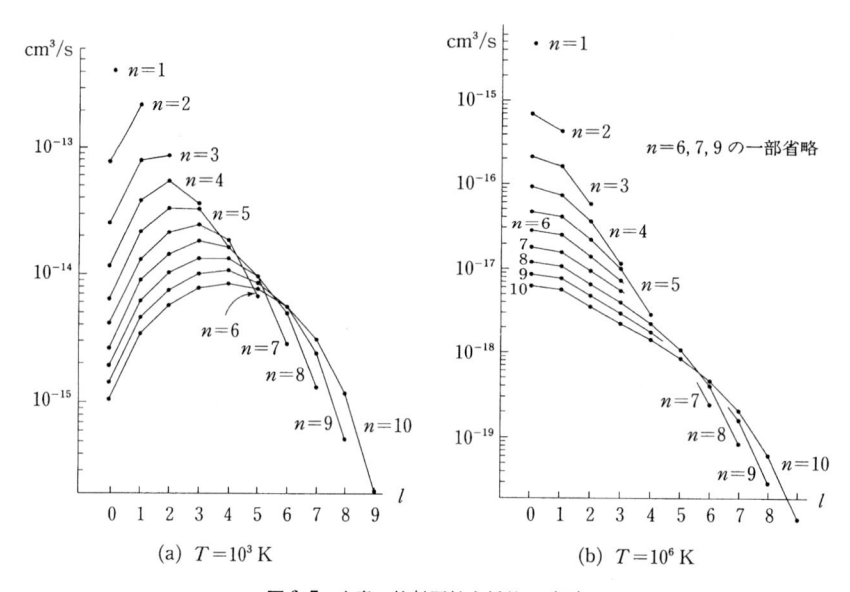

図 6.7 水素の放射再結合係数 $\alpha_{nl}(T)$

水素様原子のときの値をそのまま用いるわけにはいかない. しかし n の大きな軌道への再結合は水素様のときと大差ないであろうから, およその傾向を予

---
[22] Wm. J. Boardman, *Astrophys. J.* suppl. **9**, 185 (1964).

測することはできるであろう．

なお，いままでとくに断らなかったが，電離気体が完全な熱平衡になく，気体の原子分子と電子とで温度が異なるときは，再結合係数を決めるのは電子温度 T_e である．

6.4 自由-自由遷移

電子が原子やそのイオンの近くを通るとき力を受け軌道が曲げられ，その際光を放出し，エネルギーを失う．これが**自由-自由放出** (free-free emission) で高速の電子 (や他の荷電粒子) では制動放射と呼ばれることは前にも述べた．逆に，原子やイオンの近くを電子が通るとき外から光がやってくると，その光を吸収して電子が加速されることがある．これが**自由-自由吸収** (free-free absorption) である．

放射再結合の式 (6.65) で終状態を束縛状態でなく連続スペクトル領域内の波数 k' の状態とすれば，自由-自由放出

$$e^-(k) + A(n) \longrightarrow A(m) + e^-(k') + h\nu \tag{6.71}$$

の断面積が得られる．終状態に対してもエネルギーに関して規格化された波動関数

$$\frac{(m_e^2 v')^{1/2}}{h^{3/2}} \{\exp(i\boldsymbol{k}'\cdot\boldsymbol{r}) + 内向き球面波\} \times 標的の波動関数$$

を用いると，放出される光子エネルギーが $h\nu, h\nu + d(h\nu)$ の間にあるような過程の断面積は

$$d\sigma(\boldsymbol{k} \to \boldsymbol{k}', \nu) = \frac{8\pi^3 m_e^2 e'^2 \nu^3}{h^4 c^3} \frac{1}{3g_+} \frac{v'}{v} d(h\nu)$$

$$\times \sum_{i,j} \iint |\langle \boldsymbol{k}, i| \sum_s \boldsymbol{r}_s |\boldsymbol{k}', j\rangle|^2 d\hat{\boldsymbol{k}} d\hat{\boldsymbol{k}}' \tag{6.72}$$

となる．$\boldsymbol{k}$ の向きでの積分 $\int\cdots\cdots d\hat{\boldsymbol{k}}$ をやってしまうと，その結果は $\boldsymbol{k}'$ の向きによらないので，$\int\cdots\cdots d\hat{\boldsymbol{k}}'$ は 4π 倍するのと同じになる．ここで標的原子内の電子は，単にやってきた電子に斥力を及ぼすだけでなく，入射電子により分極し，これも光の放出吸収に寄与する．したがって，正確な答えを出すにはこの効果を取り入れた計算をする必要がある．上式の $\sum_s \boldsymbol{r}_s$ は散乱される電子

と原子内電子についての和である．

水素様原子における自由-自由放出は，純粋クーロン場のなかでの自由-自由放出ということで，これについても前掲の Karzas と Latter[2)] に数表がある．中性原子の場のなかでの自由-自由吸収，とくに

$$H + e^- + h\nu \longrightarrow H + e^-$$

は太陽などの星の大気で重要である．これについても多くの計算がある[23)]．

6.5 振動子強度

6.5.1 振動子強度の総和則

振動子強度は (4.80)(4.81) で離散準位について定義され，光電離や光脱離などエネルギーの連続スペクトル領域への遷移に対しては (6.31) で与えられる．以下，式を簡単にするため各準位が縮退していないとして式を書くことにする．縮退がある場合への拡張は容易である．したがって出発点は (4.80) 式

$$f_{0n} = \frac{2m_e(E_n - E_0)}{3\hbar^2} |\langle n|\sum_s \boldsymbol{r}_s|0\rangle|^2 \tag{6.73}$$

である．この振動子強度について (4.86) に示した総和則が成り立つ．

$$\sum_n f_{0n} = N \quad （原子内電子数） \tag{6.74}$$

これを**トーマス-ライヒェ-クーンの総和則** (Thomas-Reiche-Kuhn sum rule) という．左辺は形式的に n についての和になっているが，原子に可能なすべての状態にわたって加えなければならない．エネルギーの連続スペクトル領域では積分

$$\int \frac{df_{0\varepsilon}}{d\varepsilon} d\varepsilon$$

になっているものを簡単のため (6.74) で代表しているのである．ここでまず (6.74) を証明しよう．f_{0n} の式 (6.73) において $\boldsymbol{r}_s$ をその x 成分 x_s に置き換え，$1/3$ の因子を除いたものを f_{0n}^x としよう．

$$f_{0n}^x = \frac{2m_e(E_n - E_0)}{\hbar^2} |\langle n|\sum_s x_s|0\rangle|^2$$

[23)] たとえば T. Ohmura and H. Ohmura, *Astrophys. J.* **131**, 8 (1960); T. L. John, *Mon. Not. Roy. Astron. Soc.* **131**, 315 (1966).

同様に f_{0n}^y, f_{0n}^z が導入される．これらを使うと
$$f_{0n}=\frac{1}{3}(f_{0n}^x+f_{0n}^y+f_{0n}^z)$$
である．まずこの f_{0n}^x について総和則を求める．(4.123)により

$$(E_n-E_m)\langle n|\sum_s x_s|m\rangle=-\frac{i\hbar}{m_e}\langle n|\sum_s p_{xs}|m\rangle \quad (6.75)$$

であるから

$$(E_n-E_0)|\langle n|\sum_s x_s|0\rangle|^2$$
$$=(E_n-E_0)\langle 0|\sum_s x_s|n\rangle\langle n|\sum_s x_s|0\rangle$$
$$=\frac{i\hbar}{m_e}\langle 0|\sum_s p_{xs}|n\rangle\langle n|\sum_s x_s|0\rangle$$
$$=-\frac{i\hbar}{m_e}\langle 0|\sum_s x_s|n\rangle\langle n|\sum_s p_{xs}|0\rangle.$$

連続状態を含めすべての n で加えると固有関数の完全性により任意の演算子 A, B に対し

$$\sum_n\langle 0|A|n\rangle\langle n|B|0\rangle=\langle 0|AB|0\rangle \quad (6.76)$$

となることを用いると

$$\sum_n f_{0n}^x=\frac{2i}{\hbar}\frac{1}{2}\langle 0|(\sum_s p_{xs})(\sum_s x_s)-(\sum_s x_s)(\sum_s p_{xs})|0\rangle$$

同じ電子の p_x と x だけが非可換で $p_x x-x p_x=-i\hbar$ であるから，上式右辺は $\sum_s 1=N$ となる．同様に $\sum_n f_{0n}^y=N$, $\sum_n f_{0n}^z=N$ となるので，結局，$\sum_n f_{0n}=N$ すなわち (6.74) が確認された．

励起エネルギーの関数としての振動子強度についてはまたさまざまなモーメントが導入されて，それらについても総和則が知られている．まず

$$S(\mu)=\sum_n f_{0n}\left(\frac{E_n-E_0}{\mathrm{Ry}}\right)^\mu \quad (6.77)$$

を考える．和は前と同様，連続領域での積分を含む．Ry ((2.43) 式) で割らずに $\sum f_{0n}\times(E_n-E_0)^\mu$ で $S(\mu)$ を定義することもあるが，ここでは $S(\mu)$ を無次元化するために Ry を入れてある．この記号を用いると，前述の総和則 (6.74) は

$$S(0)=N \quad (6.78)$$

と書ける．その他の μ の値においても和をとると何らかの物理量の状態 "0"（通常基底状態とする）における期待値と結びつく結果が出てくる．以下 "0" 状態における期待値 $\langle 0|\cdots|0\rangle$ を単に $\langle\cdots\rangle$ と書くことにしよう．まず，わずかな計算で

$$S(-1)=\frac{1}{3a_0^2}\langle(\sum_s \boldsymbol{r}_s)^2\rangle \tag{6.79}$$

であることがわかる．ここには $\boldsymbol{r}_s\cdot\boldsymbol{r}_t$ のように異なった電子の相関項も含まれているが，これらを無視すると $\sum_s\langle r_s^2\rangle$ となり，反磁化率 (4.49) と結びつけられる．次に $\mathrm{Ry}=e^2/2(4\pi\varepsilon_0)a_0$, $a_0=(4\pi\varepsilon_0)\hbar^2/m_e e^2$ であることを用いると，$S(-2)$ は分極率 α の式 (4.8) と結びつき

$$S(-2)=\frac{1}{4a_0^3}\frac{\alpha}{4\pi\varepsilon_0} \tag{6.80}$$

であることが容易にわかる．$S(-2)$ が原子番号 Z とともにどう変わるかを図 6.8 に示す．

次に正のモーメントに移ると，再び (6.75) を使って

$$S(1)=\frac{2}{3m_e\mathrm{Ry}}\langle|\sum_s \boldsymbol{p}_s|^2\rangle \tag{6.81}$$

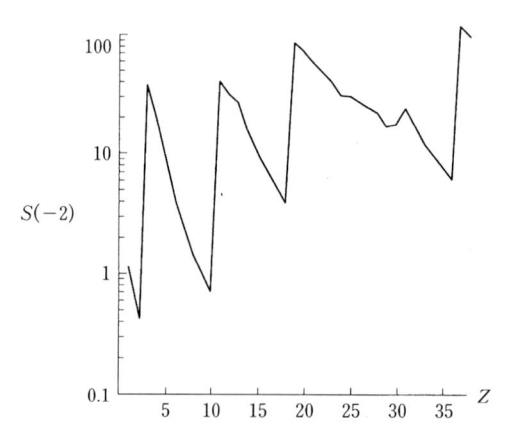

図 6.8　$S(-2)$ の原子番号依存性（計算値[24,25]）
$S(-2)$ を 4 倍すると $\alpha/4\pi\varepsilon_0 a_0^3$ になる．α は分極率．

[24)] J. L. Dehmer, M. Inokuti and R. P. Saxon, *Phys. Rev.* **A12**, 102 (1975).
[25)] M. Inokuti, et al., *Phys. Rev.* **A23**, 95 (1981).

が得られる．$\sum_s \boldsymbol{p}_s^2$ の期待値を $2m_e$ で割った量は原子内電子の全運動エネルギーの期待値になり，これは後に分子の章で述べるビリアル定理により原子の全エネルギーの符号を変えたものになっている．また，$\boldsymbol{p}_s \cdot \boldsymbol{p}_t$ のように異なる電子の運動量(微分演算子 ∇ に比例)のスカラー積が出てくるが，これはヘリウム様原子の章のはじめに述べた質量のかたよりの項と結びつけられるものである．

さらに $S(2)$ へ進むと双極子モーメントの行列要素の平方に励起エネルギー $(E_n - E_0)$ の3乗がかかるので，(4.124) から出てくる

$$\boldsymbol{r}_{nm} = -\frac{\hbar^2}{m_e(E_n - E_m)}\nabla_{nm} = \frac{\hbar^2}{m_e(E_n - E_m)^2}(\nabla V)_{nm} \tag{6.82}$$

の2つの等式を用いる．その結果 $S(2)$ は定数因子を除き

$$\sum_n \langle n|\sum_s \nabla_s|0\rangle^* \cdot \langle n|\sum_t \nabla_t V|0\rangle$$

となり，n について和をとれば

$$\int (\sum_s \nabla_s \Psi_0^*) \cdot (\sum_t \nabla_t V) \Psi_0 d\tau \tag{6.83}$$

となる．Ψ_0 は基底状態の波動関数である．ここでポテンシャル V のなかの電子間斥力を見ると，

$$(\nabla_s + \nabla_t)\frac{1}{r_{st}} = 0, \qquad \nabla_r \frac{1}{r_{st}} = 0 \qquad (r \neq s, t)$$

であるから核からの引力だけが残る．そこで部分積分により ∇_s を他の因子へ移すと (6.83) は

$$-\left[\int \Psi_0^* (\sum_s \nabla_s^2 V) \Psi_0 d\tau + \int \Psi_0^* (\sum_t \nabla_t V) \cdot (\sum_s \nabla_s \Psi_0) d\tau\right]$$

となるが，第2項は符号を除き (6.83) の複素共役になっている．ところが (6.83) は $S(2)$ の一部で，実数でなければならない．したがって，(6.83)＝上式，で右辺第2項を左辺へ移すと左辺が2倍になり，こうして得られた行列要素の平方に定数因子をかけると

$$S(2) = \frac{\hbar^2 Z e^2}{3 m_e \mathrm{Ry}^2 4\pi\varepsilon_0} \int \Psi_0^* \left(\sum_s \nabla_s^2 \frac{1}{r_s}\right) \Psi_0 d\tau$$

となる．あとは $\nabla^2(1/r) = -4\pi\delta(\boldsymbol{r})$ を用い，前と同様 Ry と a_0 の定義式を思い出すと

$$S(2) = \frac{16\pi}{3} Z a_0^3 \langle \sum_s \delta(r_s) \rangle \tag{6.84}$$

が得られる．

^{1}S 状態の原子では励起エネルギー $E_n - E_0 \to \infty$ の極限で $df_{0n}/d\varepsilon \propto E^{-3.5}$ であることがわかっているので，$S(3)$ は発散する．球対称でなくてもほとんど一般に $S(3)$ は発散する．

$S(\mu)$ に似たもので

$$L(\mu) = \sum_n f_{0n} \left(\frac{E_n - E_0}{\text{Ry}} \right)^\mu \log \frac{E_n - E_0}{\text{Ry}} \tag{6.85}$$

という量も重要である．これらを用いて

$$\log \frac{I_\mu}{\text{Ry}} = \frac{L(\mu)}{S(\mu)} = \frac{1}{S(\mu)} \frac{dS(\mu)}{d\mu} \tag{6.86}$$

の関係で I_μ というエネルギー量が定義される．その物理的意味については後に述べる．

$S(\mu), L(\mu)$ が μ や原子番号 Z とともにどのように変化するかを系統的に調べた研究が Dehmer たちによって報告されている[24),25)]．

さて，以上の総和則は原子核が十分重くて常に静止していると見て導き出されたものである．厳密にいうと，核も運動するので総和則にもわずかながら修正が必要になる．ここでは原子だけでなく分子でも使える形で Hirschfelder たちが (6.74) を修正した総和則を示そう[26)]．α 番目の原子核の質量を M_α，電荷を Z_α，系の全質量を M，全電荷を $C = \sum_\alpha Z_\alpha - N$ として，その式は次のようになる．

$$\sum_n f_{mn} = N + \sum_\alpha \frac{m_e}{M_\alpha} Z_\alpha^2 - \frac{m_e C^2}{M} \tag{6.87}$$

6.5.2　振動子強度の応用

$S(\mu)$ が原子のさまざまな性質と関係していることはすでに見てきたが，この他にも振動子強度は多くの物理現象と深くかかわっている．その一端を簡単に紹介しておきたい．まず光の放出・吸収の確率を表すアインシュタインの A 係数，B 係数は振動子強度に比例している．光電離，光脱離，放射再結合な

[26)] J. O. Hirschfelder, W. B. Brown and S. T. Epstein, *Adv. Quantum Chem.* **1**, 255 (1964).

どの放射過程の断面積も振動子強度に比例している．静分極率が $S(-2)$ に係数をかけたものであることは前項で見たとおりである．動分極率 (4.84) にも振動子強度が入っている．とくに $\nu \ll \nu_{n0}$ すなわち $h\nu \ll E_n - E_0$ であれば，(4.84) の分数を展開できるから，動分極率は無限和

$$\sum_{l=1}^{\infty} \left(\frac{h\nu}{\mathrm{Ry}}\right)^{2(l-1)} S(-2l)$$

に係数をかけたものになる．屈折率の自乗 n^2 は希薄気体なら (4.79) のように動分極率で表せるから，ここでも上式の無限和が登場する．もし屈折率を振動数の関数として精密測定するならば，それから多くの $S(-2l)$ の数値が推定され，振動子強度の分布について有用な手がかりを与えてくれる．

ファラデー効果 (Faraday effect) もまた振動子強度と関係がある．磁場がかかっているとき物質中を通過する直線偏光の光は，進行方向の磁場の成分および通過距離に比例して偏光面の回転を起こす．比例の係数はベルデ定数 (Verdet constant) と呼ばれる．球対称の原子ではこの定数は $\lambda dn/d\lambda$ (λ は波長) に比例するから，再び屈折率 n を通じて振動子強度が関係している．

原子間力のうち遠方で重要なのはファンデルワールス力で，その主要部分は分散力と呼ばれているものである．これがまた振動子強度と密接に関係している．この話題については後に原子間力を扱うときに触れることになる．

さらに高速荷電粒子の衝突による原子の励起・電離断面積の高エネルギーでの値は光吸収と同様，振動子強度に比例する．すなわち，電荷 ze，速さ v の粒子の入射により励起 $0 \longrightarrow n$ が起こる断面積について書けば[27]

$$\sigma_{0n}(v) = 4\pi a_0^2 z^2 \frac{\mathrm{Ry}}{T} \frac{\mathrm{Ry}}{E_n - E_0} f_{0n} \log \frac{4 c_{0n} T}{\mathrm{Ry}}. \tag{6.88}$$

ただし，T は入射粒子と同じ速さ v をもつ電子の運動エネルギー，c_{0n} は定数である．なお，この式には相対論の効果は取り入れてない．

次に (6.86) で導入した I_μ であるが，I_0 は**阻止能** (stopping power) の公式に出てくる一種の平均励起エネルギーである．電荷 ze，速さ v の荷電粒子が物質中を通過するとき，単位距離を進むごとの平均のエネルギー損失 $-dE/dx$ が阻止能であるが，その主要部は原子番号を Z として

---

[27] M. Inokuti, *Rev. Mod. Phys.* **43**, 297 (1971) にくわしい説明がある．

$$\frac{z^2 Z}{m_e v^2} \log \frac{2 m_e v^2}{I_0}$$

に比例する[28]. I_0/Z の値は少し大きい値をもつ H, He を除けば 10 eV 程度である. 同様に I_1 はストラグリング (straggling), すなわち一定エネルギーで入射した荷電粒子の物質中でのエネルギーなどのばらつきに関する公式に現れる平均励起エネルギーである. さらに I_2 はラムシフトの公式に出てくる平均励起エネルギーで, K_0 とも書かれる.

また $L(-1)$ は速い荷電粒子の, 原子分子による全非弾性散乱の断面積に関係している[29].

6.5.3 振動子強度分布の例

離散エネルギー準位の励起における振動子強度 f_{mn} の数値例は, H, He 様原子の場合について表 4.2, 4.3 に掲げた. 連続スペクトル領域の励起, すなわち電離を含む全エネルギー領域での振動子強度分布の例を2つ示そう. 1つは Li 原子の場合, もう1つは, このあと扱う分子の例として N_2 をとりあげる (図 6.9, 6.10).

まず, 図 6.9 で[30], 縦軸は光吸収断面積である. 電離領域では断面積は

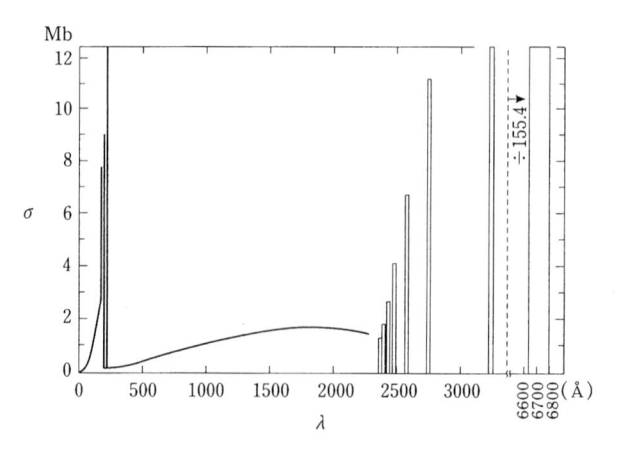

図 6.9 Li 原子の吸収断面積[30]

---

[28] H. Bethe, *Ann. der Phys.* **5**, 325 (1930); U. Fano, *Ann. Rev. Nuclear Sci.* **13**, 1 (1963).
[29] M. Inokuti, Y.-K. Kim and R. L. Platzman, *Phys. Rev.* **164**, 55 (1967).

(6.32) でわかるように，定数因子を除き振動子強度そのものである．離散準位の励起を同じ図に示すために人為的に幅をもたせてあるが，そこにできる長方形の面積が実際の吸収断面積をスペクトル線の広がりにわたって積分したものになるように描かれている．幅はこの場合，エネルギーにして 0.042 eV と (任意に) 選んである．ただし，右端にある $(1s)^2 2s \longrightarrow (1s)^2 2p$ 励起では長方形の高さを 154.4 倍にしないと正しい面積を与えない．その左につづく 2s → np ($n=3〜9$) や電離領域とくらべてわかるように，Li 原子では 2s ⟶ 2p が振動子強度分布のなかで突出しており，圧倒的に優勢である．2s と 2p が同じ主量子数に属し，エネルギーが接近していることがこの特異な状況をつくり出している．同様の傾向が他のアルカリ原子でも見られる．

Li では 2299.5 Å から連続エネルギースペクトル領域に入る．210 Å あたりから短波長側に顕著な構造が見られるが，これらは内殻 $[(1s)^2]$ 電子の励起・電離によるものである．たとえば，210.46 Å にある，最初の縦棒は 1s 電子の 1 つが 2p 軌道に励起され，もともと 2s にあった電子と ^3P 状態をつくり，これ

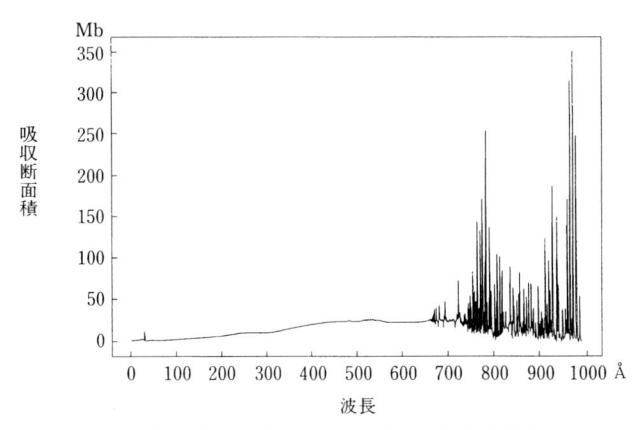

図 6.10 N_2 分子の吸収断面積 (絶対測定値)[31]

---

[30] これは Argonne National Laboratory の J. Berkowitz 博士が，多くのデータにもとづいて得た推奨値のセットを，とくに本書のために図示してくださったものである．

[31] D. A. Shaw, et al. の論文より転載した．(Reprinted from D. A. Shaw, et al., A study of the absolute photoabsorption cross section and the photoionization quantum efficiency of nitrogen from the ionization threshold to 485 Å, *Chem. phys.* **166**, 379-391, © 1992, with permission from Elsevier Science)

と 1s に残った電子とで全体として ^{2}P になっている状態の励起である．この励起に対応する振動子強度は $f=0.24$ である．2本目は 198.63 Å にあり，1s 電子の1つが 3p へ上がり，内側に残った (1s)(2s) ^{3}S とともに，全体として ^{2}P になっている．この励起は $f=0.053$ である．3本目は2電子励起によるものである．192.49 Å (エネルギーにして 64.41 eV) から内殻電離が始まる．残されるイオン状態に応じて幾通りもの電離チャネルがあるが，図では書きにくいので全体を1つの曲線にしてある．

図 6.10[31] の N_2 でも，吸収断面積のエネルギー変化が示されている．離散準位の励起と電離とに分かれているように見えるが，ここでは寄与する準位が多すぎるので，Li の場合のようにひとつひとつ線に幅をつけてはいない．シンクロトロン放射光を用いた実測値である．電離は 795.8 Å で始まるが，それより短波長側でもなお多くの櫛の歯構造が見られる．これは分子の特長の1つであり，このことを含め§10.2.3 でこの図をもう一度見直すことになる．

話題 1　運動量空間における波動関数と (e, 2e) 実験

「話題」ではいままでの各章で触れなかったもののなかからいくつかを選んで簡単に説明することにしたい．

本書ではこれまでのところすべて座標空間における波動方程式，波動関数を扱ってきた．ところで量子力学でよく知られているように，通常の波動関数をフーリエ変換することにより運動量空間での波動関数を求め，運動量空間における粒子の存在確率密度を論じることができる．たとえば水素原子の 1s 状態の波動関数

$$\psi(\boldsymbol{r}) = (\pi a_0^3)^{-\frac{1}{2}} \exp\left(-\frac{r}{a_0}\right) \tag{T 1}$$

を変換公式

$$\phi(\boldsymbol{p}) = h^{-\frac{3}{2}} \int \psi(\boldsymbol{r}) \exp\left(-\frac{i}{\hbar} \boldsymbol{p} \cdot \boldsymbol{r}\right) \tag{T 2}$$

によって運動量空間の波動関数 $\phi(\boldsymbol{p})$ へ変換すると

$$\phi(\boldsymbol{p}) = \frac{2^{\frac{3}{2}}}{\pi} \left(\frac{\hbar}{a_0}\right)^{\frac{5}{2}} \frac{1}{\{p^2 + (\hbar/a_0)^2\}^2}. \tag{T 3}$$

したがって，確率密度分布は

$$|\phi(\boldsymbol{p})|^2 = \frac{8}{\pi^2} \left(\frac{\hbar}{a_0}\right)^5 \frac{1}{\{p^2 + (\hbar/a_0)^2\}^4} \tag{T 4}$$

となる．

このような変換によってでなく，直接運動量空間で原子の波動関数を求めようと試みた人たちもいる．たとえば McWeeny と Coulson[1]，Monkhorst と Szalewicz[2] などである．

しかし，ここでこの話題をとりあげたのは運動量空間での波動方程式の解き方を論ずるためではない．話が飛躍するようであるが，原子は見えるかということが論争の種になっていたことがある．いまでは高性能の電子顕微鏡で固体

---

[1] R. McWeeny and C. A. Coulson, *Proc. Phys. Soc.* **A62**, 509 (1949).
[2] H. J. Monkhorst and K. Szalewicz, *J. Chem. Phys.* **75**, 5782 (1981).

の原子配列を見ることができ，結晶格子の欠陥の観察もできる．つまり，原子がそこにあるのが見えている．しかし，原子のなかでの電子雲の密度分布まで見ることができるかというとこれはできない．多くの人が量子力学の勉強をして，教科書の図を見て波動関数や密度分布を見たような気になっているが，実際にこれを実験で見た人はいないのである．しかし，これと同等な運動量空間における密度分布は実験的に見る方法がある．それが (e, 2e) 実験である．(e, 2e) というのは原子核実験でよく用いられている記号にならったもので，標的 (原子や分子) に電子 (e) を 1 個衝突させて 2 個の電子 (2e) が出てくるような衝突過程を意味する．それでは電離と同じことではないかと言われるであろうが，(e, 2e) と書くときは入射電子の運動量を選別するだけでなく，出てくる 2 つの電子の運動量もわかるような実験を意味する点で，単なる電離と異なる．

　数式をいくつも書くことはやめて実験の原理を理想的な状況について説明することにしよう．運動エネルギー E_0，運動量 $\boldsymbol{p}_0$ をもつ電子が標的原子に入射し，原子内の電子 1 個だけと激しい衝突をして大きなエネルギーと運動量を与えて叩き出し，他の電子や原子核にはほとんど影響を与えない場合を考える．これに近い条件を実現するためには，入射電子のエネルギーがあまり低くてはいけない．通常 1 keV かそれ以上で実験する．また電子間でできるだけ大きなエネルギー，運動量の移行があるようにする．出てくる 2 電子のエネルギーを E_A, E_B，運動量を $\boldsymbol{p}_A, \boldsymbol{p}_B$ とする．出てくる 2 電子のどちらが入射電子かは区別できないから，通常速い方を散乱電子，遅い方を叩き出された電子と呼ぶ習慣がある．そこで A を散乱電子にすると，$E_A \geqq E_B$ であるから，最も大きなエネルギーを移行させるのは $E_A = E_B$ のときである．したがってまた $p_A = p_B$ となる．次に 2 電子を検出する方向が問題になる．入射電子の入射方向を極軸にとり，2 電子の出ていく方向を $(\theta_A, \varphi_A), (\theta_B, \varphi_B)$ とする．止まっている自由電子に他の電子が衝突して $\theta_A = \theta_B = \theta$ の条件を課すると，$\theta = 45°$ になることはエネルギー・運動量の保存則からよく知られている．(e, 2e) 実験でも $\theta_A = \theta_B$ とするときは θ を 45° あたりに選ぶことが多い．

　衝突前に標的原子がもっていた運動量は無視できるとして，

$$\boldsymbol{p} = \boldsymbol{p}_0 - \boldsymbol{p}_A - \boldsymbol{p}_B \tag{T 5}$$

は残されたイオンの反跳 (recoil) の運動量である．入射電子は残りのイオンに

は直接作用をほとんど与えないとしたから，この p は入射電子からもらったものではない．もともと原子全体はほとんど動いていないが，そのなかの各電子はそれぞれに走り回っている．叩き出される電子も入射電子からエネルギー，運動量をもらう直前にはある運動量 q をもって走っていたはずである．そのとき残りのイオン全体の運動量は $-q$ で原子全体としての運動量は無視できるくらいであった．そこへ入射電子がやってきて1個の電子が瞬間的に叩き出された．したがって，イオンは $p=-q$ の運動量をもったまま残される．これが(T 5)の p であると考える．その符号を変えたものが叩き出された電子の原子内での運動量にほかならない．このようにして2個の電子をさまざまな検出器の配置で同時計測することにより，原子内電子がいろいろな p の値をもつ確率を引き出すことができる．多電子原子の場合は，どの電子殻から出た電子を見ているかを区別する必要がある．それには移行エネルギー

$$\varepsilon = E_0 - E_A - E_B \qquad (T\,6)$$

の大部分が電子を原子から取り出すのに用いられていることに注意すればよい．たとえば，Ar 原子の 3s 軌道からの電子か 3p 軌道からの電子かで ε の値がはっきり違っているから容易に区別がつく．

衝突が本当に2電子間だけで起こるなら，その有効断面積，とくにどの方向に2電子が出やすいかはクーロン散乱の公式で算定される．ただし，初等力学の教科書にも出ているラザフォード散乱公式ではなく，量子力学ができてから，2電子が区別できないことを考慮して求められたモット(Mott)の散乱公式を用いる必要がある．実際の衝突では入射電子と標的原子との相互作用，出ていく2電子と残りのイオンの相互作用により電子の運動がゆがめられる効果を補正することが望ましいが，くわしいことは review articles[3][4] を見ていただきたい．

実験の手続きとしてはまず，検出器の位置，向き，選別するエネルギー値を調整して，$E_A = E_B$，$\theta_A = \theta_B = \theta$，$\varphi_A$ および φ_B を固定する．その条件下で E_0 を変えていく．$E_0 - E_A - E_B$ がちょうど電離エネルギーの1つと合致したとき

---

[3] E. Weigold and I. E. McCarthy, *Adv. Atom. Mol. Phys.* **14**, 127 (1978).
[4] E. Weigold and I. E. McCarthy, *Electron Momentum Spectroscopy* (Plenum, 1999).

同時計測 (coincidence) のシグナルが現れる．次にこの E_0 を固定して $\varphi=\pi-(\varphi_A-\varphi_B)$ を変えて同時計測の回数を記録する．これは異なった $\boldsymbol{p}$ の値での衝突を見ていることになり，$|\phi(\boldsymbol{p})|^2$ に相当する分布が得られるはずである．

　最も簡単な標的である水素原子での実験では理論式 (T4) と見事に一致する運動量分布が得られた[5]．しかも，400，800，1200 eV という異なった入射エネルギー E_0 での実験をして E_0 によらない分布が得られたことは，この方法が標的内電子の運動量分布を実験的に求める良い方法であることを示している．Adelaide の Weigold のグループが，理論の McCarthy と協力して精力的に進めた (e, 2e) 実験は原子だけでなく分子や固体にも応用されて多くの有用な情報を得ている．

話題 2　原子の変わり種

　通常の原子核とまったく異なる荷電粒子を中心とする原子系や，まわりを回るのが通常の電子以外の負の電荷をもつ粒子であるような原子系がここでの話の対象で，異種原子またはエギゾティック原子 (exotic atom) などと呼ばれている[6]．具体例をあげると，水素原子 (e^-p) の p を他の正電荷粒子に置き換えたものとして

　　　　　(e^-e^+) **ポジトロニウム** (positronium)
　　　　　($e^-\mu^+$) **ミューオニウム** (muonium)
　　　　　($e^-\pi^+$) **パイオニウム** (pionium)

などがあり，正電荷粒子が十分に重くなると負イオンも存在しうる．逆に（一般の）原子の電子の1つを別の負電荷粒子に置き換えたものが考えられる．

　　　　μ^- で置き換えたもの　　　**μ 粒子原子** (muonic atom)
　　　　π^- で置き換えたもの　　　**π 中間子原子** (pionic atom)

---

[5]　B. Lohmann and E. Weigold, *Phys. Lett.* **86A**, 139 (1981).
[6]　この話題については，以前中央公論社から発行されていた「自然」の1971年9，10，11月号に連載の山口嘉夫の解説が丁寧でわかりやすい．日本語で書かれた解説としては他に，関 亮一，日本物理学会誌 **34**, 395 (1979) がある．ミューオニウムとポジトロニウムについてもっと新しい情報を取り入れたものに T. Yamazaki and Y. Ito, *Encyclopedia of Applied Physics* **1**, 79 (VCH Publishers, 1994) がある．

K$^-$ で置き換えたもの	**K 中間子原子** (kaonic atom)
反陽子で置き換えたもの	**反陽子原子** (antiprotonic atom)

多電子原子の電子を2個以上他の粒子に置き換えることも理論上は可能であるが，いまのところ現実味はない．

上に例示した異種原子のうちポジトロニウムやミューオニウムはいわゆる軽粒子 (lepton) だけから成る原子で，ほとんど点状と見られる2粒子が電磁的相互作用だけで結びついているものであるから量子電磁力学 (QED) を精密検証するのに最も適した系である．また μ 粒子原子や π 中間子原子などでは軌道半径が電子の場合よりもはるかに小さくなるから，原子核内の電荷分布を探ったり，核との間の非クーロン力についての知見を得るのに適している．重い原子核になると比較的小さなエネルギーで励起されるものが多く，一方外を回る粒子のエネルギー準位間隔は電子の場合よりも大きくなるから，核外の遷移で生じたエネルギーで核が励起されることが可能となる．このため核外粒子のエネルギー準位を理論的に求めるときには核励起の可能性を考慮に入れる必要がある．きわめて重い原子核になると単純な励起にとどまらず，核分裂を起こすものもある．

以下，異種原子のいくつかについてさらに説明を加えることにしよう．

a. ポジトロニウム

元素記号に相当して Ps と書く．何らかの核反応で陽電子 e$^+$ をつくって物質中に入れると，十分減速したところで出会った原子または分子（以下 M と書く）との間で

$$e^+ + M \longrightarrow Ps + M^+ \tag{T 7}$$

のように電子移行 (electron transfer) によりポジトロニウムをつくる．普通の水素原子では基底状態の平均半径は (2.27) の a_μ で代表され，これはほとんどボーア半径 a_0 に等しかった．しかしポジトロニウムでは換算質量が $\mu = m_e/2$ であるから，a_μ はほぼ $2a_0$ になる．また電離エネルギー I_{Ps} は (2.29) の符号を変えたもので μ に比例するから，水素原子のときのほぼ半分，6.80 eV になる．M の電離エネルギー I_M がこれより大きいと，(T 7) が実現するためには e$^+$ の運動エネルギーが $E_{th} = I_M - 6.80$ eV 以上でなければならない．これがこの反応のしきい値である．逆に e$^+$ のエネルギーが大きすぎると，M を励起

できるようになり，通常（T 7）よりも大きな確率で励起を起こしエネルギーを失ってしまう．したがってポジトロニウムをつくるのに最適なエネルギー領域はしきい値 E_{th} から M の最低の励起エネルギーまでの間となる．これを Ore gap という．

高圧気体や液体，固体では入射 e^+ はその通路に沿って，とくに止まる寸前で多くの電離を起こし自由電子を叩き出す．これら自由化した電子の1つと結びついて Ps をつくるメカニズムも重要になる．

e^+ と e^- は互いに相手の反粒子で，合体して消滅する可能性をもつ．これがポジトロニウムの寿命を孤立状態においても有限にする．消滅するとき1つの光子だけを放出することはエネルギー・運動量の保存則から不可能なので，2つ以上の光子を出す．光を放出・吸収する過程の確率は一般に小さく，関与する光子の数が増えるにしたがって確率はいっそう小さくなるから，ポジトロニウム消滅でも放出する光子数は少ない方が起こりやすい．しかし，他の条件で2光子放出が禁止されているときは3光子放出となることがある．光子はスピン1，質量0のボース粒子であることから，2光子系では全スピンは0または2に限り，1は許されない．そこでポジトロニウムの e^+ と e^- がスピン反平行の一重項か平行の三重項かが区別される．これらはそれぞれパラポジトロニウム（記号 p-Ps），オーソポジトロニウム（o-Ps）と呼ばれる．p-Ps であれば2光子になることができる．消滅前の Ps の静止系で見ると2光子は反対方向に同じエネルギー（ほぼ 511 keV）をもって出る．o-Ps は角運動量が1なのでこの反応が禁止され，3光子を放出する．これは連続スペクトルになる．これらの反応の起こりやすさから平均寿命 τ が決まる．

$$\tau(\text{p-Ps}) = 1.25 \times 10^{-10} \text{ s}, \quad \tau(\text{o-Ps}) = 1.42 \times 10^{-7} \text{ s}$$

である．以上は孤立 Ps の場合であるが，物質中では Ps の e^+ が他の原子分子中の電子と（スピン反平行として）合体して消滅する可能性もある．

b. ミューオニウム (記号 Mu)

実験的にその存在をはじめて確認したのは Yale 大学の Hughes である．μ 粒子の崩壊

$$\mu^+ \longrightarrow e^+ + \nu_e + \bar{\nu}_\mu$$

(同様に $\quad \mu^- \longrightarrow e^- + \bar{\nu}_e + \nu_\mu$)

におけるパリティの非保存を利用している[7]．ν_e, ν_μ は電子ニュートリノ，ミューニュートリノで，$\bar{\nu}_e, \bar{\nu}_\mu$ はそれらの反粒子である．

μ 粒子(muon)の質量は電子の 207 倍もあるので，μ 粒子原子の軌道半径やエネルギー準位などは通常の水素原子に近い．Ps のように構成 2 粒子が合体して消滅することはなく，主に μ^+ 自身の崩壊により有限寿命となる．その値はおよそ $\tau(\mu^\pm) \sim 2.20 \times 10^{-6}$ s である．

c. μ 粒子原子

今度は負電荷の μ 粒子が物質中に入るとする．侵入軌道の周囲の原子分子を励起や電離することでエネルギーを失い，やがて原子にとらえられる．通常一番内側の電子軌道(1s)半径あたりで束縛状態に入ると考えられている．§2.2 で見たように，核からの距離の逆数は $\langle r^{-1} \rangle = Z/n^2 a_\mu$ で，$a_\mu = a_0 m_e/\mu$ は換算質量 μ に反比例する．したがって，同じ平均距離のあたりを回る μ 粒子は電子の場合にくらべて主量子数が $\sqrt{m_\mu/m_e} \cong 14$ 倍になる．1s 電子軌道のあたりを考えているので，μ^- はまず $n \sim 14$ あたりに入って，ここから自分自身の $n=1$ 軌道に向かってカスケード的に落ちていく．これらの遷移で余分になるエネルギーはX線として放出するか，近くを回っている電子に与えて原子から放出させる．後者は一種のオージェ効果(§5.1.2)である．このようにしてできる μ 粒子原子の崩壊は μ^- 自身がこわれるほか，核に吸収され ν_μ を放出する可能性 ($\mu^- + p \longrightarrow n + \nu_\mu$) もある．原子番号 Z が 10 あたりを境として，これより軽い原子では自然崩壊が優勢であり，これ以上では核との反応が主流になる．

上記のカスケード過程で出てくるX線を精密測定することにより，核の広がりの効果が見えてくる．さらに n の小さい軌道では(核からの距離がきわめて小さいために)真空偏極などの QED 効果が電子の場合よりはるかに大きくなり，また核の磁気モーメント M_N や電気四極モーメント Q_N による超微細構造も微細構造と同程度に現れるから，QED 効果の検証や M_N, Q_N の決定にも有用である．

---

[7] くわしくは前掲の山口の解説，または発見者自身が書いた次の文献を参照．V. W. Hughes, *Physics Today*, 1967 年 12 月号, p. 291.

d. μ粒子分子

　化学結合で分子ができる話は次の章の主題であるが，μ粒子原子が出たついでに簡単に触れておく．互いに斥力を及ぼし合う2つの陽子でも両者のまわりを1個か2個の電子が取り巻いて回ることにより安定な束縛状態の系，すなわち水素分子イオンH_2^+や中性分子H_2がつくられる．そうであるならば，電子のかわりにμ^-が結合の仲立ちとなって分子をつくることはないであろうか．じつはこれが可能である．このような分子は低温核融合研究の一環として早くから興味をもたれてきた．たとえば，重陽子d，トリトンtをμ^-で結びつける$(dt\mu^-)$のような分子では，μ粒子原子の軌道半径が通常の原子の電子軌道半径にくらべてずっと小さかったように，μ粒子の分子内軌道ははるかに小さく5×10^{-13}mくらいにすぎない．ということは，dとtの平均距離が小さくなっているということである．そこで分子振動によりdとtの距離がさらに近づき両者の波動関数の重なり合いが増し

$$d+t \longrightarrow {}^4He+n+14.6\,MeV$$

(nは中性子)という核融合反応を，高温プラズマなどつくらずに実現することができる．この反応で自由になったμ粒子はその寿命が続くかぎり次々に分子形成を媒介し核融合を起こさせることが可能である．このように，μ^-を媒介とする核融合(muon catalyzed fusion，略してμCF)は実験的にも理論的にも研究されてきたが，ここでは話題提供にとどめる[8]．

e. 反陽子原子

　μ粒子のかわりに負電荷のπ中間子やK中間子を物質中に入れ，π中間子原子やK中間子原子をつくって放出されるX線やオージェ電子を観測することも行われている．ここではもっと重い反陽子について若干の研究を紹介したい．反陽子は10^{-8}s程度の寿命で壊れてしまう上記の中間子とは異なり，陽子とめぐり会って合体消滅するまでは自分から壊れることはない．これをうまく制御して，別につくられる陽電子と結びつけることができると，水素原子を反粒子化したものになる．通常の水素原子と同じエネルギー準位構造をもつことが期待されるが，果たして電荷の反転に対する物理諸法則の対称性がどこま

---

[8] 永嶺謙忠，核融合研究 **59**, 233 (1988).

で成り立つかは大いに興味あるところである．

通常，物質中に入った反陽子は原子核との反応でps（ピコ秒）程度の短い時間のうちに消えてしまうが，山崎敏光と共同研究者たちは液体ヘリウムに入れた反陽子のうちおよそ3.6％ほどが3.6 nsから3.0 μsまでの時間，すなわち通常の百万倍もの間消滅せずにいられることを見いだした．続いて，気体ヘリウムでもほぼ同じ寿命のものが見られた．μ粒子原子の項で述べたように，反陽子p̄も，He核との換算質量を電子質量で割って平方に開いた値，すなわち38あたりの主量子数のところからカスケードで低いエネルギー準位へ落ちてくると思われる．そのとき，方位量子数 l の大きな値（たとえば $l=n-1$）の状態に入れば，$\Delta n=1$ で1つずつ n の低い準位へ落ちることが強制され，核に近い軌道にまで達するのに時間がかかるのだと解釈される[9]．レーザー技術により途中の準位間隔の確認も行われている[10]．

なお，反陽子はヘリウム核，すなわち α 粒子の1/4もの質量をもつから，もはや止まっている核のまわりを電子とともに回っているという描像は正しくない．とりわけまだ高い励起軌道にある反陽子は，電子にくらべてはるかにゆっくり運動しているから，反陽子と α 粒子が互いのまわりをゆっくり回っており，それらのまわりを電子が高速で走り回るという，分子に見られるような記述の方がよさそうに思われ，そのような考えにもとづくエネルギー準位の計算も行われている[11]．

f. 超重準原子

水素様原子にディラック理論を適用するとエネルギー準位は (2.91) で与えられる．自然界に存在する元素は $Z=92$ のウラン (U) までであることが知られているが，実験室で短時間つくり出される超ウラン元素も $Z=110$ あたりまでである．その範囲ではDiracのエネルギー準位の式に問題はないが，もし $Z=137$ を超える元素がつくられたら，$k=j+1/2$ の最小値1に対する準位は存在しなくなってしまう．これはときには「$Z=137$ catastrophe」と呼ばれるものであるが，じつは原子核が点状でなく，広がりをもつことを考慮するとこ

---

[9] 山崎敏光, 日本物理学会誌 **47**, 470 (1992).
[10] 森田紀夫, 早野龍五, 山崎敏光, 日本物理学会誌 **49**, 827 (1994).
[11] I. Shimamura, *Phys. Rev.* **A46**, 3776 (1992); なお, 同じ系についての詳細な計算としては他に V. Korobov, *Phys. Rev.* **A54**, R1749 (1996) がある.

の困難は避けられる．ではどのように大きい Z の核がつくられても問題は起こらないかというとそうではない．$Z\sim 173$ のあたり（核モデルにより若干異なる）で新しい事情が現れる．

すなわち，$-2m_ec^2$ 以下のエネルギーは連続スペクトル領域になっているが，ここで可能な状態はすべて電子によって埋められているのが通常の真空状態であるというのが困難回避の対策であった．そこでもし原子の K 殻電子の結合エネルギーが $2m_ec^2$ を超え，しかも K 殻に空席ができていたとすると，自然に電子・陽電子の対ができて，電子はその空席を満たし，陽電子は自由に遠方に逃げ去るという現象が起こると期待される．そのようなことを言っても現実に $Z=173$ あたりの原子が存在しないのでは空論だと言われるかもしれないが，じつは短時間ではあるが，そのような系をつくり出すことが可能なのである．たとえば2つのウランの原子を十分に加速して正面衝突させることができれば，核間距離が K 殻電子の平均軌道半径よりもずっと小さくなるようにすることが可能であろう．このとき電子から見れば短時間ではあるが $Z=184$ の原子核が誕生したことになり，前述の話が現実性をもってくるのである．実際そのような実験が試みられ陽電子の発生が認められている．ただし，陽電子は核反応など他の原因でもつくられるので，上述のようなことが確かに起こったことを立証するのは厄介なことである[12)13)]．

[12)] J. S. Greenberg and W. Greiner, *Physics Today*, 1982 年 8 月号 p. 24.
[13)] T. E. Cowan in *McGraw-Hill Encyclopedia of Physics*, 2nd ed. (McGraw-Hill, 1993) 1130-1134. これを日本語版にしたものは『物理学大辞典』第 2 版 (丸善, 1999) 663-668.

■ II. 分子

7
二原子分子の電子状態

7.1 核運動の分離

7.1.1 ボルン-オッペンハイマー近似

原子から分子に移ると，原子核が複数になる．したがって電子群が受ける力の場はもはや中心力でない．核どうしの相対距離の変化は振動であり，核配置全体の回転運動がこれに加わる．このような多粒子系の理論が原子の場合にくらべていっそう厄介なものであることははじめから予想できる．さて，これをどう扱うかというときに有用なヒントは，核はすべて重く，電子は軽いということである．身軽な電子は同程度の力を受けたとき加速度が大きく，同じ分子のなかでも核よりはるかに大きな速度で走り回っているにちがいない．そこで §4.2.3 などで出てきた断熱近似が使えるであろう．このような考えによる近似計算法は M. Born と J. R. Oppenheimer が1927年に書いた論文で与えられた．彼らの方針にしたがって式を書いてみると以下のようになる．まず，1つの分子全体のシュレーディンガー方程式は次の形になる．

$$\left[-\sum_\alpha \frac{\hbar^2}{2M_\alpha}\nabla_\alpha^2 - \sum_i \frac{\hbar^2}{2m_e}\nabla_i^2 + V(\boldsymbol{R}_\alpha, \boldsymbol{r}_i)\right]\Psi(\boldsymbol{R}_\alpha, \boldsymbol{r}_i) = E\Psi(\boldsymbol{R}_\alpha, \boldsymbol{r}_i). \quad (7.1)$$

簡単のため，ν 個ある核の位置ベクトル $\boldsymbol{R}_1, \boldsymbol{R}_2, \cdots, \boldsymbol{R}_\nu$ を波動関数では $\boldsymbol{R}_\alpha$ で代表させ，N 個の電子の位置ベクトル $\boldsymbol{r}_1, \boldsymbol{r}_2, \cdots, \boldsymbol{r}_N$ を $\boldsymbol{r}_i$ で代表させてある．M_α は α 番目の核の質量である．まず核の位置をすべて固定し，電子群に対する波動方程式

$$\left[-\sum_i \frac{\hbar^2}{2m_e}\nabla_i^2 + V(\boldsymbol{R}_\alpha, \boldsymbol{r}_i)\right]u(\boldsymbol{R}_\alpha, \boldsymbol{r}_i) = U(\boldsymbol{R}_\alpha)u(\boldsymbol{R}_\alpha, \boldsymbol{r}_i) \quad (7.2)$$

を解く．V には核どうしの斥力も含まれている．外力が働いていないときは $U(\boldsymbol{R}_a)$ は空間における分子全体の向きにはよらない．**ボルン-オッペンハイマー近似**(Born-Oppenheimer approximation, しばしば BO 近似と略称)では上式で得られた固有値 $U(\boldsymbol{R}_a)$ を，核運動に対するポテンシャルエネルギーであると考えて，次のステップでは核に対する波動方程式

$$\left[-\sum_a \frac{\hbar^2}{2M_a}\nabla_a^2 + U(\boldsymbol{R}_a)\right]v(\boldsymbol{R}_a) = Ev(\boldsymbol{R}_a) \tag{7.3}$$

を解く．こうして得られるエネルギー E は (7.1) の固有値のよい近似になっていて，Ψ のよい近似は

$$\Psi(\boldsymbol{R}_a, \boldsymbol{r}_i) \cong u(\boldsymbol{R}_a, \boldsymbol{r}_i)v(\boldsymbol{R}_a) \tag{7.4}$$

で与えられるというのが BO 近似法の筋書きである．これがよい近似であることを確かめるために (7.4) を (7.1) に入れてみると

$$u\left[-\sum_a \frac{\hbar^2}{2M_a}\nabla_a^2 + U(\boldsymbol{R})\right]v = Euv + \sum_a \frac{\hbar^2}{2M_a}\{2\nabla_a u \cdot \nabla_a v + (\nabla_a^2 u)v\}$$

$\boldsymbol{A}\cdot\boldsymbol{B}$ はベクトルのスカラー積である．右辺の和がなければ (7.4) は (7.1) の厳密な解になる．この項は実際には 0 ではないが小さいことが以下のように示される．電子は核がつくる骨組みのまわりを運動し，波動関数 u は相対位置ベクトル $\boldsymbol{r}_i - \boldsymbol{R}_a$ (や $\boldsymbol{r}_i - \boldsymbol{r}_j$) の関数である．そこで u の $\boldsymbol{R}_a$ への依存度は $\boldsymbol{r}_i$ への依存度と同程度である．すなわち $\nabla_a^2 u \sim \nabla_i^2 u$ である．これに $-\hbar^2/2m_e$ をかけると 1 電子の運動エネルギーとなり，系のエネルギーの主要な一部分になる．しかし，上式ではこの量に $\hbar^2/2M_a$ がかかっているので，電子系のエネルギーにくらべておよそ m_e/M 倍程度小さい．M は核質量の代表的な値である．これが { } 内の第 2 項である．同様に { } の第 1 項は電子エネルギーの $(m_e/M)^{1/2}$ 倍程度の大きさと推定される．m_e/M は M に陽子質量を入れると 5.5×10^{-4} で他の大多数の核では 10^{-4} よりはるかに小さいから，上式右辺の和を無視することはよい近似であると考えられる．しかしこの項は小さいながらも核運動と電子状態の間の結合をもたらす．核を固定したときの異なった電子状態の間で，核運動との結合を通じて遷移が可能になるので，そのような問題を議論するときは主要な相互作用となる．また，電子状態間の遷移を考えない場合でもポテンシャル曲線に対する若干の補正をもたらす．

7.1 核運動の分離

ヘルマン-ファインマンの定理 　以上の議論で $U(\boldsymbol{R}_a)$ を核運動に対するポテンシャルと見なした．電子状態間に遷移が起こらないように $\boldsymbol{R}_a$ をゆっくり変えたときに得られるポテンシャルなので**断熱ポテンシャル**(adiabatic potential)という[*1]．これについて次のような等式が成り立つ．

$$\nabla_\beta U(\boldsymbol{R}_a) = \int u^*(\boldsymbol{R}_a, \boldsymbol{r}_i)(\nabla_\beta V) u(\boldsymbol{R}_a, \boldsymbol{r}_i) d\tau. \tag{7.5}$$

ただし $\int d\tau$ は電子座標についての積分である．$-\nabla_\beta V$ は核 β が系内の他の粒子から受ける力で，それを電子状態について平均したものが $-\nabla_\beta U$ になるから $U(\boldsymbol{R}_a)$ を核運動に対する実質的なポテンシャルと見るのが適当であることがわかる．これをヘルマン-ファインマン(Hellmann-Feynman)の定理という．この定理(7.5)を証明するには，(7.2)の解で規格化されたものを u として，

$$U(\boldsymbol{R}_a) = \int u^*(\boldsymbol{R}_a, \boldsymbol{r}_i) \Big[-\sum_i \frac{\hbar^2}{2m_e} \nabla_i^2 + V \Big] u(\boldsymbol{R}_a, \boldsymbol{r}_i) d\tau$$

であることに注意する．これに ∇_β を作用させて(7.5)が出るためには次の式が成り立てばよい．

$$\int (\nabla_\beta u^*) \Big[-\sum_i \frac{\hbar^2}{2m_e} \nabla_i^2 + V \Big] u d\tau + \int u^* \Big[-\sum_i \frac{\hbar^2}{2m_e} \nabla_i^2 + V \Big] \nabla_\beta u d\tau = 0. \tag{7.6}$$

ところが[ ]のなかはエルミート演算子なので，(7.6)の第2の積分は

$$\int \Big\{ \Big[-\sum_i \frac{\hbar^2}{2m_e} \nabla_i^2 + V \Big] u^* \Big\} (\nabla_\beta u) d\tau$$

と書ける．もともと u は(7.2)の解であったから(7.6)は

$$U \int \{(\nabla_\beta u^*) u + u^* \nabla_\beta u\} d\tau$$

と書け，これは $U \nabla_\beta \Big(\int u^* u d\tau \Big)$ に等しい．u が規格化されているのでこれは0である．こうしてヘルマン-ファインマンの定理が証明された．

7.1.2 ビリアル定理

定理を1つ出したついでに，これも分子(および原子)の理論でときどき利

[*1] $\boldsymbol{R}_a$ をゆっくり変えることを「断熱」というのは用語として適当とは思われないが，外的パラメターをゆっくり変えるとき系の量子状態が変わらないことを断熱過程と呼んだ歴史的経緯によってこの名称が用いられている．

用されるビリアル定理を導いておこう．多体系(同一種類の粒子とは限らない．i 番目の粒子の質量を m_i とする)のシュレーディンガー方程式

$$-\sum_i \frac{\hbar^2}{2m_i}\nabla_i^2 \Psi + (V-E)\Psi = 0$$

に ∇_j を作用させ，さらに左から $\boldsymbol{r}_j \Psi^*$ をかけてスカラー積をとる．

$$\sum_i\left(-\frac{\hbar^2}{2m_i}\boldsymbol{r}_j\cdot\Psi^*\nabla_j\nabla_i^2\Psi\right) + (\boldsymbol{r}_j\cdot\nabla_j V)\Psi^*\Psi + \boldsymbol{r}_j\cdot(V-E)\Psi^*\nabla_j\Psi = 0.$$

同じシュレーディンガー方程式の複素共役をとり $(V-E)\Psi^*$ を出して上式の末項に代入すると

$$-\sum_j\sum_i\frac{\hbar^2}{2m_i}[\boldsymbol{r}_j\cdot(\Psi^*\nabla_j\nabla_i^2\Psi - \nabla_i^2\Psi^*\nabla_j\Psi)] + (\sum_j \boldsymbol{r}_j\cdot\nabla_j V)\Psi^*\Psi = 0$$

これを座標空間で積分し，第1項は部分積分をする．その際

$$\sum_j \boldsymbol{r}_j\cdot(\Psi^*\nabla_i^2\nabla_j\Psi - \nabla_i^2\Psi^*\nabla_j\Psi) = -2\Psi^*\nabla_i^2\Psi + \nabla_i\cdot\left\{\Psi^{*2}\nabla_i\left[\frac{\sum_j \boldsymbol{r}_j\cdot\nabla_j\Psi}{\Psi^*}\right]\right\}$$

を用いる．この式は右辺の微分を実行すれば証明できる．これを前の式に代入して積分すると，部分積分で上式右辺第2項は無限遠での表面積分になり，束縛状態では0となる．積分結果は

$$-\sum_i \frac{\hbar^2}{2m_i}\int \Psi^*\nabla_i^2\Psi d\tau = -\frac{1}{2}\int[\sum_j \boldsymbol{r}_j\cdot(-\nabla_j V)]\Psi^*\Psi d\tau$$

となる．左辺は粒子の運動エネルギーの和 K の期待値であり，右辺では $-\nabla_j V = \boldsymbol{F}_j$ が力であるから

$$\overline{K} = -\frac{1}{2}\overline{\sum_j(\boldsymbol{r}_j\cdot\boldsymbol{F}_j)} \tag{7.7}$$

が得られる．上に引いた棒は期待値を表す．右辺はビリアルと呼ばれる量であるところから**ビリアル定理** (virial theorem) と呼ばれる．古典論でも同じ形の式が導かれるが，そこでは上につけた棒は十分長い時間にわたっての平均を意味する．

粒子の間に働く力が保存力で，ポテンシャル V が座標の斉 n 次式なら

$$-\sum_j(\boldsymbol{r}_j\cdot\boldsymbol{F}_j) = \sum_j(\boldsymbol{r}_j\cdot\nabla_j V) = nV$$

であるから，

$$\overline{K} = \frac{1}{2}n\overline{V} \tag{7.8}$$

となる．クーロン力では $n=-1$ であるから

$$\bar{K} = -\frac{1}{2}\bar{V} \quad (\text{クーロン力の場合}). \tag{7.9}$$

これをたとえば基底状態の水素原子に適用すると，$\bar{K}+\bar{V}=-(\mu/m_e)\text{Ry}$ と組み合わせて

$$\bar{K} = -\frac{1}{2}\bar{V} = \frac{\mu}{m_e}\text{Ry}$$

となる（μ は換算質量）．

　分子では核の運動，すなわち振動・回転の自由度がある．(7.8)(7.9)を導くとき一般的に核も動くとした．しかし時には核を固定して電子系に対するビリアル定理というものが用いられることがある．このとき運動エネルギー K は電子部分 K_e だけになる．ところで核を止めるためには外力を加えなければならない．この力もビリアルに入れる必要がある．式を簡単にするために二原子分子を考えよう．核間距離を R に固定したときの電子系のエネルギーに核間のクーロン斥力ポテンシャルを加えて $U(R)$ とするとき，分子内で核 a を動かそうとする力は $-\nabla_a U(R)$ であるから，これを止めるために $+\nabla_a U(R)$ を加えなければならない．そこでビリアル定理は

$$\bar{K}_e = -\frac{1}{2}\bar{V}\,(\text{核間斥力を含む}) - \frac{1}{2}\sum_a \bm{R}_a \cdot \nabla_a U(R)$$

となる．$\bar{K}_e + \bar{V} = U(R)$ であるから

$$\bar{K}_e = -U(R) - R\frac{dU(R)}{dR}, \qquad \bar{V} = 2U(R) + R\frac{dU(R)}{dR} \tag{7.10}$$

となる．とくに，平衡核間距離 R_e では $dU/dR = 0$ であるから，

$$\bar{K}_e = -U(R_e), \qquad \bar{V} = 2U(R_e), \qquad (R = R_e) \tag{7.11}$$

となる．$R \to \infty$ でも U は一定値に近づくから，相互作用のない原子の集団についても (7.11) と同じ形の関係式が成り立ち，1個の原子でも同様である．このようにして $U(R)$（単一の原子ならその内部エネルギー U）がわかれば $\bar{K}_e$, $\bar{V}$ を別々に求められる．多原子分子への拡張も同様の考え方で容易に行われる．

　ところで，§3.4 で He を例にとった変分計算で，スケーリングと呼ぶ手続きについて述べた．これを実行するとハミルトニアンの近似的な固有関数によ

る平均値に対してもビリアル定理が成り立つようになる．簡単のため基底状態にある He 原子で核が静止している場合について，その証明をざっと示しておこう．結論はもっと一般的に成り立つものである．まず，He の 1 電子軌道関数 $\psi_{1s} \sim \exp(-Zr/a_0)$ において $Z=2$ ととり，この軌道に 2 個の電子を入れたのではビリアル定理が成り立たないことが示される．そこで，スケーリングを実行するための軌道関数として，上記の関数形でもよいし別の関数でもよいが，規格化されている近似関数を 1 つ選びそれを $\phi(r)$ と呼ぶことにしよう．ここで $r \longrightarrow \zeta r$ と置き換え，改めて規格化すると

$$\phi^{(\zeta)} = \zeta^{3/2} \phi(\zeta r)$$

を採用すればよいことが容易にわかる．この軌道に電子を 2 個入れ，それを用いて 2 電子系の運動エネルギーの期待値を出すと

$$\begin{aligned}
\bar{K}^{(\zeta)} &\equiv 2 \left\langle \phi^{(\zeta)} \left| -\frac{\hbar^2}{2m_e} \nabla^2 \right| \phi^{(\zeta)} \right\rangle \\
&= 2\zeta^2 \left\langle \phi^{(\zeta)} \left| -\frac{\hbar^2}{2m_e} \zeta^{-2} \nabla^2 \right| \phi^{(\zeta)} \right\rangle \\
&= 2\zeta^2 \left\langle \phi \left| -\frac{\hbar^2}{2m_e} \nabla^2 \right| \phi \right\rangle \equiv \zeta^2 \bar{K}
\end{aligned}$$

となり，同様にクーロンポテンシャルでは

$$\bar{V}^{(\zeta)} = \zeta \bar{V}$$

となる．ただし，$\bar{K}, \bar{V}$ はもとの関数 $\phi(r)$ を用いたときの期待値である．系のエネルギーは $\bar{K}^{(\zeta)} + \bar{V}^{(\zeta)} = \zeta^2 \bar{K} + \zeta \bar{V}$ であるから，ζ を変分パラメーターとしてこれで微分して結果を 0 とおけば

$$2\zeta \bar{K} + \bar{V} = 0 \quad \text{すなわち} \quad \zeta = -\frac{\bar{V}}{2\bar{K}}$$

が得られる．ビリアル定理は

$$-\bar{K}^{(\zeta)} = \frac{1}{2} \bar{V}^{(\zeta)} \quad \text{すなわち} \quad -\zeta^2 \bar{K} = \frac{1}{2} \zeta \bar{V}$$

であるが，いま求めた ζ を用いると，これが成り立つことはすぐに確かめられる．

本節では，ボルン-オッペンハイマー近似にしたがって異なる電子状態間の遷移は無視してきた．異なる電子状態間の結合の効果(非断熱効果)を取り入

れるには次のようにすればよい．すなわち (7.2) を解いて得られる一連の解 u_n ($n=1, 2, 3, \cdots$) を用いて (7.1) の Ψ を展開する．

$$\Psi(\boldsymbol{R}_\alpha, \boldsymbol{r}_i) = \sum_n v_n(\boldsymbol{R}_\alpha) u_n(\boldsymbol{R}_\alpha, \boldsymbol{r}_i). \tag{7.12}$$

これを (7.1) に代入し，左から u_k^* をかけて電子座標で積分すると

$$\left[-\sum_\alpha \frac{\hbar^2}{2M_\alpha} \nabla_\alpha^2 v_k + U_k(R_\alpha) - E \right] v_k = \sum_\alpha \sum_n \frac{\hbar^2}{2M_\alpha} C_{kn}^\alpha v_n, \tag{7.13a}$$

$$C_{kn}^\alpha = \int u_k^* \nabla_\alpha^2 u_n d\tau + 2 \int u_k^* \nabla_\alpha u_n d\tau \cdot \nabla_\alpha. \tag{7.13b}$$

(7.13a) の右辺を通じて異なった電子状態間の結合が生ずる．その効果は摂動論などにより見積もられる．電子遷移を無視する場合でも，右辺の対角項 C_{kk}^α だけは残しておき，電子・核の結合の効果を一部取り入れて改善を図ることがある．これを断熱近似と呼んで，右辺をまったく考慮しないボルン-オッペンハイマー近似と区別することがある．

7.2 水素分子イオンと水素分子

7.2.1 水素分子イオン

原子構造では電子が1個しかない水素様原子が最も簡単なので詳細に調べられていて，他の原子の構造を論ずるときの道しるべとなった．分子でも1電子分子が最も簡単であることは同じであるが，核が2つ以上ある分子で電子が1個となると中性分子ではありえず，イオンになる．そのなかでも最も簡単でよく調べられているのが水素分子イオン H_2^+ である[1]．この場合，核固定近似で (7.2) に相当する1電子波動方程式を解くのに，楕円座標 (図7.1参照)

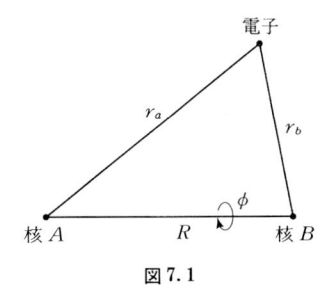

図7.1

$$\left.\begin{aligned}&\xi=\frac{r_a+r_b}{R}, \quad 1\leq\xi\leq\infty\\&\eta=\frac{r_a-r_b}{R}, \quad -1\leq\eta<1\\&\phi=\text{核を結ぶ分子軸のまわりの角}, \quad 0\leq\phi\leq 2\pi\end{aligned}\right\} \quad (7.14)$$

を用いると，方程式の変数分離ができて

$$u(R, r) = X(\xi)Y(\eta)\Phi(\phi), \quad (7.15)$$

$$\left.\begin{aligned}&\frac{d^2\Phi}{d\phi^2}=-m^2\Phi,\\&\frac{d}{d\xi}\left\{(\xi^2-1)\frac{dX}{d\xi}\right\}+\left\{\frac{2R}{a_0}\xi+\lambda\xi^2-\frac{m^2}{\xi^2-1}+A\right\}X=0,\\&\frac{d}{d\eta}\left\{(1-\eta^2)\frac{dY}{d\eta}\right\}+\left\{-\lambda\eta^2-\frac{m^2}{1-\eta^2}-A\right\}Y=0,\end{aligned}\right\} \quad (7.16)$$

$$\lambda=\frac{R^2 m_e}{2\hbar^2}\left\{U(R)-\frac{e^2}{4\pi\varepsilon_0 R}\right\} \quad (7.17)$$

となる．A, m は変数分離のパラメーターである．(7.16)を解けば2つの核の両方をとり囲む一連の1電子軌道関数が得られる．このあと多電子系に移っても分子全体に広がる1電子軌道関数が理論の素材としてしばしば用いられる．これらを**分子軌道関数**または単に**分子軌道** (molecular orbital，略して MO) という．原子と違い，核が2つ以上ある分子では1電子系でも角運動量はもはや保存されない．しかし，二原子分子をはじめ直線分子では，分子軸のまわりの回転に対して核による電場は不変だから，軸方向(これを z 軸としよう)の角運動量成分は保存される．$\hbar$ を単位として表した z 方向の角運動量成分は $l_z = i^{-1}\partial/\partial\phi$ であったから，(7.16)の第1式の解で表される状態では l_z の固有値は m (正負の整数または0)である．直線分子の分子軌道で $|m|=0, 1, 2, 3, \cdots$ であるものをそれぞれ **σ軌道**，**π軌道**，**δ軌道**，**φ軌道** などと呼ぶ ($l=0, 1, 2, 3, \cdots$ の原子軌道関数を s, p, d, f, $\cdots$ と呼んだのに対応)．

核間距離 R を0から∞ まで連続的に変えていくと，これらの分子軌道関数およびそれらに対応するエネルギー固有値 $U(R)$ が連続的に変わるが，$R\to$

---

[1] H_2^+ の電子状態の理論については M. Kotani, et al.[12] でくわしく論じられており，また核運動との結合，超微細構造，分光実験などについて次の review がある．A. Carrington, I. R. McNab and C. A. Montgomerie, *J. Phys.* **B22**, 3551 (1989).

0 の極限が**融合原子** (united atom) であり，$R \to \infty$ の極限が**分離原子** (separated atoms) である．融合原子では楕円座標は $\xi \longrightarrow 2r/R$, $\eta \longrightarrow \cos\theta$ によって極座標 r, θ, φ へと移行し，そのときの電子状態を指定する量子数は水素様原子と同じ n, l, m である．一方，分離原子では，たとえば核 A の近くを考えると

$$\xi \longrightarrow 1 + \frac{r_a - z_a}{R}, \qquad \eta \longrightarrow -1 + \frac{r_a + z_a}{R}$$

で，放物線座標 (4.16) に対応する．z_a は核 A を原点にとった座標系での z 座標．$\overrightarrow{AB}$ 方向を z 方向にしている．この座標系での原子の状態は，§4.1.3 のシュタルク効果のところで見たように，量子数 n', n_1, n_2, m ($n' = n_1 + n_2 + m + 1$) で指定される．$X(\xi), Y(\eta), \exp(im\varphi)$ の節の数をそれぞれ n_ξ, n_η, m として，融合原子，分離原子の量子数と関係づけると，中間に位置する分子軌道の性格が明らかになる．得られる関係式は

$$n_r \equiv n - l - 1 = n_\xi = n_1, \tag{7.18}$$

$$l - m = n_\eta = \begin{cases} 2n_2 & (n_\eta \text{ が偶数のとき}) \\ 2n_2 + 1 & (n_\eta \text{ が奇数のとき}) \end{cases} \tag{7.19}$$

となる．たとえば (7.19) のはじめの等号は $Y(\eta) \longrightarrow P_l^m(\cos\theta)$ となることから出てくる．第 2 の等号は，$\eta=$ 一定の曲面を描いてみると核を結ぶ線分を一度ずつ横切ることから出てくる．すなわち，$R \to \infty$ で核 A から有限な距離にある節の数は n_η が偶数ならその半分（残りの半分は B の近くにある），奇数なら $n_\eta - 1$ の半分（このとき R の垂直二等分面が節面の 1 つになり，これは $R \to \infty$ でどちらの核からも無限遠となる）に等しい．(7.18)(7.19) によって有限な核間距離における分子軌道の特徴を $R \to 0, \infty$ の両極限の原子の軌道関数（分子軌道と区別して**原子軌道関数**，atomic orbital という．AO と略

表 7.1 二原子分子の軌道関数と融合原子，分離原子の軌道との対応例

融合原子				分 子				分離原子			
	n	l	m		n_ξ	n_η	m		n_1	n_2	m
1s	1	0	0	$1s\sigma_g$	0	0	0	1s	0	0	0
2s	2	0	0	$2s\sigma_g$	1	0	0	2s	1	0	0
2p(σ)	2	1	0	$2p\sigma_u$	0	1	0	1s	0	0	0
2p(π)	2	1	1	$2p\pi_u$	0	0	1	2p(π)	0	0	1

称)から推定できる．融合原子で $n=1,2$ に相当する軌道を表 7.1 に掲げる．

表のなかで分子軌道のところに書き入れた $1s\sigma_g, 2p\sigma_u$ などはそれぞれの軌道の名称である．$1s, 2p$ などは融合原子の極限でどのような原子軌道になるかを示しており，σ(や π) は前述の $|m|$ の大きさを文字化したもの，また g, u はドイツ語の gerade, ungerade の略で，AB の中点に関する反転に関してそれぞれ偶関数，奇関数であることを意味する．このように融合原子の軌道と関係づけるかわりに，分離原子の状態を使って分子軌道を特定することもできる．その場合，分離原子の軌道名は σ_g や π_u などの記号の右側につける．たとえば $1s\sigma_g$ は，分離原子の極限で各原子の $1s$ 軌道になるので $\sigma_g 1s$ とも書かれ，$2p\sigma_u$ も分離原子では $1s$ 軌道になるので $\sigma_u 1s$ と書かれる．

7.2.2 LCAO 近似

H_2^+ の場合，(7.16) を解いて X, Y を数値的に求めることもできるが[2]，簡単とはいえない．そこでもっと簡単な近似法が考えられた．電子が核 A の近くにいるときは $1/r_a \gg 1/r_b$ であるから，近似的には水素原子問題と同じハミルトニアンとなりその解である軌道関数もこのあたりでは H 原子の関数，基底状態なら A を中心とする $1s$ 関数 ψ_a に近い形をしていることが予想される．B の近くでも同様に B を中心にした $1s$ 関数 ψ_b に近いものであろう．

そこで中間領域で近似が悪くなることに目をつぶれば，分子軌道は近似的に

$$u = a\psi_a + b\psi_b \tag{7.20}$$

と書けるであろう．ψ_a, ψ_b は規格化されているとし，a, b はこれから決める係数である．いまの場合，2 つの核が同じ電荷をもつという対称性から $|a|=|b|$ であることが予想される．もっとはっきりさせるには上述の反転に対する $u(\mathbf{r})$ の振る舞いに注目するのがよい．1 電子ハミルトニアン (便宜上，核どうしの斥力ポテンシャルを加えておく) は

$$H = -\frac{\hbar^2}{2m_e}\nabla^2 - \frac{e^2}{4\pi\varepsilon_0 r_a} - \frac{e^2}{4\pi\varepsilon_0 r_b} + \frac{e^2}{4\pi\varepsilon_0 R} \tag{7.21}$$

で，これが上記の反転において不変であることから，分子軌道 u を反転した

---

[2] D. R. Bates, K. Ledsham and A. L. Stewart, *Phil. Trans. Roy. Soc.* **A246**, 215 (1953); D. R. Bates and R. H. G. Reid, *Adv. Atom. Mol. Phys.* **4**, 13 (1968).

ものも同じエネルギー値をとる解になっている．多くの基底状態がそうであるように縮退がないとすると，反転した関数は絶対値が1の，ある位相因子 c がかけられる可能性を除きもとの u と同じでなければならない．2回続けての反転は何もしないのと同じであることから $c^2=1$，したがって $c=\pm1$，つまり u の反転の結果は u と同じものになるか，$-u$ になるほかはない．言い換えると，偶関数か奇関数かである．こうして(7.20)の係数が決まり，2つの可能性として規格化された対称関数と反対称関数

$$u_s = \frac{1}{\sqrt{2(1+S)}}(\psi_a + \psi_b), \tag{7.22 a}$$

$$u_a = \frac{1}{\sqrt{2(1-S)}}(\psi_a - \psi_b) \tag{7.22 b}$$

が得られる．ここで

$$S = \int \psi_a \psi_b d\boldsymbol{r} \tag{7.23}$$

は**重なり積分** (overlap integral) と呼ばれるものである．(7.22)のように分子軌道を原子軌道の一次結合として表す近似が **LCAO 近似**である．LCAO は Linear Combination of Atomic Orbitals を意味する．分子軌道関数の近似として広く用いられているものである．得られた2つの関数のうちどちらが基底状態に対応するかについては，分子軌道の対称性から見て，偶関数である u_s は $1s\sigma_g$ に，奇関数の u_a は $2p\sigma_u$ に対応するはずである．表7.1で見ても $R \to 0, \infty$ の両極限で 1s 原子軌道になる $1s\sigma_g$，つまり u_s の方が低いことが予想される．実際，(7.22 a, b)を用いて1電子ハミルトニアン(7.21)の期待値を計算して正確な値とくらべてみると，図7.2に見られるように，確かに u_s の方が u_a よりもエネルギーが低いことがわかる．これは u_s が全空間で節面をもたないのに対し，u_a は核を結ぶ線分の垂直二等分面で節をもつことからも予想できる結果である（節面が多いと運動エネルギーの期待値が大きくなる．また，u_a では2つの核の中間に電子がくる確率が減って，その分2つの核の外側にいる確率が増え，引力ポテンシャルの期待値の絶対値は小さくなる）．LCAO 近似関数から求めたポテンシャル曲線のうち u_a から求めたものは $2p\sigma_u$ の正確な計算値にきわめて近い．基底状態の方は正確ではないが正しい $1s\sigma_g$ 曲線の大体の形，大きさを再現している．このポテンシャル曲線は谷を

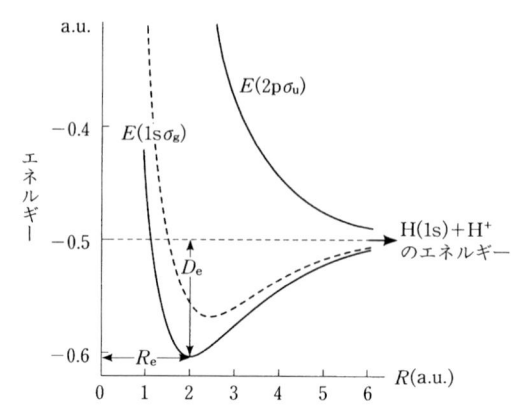

図 7.2 核を固定した H_2^+ のエネルギー曲線
実線は (7.16) から得られたもので，破線は LCAO 近似 (7.22) による．
$2p\sigma_u$ 状態では両者はほとんど重なっている．

もち分子イオンが存在することを示しているのに対し，u_a の方は斥力ポテンシャルになっていて分子をつくらない状態である．u_s のように 2 つの核を結びつける傾向（無限遠から近づくとき引力になる）をもつ分子軌道は**結合性軌道** (bonding orbital) といい，u_a のようにもっぱら反発力をもたらす分子軌道は**反結合性軌道** (antibonding orbital) と呼ばれる．LCAO 近似 (7.22) でわかるように，素材として同じ 1 対の原子軌道を用いたとき，その一次結合の係数のとり方により一方は結合性，他方は反結合性というように通常両者が対をなして現れる．

u_s を改善して実線で示されている基底状態の曲線に近づける方法はいろいろと考えられるが，変分法を用いた一例としてスケーリングを実行した場合を示そう．ψ_a が孤立水素原子のように $\exp(-r_a/a_0)$ に比例しているとしないで $\exp(-\zeta r_a/a_0)$ に比例するとし，同じように ψ_b にも ζ を入れ，この ζ (orbital exponent あるいは有効核電荷と呼ぶことがある) をパラメターとして変分計算をすると $\zeta=1.228$ のあたりでポテンシャルの谷が最も深くなり，無限遠のエネルギーを基準としたときの深さ D_e (図では実線の場合についてだけ示した) は $\zeta=1$ のときの $1.77\,\mathrm{eV}$ から $2.25\,\mathrm{eV}$ くらいにまでなり，正確な値 $2.78\,\mathrm{eV}$ との差が半分くらいに縮まる．

ここで (7.22 a) がどの程度まで H_2^+ の化学結合の性格を適切に表しているか

を見るために、ビリアル定理を利用する．ポテンシャル曲線の極小点付近と，2原子を無限遠に引き離したときのエネルギーをくらべる．それらの差を

$$\Delta U(R) = U(R) - U(\infty), \qquad \Delta K(R) = K(R) - K(\infty),$$
$$\Delta V(R) = V(R) - V(\infty)$$

とおくとき，$R = R_e$ での結合エネルギー[*1]は

$$D_e = U(\infty) - U(R_e) = -\Delta U(R_e)$$

であるから，ビリアル定理により

$$\Delta K(R_e) = D_e, \qquad \Delta V(R_e) = -2D_e$$

でなければならない．すなわち，$R = R_e$ の近傍で $\Delta K > 0$, $\Delta V < 0$ で，ΔV が負でその絶対値が ΔK より大きいために結合が生じているはずである．ところが (7.22 a) を用いて計算してみると，$R = R_e$ の付近で $\Delta K < 0$, $\Delta V > 0$ となってしまう．したがって，このモデルが正確な結合エネルギーの半分以上を与えているとはいえ，(7.22 a) が化学結合の本質をよく伝えているとはいい難い．これに反し，スケーリングを行ったあとは，エネルギーでも前述のように改善されるが，ビリアル定理も満たすようになるから，一見小さな改善に見えてじつは大きな違いを含んでいるのである．

H＋H⁺ 系での電子移行　H_2^+ 系についての話を終わる前に，以上述べてきたような定常状態ではなく動的な問題を1つ考えてみよう．はじめ（時刻 $t = 0$ とする）十分離れて中性水素原子と裸の陽子があったとする．原子の核を A，裸の陽子を B としよう．この陽子をきわめてゆっくりと中性原子に近づける．短い時間内では核間距離 R がほとんど変わらないので，電子の運動状態は定常状態 $1s\sigma_g$, $2p\sigma_u$ などを表す関数の一次結合の形に書けるであろう．この2つの状態を表す軌道関数を ψ_g, ψ_u と書こう．これら以外の状態はエネルギーがはるかに高くなってしまうのでここでは考えに入れないでよいと思われる．長い目で見ると R が時間の関数として変わっていくので，時間因子を含めた関数を用いて展開し，求める近似関数を

$$\psi = c_g \psi_g \exp\left[-i\int_0^t E_g(R) dt/\hbar\right] + c_u \psi_u \exp\left[-i\int_0^t E_u(R) dt/\hbar\right]$$

[*1] 解離エネルギー（D_0）と呼ばれるものに近いが，D_0 は分子の最低の振動準位から2原子を引き離すのに要するエネルギーで，ここに出てきた D_e とは0点振動だけの差がある．

とおく. E_g, E_u は図 7.2 の実線で表される 2 つの状態のエネルギーである. ψ_g は AB の中点に関する反転で不変なのに対し ψ_u は反対称であるから, $(\psi_g + \psi_u)/\sqrt{2} \equiv \psi_A$ は主として A のまわりで電子の存在確率が大きく, $(\psi_g - \psi_u)/\sqrt{2} \equiv \psi_B$ は電子が B のまわりにあることを表す. 十分遠方では分子軌道 ψ_g, ψ_u は (7.22) で表される LCAO 近似の u_s, u_a に近く, 重なり積分 S はほとんど 0 である. したがって ψ_A, ψ_B はそれぞれ A, B のまわりの 1s 軌道と一致する. このような状況を考慮に入れて上述の ψ を変形する. 初期条件から係数の値が $c_g = c_u = 1/\sqrt{2}$ と決まり,

$$\psi = \left[\cos\left(\int_0^t \Delta_- \frac{dt}{\hbar}\right)\psi_A + i\sin\left(\int_0^t \Delta_- \frac{dt}{\hbar}\right)\psi_B\right]\exp\left(-i\int_0^t \Delta_+ \frac{dt}{\hbar}\right)$$

が得られる. $\Delta_\pm = (E_u \pm E_g)/2$ である. この結果を見ると電子が 2 つの陽子の間を往復すること, その振動数は $(E_u - E_g)/h$ であることがわかる. 遠方では $E_u - E_g$ はほとんど 0 であるから電子は飛び移ることがないが, R が減少するにつれて激しく往復するようになることがわかる. これから電荷移行

$$H^+ + H \longrightarrow H + H^+$$

の断面積を導くことができるが, これについては本書では立ち入らない (姉妹編『原子分子過程』で述べる).

7.2.3 水素分子 —— ハイトラー-ロンドン理論

1 電子系である水素原子の知識から出発して 2 電子系であるヘリウム原子を論じたとき, エネルギーの最も低い 1s 軌道にスピン逆向きで 2 つの電子を入れたものが基底状態のかなりよい近似になることを予想し, その予想が正しいことを示した. それならば, H_2^+ の知識から出発して通常の水素分子 H_2 を論ずるには, H_2^+ の最低エネルギー状態である $1s\sigma_g$ 軌道にスピン逆向きに 2 つの電子を入れたらよいと考えるのが自然である. このように分子全体に広がる軌道, すなわち分子軌道に電子をあてはめていくのが**分子軌道関数法** (略して **MO 法**) である. 実際このやり方が現在広く用いられているが, 歴史的に見ると最初に量子力学によって化学結合を説明したのはこれとは違う考えによるものであった. **ハイトラー-ロンドン理論** (Heitler-London theory) によるその説明をまず簡単に述べておこう.

分子軌道法では融合原子の原子核を適当な電荷をもつ2つの部分に分割し，引き離したとき，もとの原子の軌道関数が引き延ばされて分子軌道になるとして分子の状態を推定する立場に立っている．逆に十分遠方にある2つの原子から出発して，それらが近づいたとき生ずる相互作用を考える摂動論的立場がW. Heitler と F. London の理論の進め方である．H_2 分子の場合，核間距離が十分大きいところでは2つの水素原子 H+H になっていると考えてよい．H^++H^- のようなイオン状態ではエネルギーが 10 eV 以上も高くなってしまうので基底状態の議論では重要でないと思われる．ところで，2つの原子の2つの電子は互いに区別不可能な同種粒子であるから，1原子の場合と同様にスピンまで考慮に入れると全系の波動関数は2電子の交換に関して反対称でなければならない．十分遠方なら各電子はそれぞれ孤立水素原子の 1s 軌道とほとんど変わりない軌道に収まっていると考えてよいから，電子系の波動関数は次のような形になる．すなわち2つの核 A, B のまわりの 1s 軌道関数を再び ψ_a, ψ_b と書くことにして

$$\Psi_{HL}^{\pm} = \frac{1}{\sqrt{2(1 \pm S^2)}} [\psi_a(r_{1a})\psi_b(r_{2b}) \pm \psi_a(r_{2a})\psi_b(r_{1b})] \times \begin{cases} \text{スピン一重項関数} \\ \text{スピン三重項関数} \end{cases} \tag{7.24}$$

である．± の + を採用したときにはスピン一重項関数を，− を使うときは三重項関数をかける．座標のとり方は図 7.1 と同じで，電子を 1, 2 で区別している．S は重なり積分 (7.23) である．この関数が核間距離 R の小さいところまでかなりよい近似になっていると仮定して系のエネルギーを計算すると結果は

$$E(R) = 2E_H + \frac{Q \pm J}{1 \pm S^2} \tag{7.25}$$

となる．ここで E_H は孤立した水素原子のエネルギー（およそ -13.6 eV），Q, J は

$$Q = \iint \psi_a(r_{1a})\psi_b(r_{2b}) U \psi_a(r_{1a})\psi_b(r_{2b}) d\boldsymbol{r}_1 d\boldsymbol{r}_2, \tag{7.26}$$

$$J = \iint \psi_a(r_{2a})\psi_b(r_{1b}) U \psi_a(r_{1a})\psi_b(r_{2b}) d\boldsymbol{r}_1 d\boldsymbol{r}_2, \tag{7.27}$$

$$U = \frac{e^2}{4\pi\varepsilon_0} \left[\frac{1}{r_{12}} - \frac{1}{r_{1b}} - \frac{1}{r_{2a}} + \frac{1}{R} \right] \tag{7.28}$$

で与えられる．Q, J はそれぞれ**クーロン積分** (Coulomb integral)，**交換積分** (exchange integral) と呼ばれる．このように分子の計算では異なった中心のまわりの軌道関数がまじった積分を計算しなければならないので，単一の原子の構造計算よりも格段に厄介になる．すなわち，複数の核間距離で分子のエネルギーを計算しポテンシャル曲線を求めるには，まず膨大な数の多中心積分を計算しなければならない．電子計算機がなかった時代にこれが大変な仕事であったことは経験した人でないと想像しにくいかもしれない．本書では分子積分の計算方法については述べないが[*2]，(7.26)(7.27) のなかでとりわけ厄介なのは交換積分 J で，そのなかでも U の $1/r_{12}$ の項から出てくる積分である．J のなかのこの部分だけを交換積分と呼ぶこともある．Heitler と London はこの積分の計算法を見いだせずにいたが，Y. Sugiura (杉浦義勝) がその計算法を見いだし，これによりハイトラー-ロンドン理論による水素分子のポテンシャル曲線が定量的に求められるようになった．その結果は H_2^+ の場合の図 7.2 と (スケールは違うが) 形の似た，谷のあるポテンシャル曲線で表される基底状態と，いたるところ斥力の励起状態とが得られた．(7.24) で複号の上，すなわち一重項スピンの場合が基底状態に対応する．ちなみに (7.25) の右辺で $2E_H$ は十分離れた 2 つの水素原子のエネルギーであるから，残りの項が原子間ポテンシャルになっている．ここで Q は 2 つの原子内の電子雲がゆがむことなく，電子の入れ換えもないままで互いに接近したときの静電的エネルギーで，クーロン積分の名もそれに由来する．この Q は遠方で引力，近くで斥力を与え，谷をもつ曲線になるが，ただその谷の深さは 0.4 eV 程度であって，実験的に導かれるポテンシャルの谷の深さ $D_e = 4.74$ eV にくらべて小さすぎ，静電力が化学結合の主な原因とは考えられない．これに対し，交換積分 J はごく近距離を除き大きな負の量になっているので，それを加えた (7.25) 第 2 項を用いることにより実測値と比較できる大きさの $D_e = 3.17$ eV が得られたのである．一方，ポテンシャル曲線の極小点 (古典力学でいえば平衡核間

[*2] 分子積分の計算については村井の本 [9]，さらにくわしくは小谷・雨宮・石黒・木村の本 [11] を参照されたい．後者は背景にある分子計算の骨子から，個々の積分の公式，さらに各種分子積分計算に有用な補助関数の数表までを含むもので，手回し計算器が数値計算に使える主な道具であった時代にこれだけの大事業をいち早く成し遂げて分子理論の発展を促した小谷グループの功績は大きい．

距離) R_e は実験から推定された $R_e=0.742$ Å に対してハイトラー-ロンドン理論では $R_e=0.88$ Å が得られた．このように定量的には改善の必要があるものの H_2 における化学結合のかなりの部分が再現できている．これは上述のように J という電子交換を表す項があるためで，もとはといえば波動関数の反対称性という量子力学特有の効果によるものである．

ここで，H_2^+ のときと同様に，ハイトラー-ロンドン理論が化学結合の本質をよく表しているかどうかを調べておくことが望ましい．計算してみると，この理論でも平衡核間距離付近で $\Delta K<0,\ \Delta V>0$ となり，ビリアル定理を満たさない．そこで，H_2^+ でもやったように orbital exponent を導入し，原子の 1s 軌道関数の指数関数の肩の r を ζr に置き換え，変分法でエネルギーを最も低くするように ζ の値を決める．これだけの改善でも $\zeta=1.166$ で $R_e=0.744$ Å, $D_e=3.78$ eV と実測にかなり近づけることができる．そのうえ，ビリアル定理を満たすようになる．ζ が1より大きいことから，軌道が孤立原子のときよりも縮んでポテンシャルエネルギーの絶対値を増していることがわかる．これが運動エネルギーの増大を超えているために化学結合が成立しているのである[3]．

モデルをさらに改善する方法の1つは，原子軌道関数を球対称でなく相手方の方向に伸びた軌道関数にすることで，化学結合をいっそう強くすることができる．これを軌道の分極という．たとえば**分極軌道** (polarized orbital) を

$$\psi_a=(c_1+c_2 z_a)\exp\left(-\zeta\frac{r_a}{a_0}\right), \quad \psi_b=(c_1-c_2 z_b)\exp\left(-\zeta\frac{r_b}{a_0}\right) \quad (7.29)$$

とおく．z_a, z_b はそれぞれ核 A, B を原点とし AB 方向に z 軸を選んだときの z 座標である．c_1, c_2 が同じ符号であれば ψ_a は B 方向に，ψ_b は A 方向に伸びた形の関数になり，両者の重なりが大きくなる．計算の結果 $\zeta=1.190, c_2/c_1 \cong 0.12/a_0, R_e=0.749$ Å で $D_e=4.04$ eV が得られた．上記の関数は s 型と p 型の関数をまぜ合わせたものになっているが，このような軌道関数を**混成軌道** (hybridized orbital) という．もう1つ，これらとはやや違った改善を示そう．本節のはじめにイオン構造 H^++H^- はエネルギーが高いので考えに入れない

---

[3] この種の議論や K. Ruedenberg (1962) による化学結合の分析については，次の解説にくわしく紹介されている．石黒英一，日本物理学会誌 **29**, 412 (1974)．

としたが，エネルギーが高い状態の関数でもそれを取り入れて変分関数の柔軟性を増すと一般になにがしかの改善になるものである．そこで

$$\Psi = c_1 \Psi_{\mathrm{HL}} + c_2 \Psi_{\mathrm{ION}} \tag{7.30}$$

とおく．Ψ_{HL} は (7.24) の複号の上をとったものであるが，そこで用いる原子軌道にははじめからスケーリングのための因子 ζ を入れておくものとする．Ψ_{ION} は同じ ζ を取り込んだ原子軌道を用いて

$$\Psi_{\mathrm{ION}} = \frac{1}{\sqrt{2(1+S^2)}} [\psi_a(r_{1a})\psi_a(r_{2a}) + \psi_b(r_{1b})\psi_b(r_{2b})] \tag{7.31}$$

で与えられる．計算結果は $\zeta=1.193$ で $R_e=0.750$ Å，$D_e=4.03$ eV で分極軌道を用いたのと同じ程度の改善になっている．分極とイオン構造を両方とも取り入れた計算では $D_e=4.12$ eV にまでポテンシャルの谷の深さが増す．この場合，Ψ_{HL} で用いる原子関数と Ψ_{ION} の原子関数を共通とせず，両者の ζ を独立に変えたら変分の自由度が増していっそうの改善になると思われるかもしれないが，実際そのような計算を行ったところ，最善の ζ の値は両者で共通という結果になった[*3]．

Ψ_{ION} で表されるような状態を**イオン構造** (ionic structure) と呼び，これに対してもともとの Ψ_{HL} で表される状態を**共有構造** (covalent structure) または**等極構造** (homopolar structure) という．Ψ_{HL} は構造式 H−H に対応し，Ψ_{ION} は H$^+$⋯H$^-$，H$^-$⋯H$^+$ に対応する．このように異なった構造が (7.30) のようにまざり合うことを構造間の**共鳴** (resonance) といい，まぜることで生ずる分子エネルギー計算値の降下を共鳴エネルギー (resonance energy) という．

ハイトラー–ロンドン理論のように分子を構成する原子の軌道関数 (AO) に電子を配置するやり方で分子の構造を調べていく方法は，その後他の分子にも使われ**原子価結合法** (valance bond method，略して VB 法) または**原子軌道関数法**と呼ばれている．

7.2.4　水素分子──MO 法

次に，本節のはじめに名前だけあげた分子軌道関数法 (MO 法) に移ろう．こちらは H. Hund, R. S. Mulliken, J. E. Lennard-Jones, C. A. Coulson 等に

[*3] 実際の計算の文献および結果の解釈については [12] section 5 を参照のこと．

よって展開された．H₂ 分子の基底状態でいえば，H₂⁺ の基底状態であった $1s\sigma_g$ 軌道にスピン逆向きで 2 つの電子を入れることになる．He 原子の原子核を 2 等分して引き離したときに予想される状況である．したがって，電子系の波動関数は

$$\Psi_{\mathrm{MO}} = \psi_g(\boldsymbol{r}_1)\psi_g(\boldsymbol{r}_2) \times \text{スピン一重項関数} \tag{7.32}$$

となる．ψ_g は $1s\sigma_g$ 軌道関数である．ここで (7.22 a) のような LCAO 近似を採用すると分子のエネルギーが計算できて，ポテンシャル曲線は極小をもつことがわかる．その位置と深さは $R_e = 0.85$ Å で $D_e = 2.68$ eV であった．この D_e はハイトラー-ロンドン理論よりも実測値と大きく食い違っている．それに加えて $R \to \infty$ における系のエネルギーが正しい値 $2E_H$ にならず，これより高くなってしまう．その理由は (7.32) の関数形から容易に見いだされる．すなわち 2 つの電子は相手の所在に無関係に分子全体に広がる軌道 ψ_g に入っており，R を大きくしていったとき核 A の近くにいるか B の近傍にいるかは五分五分の確率である．したがって，原子軌道関数法のいい方をするならば，イオン構造が共有構造と対等の重みで R の大きなところまで残ってしまうことが正しい漸近的エネルギーを与えない原因である．

MO 法でも比較的単純な修正 (実際の計算が容易とは限らない) をして結果の改善を図る試みは多いが，ここではその 1 つ，原子の場合 (§3.4.2 参照) に用いられたと同様の配置混合法の適用を見よう．励起軌道のなかで $1s\sigma_g$ に最も近いエネルギーをもつのは $2p\sigma_u$ であった．これを再び ψ_u と書くことにして (7.32) の $\psi_g(\boldsymbol{r}_1)\psi_g(\boldsymbol{r}_2)$ のかわりに $\psi_g(\boldsymbol{r}_1)\psi_u(\boldsymbol{r}_2)$, $\psi_u(\boldsymbol{r}_1)\psi_g(\boldsymbol{r}_2)$, $\psi_u(\boldsymbol{r}_1)\psi_u(\boldsymbol{r}_2)$ を用いたものをそれぞれ Ψ'_{MO}, Ψ''_{MO}, Ψ'''_{MO} と呼ぶことにしよう．そこで

$$\Psi = c\Psi_{\mathrm{MO}} + c'\Psi'_{\mathrm{MO}} + c''\Psi''_{\mathrm{MO}} + c'''\Psi'''_{\mathrm{MO}} \tag{7.33}$$

とおいて係数を変分法で決める．ところで核 A, B の中点に関して 2 電子の位置座標の反転をすると $\Psi_{\mathrm{MO}}, \Psi'''_{\mathrm{MO}}$ は偶関数であるのに $\Psi'_{\mathrm{MO}}, \Psi''_{\mathrm{MO}}$ は奇関数であるから，Ψ_{MO} は Ψ'''_{MO} とだけまじり，他の 2 つとはまじらない (ハミルトニアンの行列要素が 0 になる)．さらに ψ_g, ψ_u に LCAO 近似を用いることにすると

$$\Psi_{\mathrm{MO}} = \sqrt{\frac{1+S^2}{2}} \frac{1}{1+S}(\Psi_{\mathrm{HL}} + \Psi_{\mathrm{ION}})$$

$$\Psi_{\mathrm{MO}}'''' = \sqrt{\frac{1+S^2}{2}} \frac{1}{1-S}(-\Psi_{\mathrm{HL}} + \Psi_{\mathrm{ION}})$$

の関係にあることがわかるから,

$$\begin{aligned}\Psi &= c\Psi_{\mathrm{MO}} + c'''\Psi_{\mathrm{MO}}'''' \\ &= \frac{1}{1-S^2}\sqrt{\frac{1+S^2}{2}}[\{(1-S)c - (1+S)c'''\}\Psi_{\mathrm{HL}} \\ &\qquad + \{(1-S)c + (1+S)c'''\}\Psi_{\mathrm{ION}}]\end{aligned}$$

となって, ハイトラー–ロンドン法で共鳴を考えに入れたのと同じになる. 一般に限られた数の共通の原子軌道関数を素材に用いるかぎり, VB法ですべての構造間の共鳴を考えたのと, LCAO 近似のMO法で配置混合をしたのとは同等である. この場合, VB法では構造を表す関数どうしが一般に直交しないのに反しMOは対称性によって多くのものが互いに直交するので, 電子数の大きい分子の計算には通常MO法が便利とされている. いずれにしても, 精度を上げるにはさらにエネルギーの高い軌道まで考慮に入れ, VB法なら構造, MO法なら電子配置の数を増していくのであるが, 必要な精度の結果を得るまでの収束性は一般に決してよくない. 比較的簡単な等核二原子分子に限ると, H_2 ではVB法の方が優れているが, O_2 では基底状態が三重項であることを説明するなどMO法が適している[4].

7.2.5 「軌道」概念を超えた扱い

さて, 基底状態の H_2 はHeを引き延ばしたと考えても, また2つの水素原子を近づけたと考えても, 分子軸のまわりの回転に相当する角運動量成分は0である. したがって2電子系の波動関数を軸のまわりで回転させても変化がない. つまり, 基底状態の波動関数を記述する座標としては2電子の自由度6から1を引いた5個あればよい. しかし, いままで考えてきた波動関数はすべて2電子それぞれの2つの核からの距離だけで決まる関数であって4つの座標しか使っていない. 計算結果を改善するには5つめの座標を導入する必要がある. それは2電子の相関に関係したものである. 軌道関数に電子を配置するという方針を捨てて, He原子でのHylleraasの計算 (§3.4.3) のように2電子

---

[4] この2つの方法の比較について, たとえば次の論文を参照されたい. M. Kotani, Y. Mizuno, K. Kayama and E. Ishiguro, *Rev. Mod. Phys.* **32**, 266 (1960).

間の距離 r_{12} を直接変分の試行関数に入れる試みは1933年にJamesとCoolidgeによって行われ[5]，見事な成果が得られた．用いた関数は

$$\Psi = \frac{1}{2\pi}\exp[-\zeta(\xi_1+\xi_2)] \times \sum_{klmnp} C_{klmnp}\xi_1^k \xi_2^l \eta_1^m \eta_2^n \left(\frac{2r_{12}}{R}\right)^p, \quad (7.34)$$
$(m+n=偶数)$

で，スケーリングのパラメターの値は0.75に固定して計算された．ξ, η は(7.14)で導入されたものである．13項とって係数 C を変分法で決め，$R_e=0.74$ Å，$D_e=4.73$ eV という実測とよく合う結果が得られた．その後，KołosとRoothaanは同じような変分関数で50項まで取り入れ，基底状態およびすぐ上の斥力状態のポテンシャル曲線をくわしく計算し[6]，基底状態に対しては

$$R_e = 0.74127 \text{ Å} \ (=1.40081 \text{ a.u.})$$
$$D_e = 4.7467 \text{ eV}$$

を得た．観測から得られていた値は

$$R_e = 0.74116 \text{ Å} \quad (\text{Herzberg and Howe, 1959})$$
$$D_e = 4.7466 \text{ eV} \quad (\text{Herzberg [18]})$$

で大変よく一致している．その後1960年代中ごろから，KołosとWoniewiczにより基底状態だけでなく多くの励起状態についてもポテンシャル曲線が計算されている[7]．他の人による計算結果も含めてポテンシャル曲線のいくつかを図7.3に示す[8]．この図では H_2 の振動・回転を考慮に入れた基底状態のエネルギーをエネルギーの0に選んである．11 eV あたりから上にはここに示したもの以外に無数の状態があるが，書ききれないので省いてある．破線で示した曲線は負イオンの状態を表す．基底状態の H_2 に電子を追加するとエネルギーは増加する．このため安定な負の水素分子イオンは存在しない．電子衝突などできわめて短い時間負イオン状態ができてもすぐに中性分子と電子に別れてしまうのである．ただし，核間距離が十分大きければ水素原子に負イオンが存在す

---

[5] H. M. James and A. S. Coolidge, *J. Chem. Phys.* **1**, 825 (1933).
[6] W. Kołos and C. C. J. Roothaan, *Rev. Mod. Phys.* **32**, 219 (1960).
[7] W. Kołos and L. Wolniewicz, *J. Chem. Phys.* **41**, 3663 (1964); **43**, 2429 (1965); **45**, 509 (1966); **48**, 3672 (1968); **49**, 404 (1968); **50**, 3228 (1969); *J. Mol. Spectry.* **54**, 303 (1975); **63**, 537 (1976) など．
[8] 高柳和夫・中田琴子，宇宙航空研究所報告 **6**, 849 (1970); T. E. Sharp, *Atom. Data* **2**, 119 (1971) が H_2 のもっと多くの曲線を示している．

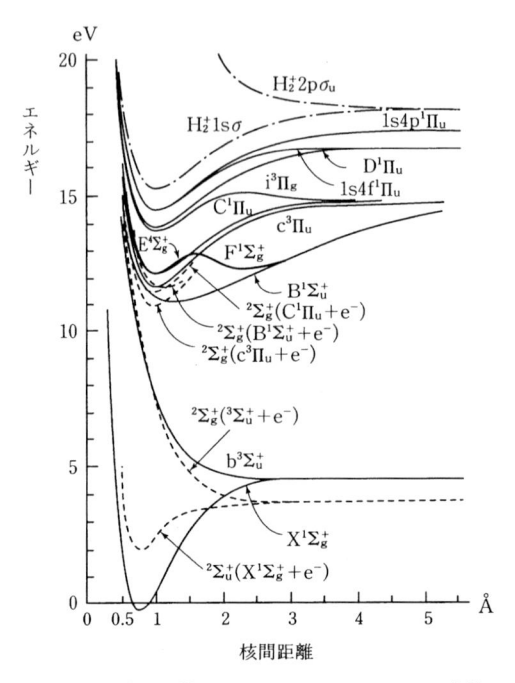

図7.3 水素分子 H_2 とそのイオンのポテンシャル曲線

ることに対応して破線が実線の下にくるようになる．図の一番上に示した2本の一点鎖線は正イオンの状態で，図7.2に相当する．さて実線で表されている中性分子の状態を見ると，さまざまな記号が付けられている．このうちXと書かれるのは一般に基底状態に用いられる記号である．大文字のB, C, Dなどは基底状態と同じスピン多重度をもつ状態（いまの場合，一重項）を表す．通常アルファベット順にエネルギーの低い方からA, B, C, … のように付ける．小文字の方はこれと異なるスピン多重度をもつ状態（いまの場合，三重項）でやはり低い方からアルファベット順に付けるのが習わしである．しかし，水素，窒素，酸素など古くからスペクトルが得られていた分子では，一般則からはずれた名前がつけられてそれが固定してしまっている場合が少なくない．これらの英字のあとに続く記号は

$$^{2S+1}\Lambda_g$$

のような形式で書かれ，状態の対称性を表す．原子でいえば§5.2.2で述べた

記号に相当する．まず Σ, Π などは原子の全軌道角運動量を表す S, P などに相当する．分子には複数の核があるため，それらがつくり出す静電場は球対称でなく電子系の全角運動量 $\boldsymbol{L}$ はもはや保存されないが，二原子分子をはじめとして直線分子では分子軸（これを z 軸にとる）のまわりの電子系回転による角運動量，すなわち軸方向の成分 L_z は保存される．この成分の絶対値を $\hbar$ を単位にして測り Λ と書き，それが $0, 1, 2, 3, \cdots$ であるのにしたがって記号化して $\Sigma, \Pi, \Delta, \Phi,$ などと書くのである．原子で用いた S, P, D, F, $\cdots$ に相当するギリシャ文字になっている．水素分子の基底状態では軸方向の軌道角運動量の成分が 0 の軌道に 2 個の電子が入っている $(1s\sigma_g)^2$ 配置なので，全体としても軸方向の成分は 0 つまり Σ 状態である．配置混合などで波動関数を改善しても Σ 状態でない配置はまじらないから，他の角運動量成分に変わることはありえない．Σ や Π の左上の数字 1 や 3 はスピン多重度すなわち，全スピン角運動量を表す量子数を S として $2S+1$ のことである．右下の g, u は 1 電子軌道についてすでに述べたと同様，2 つの核の中点を原点にしたとき 2 電子系の波動関数が反転に対して偶関数か奇関数かを表す．H_2 の基底状態では偶関数軌道に 2 つの電子が入っているので，全体としても偶関数である．最後に，Σ 状態に限って右上に + が付いているのは，分子軸を含む任意の平面に関する鏡映で波動関数が変わらないことを意味する．他の直線分子の Σ 状態のなかには同様の鏡映に関して符号が変わる波動関数をもつものもある．その場合は Σ^- と書くのである．Σ 状態以外では軸を含む平面で鏡映を行うと回転方向が逆向きになり，符号だけでなく関数形が変わってしまうので + － の対称性はない．このとき鏡映によってつくられた状態ははじめの状態とエネルギーは同じであるから Σ 状態以外はすべて縮退していることがわかる[9]．

以上では 2 原子の軌道関数が重なる程度の近距離の場合だけを扱ってきた．2 原子がこれよりずっと離れたところでは，もはや電子交換も起こらず，本章で述べてきたような相互作用はなくなる．しかし，そのような遠方でも，2 次摂動論から出る分散力などの遠距離力が存在する．本章では話を近距離に限

---

[9] H_2 の励起状態の一覧や，ポテンシャル曲線の決定法などについては波岡武，日本物理学会誌 **22**, 717 (1967), また低い励起状態の理論計算については石黒英一, 同上 **22**, 727 (1967) がある．

7.3 一般の二原子分子

7.3.1 等核二原子分子

電子が3個以上になると,それらは1つの軌道には入りきれないから,複数の軌道に入ることになる.原子の場合と同様にエネルギーの低い方から順に埋めていき基底状態にある分子の電子状態を推定することができる.原子の章で注意したように個々の電子の軌道という概念は厳密なものではないが,現実の原子や分子の性質をかなりのところまで説明することができて有用である.理論的にはハートリー-フォック法などによって分子軌道の種類や軌道エネルギーを求めるところから始めるのであるが,その話はあとにまわして定性的な話から始めよう.

原子の場合,個々の原子について解くまでもなく,水素原子の知識および若干の定性的考察からほぼ 1s, 2s, 2p, 3s, 3p, 3d のような順でエネルギーが高くなっていくことが予想できた.分子になって厄介なことは,二原子分子では核間距離 R,多原子分子では多数の距離や角度がパラメターになっていることである.当面二原子分子だけを考えるが,R の値によって軌道の上下関係が逆転することがしばしばある.その様子は水素分子イオンの知識および若干の他の分子での経験からおよその見当はつけられる.その際,融合原子と分離原子を構成する原子軌道に着目し,R を徐々に変えていったとき分離原子のどの軌道が融合原子のどの軌道に移っていくかを見極める.すぐあとで出てくる**対応図** (correlation diagram, **相関図**ともいう) がこのようにして得られる.すると,これらの中間に現実の分子があるはずなので,分子での軌道の種類とそれらの上下関係が推定される.ただし,中間といってもどの辺であるかは経験によって決めていかなければならない.まず,2つの原子核が同種である**等核二原子分子** (homonuclear diatomic molecule) では先に調べた水素分子の正イオンの電子状態が手がかりになる.十分遠方では両原子の同じ種類の AO (原子軌道関数) の和や差から出発し,R を小さくしていったとき融合原子のどの AO に近づくかを見る.表 7.1 で若干の対応例を示したが,もっとわか

7.3 一般の二原子分子

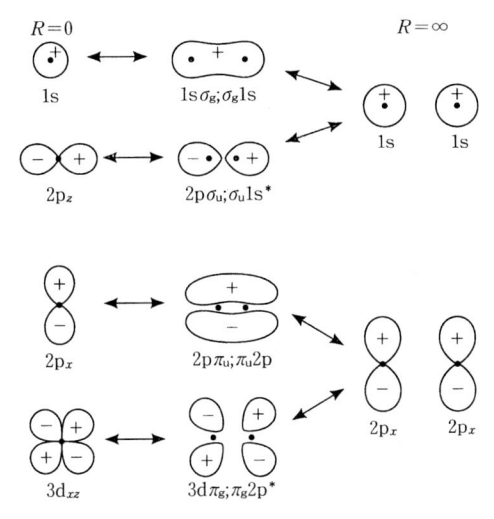

図 7.4 軌道関数の対応例

分子軸に沿って z 軸を選んである．＊印のついているものでは，$R=\infty$ で示した 2 つの AO の差から出発していて，核間に電子がくる確率が小さく，反結合性である．

りやすく図示すると図 7.4 のようになる．主量子数や方位量子数がもっと大きくなるとこのように図示するのも複雑になるが，その場合は軌道関数の対称性が手がかりになる．すなわち，同じ対称性の軌道を辿って融合原子にまで辿りつけばよいのである．核を固定するとその配置に応じて対称性が決まり，ハミルトニアンを変えないような電子座標の変換 $r_i \longrightarrow r_i'$ ($i=1, 2, \cdots, N$; N は分子内電子数) が列挙される．たとえば回転・反転・鏡映・回転鏡映などで，これらは対称操作 (symmetry operation) と呼ばれる．対称操作をすべて数え上げるとこれらは数学でいう群 (group) を形成する．

電子軌道はこの対称操作群に属する操作 (これを群の要素という) をひとつひとつ作用させたとき，どのような変換を受けるかによって分類される．このようにして見いだされた対称性が R の変化によって変わらないという方針のもとで $R \to \infty$ と $R \to 0$ との対応が得られる．このようにして等核二原子分子に対して得られた対応図を，エネルギーの低いところだけであるが図 7.5 に示す．この図はあらゆる場合に厳密に適用できる万能図ではなく，およその見当をつけるための説明図であることをまずお断りしておきたい．図は左端の融

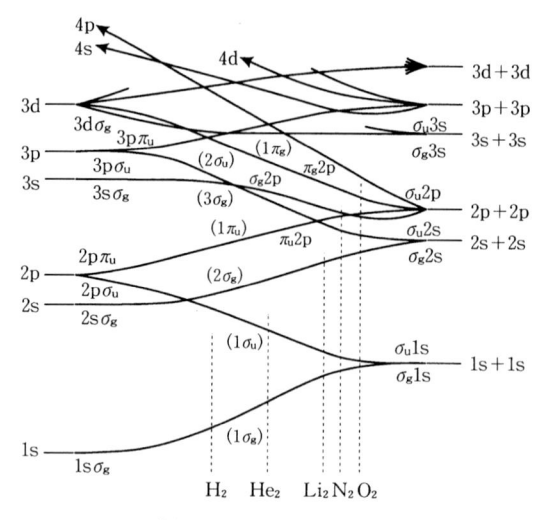

図 7.5 等核二原子分子の対応図

合原子のエネルギー準位から右端の分離原子の準位へとつながっているので横軸は核間距離と見ることもできよう．一方，原子番号 Z が増すと，同じ名称の軌道は縮むので，たとえば，両原子の 1s 軌道間の重なりは小さくなる．これは図の上で右に移動するのと同じである．したがって，等核二原子分子の平衡核間距離のところでの電子状態を考えることにすると，Z とともに右へと移動する．いくつかの分子名を図に書きこんでおいた．安定した分子ができない He_2 まで書いてあるのは便宜的なものである．

まず H_2 を見ると 2 個の電子は結合性の分子軌道 $1s\sigma_g$ に入るから十分にエネルギーが下がって安定な分子ができる．He_2 になると 4 個の電子があるから結合性の $1s\sigma_g$ の他，反結合性の $2p\sigma_u$ にも 1 対の電子が入るので互いにほぼ帳消しになり，核間クーロン力まで入れると近距離ではいたるところ斥力になって化学結合は不可能である．Li_2 になるとさらに 1 対の電子が結合性の軌道 $2s\sigma_g$ に入るから再び安定した分子ができる．N_2 となると 14 個の電子があり，その配置はほぼ次のようなものになる[*1]．

[*1] 原子の 1s 軌道は広がりが小さいから，N_2 などでは相手原子の 1s 軌道との重なりは小さくなり，化学結合にはほとんど寄与しない．このため分子軌道とせず $1s^2$ 閉殻を K と書くことにしてここに書いた電子配置のはじめの部分を $KK(\sigma_g 2s)^2 \cdots$ のように書くことが多い．このように化学結合に直接関係していない軌道（内殻と限らない）を非結合性軌道

7.3 一般の二原子分子

$$(\sigma_g 1s)^2(\sigma_u 1s)^2(\sigma_g 2s)^2(\sigma_u 2s)^2(\pi_u 2p)^4(\sigma_g 2p)^2$$

ここに出ている分子軌道のすべてが満員になっていて，スピンは消し合って0である．また分子軸まわりの角運動量も0であることがわかるから，$^1\Sigma$ 状態である．さらに反転，鏡映においても電子系全体として不変であることがわかるから，基底状態は $^1\Sigma_g^+$ である．上記の電子配置では分離原子の 1s, 2s 軌道からつくられた分子軌道では結合性と反結合性がほぼ消し合っているが，そのあとは3対の電子がすべて結合性の軌道に入っていて結合力が非常に強い．化学で分子の構造式 (structural formula) を書くとき，化学結合を1本の線にしたり，二重，三重の線にしたりするが，N_2 では3対の電子が結合に寄与しているので三重結合となり，N≡Nと書かれる．ただし，同じく結合性といっても σ 軌道と π 軌道では差があるから，1本の線で代表される結合の3倍の強さというものではない．この差は π 分子軌道で素材として考えられる両原子の π 原子軌道どうしの重なりが σ 軌道にくらべて小さいことによる．すなわち同じ核間距離で σ 結合は一般に π 結合より強い．結合の強さを具体的に表すものに解離エネルギー (dissociation energy) D_0 や平衡核間距離 R_e がある．解離エネルギーは，ポテンシャルの谷に収容される振動エネルギー準位の最低のものから分子を分離原子の状態にまで引き離すのに要するエネルギーである．N_2 では $D_0 = 9.759$ eV でこれが大変大きいことは他の分子とくらべてみるとわかる．若干の等核二原子分子の解離エネルギーを電離エネルギー，電子親和力，平衡核間距離とともに表 7.2 に示す．平衡核間距離は結合の長さ (bond length) とも呼ばれるが，結合の強いものは，この距離が小さくなる傾向がある．

表 7.2 基底状態にある等核二原子分子の定数

分子	基底状態	電離エネルギー	電子親和力	解離エネルギー	平衡核間距離
H_2	$^1\Sigma_g^+$	15.426 eV	<0	4.4781 eV	0.7414 Å
C_2	$^1\Sigma_g^+$	12.11	3.391 eV	6.21	1.2425
N_2	$^1\Sigma_g^+$	15.581	<0	9.759	1.0977
O_2	$^3\Sigma_g^-$	12.071	0.440	5.115	1.2075
F_2	$^1\Sigma_g^+$	15.697	3.0	1.602	1.4119
Cl_2	$^1\Sigma_g^+$	11.480	2.4	2.4794	1.988

(non-bonding orbital) という．

次に対応図に戻って酸素分子を考えると，N_2 での電子配置に加えてもう1対の電子があり，反結合性の軌道 $\pi_g 2p$ に入る．このため N_2 にくらべて結合は弱くなる．構造式は O=O となる．もう1つ O_2 で興味あることは，スペクトルの研究によるとこの分子の基底状態はスピン一重項でなく三重項である点にある．これは他の等核二原子分子の基底状態の多くが $^1\Sigma_g^+$ であるなかで少数例に属する．ハイトラー-ロンドン流の素朴な VB 理論では，2 原子から1個ずつ電子を出し合い，この1対の電子が一重項となったとき1本の結合手ができると考えるので，O_2 の三重項は説明できない．これに対し，MO 理論では簡単に説明できる．すなわち，$\pi_g 2p$ には2つの独立な軌道関数があり，2電子が別々の軌道に入る方がクーロン斥力が小さくなる．さらに，一重項と三重項がともに許される電子配置では，三重項の方がエネルギーが低くなることは原子でも述べたとおりで，O_2 が三重項になることが理解できる．

さて，これまでのところ分子軌道関数はわかっていて，それに電子をあてはめるように話してきた．実際に軌道関数を決めるには，たとえばハートリー-フォックの方法を適用するのがよいであろう．原子のときのスピン軌道関数のかわりに分子軌道関数にスピン関数をかけた**分子スピン軌道関数** (molecular spin-orbital) を用いてスレーター行列式をつくり，エネルギー期待値の極小を求めるのである．ただし，スレーター行列式1つでは対称性を正しく表現できない場合があり，その場合複数の行列式の一次結合が必要になる．いずれにせよ，分子では核がつくり出すポテンシャル場が中心対称性をもたないので，数値解法で答えを出すのはきわめて困難である．この困難を克服するために考え出されたのが，分子軌道に LCAO 近似を導入することである．簡単のため閉殻構造の電子系を考え電子総数を $N=2n$ とする．二原子分子に限らず，一般の分子に適用できる形に書いておくことにすると，原子の場合の (3.87) (5.53) に相当して，分子軌道 ψ_k に対するハートリー-フォックの方程式の正準形は次のようになる．

$$F\psi_k(\mathbf{r}) = \varepsilon_k \psi_k(\mathbf{r}). \tag{7.35}$$

ここで

$$F\psi_k = I\psi_k + \sum_{h=1}^{n}(2J_h - K_h)\psi_k, \tag{7.36}$$

$$I\psi_k(r) = -\frac{\hbar^2}{2m_e}\nabla^2\psi_k(r) - \sum_a \frac{Z_a e^2}{4\pi\varepsilon_0|r-r_a|}\psi_k(r), \qquad (7.37\,\text{a})$$

$$J_h\psi_k(r) = \frac{e^2}{4\pi\varepsilon_0}\Big(\int \psi_h^*(r')\psi_h(r')\frac{1}{|r-r'|}dr'\Big)\psi_k(r), \qquad (7.37\,\text{b})$$

$$K_h\psi_k(r) = \frac{e^2}{4\pi\varepsilon_0}\Big(\int \psi_h^*(r')\psi_k(r')\frac{1}{|r-r'|}dr'\Big)\psi_h(r). \qquad (7.37\,\text{c})$$

(7.37 a) で Z_a は分子内 a 番目の核の電荷数,r_a はその位置ベクトルである.ここでLCAO近似を導入し,m 個の AO の一次結合をとると

$$\psi_k(r) = \sum_{p=1}^m \chi_p(r)c_{pk}, \qquad k=1,2,\cdots,n. \qquad (7.38)$$

ただし,基底関数 χ_p は規格化されているものとする.また,求める n 個の分子軌道 ψ_k が互いに独立になるようにするため $m \geq n$ でなければならない.この近似式を (7.35) に代入すると係数 c_{pk} に対する次のような式が得られる.

$$\sum_{k=1}^m F_{jk}c_{kl} = \varepsilon_l \sum_{k=1}^m S_{jk}c_{kl}. \qquad (7.39)$$

ここで

$$F_{jk} = I_{jk} + G_{jk}, \qquad (7.40)$$

$$I_{jk} = \int \chi_j^*(r) I\chi_k(r)dr, \qquad G_{jk} = \int \chi_j^*(r)\sum_{h=1}^n (2J_h - K_h)\chi_k(r)dr, \qquad (7.41)$$

$$S_{jk} = \int \chi_j^*(r)\chi_k(r)dr \qquad (7.42)$$

である.G_{jk} のなかには未知の分子軌道関数,したがって未知の係数 c_{pk} 等が含まれているから,(7.39) は永年方程式を一度解けばそれでおしまいということにはならず,逐次代入などによりつじつまの合った解き方をする必要がある.このやり方は 1951 年に Roothaan[10] と Hall[11] が独立に提案し,その後とくに Roothaan が精力的に展開した方法でLCAO SCF 法,LCAO 自己無撞着法*2,またはロータンの方法 (Roothaan method) などと呼ばれている.基底関数の数 m が小さければハートリー-フォック方程式の解の近似としての精度は高くないであろうし,m がある程度大きくても基底関数 χ の選び方がよく

---

[10] C. C. J. Roothaan, *Rev. Mod. Phys.* **23**, 69 (1951).
[11] G. G. Hall, *Proc. Roy. Soc.* **A205**, 541 (1951).
*2 係数 c の値をつじつまの合うように決める方法ではあるが,本来のハートリー-フォック法を LCAO 近似で代用しているので,自己無撞着"場"と呼ぶことには疑問があるとしての呼び名.ただし,AO を十分多くとれば本来のハートリー-フォック法に近づく.

なければやはりよい近似解は得られない．χ の関数形としては各原子の原子軌道関数 (AO) またはその近似形，たとえば Slater が提案した関数 $r^{n-1}\exp(-\zeta r)\times$ 球面調和関数 (§5.3.2) が主に用いられていたが，後には分子積分の計算を容易にするためにガウス型関数 ($r^{n-1}\exp(-\zeta r^2)\times$ 球面調和関数の形の関数．通称 Gaussian-type orbital，略して GTO) が広く用いられるようになった．ガウス型関数は遠方で急速に 0 になってしまい，また原点付近の振る舞いも原子軌道の近似として不適切と思われるが，複数のガウス型関数を重ねることで主要区間で原子軌道に近い関数形を再現することができる．なお，原子の軌道関数に忠実であることが分子軌道の LCAO 近似で用いるのに最善とは限らないので分子計算の基底関数としては経験によってよりよい関数系を見いだす必要がある．

　分子の LCAO 近似にガウス型関数の使用，それに目覚ましいコンピューターの性能と計算技術の進歩によって分子計算の対象は広く多原子分子にまで広がるが，さらに精度の点で改善を求めるなら原子の場合と同様の配置混合などの手法を導入する必要がある．これらの進んだ計算法やおびただしい数の近似法について本書では述べる余裕がない．参考書としてあげたものを見ていただきたい[12]．

7.3.2　異核二原子分子

　2 つの核 A, B が異なっているときの二原子分子を**異核二原子分子** (heteronuclear diatomic molecule) と呼ぶ．異なるといってもそれが同位体であれば核電荷は同じだから，核固定で電子状態を論ずるかぎり等核と同じである．その場合でも振動・回転運動には差が出るし，それらとの相互作用によって電子状態にも若干の変化が生ずる．原子番号，したがって核電荷が異なる異核二原子分子のうち，2 つの原子の原子番号の差が小さいものでの対応図は，等核の場合の対応図から少しの変更によって推定される．そのような図を図 7.6 に示す．変更点の 1 つは，原子 A か B かで同じ名称 (1s, 2s など) の原子軌道でも

---

[12]　Kotani, et al. [12]，藤永『分子軌道法』[14]，樋口編『分子理論と分子計算』[16]，同『分子の電子状態』[17] など．最小限の数式を用いつつこの分野の現状をていねいに述べたものに藤永『入門分子軌道法』[15] がある．

7.3 一般の二原子分子

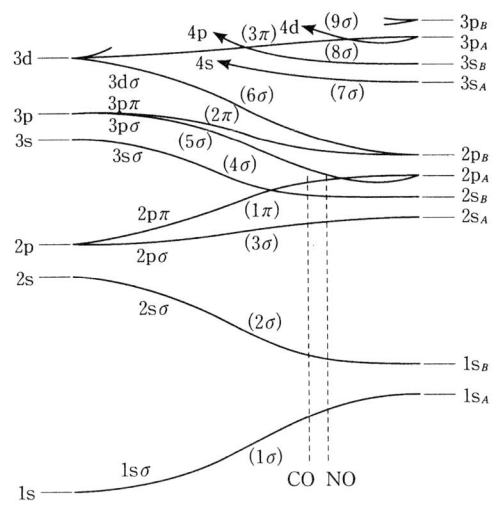

図 7.6 異核二原子分子の対応図

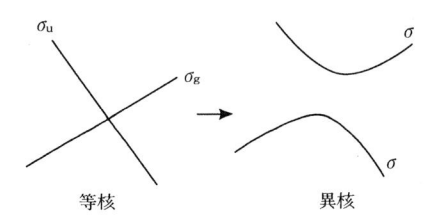

図 7.7 同じ対称性のポテンシャル曲線の非交差

軌道エネルギーが違うから, 遠方でのエネルギー準位が 2 つに分かれる点にある. もう 1 つは g, u の対称性がなくなること, その結果, 等核のとき σ_g であった曲線と σ_u であった曲線が交わっていたのに, どちらも同じ σ となった途端に交わらなくなってしまったことである (図 7.7 参照). この現象はポテンシャル曲線の**非交差則** (non-crossing rule) として知られている. F. Hund (1927) が予想し, von Neumann と Wigner (1929) が証明した. これは以下のようにして説明できる. 何らかの近似で 2 つの 1 電子軌道 1, 2 のエネルギーを求め, それらがある核間距離 $R = R_c$ で交差したとする. 1 電子有効ハミルトニアンを H として, $H_{11}(R_c) = H_{22}(R_c)$ である. これが本物か近似が悪いためかを確かめるために, 一段近似を進め, この 2 つの分子軌道関数の一次結合

の範囲でもう一度固有値問題を解き直してみる．すると結局

$$\begin{vmatrix} H_{11}-E & H_{12} \\ H_{21} & H_{22}-E \end{vmatrix} = 0$$

の形の永年方程式を解くことになる（2つの軌道関数が直交していなければその重なり積分を S として非対角項に $-SE$ がつくはずであるが，事前に直交化しておくことで $S=0$ にできる）．上式はエネルギー E についての2次方程式でその判別式は

$$D = (H_{11}-H_{22})^2 + 4|H_{12}|^2$$

となるから，$H_{11}=H_{22}$，$H_{12}=0$ という2つの条件が同時に満たされなければ $D>0$ で等根はありえない．1, 2の軌道が同じ対称性の場合，一般に H_{12}，H_{21} は0にはならない．パラメターの特定の値で $H_{11}=H_{22}$ または $H_{12}=H_{21}=0$ になることはありうるだろうが，核間距離 R というただ1つのパラメターを変えていったとき2つの条件が同時に成立するのは普通には考えられないことである．したがって同じ対称性の軌道関数のエネルギーが同じになる（曲線が交わる）ことはないといってよいのである．ただし，H_2^+ は例外である（波動関数が(7.15)のように変数分離できることから出てくるが，くわしくは [12] の section 12 参照）．

　A, B の原子番号の差が大きくなると同じ原子軌道名でもそのエネルギーは著しく異なってくる．たとえば OH を考えると，水素はもともと 1s 軌道に1個の電子しかない．この場合，同じ名称の酸素の 1s 軌道は原子の内部にあって，相手の水素原子の 1s 軌道との重なりがほとんどないだけでなく，軌道エネルギーの絶対値も桁違いに大きい．一般に，2原子の軌道関数が素材となって分子軌道をつくるには，結びつきやすい組み合わせとそうでないものがある．まず，素材となる双方の原子軌道が空間的によく重なっていることが必要である．次に，原子核を結ぶ直線（二原子分子の軸）方向の角運動量成分など対称性の同じものでないと，電子系のハミルトニアンをそれらの軌道関数ではさんで積分した行列要素が0となって結びつきようがない．最後に，軌道エネルギーが接近しているものほど結びつきやすい．酸素原子の電離エネルギーは水素原子の値にきわめて近いが，これは最外殻の 2p 軌道にある電子を1個取り除くことに対応している．したがって酸素の 2p 軌道の1つと水素の 1s 軌

道とが結びつき σ 型の分子軌道を形成すると考えてよいであろう．

さらに近似を高めると，一般に同じ対称性の軌道関数はよくまじり合い，いくつも重なって1つの分子軌道をつくる．とりわけ，主量子数が大きく，隣り合う準位との軌道エネルギーの差が小さい原子軌道が中心になってつくる分子軌道では，いろいろな原子軌道が素材として含まれていて，特定の原子軌道との対応づけは難しい．そのような事情もあって，異核二原子分子の分子軌道の名称としては，同じ対称性（σ とか π とか）の軌道に対し，エネルギーの低い方から順に $z, y, x, \cdots$，あるいは $w, v, u, \cdots$ をつけて区別する．たとえば $z\sigma$, $y\sigma$, $x\sigma$ などである．または，簡単に下から順に $1, 2, 3, \cdots$ の番号をつけて 1σ, 2σ, 3σ などとするのである．

等核二原子分子では2つの原子が対等であったから電子の分布もどちらかにかたよることはなく，電気双極子モーメントは0であった．しかし，異核二原子分子では0でないのが普通である．異種の原子 A, B があるとき，電子がどちらへ動きやすいかを見るために，電子移行に必要なエネルギーを調べてみる．A にある電子の1つを B に移し

$$AB \longrightarrow A^+B^- \tag{7.43}$$

とするには A の電離エネルギー（ここでは IE_A と書こう）から B の電子親和力（EA_B と書くことにする）を引いただけのエネルギーを与えなければならない．逆に

$$AB \longrightarrow A^-B^+ \tag{7.44}$$

とするには $IE_B - EA_A$ のエネルギーが必要である．エネルギーが少なくてすむ方向へ電子が移行するであろうと考える．もし (7.43) が実現するなら

$$IE_A - EA_B < IE_B - EA_A$$

すなわち

$$IE_A + EA_A < IE_B + EA_B$$

であればよい．すなわち $IE + EA$ の大きい方の原子へ電子が移る傾向があるだろう．もともと L. Pauling は，電子を引きつける能力の目安として**電気陰性度** (electronegativity) という量（ここでは EN と書くことにしよう）を各原子に付与し，異核二原子分子では EN の大きい方に電子が移るとした．EN の具体的な値は経験的に決めた．のちに R. Mulliken は前記の考察から

$$EN = \frac{1}{2}(IE + EA) \tag{7.45}$$

と定義した.多くの場合,この電気陰性度を用いて電子の移行の向きを説明できるが,矛盾する例も若干知られている.孤立した原子の間の電子の移行と分子内での移行は軌道関数の変形,それに伴うエネルギーの変化などがあるため必ず同じとはいえないのである.

このように電子が一方向へ移動すると分子は双極子モーメント μ をもつようになる[*3].外からかけた電場によって誘起される双極子モーメントと区別して,分子がもともともっている双極子モーメントを永久双極子モーメントと呼ぶことがある.その大きさは分子によって異なる.上記の素朴な議論が使えるとすると2つの原子の電気陰性度の差が大きいほど多量の電子雲移動があり,大きい μ 値が期待できる.いずれにせよ二原子分子の核間距離はボーア半径 a_0 の数倍程度であり,移動する電荷は電子1個の電気量 $(-e)$ 以下と思われるから,μ を測るには ea_0 かそれに近い量を単位に選ぶと便利である.広く用いられているのはデバイ (Debye) 単位で,cgs 静電単位で 10^{-18} と定義されている.すなわち

$$1 \text{ Debye} = 10^{-18} \text{ cgs esu} = 3.3356 \times 10^{-30} \text{ Cm}$$

静電単位での素電荷 e' を用いると $1 \text{ Debye} = 0.3934 e' a_0$ の関係にある.通常,

表7.3 簡単な分子の電気双極子モーメント

分子	$\mu(\text{D})$	分子	$\mu(\text{D})$
HD	5.9×10^{-4}	LiF	6.3
HF	1.826	KI	10.82
HCl	1.109	CsF	7.884
HBr	0.827	CsCl	10.39
HI	0.448	HCN	2.985
OH	1.66	CH_3I	1.650
CO	0.1098	NH_3	1.472
NO	0.1587	H_2O	1.855

$1 \text{ D} = 10^{-18} \text{ esu cm} = 3.3356 \times 10^{-30} \text{ Cm}$.この表は Landolt-Börnstein, *Numerical Data and Functional Relationships in Science and Technology*, New Series (主に vol. II 6 (1974)) による.

[*3] 第4章では電気双極子モーメントに D という記号を用いた.分子では解離エネルギーや双極子モーメントの単位などに D が避けられないので,以下では電気双極子モーメントに μ を使う(二三か所で換算質量にも μ を使う).

記号にはDを用いるので，以下それにしたがう．若干の分子の電気双極子モーメントの値を表7.3に示す．HD分子は核を固定すれば双極子モーメントは0になるが，振動・回転との弱い結合を介して小さな値のモーメントを生じている．

二原子分子でとりわけ大きなμをもつのは，電離エネルギーの小さなアルカリ原子と電子親和力の大きなハロゲン原子の組み合わせで，10D前後の値のものが多い．それ以外は1Dかそれ以下になっている．μの大きなもの，たとえばKIを例にとって，もう少し数字を眺めてみよう．Kの電離エネルギーは4.34 eVであり，Iの電子親和力は3.06 eVであるので，十分離れたところでのK+IをK$^+$+I$^-$にするには，およそ1.28 eVのエネルギーを与えなければならない．ところで，中性のままのK, Iはかなり近くまで接近しないと大きな相互作用は生じない．それに反してイオン構造であればイオン間のクーロン引力により接近とともにかなりの遠方からエネルギーが下がり始める．その様子を図7.8に示す．イオン間のクーロン引力以外は考えずに描いた曲線なので，近くでは近似が悪いが，核間距離Rが$21a_0$ (a_0はボーア半径) くらいの遠いところでイオン構造のエネルギーが中性原子構造のエネルギーと同じになり，それ以下ではイオン構造の方が最低エネルギーの状態になることがわかる．分子が形成される近距離ではここで無視しているさまざまな他の相互作用が重要になるであろうが，定性的には上記の結論は間違っていないであろう．この分子の平衡核間距離はおよそ$6a_0$なので，双極子モーメントの値$\mu=$ 11.05 Dと組み合わせてみると，2原子の間でおよそ素電荷の7/10くらいがKからIへ移ったことに相当している．また，この分子の解離エネルギーはおよ

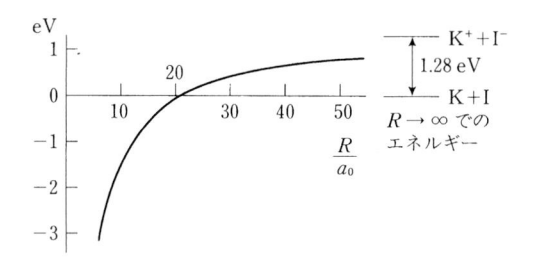

図7.8 KI分子のイオン構造のエネルギー

そ 3.3 eV で，図 7.8 のイオン構造の曲線がその近くまで下がっていることからもこの分子がイオン構造を主としていることがわかる．分子の核間距離がもっと小さくならないのは，電子雲の間の反発力(パウリの原理)および核間クーロン斥力によるものである．このような状況は H_2 で Heitler と London が考えたような1対の電子を共有する共有結合とは著しく異なったものである．このように電子移行により正負のイオンとなり，その間の引力が分子結合の主な要因になっているものを**イオン結合** (ionic bond) という．一般の異核二原子分子では共有結合，イオン結合の両方の性格のまじったものになっている．

8
二原子分子の振動・回転

8.1 振動と回転

　本節では $^1\Sigma$ 状態にある二原子分子の振動・回転を考える．電子系の角運動量と分子回転との結合については次節で扱う．核に対する波動方程式 (7.3) は，断熱ポテンシャル $U(R)$ が核間距離 R だけの関数なので，重心運動を分離すれば中心力場のなかの粒子の運動と同じ型の問題に帰着する．したがってその解は動径関数と角部分の関数の積の形をとり，角部分は球面調和関数となる．分子軸の方向を角座標 Θ, Φ で表して，求める解の形は

$$v(\boldsymbol{R}) = R^{-1}\psi_v(R)Y_{JM}(\Theta, \Phi) \tag{8.1}$$

である．ψ_v の満たす方程式は 2 つの核の換算質量を μ として

$$-\frac{\hbar^2}{2\mu}\frac{d^2\psi_v}{dR^2} + U(R)\psi_v + \frac{\hbar^2}{2\mu}\frac{J(J+1)}{R^2}\psi_v = E\psi_v \tag{8.2}$$

となり，断熱ポテンシャルに回転運動の寄与である遠心力のポテンシャルが付け加わっている．まず，$U(R)$ であるが，その関数形は分子ごとにまた電子状態ごとに異なる．簡単な関数で現実の分子のポテンシャルに似たものとしてモデル計算にたびたび用いられてきたのは，P. M. Morse の導入したモース・ポテンシャルで，次のような形をしている．

$$U(R) = D_\mathrm{e}[\exp(-2\alpha(R-R_\mathrm{e})) - 2\exp(-\alpha(R-R_\mathrm{e}))]. \tag{8.3}$$

この関数は $R=R_\mathrm{e}$ で深さ D_e の谷をもつもので，α は言ってみればその谷の広さを加減するパラメターである．無限遠で 0 になるように選ばれているが，ときには谷の底で 0，無限遠で D_e になるように

$$D_\mathrm{e}[1-\exp(-\alpha(R-R_\mathrm{e}))]^2$$

という形を採用することもある．モース・ポテンシャルが原点で有限であるの

は，実際の分子で核間クーロン斥力のため無限大になるのと合致しないが，エネルギーの低い振動状態を論ずるかぎり大きな支障はきたさない．

　回転量子数 J が 0 で，振動もポテンシャルの谷底近い，低いエネルギーの範囲で考えるならば，ポテンシャルは 2 次関数

$$\frac{1}{2}k(R-R_e)^2 \tag{8.4}$$

で近似できるであろう．(8.3) のポテンシャルをこの式で近似するときは $k=D_e\alpha^2$ の関係がある．いうまでもなく (8.4) は 1 次元の調和振動子のポテンシャルで，その波動関数は量子力学の多くの教科書に書かれているように

$$\psi_v(R)=\left(\frac{\mu\omega}{\pi\hbar}\right)^{\frac{1}{4}}\frac{1}{2^{v/2}\sqrt{v!}}\exp\left(-\frac{\mu\omega}{2\hbar}\xi^2\right)H_v\left(\sqrt{\frac{\mu\omega}{\hbar}}\xi\right), \tag{8.5}$$

$$v=0,1,2,\cdots\cdots$$

である．ここで $\omega=\sqrt{k/\mu}$ はこの振動子の古典力学における角振動数，$\xi=R-R_e$，$H_v(x)$ はエルミート多項式

$$H_v(x)=(-1)^v\exp(x^2)\frac{d^v}{dx^v}\exp(-x^2)$$

である．エネルギー準位は

$$E_v=\left(v+\frac{1}{2}\right)\hbar\omega \tag{8.6}$$

で与えられる．準位が等間隔に並ぶことと，最低の準位でもエネルギーが 0 でない (0 点エネルギー) のが特徴である．

　次に回転量子数 J が 0 でないときを考える．振動の波動関数 (8.5) が平衡核間距離 R_e の近くに局在しているときは回転の効果を表す遠心力ポテンシャルは近似的に定数

$$E_r=B_eJ(J+1), \qquad B_e=\frac{\hbar^2}{2\mu R_e^2} \tag{8.7}$$

と見なされ，振動・回転の全エネルギーは (8.6) と (8.7) の和で与えられる．μR_e^2 は 2 つの核の重心を通り分子軸に垂直な直線に関する慣性モーメント I になっていて，(8.7) は直線形の剛体回転子の回転エネルギーになっている．(8.2) を解くときに遠心力の項を小さいとしてはじめ無視して (8.5) (8.6) を出し，次にこの振動の波動関数を用いて遠心力ポテンシャルの期待値を計算して

も B の値が少し変わるだけで (8.7) と同様の式が得られる．v, J が小さい間はこのように振動と回転が分離されている簡単な表式でもある程度実測値を再現できるが，v, J が大きくなると B や ω をどう決めてももはやこの式では実測値に合わせることができない．そのようなときに分光学者がよく用いるのは，以下のように調和振動子のエネルギーに比例する $v+1/2$，および剛体回転子の回転エネルギーに比例する $J(J+1)$ で展開した形になっている表式である．

$$E_{vJ} = \hbar\omega_e\left(v+\frac{1}{2}\right) - \hbar\omega_e x_e\left(v+\frac{1}{2}\right)^2 + \cdots\cdots$$
$$+ B_v J(J+1) - D_v J^2(J+1)^2 + \cdots\cdots \quad (8.8)$$

$x_e (>0)$ は無次元の展開係数である[*1]．通常，分光学では $E_{vJ}, \hbar\omega_e, B_v, D_v$ などのエネルギーを hc で割って波数単位 (cm^{-1}) で表すが，ここでは普通のエネルギー単位の量と考えていただきたい．上式の第 1 行は振動エネルギーに相当する．第 1 項は通常の調和振動子のエネルギーである．この行の第 2 項以下はポテンシャルの非調和性 (anharmonicity) のための補正項であるが，その最初に負の量がおかれているのは次のような理由による．すなわち，ポテンシャル曲線は平衡核間距離 R_e より内側では急速に増大し強い斥力を表しているが，外側では次第になだらかになり，全体としてエネルギーが高くなるにつれて，調和振動子のままとしたとき予想されるよりも遠くまで広がったものになる．このことがエネルギー準位の間隔を小さくする結果となり[*2]，そのことを記述するために第 2 項が負になっているのである．次に第 2 行は回転エネルギーに相当するが，まず第 1 項は前に述べたのと同じ形ではあるが係数の B_v に添字 v があり，振動状態で変わることを示している．すぐ上で述べたように，ポテンシャル曲線は平衡核間距離の前後で対称的でなく，外側に広がっているから，遠心力ポテンシャルを振動の波動関数で平均すると $1/R^2$ の平均値

[*1] 振動準位が $(v+1/2)$ で展開した形になっているのは，調和振動子を第 0 近似として，摂動論を用いて出したものである．回転エネルギーについては $J(J+1)$ でなく $(J+1/2)^2$ で展開している文献もある．

[*2] 一次元箱型ポテンシャルで箱の大きさが増すと準位間隔が小さくなることを想起されたい．また，もともと古典的運動可能な領域でも，遠方でポテンシャル曲線が下がることで波動関数の局所的波長が短くなり，その結果，ポテンシャルが変更される前より低いエネルギーで境界条件を満たすようになる．

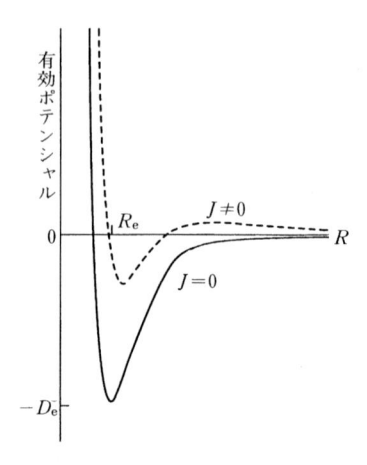

図 8.1 回転の有無による有効ポテンシャルの違い

は v が増すにつれて減り，回転定数と呼ばれる B の値が減ることになるのである。v があまり大きくならないうちはこの傾向を

$$B_v = B_e - \alpha_e\left(v + \frac{1}{2}\right) + \cdots\cdots \tag{8.9}$$

で表すことができる。次に第 2 項に再び負の補正項が現れるのは，回転そのものにより回転定数 B が小さくなることを表している。すなわち遠心力は $1/R^2$ に比例するから，R の小さいところの有効ポテンシャル（断熱ポテンシャルに遠心力ポテンシャルを加えたもの）は大きく増大し，遠方はわずかしか増えない。このため図 8.1 に例示したようにポテンシャルの底は R の大きい方に移動する。これは結果的に回転定数を小さくすることになる。この項の係数 D_v も振動状態によって少し変化し

$$D_v = D_e + \beta_e\left(v + \frac{1}{2}\right) + \cdots\cdots \tag{8.10}$$

の形で補正される。ただし β_e は通常非常に小さい。以上の式の B_e は R を平衡核間距離 R_e に固定した仮想的な回転子の定数であり，D_e は振動はないとするが遠心力は考慮に入れたときの有効ポテンシャルの極小点に対応する回転定数の補正を表す。

　図 8.1 でもう 1 つ注意したいことは，回転している分子では有効ポテンシャ

ルに R の大きなところで障壁ができることである．断熱ポテンシャルは遠方で負で通常指数関数的に減少，のちに述べる分散力を含めても R^{-6} で小さくなるのに反し，遠心力ポテンシャルは常に正でゆっくり減少するから，これらの和はどこかで正になるのである．このため，古典的にはエネルギーが正でも安定な振動励起状態が存在しうる．量子力学ではトンネル効果により障壁通過が可能であるが，それに要する平均時間が十分に長ければ実験で認められる程度に準安定な準位が存在しうることになる．

振動・回転準位の実例として H_2 分子の準位の一部を図 8.2 に示す．この分子は構成原子が最も軽い原子であるところから，他の分子とくらべて格段に大きな振動および回転定数をもっている点で特殊なものであるが，振動回転準位の一般的傾向を見るには十分役立つであろう．まず，$J=0$ のときは $v=14$ までの振動準位があることがわかる．それに対し他の分子では振動準位間隔が小さいので同じ程度の D_e ではるかに多くの振動準位を収容できる．回転量子数 J が大きくなるにつれポテンシャルの谷が浅くなるので収容できる振動準位の数は減少する．H_2 の場合 $J=30$ では 2 つの振動準位があるが，このあと $J=$

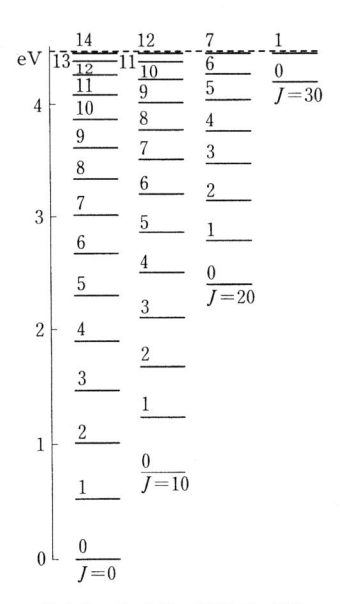

図 8.2 H_2 分子の振動回転準位

表 8.1 二原子分子の振動・回転定数 (単位 eV)

分子	$\hbar\omega_e$	$\hbar\omega_e x_e$	B_e	α_e
H_2	0.5457	0.0150	7.545×10^{-3}	0.380×10^{-3}
D_2	0.3863	0.00766	3.775×10^{-3}	0.1337×10^{-3}
N_2	0.2924	0.00178	2.478×10^{-4}	0.0215×10^{-4}
O_2	0.1959	0.00149	1.792×10^{-4}	0.0198×10^{-4}
F_2	0.1136	0.00139	1.104×10^{-4}	0.0172×10^{-4}
Cl_2	0.06940	0.000332	3.025×10^{-5}	0.0185×10^{-5}
I_2	0.02659	0.000076	4.634×10^{-6}	0.0141×10^{-6}
OH	0.4634	0.01052	2.345×10^{-3}	0.0898×10^{-3}
HF	0.5131	0.01114	2.598×10^{-3}	0.0989×10^{-3}
HCl	0.3708	0.00655	1.313×10^{-3}	0.0381×10^{-3}
CO	0.2690	0.00165	2.394×10^{-4}	0.0217×10^{-4}

Huber and Herzberg の分子定数表 [21] による.

31 ではただ 1 つの準位しかなく, $J=32$ では 1 つもなくなる. ただし, 前に述べたポテンシャル障壁の存在により, 解離エネルギー 4.478 eV のところに引いた破線の上にも準安定準位は存在する. 計算によると $J=32$ でもそのような準安定振動状態が 3 つほど知られている[1)].

若干の二原子分子の振動・回転定数を表 8.1 に示す. 2 原子の換算質量 μ の変化に対し, 振動の定数 $\hbar\omega_e$ は μ の平方根に反比例するのに反し, 回転定数 B_e は μ に直接反比例しているので, 回転定数の方が幾桁にもわたって幅広く散らばっていることがわかる.

また, 常温では熱エネルギー κT (κ は Boltzmann 定数, T は絶対温度) が 0.025 eV 程度であるが, これとそれぞれの $\hbar\omega_e$ をくらべてみると, 常温気体中のこれら二原子分子の振動は, I_2 のように重いものを除き, 大部分が基底状態にあるのに対し, 回転では多数の準位にわたって分布していることがわかる.

8.2 電子系の角運動量と分子回転の結合

電子系の全軌道角運動量の分子軸方向の成分 L_z (その絶対値が Λ) が 0 でないとき, さらに電子系の全スピン角運動量 S が 0 でないとき, これら相互に,

---

[1)] T. G. Waech and R. B. Bernstein, *J. Chem. Phys.* **46**, 4905 (1967). 図 8.2 もこの文献の数字によっている.

また核がつくる分子の骨組みの回転と結合して分子の全角運動量を形成する．その結合方式は F. Hund が分類していて，**フントの結合形式**（Hund's coupling cases）と呼ばれている．要するに，スピン・軌道相互作用まで含めた分子のハミルトニアンの固有値を求めるのが目的であるが，分子により，また電子状態により，相互作用の相対的重要性が異なるので，大きいものから順に取り入れることでフントの分類が行われている．ただし，個々の分子の状態がこの分類の1つの形式にぴったりあてはまるとは限らない．要求される精度に応じて個別に摂動計算などを行う必要がある．多くの分子は case (a) と case (b) の中間に属しているので，この両極端について若干説明する．その他の方式，(c), (d), (e) については実例も少ないのでごく簡単に述べるだけにする．

case (a)　　回転がなければ電子系の感ずる力の場は軸対称だから，全角運動量 L でなくその軸方向成分 Λ（L に対応するギリシャ文字）だけが保存される．軸に垂直な成分は軸のまわりを速く回転するので平均すれば消える．電子系のスピン S が 0 でないときには，スピン・軌道相互作用を通じてやはり S の軸方向の成分が決まった値をもち，これを Σ（S に対応するギリシャ文字）[*1] と書く．これらを合成したものの絶対値を Ω と書く．

$$\Omega = |\Lambda + \Sigma|. \tag{8.11}$$

原子のときの ^{2S+1}L に相当して二原子分子では $^{2S+1}\Lambda$ という書き方をすることは §7.2.5 で述べた．さらに原子での記号 $^{2S+1}L_J$ に対応して，二原子分子だけでなく，一般に直線分子では

$$^{2S+1}\Lambda_\Omega$$

という記号を用いる．たとえば $\Lambda = 1$, $S = 1/2$ のとき，$^2\Pi_{1/2}$, $^2\Pi_{3/2}$ の2状態が区別され，スピン・軌道相互作用により若干のエネルギー差がある．ここで核の運動を取り入れると振動・回転が現れる．回転は重心を通り軸に垂直な直線のまわりのもので，その角運動量を N とする．軸方向の Ω と軸に垂直な N とがベクトル的に合成されて分子の全角運動量 J が得られる．

$$J = N + \Omega. \tag{8.12}$$

回転エネルギーは $E_r = BN^2$（B は回転定数）の形に書けたから，上式から出る

[*1] $\Lambda = 0$ の状態を Σ 状態というが，その Σ とは無関係である．

$N = J - \Omega$ を代入すると
$$E_r = B(J-\Omega)^2 = B(J^2 - 2J\cdot\Omega + \Omega^2) = B(J^2 - \Omega^2).$$
ここで $J\cdot\Omega = (N+\Omega)\cdot\Omega = \Omega^2$ を用いた．三次元角運動量 J の平方はいつものように $J(J+1)$ という値をとり，軸方向にしばられている Ω の平方はそのまま量子数 (8.11) の平方となる．また全角運動量 J はその成分である Ω より小さくなることはないから，結局次の公式が得られる[*2]．
$$E_r = B\{J(J+1) - \Omega^2\}, \qquad J = \Omega, \Omega+1, \Omega+2, \cdots\cdots. \tag{8.13}$$

case (b) Σ 状態 ($\Lambda=0$) であるか，軽い分子でスピン・軌道相互作用が弱いときの結合形式で，スピンは軸方向に結びつかずほとんど自由で，$\Lambda\neq0$ なら軌道運動だけが軸方向にしばられる．このため
$$K = N + \Lambda \tag{8.14}$$
の大きさはほぼ確定し，この段階での回転エネルギーは $B(K-\Lambda)^2$ で，与えられた電子状態で定数となる項を除くと $BK(K+1)$ となる．ただし，$K \geq \Lambda$ である．この K にスピン S が弱く結びついて全角運動量 J がつくられる．
$$J = K + S. \tag{8.15}$$
量子数 J は
$$|K-S| \leq J \leq K+S \tag{8.16}$$
の範囲にあり，その大きさ（K と S のなす角による）に応じてエネルギー準位がわずかに分裂する．

case (a) と case (b) の角運動量合成を図式化したものを図 8.3 に示す．これらはいずれも電子系の軌道角運動量が分子軸と強く結びついている点で共通している．Λ の値を異にする電子状態がエネルギー的に離れていて回転を考慮してもまじり合うことがないということを前提としている．もし Λ を異にする状態間のエネルギー差がスピン・軌道相互作用によるいわゆる多重項分離や回転のエネルギー準位間隔などにくらべて十分大きいといえない状況になると，case (a) や (b) は成り立たなくなり，フントの case (c) や case (d) などに該当することになる．

case (c) は重い分子などでスピン・軌道相互作用が強く，軸方向への結びつ

[*2] Landau-Lifschitz の教科書 [33] では，回転エネルギーのうち J に関係のない部分を若干，電子状態のエネルギーの方にくりこむことで，$B\{J(J+1)-2\Omega^2\}$ の形を導いている．

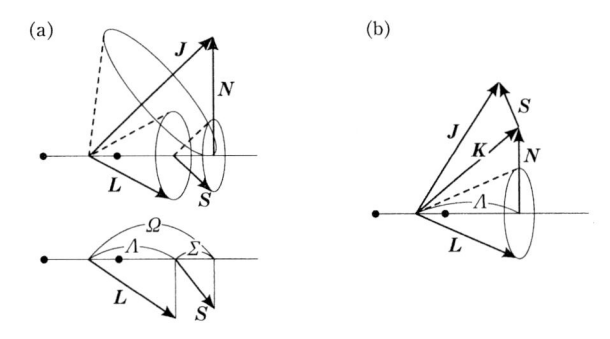

図 8.3　フントの結合方式 (a), (b)

きがそれより弱いために，もはや Λ や Σ が意味をもたない状況での角運動量合成である．軌道角運動量 L がスピン S とまずベクトル的に結びつき，その和を通常 J_a と呼ぶ．次に，これが軸に結びついて軸方向成分 Ω を与える．最後に Ω が核の回転 N と結合して全角運動量 J をつくる．

case (d) は L と軸との結びつき (Λ の違う状態のエネルギー差) よりも回転のエネルギー間隔の方が大きいときである．この場合の核の回転角運動量は習慣的に (N でなく) R と書かれる．またその平方を $R(R+1)\hbar^2$ と書く ($R=0, 1, 2, 3, \cdots\cdots$)．この R に電子系の軌道角運動量 L がベクトル的に合成されて K をつくる．K とスピン S が弱く結びついて (このところは case (b) と似ている)，全角運動量 J をつくる．しかし case (d) では K と S の結びつきは通常きわめて弱いので，状態指定に J を用いず，K ですませることが多い．case (d) は軽い分子の高い回転励起状態や 1 つの電子が高い励起軌道にあってコアとの相互作用が小さいときなどに見られる状況である．

以上の他，case (e) としてスピン・軌道の結びつきが強く case (c) と同様に J_a をつくり，これが回転 R と結びついて J を形成する (この段階は case (d) に似ている) というものが考えられるが，重要な実例はないと Herzberg の本 [18] に書かれている．

以上を整理してみると，

　　　電子系と分子軸の結びつきを　AX
　　　回転のエネルギー準位間隔を　RO
　　　スピン・軌道相互作用を　　　SO

と書いて

　　case (a) は　　AX≫SO≫RO
　　case (b) は　　AX≫RO≫SO
　　case (c) は　　SO≫AX≫RO
　　case (d) は　　RO≫AX≫SO
　　case (e) は　　SO≫RO≫AX

という分類になっている．

Λ型二重分離　　以上，いろいろな結合方式を見てきたが，このうちとくに主要な (a), (b) においては，電子系の軌道角運動量 $\boldsymbol{L}$ と核回転の直接の結びつきは無視されていた．しかし，回転が速くなるにつれてこれが重要になり，回転を考えないときは二重に縮退していた $\Lambda \neq 0$ の電子状態は回転の影響で接近した2つの準位に分離する．これを**Λ型二重分離**(Λ-type doubling)という．通常，10^{-4} eV 以下のわずかな分離であるが，回転量子数 J が大きくなるとそれに伴って増大することが多い．

分子の状態は (n, Λ, K, M_K) で指定される．n は電子状態を指定する量子数のセットから Λ を除いた残り，M_K はベクトル $\boldsymbol{K}$ の空間固定 z 方向への射影を表す量子数である．まず $S=0$ のときを考える．$S \neq 0$ であっても case (b) であればスピンは他の角運動量とほとんど結合しないので Λ 型二重分離は同じことである．回転エネルギーとして

$$B(R)(\boldsymbol{K}-\boldsymbol{L})^2$$

を用いるのはいままでと同じであるが，いままでの議論ではもっぱらこの量の期待値(行列の対角要素)を扱ってきたのに対し，近似を進めて Λ についての非対角要素の効果を調べることになる．$\boldsymbol{K}^2, \boldsymbol{L}^2$ は Λ に関して対角形なので $2B\boldsymbol{K}\cdot\boldsymbol{L}$ だけを考えればよい．途中の計算は省略するが[2]，0 でない行列要素は Λ の値が1違う状態の間だけに存在し，

$$\langle n', \Lambda, KM_K | \boldsymbol{K}\cdot\boldsymbol{L} | n, \Lambda-1, KM_K \rangle$$
$$= \frac{1}{2}\langle n', \Lambda | L_\xi + iL_\eta | n, \Lambda-1 \rangle \sqrt{(K+\Lambda)(K+1-\Lambda)}$$

となる．ただし (ξ, η, ζ) は分子に固定した座標系で，この式に出ていない ζ

---

[2] たとえば Landau and Lifshitz [33] §88 参照．

が軸方向に選ばれている.$L_\xi = \pm \Lambda$ の状態の間に摂動論の 2Λ 次の近似で関係がつき縮退がとけるが,高次の効果はすべて小さいので実際に重要になるのは $\Lambda=1$ の場合だけである.すなわち Π 状態である.$^1\Pi$ に対して2次摂動計算を行うとエネルギー準位の分裂は

$$\Delta E = qK(K+1) \tag{8.17}$$

の形になる.q は定数である.もし問題にしている Π 状態の近くにただ1つだけ Σ 状態があり,これらが同じ電子系の角運動量 $\boldsymbol{L}$ が分子軸と異なる傾きで歳差運動して生じた状態であるといえるときは,q の表式が簡単に得られる.とくに $\boldsymbol{L}$ がただ1つの電子の軌道角運動量 $\boldsymbol{l}$ による場合は

$$q = 2B_v^2 \frac{l(l+1)}{\Delta(\Pi, \Sigma)} \tag{8.18}$$

であることを Van Vleck (1929) が示している.$\Delta(\Pi, \Sigma)$ は上述の2つの電子状態のエネルギー差であり,回転定数 B_v は両状態で同じとしている.要するに Λ 型二重分離は (回転準位間隔)^2/(電子状態間隔) 程度の小さなものである.

$S \neq 0$ で case (a) のときはスピンの効果が重要になる.この場合,電子状態は Λ でなく Ω で決まる.$\Lambda \longrightarrow -\Lambda$ とすると $\Omega = \Lambda + \Sigma$ の値が変わってしまい,まったく別の電子状態になってしまう.この場合は (Λ, Ω) と $(-\Lambda, -\Omega)$ が縮退している.この縮退は軌道・回転結合によってとけるだけでなく,スピン・軌道相互作用によってもとけて2つのエネルギー準位に分離する.そこで $^2\Pi_{1/2}$ を例にとれば $\Lambda=1$, $\Sigma=-1/2$, $\Omega=1/2$ であるが,スピン・軌道の結合により Ω を一定に保ったままで

$$\Lambda=1,\ \Sigma=-\frac{1}{2},\ \longrightarrow \Lambda=0,\ \Sigma=\frac{1}{2}$$

となり,さらに軌道・回転結合により

$$\longrightarrow \Lambda=-1,\ \Sigma=\frac{1}{2}$$

のように変わることができる.結局,Λ, Σ の向きを変えたことになる.行列要素を求め摂動計算すると分裂は

$$\Delta E = a\left(J + \frac{1}{2}\right) \tag{8.19}$$

の形になる.一方,$^2\Pi_{3/2}$ ではもっと高次に進まないと分離しないので,通常

二重分離は無視される.

　他と少し変わっているのは $^3\Pi_0$ である. この場合, スピン・軌道の2次摂動で

$$\Lambda=1, \Sigma=-1 \longrightarrow \Lambda=0, \Sigma=0 \longrightarrow \Lambda=-1, \Sigma=1$$

のように軸方向の角運動量成分の向きを逆にすることができるが, その結果得られる分離は J によらない. すなわち, J の小さいところでも大きいところでも同じくらいに分離して見える.

　$^3\Pi_1$ では $\Sigma=0$ で, スピンは影響しないから, $^1\Pi_1$ の (8.17) と同様 (K を J と書き直して) $J(J+1)$ に比例する分離が現れる. $^3\Pi_2$ では高次の項を必要としきわめて小さくなる.

8.3　核スピンの分子回転への影響

　いままで核スピンの存在は無視してきた. 原子の場合と同様に超微細構造が存在するが, それによるエネルギー準位のずれ・分離はごくわずかである. しかし, 等核二原子分子のときは分子全体の波動関数の対称性を通じて回転スペクトルに大きな影響をもつので, それについて簡単に述べておきたい. 核はスピンが整数か半整数かによってボース粒子かフェルミ粒子かになっているから, 2つの核を入れ換えたとき分子という粒子系の波動関数は変わらないか符号だけ変わることになる. そこで波動関数の各部分が核交換に際してどのように変化するかを調べてみることにしよう. 分子の波動関数は核スピンの関数を χ_N として

$$\Psi_{分子} = \Psi(\mathbf{R}, q)\chi_N(1,2) \tag{8.20}$$

と書ける. $\mathbf{R}$ は核1から2に向かう相対位置ベクトル, q は電子系の位置座標とスピン座標の全体を表す. さらに式を簡単にするためスピン・軌道相互作用を無視する近似を採用すると電子の空間部分 Φ とスピン部分 χ_{el} が分離され

$$\Psi = \Phi \chi_{el} R^{-1} \psi_v(R) \phi_{\Lambda,J,M_J} \tag{8.21}$$

と書ける. このうち電子スピン関数 χ_{el} と振動関数 $R^{-1}\psi_v$ とは核交換 $\mathbf{R} \longrightarrow -\mathbf{R}$ に際して不変であるから, 電子系の空間部分 Φ と回転関数 ϕ とに注目す

ればよい．そこでまず電子系の波動関数であるが，2つの核の中点を座標原点にとり，核1から2に向かう方向に z 軸を選ぶことにする．核を入れ換えると $z \longrightarrow -z$ となるが，このままでは右手系が左手系に移ってしまうので，x, y の一方を逆向きにしないといけない．たとえば

$$z \longrightarrow -z, \quad x \longrightarrow -x, \quad y \longrightarrow y \tag{8.22}$$

ととる．これは反転 $\boldsymbol{r} \longrightarrow -\boldsymbol{r}$ を行ってから鏡映 $y \longrightarrow -y$ としたのと同じである．反転に対しては波動関数は g か u かで $+1$ か -1 がかかる．鏡映では $\Lambda=0$ のときは Σ^+ か Σ^- かに応じて $+1, -1$ がかかる．$\Lambda \neq 0$ では二重縮退している相手の関数に移ってしまい，決まった対称性はない．しかし，これらの関数の和と差を採用すれば偶関数と奇関数が1つずつになる．これらを Σ のときと同様に $+, -$ で表せば，結局 $\Pi_g^+, \Pi_u^-, \Delta_g^+$ などの波動関数は核入れ換えに対して偶関数，Π_g^-, Π_u^+ などは奇関数である．回転の波動関数 ϕ は核入れ換えに対して J が偶数なら偶関数，奇数なら奇関数である．

以上に加えて核スピン関数 χ_N の対称性を考えないといけない．核スピンの大きさを $\hbar$ 単位で測り I とする．2つの核のスピンがベクトル的に合成されて

$$\boldsymbol{I}_1 + \boldsymbol{I}_2 = \boldsymbol{T} \tag{8.23}$$

となったとする．以下，$\boldsymbol{T}$ の大きさごとにどのような結論を引き出せるかを見ていこう．

まず $I=T=0$ の場合で，$^{16}\mathrm{O}_2$ が具体例である．このとき χ_N は定数になり核交換で不変．核はボース粒子で 1, 2 のとり換えで $\Psi_{分子}$ は不変でなければならないから，ϕ が偶関数なら $J=\mathrm{even}$，ϕ が奇関数なら $J=\mathrm{odd}$ に限ることがわかる．普通の酸素分子の基底状態では $^3\Sigma_g^-$ 状態なので，$J=\mathrm{odd}$ に限る．したがって $J=0$ でなく $J=1$ が基底状態になる．一方の核を同位体に置き換え，たとえば $^{16}\mathrm{O}^{17}\mathrm{O}$ とでもすれば J が偶数の回転準位が普通に現れる．あとの章で扱うラマン散乱のスペクトルなどでこの違いが識別される．

次に $I=1/2$ の場合であるが，$T=0, 1$ の2つの場合が区別される．身近な例は水素分子である（$^1\mathrm{H}_2$）．ヘリウム原子の2電子系で論じたのと同様で $T=0$ では χ_N は反対称，$T=1$ では対称関数になる．この場合の核はフェルミ粒子なので，$\Psi_{分子}$ は2つの核の入れ換えで反対称でなければならない．基底状態は $^1\Sigma_g^+$ なので $T=0$ のときは $J=0, 2, 4, \cdots\cdots$ と J は偶数に限り，$T=1$ では J

$=1, 3, 5, \cdots\cdots$ となる．T の値は光の放出，吸収，散乱，また他の粒子との衝突などでもきわめて変わりにくいものなので，$T=0$ の水素分子と $T=1$ の分子は互いに移り変わることがないと思ってよいほどである[*1]．それで $T=0$ の水素を**パラ水素** (para-hydrogen)，$T=1$ の水素を**オーソ水素** (ortho-hydrogen) と呼んで区別している．ただし，絶対 0 度に近い低温にして適当な触媒を用いると，オーソ水素をすべてパラ水素に変えることができる．

T がもっと大きい一般の核について考えておこう．核のスピンが I なら，その z 成分は $M_I = -I, \cdots, +I$ の $2I+1$ 通りある．2 つの核で $(2I+1)^2$ 通りの組み合わせになる．このうち M_I が同じ値をもつ組み合わせは $2I+1$ 通りで，これらの波動関数は 2 つの核の交換に対し対称である．両者が異なる M_I をもつ組み合わせは $2I(2I+1)$ 通りである．異なるスピン状態にあるときはスピン関数の積の和と差をとることにより，対称関数と反対称関数とが同数できる．これらを総計すると，対称関数が $(I+1)(2I+1)$ 通り，反対称関数が $I(2I+1)$ 通りできる．そこで統計的重みは $(I+1):I$ となる．H_2 の場合と同様に核スピン状態は容易に変わらないから，対称状態と反対称状態とは普通には入れ替わることがない．統計的重みが大きい方をオーソ (ortho)，小さい方をパラ (para) と呼んで区別するのも水素のときと同様である．これがどう回転状態に影響するかというと，たとえば $^{14}N_2$ では核スピンが $I=1$ なので，回転準位は隣り合ったものが 2:1 の重みの比をもつことになる．核はボース粒子であり，基底電子状態は $^1\Sigma_g^+$ であるから，J が偶数の準位にある分子数は J が奇数の準位にあるものにくらべて 2 倍あり，その結果，後章で述べるように回転スペクトルは強弱強弱と交互に強度の異なるものが得られる．これを回転スペクトルの**強度交代** (intensity alternation) という．このようなスペクトルの強度比を測定することで核スピン I を決定することができる．

[*1] パラとオーソで移り変わることはないと書いたが，天文学的な長い時間を問題にするともっと厳密に扱う必要があろう．天文学者の F. Zwicky (1959) は，星間水素分子の $J=2 \longrightarrow 0$ の遷移による波長 28 μm の赤外線放出よりも $J=1 \longrightarrow 0$ による 85 μm の放出の方がよく見えると主張した．彼はその昔 Wigner が出した値を根拠にしており，Wigner の遷移確率はそれが非常に小さいということを示すための上限であって，近似値にもなっていないことに気づいていなかったところに問題があった．本当の確率は Wigner の上限よりもはるかに小さい．すなわち，J. C. Raich and R. H. Good, Jr., *Astrophys. J.* **139**, 1004 (1964) によると $J=1 \longrightarrow 0$ の自然放出確率は $1/(4.5\times10^{12}$ years) ときわめて小さい．

9

多原子分子

9.1 多原子分子の電子状態

9.1.1 電子対結合の理論，原子価

　水素分子では2つの原子が1つずつ電子を出し合いそれらを共有することで1つの結合が形成されると考えた．理論計算の結果の精度を上げるにはイオン構造を考慮に入れることも必要であったが，さしあたりそのような改善策は考えないことにしよう．1つの原子で相手のない電子(同じ原子軌道に逆向きスピンの電子が入っていない電子)があるとき，他の原子の同じように相手のいない電子とスピン逆向きの対にすれば共有結合ができる，と考えて分子形成を論ずるのが**電子対結合**(つい) (electron pair bond) の理論と呼ばれるものである．くわしい理論を展開することはやめるが，イオン構造を無視するほか，分子の状態を記述するのに用いる原子軌道は，対をつくる軌道以外はすべて互いに直交すると仮定するなど大胆な簡単化を行って得られる理論で，定量的に信用できる結果を予想してはならない．また電子対は一重項しかとれないので前に見た酸素分子のようにこの単純な理論では説明できない例もある．しかしながら，何といっても簡単なモデルで，しかも多くの場合について定性的な説明には成功している．

　ハイトラー–ロンドン理論によれば H_2 のエネルギーは (7.25)，すなわち

$$E(R)=2E_H+\frac{Q\pm J}{1\pm S^2}$$

で与えられる．重なり積分 S の平方は決して十分小さくはないが，定性的理論を導くために分母の S^2 を無視すれば

$$\left.\begin{array}{ll}\text{一重項では} & {}^1E(R)=W_0+Q+J \\ \text{三重項では} & {}^3E(R)=W_0+Q-J\end{array}\right\} \quad (9.1)$$

となる．ただし，$W_0=2E_H$ である．ところで，1対の電子1, 2のスピン $s_1\hbar$, $s_2\hbar$ に対して和 $s_1+s_2=S$ の平方は一重項なら 0，三重項なら $1(1+1)=2$ である．そこで

$$s_1^2+s_2^2+2s_1\cdot s_2=0\,(\text{一重項}) \text{ または } 2\,(\text{三重項})$$

一方，

$$s_1^2=s_2^2=\frac{1}{2}\left(\frac{1}{2}+1\right)=\frac{3}{4}$$

であるから

$$\frac{1}{2}+2s_1\cdot s_2=-1\,(\text{一重項}) \text{ または } +1\,(\text{三重項})$$

これを用いると(9.1)は1つの式にまとめられて

$$E(R)=W_0+Q-\frac{1}{2}J(1+4s_1\cdot s_2) \quad (9.2)$$

つまり見かけ上2電子のスピンの間に相互作用があることになる．もちろん直接の相互作用ではなく，スピンの向きにより波動関数の空間部分の対称性が変わり，その結果電子間のクーロン斥力の効果に差ができるためである[*1]．

複数個の結合がある場合に，この式を異なった結合に属する電子間にあてはめてみると，それらのスピンの間には特定の相関はないから，平均して $s_1\cdot s_2 = 0$ とおける[*2]．したがって

$$E=W_0+Q-\frac{1}{2}J \quad (9.3)$$

となるが，通常 $J<0$ であるから，異なった結合に属する電子の間では $Q-J/2>0$ という斥力ポテンシャルが存在することになる．

電子対結合の理論によれば周期表のなかの各元素の原子が他の原子(一般に

[*1] 話を二原子系に限り，正確な一重項，三重項のポテンシャルエネルギー ${}^1E(R)$, ${}^3E(R)$ がわかっているとして，

$$J(R)=\frac{1}{2}[{}^1E(R)-{}^3E(R)] \text{ (通常<0)}, \quad E_0(R)=\frac{1}{4}[{}^1E(R)+3\,{}^3E(R)]$$

と定義すれば，分子のエネルギーは(9.2)と同じスピン依存性をもつ表式
$$E(R)=E_0(R)-2s_1\cdot s_2 J(R)$$
で正しく与えられることになる．ただし，ここで用いた $J(R)$ は交換積分を意味しない．

[*2] もっとていねいな出し方が小谷他[12] §23にある．

複数)といくつまで結合をもつことができるかという数 (**原子価**, valence) を推定することができる．たとえば，Li, Na, K などのアルカリ金属原子では最外殻にただ1つの s 電子があり，これが化学結合に関与する電子 (価電子, valence electron) になるので結合は1つだけできる．つまり一価元素である．次に Be, Mg, Ca などのアルカリ土類は s^2 という電子配置が最外殻にあり，これはすでに電子対になっているから化学結合をつくらないように見えるが，この場合は基底状態のすぐ上に sp 配置に相当する励起状態をもっていることが重要になる．Mg を例にとれば $3s^2$ の基底状態の上 2.7 eV のところに 3s3p ^{3}P という励起状態があり，4.3 eV のところに 3s3p ^{1}P 状態がある．3s3p になれば Mg 原子としてはエネルギーが増加するが，それによって2つの相手のない電子を生み出せる．通常，化学結合ができれば数 eV のエネルギー降下が見られるので，2つの結合ができれば分子全体としては十分にエネルギーを下げ安定な系をつくり出せるのである．こうしてアルカリ土類元素は二価元素となる．ついでに付け加えるなら，sp 配置になるといっても s 軌道に1個，p 軌道に1個の電子が入って相手の原子と結びつくのではない．水素分子のところでちょっと述べたように，s 軌道と p 軌道の一次結合をつくることで一方向によく伸びた混成軌道をつくることができる．s と p の和と差をつくることで1つの方向と正反対の方向に伸びた2つの軌道がつくられ，それぞれに1個ずつ電子を入れるなら2つの強い結合をつくり出せそうである．この考えが正しければ，Mg などと結合する2つの原子は反対側に位置するはずである．実際そのとおりになっていて，たとえば $MgCl_2$ という三原子分子は直線形で，2つの Cl は Mg の両側についていることがわかっている．

電子配置 s^2p をもつ B, Al, Ga などでも s 電子の1つを p 軌道に移すことによって原子価が3の状態を容易につくることができる．たとえば，B で 2s, $2px$, $2py$ 軌道をまぜ合わせると，xy 面内で向きが互いに 120° 離れた方向に軸をもつ3つの混成軌道がつくられる．実際に BF_3, BCl_3 などの分子が存在する．

次に，C, Si などは s^2p^2 という電子配置をもつ．このままなら二価元素として化合物をつくるが，sp^3 とすれば四価も可能である．メタン (CH_4) はそのよく知られた例である．N, P などになると s^2p^3 で三価と見られるが，sp^3s' (s' は s より1つ上の主量子数での s 軌道) などの配置を利用して五価になること

も考えられる．実際，塩化りんでは PCl_3 の他に PCl_5 の存在が知られている．O, S などでは s^2p^4 という配置で，最外殻の p 軌道の 1 つは電子対で占められており化学結合に寄与できない．したがって二価となるが，この場合も s^2p^3s' などを励起し，そのエネルギーを補って余りある安定した結合がつくられるならば四価も可能である．F, Cl などのハロゲン元素になると電子配置は s^2p^5 となり主な原子価は 1 であるが，三価，五価なども可能である．

最後に希ガスでは最低の励起状態が基底状態（閉殻構造）から大きく離れている．He で 19.8 eV, Ne で 16.6 eV などである．このため化学的に不活性であることが理解できる．しかし希ガスでも電離してイオンになれば，電子対ではないが H_2^+ と似た結合は可能であり，He_2^+ や HeH^+ のように安定した分子をつくることができる．どちらも 2 eV 程度の解離エネルギーをもっている．

9.1.2 簡単な分子の例，混成軌道

ここで二三の実例について分子の構造を眺めてみよう．まず古くから混成軌道の代表例として引用されてきたメタン CH_4 を見よう．この場合，炭素原子は 4 つの手を出して 4 つの水素原子と結びついているから，基底状態 $2s^2 2p^2$ ではなく励起状態 $2s 2p^3$ になっていると思われる．しかしそのままでは 3 個の電子と残りの 1 電子とが対等でない．分光データの解析の結果は 4 つの水素原子が正四面体の頂点に位置し，炭素がその中心にあることがわかっている．そこで，2s 軌道と 3 つの 2p 軌道をまぜ合わせることにより正四面体の頂点に向く 4 つの対等で独立な軌道をつくり出すことをやって見せたのは Pauling である．図 9.1 のように座標軸を定め，立方体の 1 つおきの頂点に水素原子を置き，中心に炭素原子を置く．炭素の 2s, 2px 軌道などを簡単のために s, p_x などと書くことにすると，見いだされた 4 つの混成軌道は以下のとおりである．

$$\left.\begin{aligned}\phi_1 &= \frac{1}{2}(s + p_x + p_y + p_z) \\ \phi_2 &= \frac{1}{2}(s + p_x - p_y - p_z) \\ \phi_3 &= \frac{1}{2}(s - p_x + p_y - p_z) \\ \phi_4 &= \frac{1}{2}(s - p_x - p_y + p_z)\end{aligned}\right\} \quad (9.4)$$

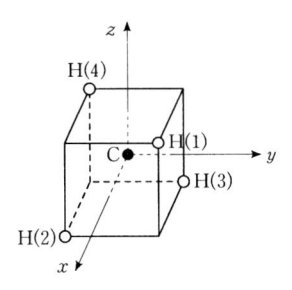

図 9.1 メタン分子の原子配置

たとえば ϕ_1 で $p_x+p_y+p_z$ というのは x 軸方向を向いている p_x を形を変えずに図の H(1) の方向へ回転したものと規格化定数を除き一致している．それに s 軌道を加えることで H(1) の方へ強く突き出した軌道になっているのである．他の混成軌道も同様である．(9.4) の関数は規格化されており互いに直交している．原子価結合 (VB) 法の出発点になっている水素分子のハイトラー–ロンドン理論で，交換積分が化学結合の強さを示す量であることを見たが，この積分が大きくなるためには結合する両原子の原子軌道がよく重なっていることが必要である．上記の混成軌道はこのような軌道の重なりを増大させるのに役立つ．炭素原子本来の $2s^2 2p^2$ 配置から (9.4) のような混成軌道に 1 個ずつ電子を配置する状態（メタンが形成されているときの炭素の状態．これを**原子価状態** (valence state) と呼ぶことがある）へ移すにはそれなりのエネルギー（これを**昇位エネルギー**，promotional energy という）を与える必要があるが，4 つの水素原子との間で 4 つの結合をつくることで系全体としてはばらばらの原子のときよりエネルギーが下がり安定な分子になるのである．こうして CH_4 全体の基底状態の電子配置は

$$(C1s)^2(CH(1))^2(CH(2))^2(CH(3))^2(CH(4))^2$$

となり，炭素の立場で見ると水素からの 4 電子を受け入れて閉殻構造の Ne と同じ 10 電子をもった形になっている．

ところで，二原子分子ではポテンシャル曲線の極小点が古典力学でいえば安定な平衡点で，その点の原子間距離 R_e を与えると分子内の原子配置が決まった（量子論に移るとその点のまわりに 0 点振動しているのが基底状態であることはいうまでもない）．多原子分子では，原子間距離の他，異なる結合のなす

角を指定しないと原子配置が決まらない．メタンの場合は対称性が非常によいので炭素から水素の1つまでの距離（原子間距離といってもよいが結合している原子の間の距離なので結合の長さともいう．メタンの場合 1.087 Å である）を与えれば，結合の間の角（結合角，bond angle という）∠HCH は図 9.1 のような対称性からおよそ 109.47° と決まっているので原子配置が確定する．なお，この結合角は正四面体角 (tetrahedral angle) として知られている．

メタンが出たついでに CH_3, CH_2 について簡単に述べておこう．メチル基 CH_3 では 3 つの突き出した混成軌道を用意するのがよさそうである．3 つの水素原子の間，あるいは (9.3) のように異なる結合に参加している電子の間に斥力が働くと考えると，3 つの結合は一平面上で 120° ずつの結合角で隔てられた方向をとるのが安定な配置と思われる．それには (9.4) のいわゆる sp^3 混成軌道にならって炭素の 2p 軌道の 2 つだけを使って sp^2 混成軌道にすればよい．具体的には

$$\left.\begin{aligned} \phi_1 &= \frac{1}{\sqrt{3}} s + \sqrt{\frac{2}{3}} p_x \\ \phi_2 &= \frac{1}{\sqrt{3}} s - \frac{1}{\sqrt{6}} p_x + \frac{1}{\sqrt{2}} p_y \\ \phi_3 &= \frac{1}{\sqrt{3}} s - \frac{1}{\sqrt{6}} p_x - \frac{1}{\sqrt{2}} p_y \end{aligned}\right\} \quad (9.5)$$

で与えられる．ただし 3 つの結合が xy 面内にあるとし，その 1 つが x 軸上にあるように一次結合を選んである．それぞれに 1 個ずつ炭素の電子を配置し水素原子と結合をつくらせたとすると，分子の電子配置は

$$(C1s)^2 (CH(1))^2 (CH(2))^2 (CH(3))^2 (C2p_z)^1$$

となる．$2p_z$ 軌道に相手のいない電子（**不対電子**，unpaired electron）が残る．このように不対電子をもつ分子種は**遊離基** (free radical) と呼ばれ反応性に富んだものである．

CH_2 になると，2 つの水素原子が炭素の反対側に位置するのがエネルギー最低になりそうである．事実この遊離基は直線形であることがわかっている．そうであるなら，突き出した混成軌道は炭素の 2p 軌道の 1 つと 2s 軌道を組み合わせてつくればよい．x 軸の正負両方向に伸びた軌道にしたければ

$$\left. \begin{array}{l} \phi_1 = \dfrac{1}{\sqrt{2}}(s+p_x) \\ \phi_2 = \dfrac{1}{\sqrt{2}}(s-p_x) \end{array} \right\} \tag{9.6}$$

ととればよい．この場合は炭素の $2py, 2pz$ 両軌道にそれぞれ不対電子が入り，これから三重項が生じる．基底状態は $^3\Sigma_g^-$ である．なお，一重項では二等辺三角形の形をした $^1A_1$ 状態が少し上にある．

次にとりあげるのは水分子 H_2O である．酸素原子では $2px, 2py, 2pz$ と独立なものが3つある2p軌道に4個の電子が入っているから，p軌道の1つはすでに2個の電子で占められている．これを $2pz$ としよう．他の2つに1つずつ電子を入れ，水素原子との結合をつくらせる．2つの水素原子はそれぞれ x 軸，y 軸上に位置すると思われる．しかし現実の水分子は，二等辺三角形ではあるが，2つのOH結合のなす結合角は90°ではなくておよそ104.48°である．このように結合角が開いているのが，付け加わった水素原子間あるいは2つのOH結合間の斥力のためだけなら，CH_2 のときのように直線形になってもよさそうである．そうなっていないということはもっと他の要因も考えないといけないことを教えている．理論的に最善の答えを出したければ，結合角をパラメターにして分子エネルギーの計算を行えばよいのであるが，この場合，角度によるエネルギーの変化が緩やかなので精密な計算が必要となる．ここではもう少し定性的な推論を続ける．まず，結合をいっそう強くするには前掲の CH_n のように2s軌道も取り込んで強く突き出した軌道を用意するのがよさそうである．すると $2s, 2px, 2py$ で3方向に突き出した混成軌道がつくられ，その2つにそれぞれ不対電子を配置して水素原子との結合に用い，残った1つにもともと酸素原子にあった残り2個の電子（$(2pz)^2$ 電子には手を触れずに）を収容すれば数の上ではよいことになる．しかし CH_3 で用いた sp^2 混成軌道では結合角は120°であった．H_2O での実測値はこれよりはるかに小さく，むしろ正四面体角に近い．そうなるといままで手を触れずにきた $(2pz)^2$ 電子との斥力（(9.3)参照）も考慮に入れないといけない．結局，酸素原子で sp^3 に近い混成軌道をつくりその2つに不対電子を置き，あとの2つにそれぞれ電子対を収容するのが近似的にはよさそうである．このように化学結合に直接関与しな

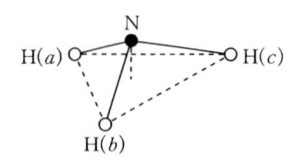

図 9.2 アンモニアの分子構造

い電子対は**孤立電子対** (lone pair) と呼ばれる．

アンモニア NH_3 でも似たような状況が見られる．この分子では図 9.2 のように 3 つの水素原子が正三角形の頂点にあり，その重心を通り三角形の面に垂直な直線上に窒素原子が位置しているピラミッド型の分子である．窒素の電子構造 $1s^2 2s^2 2p^3$ から考えると $2px, 2py, 2pz$ に 1 つずつ電子を入れ，それぞれ水素原子との結合を担当させてもよさそうであるが，実測された結合角 ∠HNH は 90° ではなくておよそ 106.6° である．それで，ここでもどちらかというと sp^3 混成軌道に近いものができていて，そのうちの 3 つに 1 つずつ電子が入って水素原子を受け入れ，残りの 1 つが孤立電子対になっていると思われる．

なお，結合の長さは CH_4 の CH=1.087 Å に対し，H_2O で OH=1.475 Å，NH_3 で NH=1.015 Å とかなり違っている．この違いを理解するには定量的計算が必要である．

9.1.3 分子軌道の対称性

多原子分子の理論計算では，分子の対称性を最大限に利用し互いに直交する分子軌道を用いる MO 法が便利で広く用いられている．原子の場合と同様にハートリー–フォック法を適用することがまず考えられるが，二原子分子の場合よりもさらに複雑になるので，§7.3.1 で簡単に述べたような LCAO 自己無撞着法が用いられることが多い．さらに精度を上げるためには配置混合などの手法が用いられる．ところで個々の電子の軌道関数やそれらから構成される電子系全体の波動関数の対称性の分類，それを利用しての理論の展開には数学的道具として群論が広く用いられている．それについてくわしく説明する余裕はないが，本節でざっとした概念を紹介しておくことにしよう．

核を平衡位置に固定したときの電子系のハミルトニアンはその核配置で決ま

る対称性をもつ．このハミルトニアンを変えないような対称操作，具体的には回転・反転・鏡映・回転鏡映などの操作によって1電子軌道関数や電子系全体の波動関数がどう変化するかで分類が行われている．対称性に応じて，原子軌道のs, p, dなど，また二原子分子の軌道関数で見た σ, π, δ などに代わる名称が与えられる．ところで，対称操作の種類や数は分子の形によって異なるが，1つの分子に対する対称操作全体は数学でいう群をつくる．群の定義などを述べる前に N 電子系の波動関数 $\Psi(\bm{r}_1, \bm{r}_2, \cdots, \bm{r}_N)$ に対称操作を施すというのは具体的にどのようなことをするのかを説明しておこう．群に属する対称操作をさしあたり P, Q, R などの文字で表すことにしよう．たとえば P というのが $\bm{r}_i \longrightarrow \bm{r}'_i \, (i=1, 2, \cdots, N)$ のような電子位置の移動を意味するとする．このとき

$$\Psi'(\bm{r}'_1, \cdots, \bm{r}'_N) = \Psi(\bm{r}_1, \cdots, \bm{r}_N)$$

によって新しい関数 Ψ' が定義され，これを

$$\Psi'(\bm{r}_1, \cdots, \bm{r}_N) = P\Psi(\bm{r}_1, \cdots, \bm{r}_N) \tag{9.7}$$

と書く．$P\Psi$ と Ψ とは空間における向きだけが変わっていて内部構造に違いがない．それでスカラー積などはこの操作で不変である．すなわち，全電子座標による積分を $\int \cdots dv$ と書いて

$$\int (P\Psi_1)^* (P\Psi_2) dv = \int \Psi_1^* \Psi_2 dv \tag{9.8}$$

である．いま $\bm{r}_i \longrightarrow \bm{r}'_i$ の移動を行うような対称操作 P と，$\bm{r}'_i \longrightarrow \bm{r}''_i$ を行うような操作 Q があるとき，これらを続けて波動関数に作用させた $R = QP$ は $\bm{r}_i \longrightarrow \bm{r}''_i$ を直接行うことと同じで，これも1つの対称操作であるからいま考えている操作の群に含まれているはずである．このようにして操作の積が定義され，

（i）群に属する2つの操作の積がまた群に属することがわかる．

さらに，

（ii）このような操作の積が結合則 $(PQ)R = P(QR)$ を満たすことが示される．

電子の移動をまったく行わないというのも1つの操作と見て記号 E で表す．

これを仲間に入れておくと

(iii) 任意の対称操作 P に対して
$$EP = PE = P \tag{9.9}$$
が成り立つ.

(iv) 任意の対称操作 P に対してその結果をもとへ戻す操作も対称操作であるから,
$$PP^{-1} = P^{-1}P = E \tag{9.10}$$
となるような P^{-1} が存在する.

これらは対称操作の集合が群と呼ばれるための条件になっている. 分子の対称操作がつくる群は, 分子を不変に保つような原子核の入れ換え操作なので symmetric group であり, とくに一点を固定して対称操作を行うことから点群 (point group) と呼ばれている. 群であることから, 群論の一般論で知られているさまざまな定理が使えることになる.

具体例として図 9.2 に示した三角形ピラミッド型の分子 NH_3 をとりあげよう. この場合は以下のような対称操作がある. 窒素原子 N を通り 3 個の水素原子 a, b, c のつくる面に垂直な直線が主たる対称軸でこれを l と呼ぶことにしよう.

E 恒等変換 (何も変えないのも操作の 1 つ)

$\left.\begin{array}{l}\sigma_a \\ \sigma_b \\ \sigma_c\end{array}\right\}$ l と a, b, c の 1 つを含む面に関する鏡映

C_3 C_3 は軸 l のまわりの角 $2\pi/3$ の回転

C_3^{-1} C_3^{-1} は逆向き回転

2 つの操作の積を求めると, $\sigma_a \sigma_a$ のように同じ鏡映を 2 度行うともとへ戻るから E と同じ結果になる. σ_a に続いて σ_b を行うことを $\sigma_b \sigma_a$ で表す. その結果は $2\pi/3$ の回転になる. 図 9.2 で $a \to b \to c \to a$ が回転の正方向とすると $\sigma_b \sigma_a = C_3^{-1}$ となる. これらを表にすると表 9.1 になる.

一般に群に属する P, Q が同じくその群に属する適当な S を用いて $P = SQS^{-1}$ の形で結ばれるとき, P と Q は互いに共役 (conjugate) であるという. このとき $Q = (S^{-1})P(S^{-1})^{-1}$ が成り立つので, 共役関係は相互的である. 1 つ

9.1 多原子分子の電子状態

表9.1 正三角形ピラミッド型分子における対称操作の積 PQ

P \ Q	E	σ_a	σ_b	σ_c	C_3	C_3^{-1}
E	E	σ_a	σ_b	σ_c	C_3	C_3^{-1}
σ_a	σ_a	E	C_3	C_3^{-1}	σ_c	σ_b
σ_b	σ_b	C_3^{-1}	E	C_3	σ_a	σ_c
σ_c	σ_c	C_3	C_3^{-1}	E	σ_b	σ_a
C_3	C_3	σ_c	σ_a	σ_b	C_3^{-1}	E
C_3^{-1}	C_3^{-1}	σ_b	σ_c	σ_a	E	C_3

の群のなかの1つの要素と共役な関係にあるすべての要素の集合を類(class)という．1つの直線のまわりの回転と他の直線のまわりの回転は同じ性格の操作であれば[*3]回転軸の向きを変える変換で一方から他方へ移ることができ，共役の関係にある．1つの面についての鏡映と他の面についての鏡映も同じ性格のものなら共役である．上に示した例では，$\sigma_a, \sigma_b, \sigma_c$ は共役で1つの類をつくる．C_3 と C_3^{-1} は互いに共役で別の1つの類をつくる．E は単独で類になっている．この場合，3つの類があることになる．この分子は l のまわりに1/3回転するごとに分子の骨組みが同じになる．一般に $2\pi/n$ 回転ごとに同じ形が繰り返される軸を n 回軸という．アンモニアの対称軸 l は3回軸である．

さて，対称操作はハミルトニアン H を変えないから，$PH=HP$（したがって $PHP^{-1}=H$）である．そこでシュレーディンガー方程式

$$H\Psi = E\Psi$$

に対称操作 P を作用させると，左辺は $PH\Psi=HP\Psi$，右辺は $EP\Psi$ になるから，

$$H\Psi' = E\Psi', \qquad \Psi' = P\Psi$$

が得られる．もしエネルギー固有値 E に縮退がないなら，Ψ と Ψ' は定数因子を除き同じはずである．

$$\Psi' = c\Psi.$$

Ψ, Ψ' が規格化されているとき $|c|=1$ でなければならない．もしエネルギー E が f 重に縮退しているなら，一般に対称操作を施した結果は

[*3] たとえば CH_4 の C と H の1つを結ぶ直線のまわりの1/3回転はどの H を選んでも同じ性格の操作である．

$$P\Psi_i = \sum_{k=1}^{f} u_{ki}(P)\Psi_k, \qquad i=1,2,\cdots,f \tag{9.11}$$

のようになるであろう．これから f 次元の行列

$$U(P) = [u_{ik}(P)] \tag{9.12}$$

が操作 P ごとに出てくる．このようにして導入される行列については $R=QP$ ならば $U(R)=U(Q)\cdot U(P)$ を満たすことがわかる．つまり，もとの操作の関係と同じ乗法の関係にしたがう．これらの行列は対称操作の群の行列表現 (representation) になっているといい，$\Psi_1,\cdots,\Psi_f$ はその基底 (base) になっているという．これらの関数が規格直交化されているなら U はユニタリーであるから，エルミート共役を † で表して

$$U(P)^{\dagger} \cdot U(P) = 1 \tag{9.13}$$

である．磁場がないときシュレーディンガー方程式の解は実数になるように選べる．このとき，表現行列はその要素が実数で直交行列となる．このような表現行列はただ1つに決まっているわけではない．f 次元の正方行列でその行列式が 0 でないものを任意に選び T とするとき

$$\overline{U}(P) = T^{-1}U(P)T, \qquad \overline{U}(Q) = T^{-1}U(Q)T, \qquad \cdots\cdots$$

のようにつくられる $\overline{U}(P), \overline{U}(Q), \cdots\cdots$ も同じ群の表現になる．このような変換は表現の基底に一次変換を行って別の関数の組を基底に選んだことに相当する．この表現はもとの表現に同値である (equivalent) という．同値な表現は無数につくられる．

群の表現に関して可約，既約の区別がある．われわれの問題でいえば (9.11) で表現行列が導入されたが，縮退している f 個の状態を表す関数を適当に選んだときそれが 2 つの組に分かれ，仮にそれを A の組，B の組と呼ぶことにするとき，A の組の関数に対称操作を施したものは A の組の関数だけの一次結合で表され，B の組の関数は操作の結果がいつも B の組の関数だけで表されるようになっているとき，この表現は可約 (reducible) という．どのように関数の組の選び方をしても可約にならないときこの表現は既約 (irreducible) であるという．ところで，2 組のまったく無関係な関数の組があってそれらがちょうど同じエネルギーのところで波動方程式の解になるというのは，きわめて起こりにくい偶然以外には考えられないことなので，一般に波動方程式の解

による対称操作の群の表現はすべて既約と考えてよい.

　ここで群論で知られている定理を1つ紹介しよう. それは「有限数の要素(いまの場合は対称操作)から成る群では既約表現の数は有限で(ただし同値なものはいくつあっても1つと数える), その群に属する共役な要素の類の数に等しい」というものである. したがって先に例にあげたアンモニアのような三角形ピラミッド型の分子なら既約表現は3種類しかないことになる.

　以上により, 分子の形が与えられると対称操作が決まり, すべての対称操作は1つの群を形成し, 1つのエネルギー固有値に属する波動方程式の解にひとつひとつの対称操作を施したときの結果から群の既約表現が見いだされる. 対称操作が有限数なら既約表現の種類は有限である. エネルギー準位ごとにそれに属する電子状態の波動関数がどの既約表現と結びついているかで状態を分類することができる. それをさらに具体的に行うには表現の指標 (character) と呼ばれる量を利用する.

a. 群表現の指標

　それは各対称操作の表現行列 $[u_{ik}]$ の対角要素の和として定義される.

$$\chi(P) = \sum_{k=1}^{f} u_{kk}(P) \tag{9.14}$$

このように定義された指標がもっている重要な性質を導くために, まず表現行列の直交性関係について述べておく. 以下は有限群すなわち群に属する要素の数 g が有限個であるときに適用されるものである. $U(P) = [u_{kh}(P)]$ が既約表現であるとして

$$\sum_P u_{hk}(P^{-1}) u_{mn}(P) = \delta_{mk} \delta_{hn} \frac{g}{f} \tag{9.15}$$

が成り立つことが証明されている. 次に $U(P), V(P)$ が同値でない表現であるとき, h, k, m, n のとり方によらず

$$\sum_P u_{hk}(P^{-1}) v_{mn}(P) = 0 \tag{9.16}$$

であることもわかっている. したがって, $\sqrt{f/g}\, u_{kh}(P)$ $(k, h = 1, \cdots, f)$ は規格直交化されていることが知れる. そこで, (9.13)から $u_{hk}(P^{-1}) = u_{kh}^*(P)$ であることを利用し, (9.15)(9.16)で $h = k$, $m = n$ ととって k, m で加えると, 指標についての重要な公式が得られる.

$$\sum_P |\chi(P)|^2 = g \qquad (9.17)$$

$$\sum_P \chi(P)^* \chi'(P) = 0 \qquad (9.18)$$

ただし χ, χ' は同値でない表現の指標である．

i) NH$_3$ の場合　ここで再びアンモニアを例にとる．この分子のように正三角形ピラミッド型の分子の対称性は記号的に C_{3v} と書かれる．C_{3v} における3つの既約表現は A_1, A_2, E と呼ばれているが，その指標を表9.2に示す．

表9.2　C_{3v}(NH$_3$ など)における既約表現の指標

	E	$2C_3$	$3\sigma_v$
A_1	1	1	1
A_2	1	1	-1
E	2	-1	0

A_1 は恒等表現と呼ばれ，すべての対称操作に1行1列の単位行列を対応させるもので，どのような群にも存在する．表に $2C_3$ とあるのは C_3 で代表される回転の属する類に C_3 と C_3^{-1} という独立な操作が2つあることを意味し，その下に続く数字 $1, 1, -1$ は各表現の指標であり，どちらの操作にも共通である．$3\sigma_v$ は主たる対称軸 l を含む平面に関する鏡映3つ（$\sigma_a, \sigma_b, \sigma_c$）から成る類を表す．なお，分子により主たる対称軸に垂直な平面に関する鏡映も対称操作になっていることがあるが，それは σ_h と書いて区別する．また主たる対称軸に垂直な直線で n 回軸になっているものがあるときは C_n', C_n'' などと書かれる．これらの記号は人により若干異なるものが用いられることがある．表9.2によって(9.17)(9.18)が実際に成立していることを確かめていただきたい．

ii) H$_2$O の場合　別の例として水分子 H$_2$O をとりあげよう．対称操作には次の4つがある．

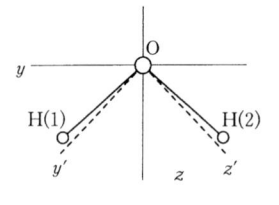

図9.3　水分子に用いる座標軸

表9.3　C_{2v}(H$_2$O など)における既約表現の指標

	E	C_2	$\sigma_v(xz)$	$\sigma_v(yz)$
A_1	1	1	1	1
A_2	1	1	-1	-1
B_1	1	-1	1	-1
B_2	1	-1	-1	1

E	恒等変換	
C_2	主たる対称軸 (図 9.3 の z 軸) のまわりの 180° 回転	
$\sigma_v(xz)$	xz 面での鏡映	
$\sigma_v(yz)$	yz 面での鏡映	

同じく鏡映といっても今度は $\sigma_v(xz)$, $\sigma_v(yz)$ が性格の異なる鏡映なので別々に類をつくり，類は 4 つになる．それに呼応して既約表現も 4 つあり，指標の表は表 9.3 のようになる．話をもう少し具体的にして理解を助けるために原子軌道を使って既約表現を与える MO がどのように組み立てられるかを見ることにしよう．それには酸素原子の 2p 軌道の扱い上，図 9.3 の y, z 軸を y', z' 軸のように変換しておくのが便利である．また，いままでは分子の電子系全体の波動関数について対称性，すなわち対称操作によってどう変換されるかという性質を考えてきたが，1 電子近似で出てくる個々の電子の軌道関数についても同様に対称性が考えられ，電子系で用いられている名称 A_1, A_2, B_1, B_2, E 等と同じ対称性をもつ 1 電子軌道に対しては，a_1, a_2, b_1, b_2, e などと小文字を用いる習慣になっている．孤立原子で電子が入っている軌道の範囲だけで書き出すと以下のようになる．

酸素	1s 軌道	χ_{1s}	対称性	a_1
	2s 軌道	χ_{2s}		a_1
	2p 軌道	χ_{2px}		b_1
		$\dfrac{1}{\sqrt{2}}(\chi_{2py'}+\chi_{2pz'})$		a_1
		$\dfrac{1}{\sqrt{2}}(\chi_{2py'}-\chi_{2pz'})$		b_2
水素 1, 2	1s 軌道	$\dfrac{1}{\sqrt{2}}(\chi_{1s}^{H1}+\chi_{1s}^{H2})$		a_1
		$\dfrac{1}{\sqrt{2}}(\chi_{1s}^{H1}-\chi_{1s}^{H2})$		b_2

1 つの分子で同じ対称性の MO が複数あるときは，その対称性の記号の前にエネルギーの低い方から順に 1, 2, 3, ⋯ の番号をつける．まず，全対称軌道 a_1 に属するものでは酸素原子の内殻 1s がエネルギーが低く，$1a_1$ と呼ばれるものは主として χ_{1s} と思ってよい．次の χ_{2s} は $(\chi_{2py'}+\chi_{2pz'})/\sqrt{2}$ との混成が行われ

て，それに水素の $(\chi_{1s}^{H1}+\chi_{1s}^{H2})/\sqrt{2}$ もいくらかまじって $2a_1$ となり結合に寄与するであろう．2s-2p 混成ではそれと独立で直交するもう1つの MO がつくられるはずで，これが $3a_1$ と呼ばれる．次に B_2 型の対称性のものとしては $(\chi_{2py'}-\chi_{2pz'})/\sqrt{2}$ と水素から出る $(\chi_{1s}^{H1}-\chi_{1s}^{H2})/\sqrt{2}$ とがあり，これらがまじるであろう．まじり方は O と 2 つの H の中間で電子密度が高くなり結合を強め分子のエネルギーが下がるように決まる．これが $1b_2$ 軌道である．最後に χ_{2px} が非結合性で $1b_1$ 軌道になる．以上をまとめると，この近似の段階で水分子の基底状態の電子配置は次のようになる．

$$^1A_1 : (1a_1)^2(2a_1)^2(1b_2)^2(3a_1)^2(1b_1)^2$$

iii) 直線分子 分子はその形状により対称操作の組み合わせも異なり，それに応じて群表現も変わる．上述の NH_3, H_2O は1つの軸のまわりの 1/3, 1/2 回転で同じ形が繰り返されるものであったが，前章で扱った二原子分子を対称操作の立場から眺めると，分子軸のまわりの任意の角の回転でその形状は不変である．鏡映も軸を含む面が無数に選べる．このような対称操作群は $C_{\infty v}$ と呼ばれる．

さらに H_2 などのように等核であれば反転 I が対称操作に加わる．中心を通り軸に垂直な平面での鏡映も可能となる．これは 180° 回転と反転の組み合わせでも表せる．このような対称操作群は $D_{\infty h}$ と呼ばれる．この場合の表現の種類は反転に対応する g, u によっても区別される．いずれにせよ直線分子では A_1, A_2, B_1 などの記号ではなく前章で用いた $\Sigma^+, \Sigma^-, \Pi, \Delta$ などの記号が対称性の区別に用いられる．

iv) CH_4 の場合 前節で出てきたメタン CH_4 の対称操作には，恒等変換の他 3 つの C_2, 8 つの C_3, 6 つの回転鏡映 S_4, 6 つの鏡映 σ がある．S_4 は 1/4 回転したあと鏡映 σ_h を行う操作である．この群は T_d と呼ばれ，表 9.4 のような指標をもつ．軌道関数で a_1 の対称性をもつ素材としては中心にある炭素原子の原子軌道 χ_{1s}, χ_{2s} と 4 つの水素原子の 1s 軌道からつくられる $(\chi_{1s}^{H1}+\chi_{1s}^{H2}+\chi_{1s}^{H3}+\chi_{1s}^{H4})/2$ がある．次に t_2 の対称性をもつものに炭素の $\chi_{2px}, \chi_{2py}, \chi_{2pz}$ と，水素からつくられる $(\chi_{1s}^{H1}+\chi_{1s}^{H2}-\chi_{1s}^{H3}-\chi_{1s}^{H4})/2$, $(\chi_{1s}^{H1}-\chi_{1s}^{H2}+\chi_{1s}^{H3}-\chi_{1s}^{H4})/2$, $(\chi_{1s}^{H1}-\chi_{1s}^{H2}-\chi_{1s}^{H3}+\chi_{1s}^{H4})/2$ がある．

表 9.4　T_d(CH$_4$ など)における既約表現の指標

	E	$3C_2$	$8C_3$	$6S_4$	6σ
A$_1$	1	1	1	1	1
A$_2$	1	1	1	-1	-1
E	2	2	-1	0	0
F$_1$(T_1)	3	-1	0	1	-1
F$_2$(T_2)	3	-1	0	-1	1

b. 対称性の応用例

以上のように分子の電子系波動関数やMO法における個々の電子の軌道関数の対称性が調べられているが，これはいろいろな効用をもっている．たとえば，ハミルトニアンその他の物理量の行列要素が0であるかどうかを見分けるのに役立ち，数値計算前の式の簡単化が容易に行える．1つの状態 $\varPsi_A$ から他の状態 $\varPsi_B$ への光学的許容遷移が可能かどうかを見るには電気双極子モーメント μ の行列要素

$$\int \varPsi_B^* \mu \varPsi_A dv$$

が0かどうかを調べればよい．$\varPsi_A, \varPsi_B$ の対称性がわかっているときはそれらの積 $\varPsi_A \varPsi_B^*$ の対称性も容易にわかる．2つの既約表現の基底の積はまた1つの群の表現の基底になっている．この表現をもとの2つの既約表現の直積表現という．これは一般に可約である．つまり，いくつかの既約表現のまじったものになっている．どのような既約表現の組み合わせで直積をつくればどのような既約表現が結果に含まれているかは，多くの対称操作群についてわかっている（たとえば直線分子の対称性 $C_{\infty v}$ で直積 $\Pi \times \Pi$ から $\Sigma^+ + \Sigma^- + \Delta$ が，$\Pi \times \Delta$ から $\Pi + \Phi$ が出る）．一方，μ はある可約表現に属するので，これも既約表現に分解して，波動関数の直積を分解したものとの間に共通のものが見いだせれば積分は一般に0でない．

c. 化学結合エネルギーの加算性とMO法

これは分子の対称性と直接結びつく話題ではないが，簡単な分子の話を終えるにあたって付け加えておく．MO法は計算に便利で広く用いられているが，分子全体に広がった軌道関数を用いるので，ひとつひとつの結合の強さ（その場所で分子を切り離すのに要するエネルギーで測られる）を調べ反応しやすい

場所を推定するなどの研究には不向きである．ひとつひとつの結合は決して独立ではないのだからやむを得ないとはいうものの，経験によると化学結合エネルギーの加算性がかなりよく成立していることも事実である．たとえば鎖状分子 C_nH_{2n+2} は炭素が n 個つながり，両端のCには3個，その他のCには2個の水素原子が結合した百足（むかで）状の分子であるが，これをばらばらの原子に分解するのに要する解離エネルギーの実測値は

$$D=(n-1)E_{CC}+(2n+2)E_{CH}-nP, \qquad n=1,2,3,\cdots\cdots$$

という簡単な式でかなりよく再現できる．E_{CC} は C-C 結合を切るのに必要なエネルギーに相当しおよそ 2.72 eV，E_{CH} は C-H 結合を切るのに要するエネルギーでおよそ 3.71 eV，P は炭素原子を原子価状態（ほぼ sp^3 の混成軌道状態）へ励起するのに必要な昇位エネルギーで約 7.80 eV である．このような事実をみると1つの結合の強さは分子の他の部分が変わっても大きな影響は受けないようにもみえる．ただし，影響がまったくないわけではない．それを論ずるのに次項の π 電子理論がしばしば利用される．局所的な性格の議論を進めるためには，MO法で得られたMOの組を変換してある程度局所的な軌道関数につくりかえて，その結果を吟味する方法もあるが，ここでは省略する．

9.1.4　π 電 子 系

いままではC,N,Oなどのやや重い原子が1個だけであとは軽い水素ばかりの分子を見てきた．このあとは炭化水素を例にとり，まず炭素原子が2個あるエタンなどを見たあと，π 電子の振る舞いを中心にもっと大きい分子の性質の一端を眺めることにしたい．炭素が2個あるものとして図9.4に掲げたようによく知られたものが3つある．エタンではCがほぼ sp^3 混成軌道をつくり，そのうちの3つでHと結合し，残りの1つでもう1つのCと結びつく．2つのメチル基はCC軸のまわりで相互に自由に近い回転が可能であるが（分子内回転, intramolecular rotation），正確には相手方の水素とちょうど向き合う（CC軸を含む同じ平面内に両方の水素が位置する）ときポテンシャルエネルギーが高くなり，相手の水素と互い違いの位置にあるときエネルギーが低くなる．一方を固定し，他方を軸のまわりに回転するとき，ポテンシャルエネルギーの変化の振幅は 0.12 eV ほどである．エタンの構造式では結合はすべて1

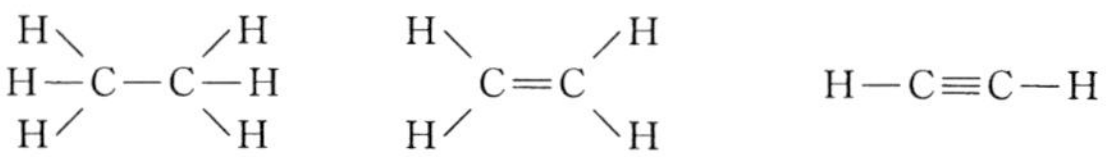

9.1 多原子分子の電子状態

図9.4 C_2H_n の構造式

本の線で表され，いわゆる **σ 結合** である．すなわち結合に関与する2原子を結んだ局所的な軸のまわりに軸対称な軌道関数が用いられている．エチレンになるとCはほぼsp^2混成軌道をつくり，2つのHと相手のCと結びつく．これで6原子が平面構造をとる．ここまでの結合はすべてσ結合である．Cにはなお1個ずつ電子が残っており，分子面に垂直な2p軌道にある．これら2つのCの2p電子の間でつくられるのが **π 結合** である．アセチレンではC原子がほぼsp混成軌道をつくり，H1個と相手のCと結合する．これは直線分子で軸方向にz軸をとればCにはなお2個ずつの電子が残っており，$2px$,$2py$軌道に入って2本のπ結合をつくる．このように二重結合，三重結合になると，もう分子内回転はできなくなる．結合が二重，三重と強くなればC-C間の距離は減少し，結合を切るのに要するエネルギーは増加する．上の3つの例ではそれぞれ

$$C-C \quad 1.54\,\text{Å} \quad 2.72\,\text{eV}$$
$$C=C \quad 1.32\,\text{Å} \quad 4.39\,\text{eV}$$
$$C\equiv C \quad 1.20\,\text{Å} \quad 5.56\,\text{eV}$$

である．二重，三重になってもエネルギーは単一の結合の2倍，3倍になっていないことからもわかるように，π結合はσ結合より弱い．いうまでもなくπ軌道は結合の軸とは直角の方を向いているため，π軌道どうしの重なりが小さいからである．ところで，H_2^+で結合性の$1s\sigma_g$と反結合性の$2p\sigma_u$が対になってできたように，2つの原子の原子軌道を中心にしてつくられる分子軌道では，結合性のσ軌道と反結合性のσ^*軌道と呼ばれるものが対になってできる．他方，π軌道どうしが近づいたときも，結合性のπ軌道と反結合性のπ^*軌道とができる．ただし，重なりの程度の違いを反映して同じ核間距離でπとπ^*のエネルギー差はσとσ^*とのエネルギー差よりも小さい．そこで軌道のエネルギー準位は図9.5のような順序になる．エチレンならπの準位に2個，アセチレンならπ軌道が二重縮退しているので4個の電子が入っている．

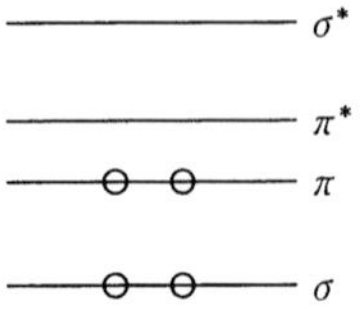

図9.5 σ軌道，π軌道のエネルギー

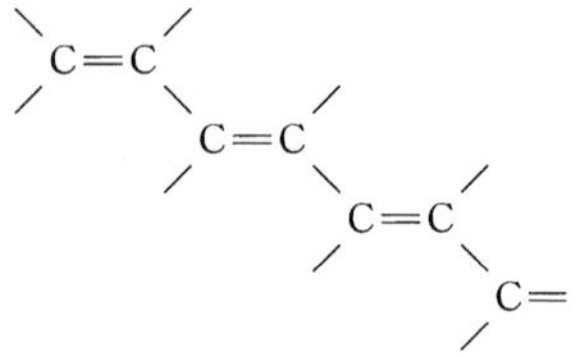

図9.6 共役二重結合

いずれにせよ最低の励起状態はπ軌道から1個の電子をすぐ上のπ*軌道へ持ち上げることでつくられ，σ軌道にある電子には直接関係ない．π軌道は結合軸を含む平面を節平面としてもちσ軌道とは対称性が異なるから，MOをつくるとき互いにまじることもない．このようなことから，強い結合をつくるのに使われかなりの程度局在しているσ結合の電子はそれぞれの軌道に固定し，核とσ電子がつくるポテンシャル場のなかをπ電子群が動いていると考えるのが比較的よい近似であると思われる．このような近似を前提とした理論は**π電子近似理論**と呼ばれる．とくに図9.6のようにC−C結合を間にはさんでいくつかのC=Cが並んでいるいわゆる**共役二重結合** (conjugated double bonds) のある鎖状分子では，すべてのCに1つずつπ軌道があり，それが満員になっていなくて平均1つずつの電子しかない．このためπ電子は比較的容易に隣へとび移り，結局分子全体を走り回っていると考えることができる．炭素原子が多数であれば鎖の長さも長くなり，MOもその全体に広がったものが多数できて，そこにエネルギーの低いものから順にπ電子をつめたものが基底状態と考えるのが自然であろう．このような状況では鎖の一部に生じた変化がMOの広がっている範囲でかなり遠くまで影響をもたらすものと予想できる．たとえば1つのCHを窒素原子に置き換えたあと，別の場所でCHのHをClに置き換えようとするとどの位置で最もこの置換が起こりやすいかなどがπ電子系の問題として論じられる．

このように与えられたポテンシャル場のなかのπ電子系の問題を扱うとしても，現実的なポテンシャル場の設定，そのなかでの多数のπ電子の扱い，たとえばつじつまの合うやり方で1電子問題にするなど決して容易ではない．ここでは電子計算機のない時代にE. Hückel (1931) によって始められ，広く用いられてきた半経験的MO法のあらましを紹介しよう．定量的な結果を引

き出すことはできないにしても，π電子系について定性的または半定量的な理解をするには有用である．ここではすべてのπ電子が同じポテンシャル場を感じている，したがって1電子ハミルトニアン h は共通と仮定する．N 個の C 原子を含む共役二重結合系を考え，π電子の MO を LCAO 近似で

$$\psi_j = \sum_{k=1}^{N} \chi_k C_{kj}, \qquad j=1,2,\cdots,N \tag{9.19}$$

とする．χ_k は k 番目の炭素原子のπ電子軌道，C_{kj} は一次結合の係数で，どちらも実数とする．1電子エネルギーは

$$\int \psi_j h \psi_j d\boldsymbol{r} = \sum_k (C_{kj})^2 \alpha + \sum_{k,l} C_{kj} C_{lj} \beta_{kl}. \tag{9.20}$$

ただし

$$\alpha = \int \chi_k h \chi_k d\boldsymbol{r} \quad (k \text{ によらないとする}),$$

$$\beta_{kl} = \int \chi_k h \chi_l d\boldsymbol{r} = \begin{cases} \beta & (k, l \text{ が隣どうしのとき}) \\ 0 & (\text{それ以外}). \end{cases} \tag{9.21}$$

α, β はそれぞれクーロン積分，共鳴積分と呼ばれ，その値は経験的に決められるが，ともに負である．さらに簡単のための近似として重なり積分を無視し

$$\int \chi_k \chi_l d\boldsymbol{r} = \delta_{kl} \tag{9.22}$$

とする．$\sum_k (C_{kj})^2 = 1$ によって規格化した上で変分法を適用し，(9.20) の右辺が最小となる条件を求めると

$$C_{kj}\alpha + \sum_l \beta_{kl} C_{lj} - C_{kj}\varepsilon_j = 0. \tag{9.23}$$

ε_j は未定係数として導入されたものであるが，この式に C_{kj} をかけて k で加えてみると，(9.20) とくらべてわかるように ε_j は $\int \psi_j h \psi_j d\boldsymbol{r}$，すなわち軌道エネルギーになっている．

例としてまずベンゼン C_6H_6 をとりあげる．この環状分子の構造は通常 C，H の文字を省略して図 9.7 のように書かれる．これらの構造に相当する波動関数の一次結合として分子の波動関数を決めるのが原子価結合法における扱い方である．Hückel の MO 法では (9.23) から

$$-(\varepsilon_j - \alpha)C_{kj} + \beta(C_{k+1,j} + C_{k-1,j}) = 0.$$

ただし，$k \pm 1$ は k の両隣りの C を意味する．係数でつくられる永年方程式を

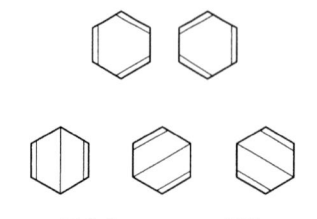

図 9.7 ベンゼンの構造
上段は Kekulé の構造，下段は Dewar の構造．

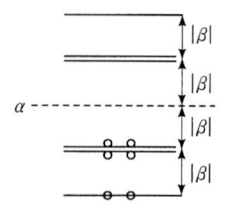

図 9.8 ベンゼンの π 電子軌道エネルギー
小さい丸で基底状態の電子配置を表す．

解くと

$$\varepsilon_j = \alpha + 2\beta \cos\frac{2\pi j}{6}, \qquad j=0, \pm 1, \pm 2, 3 \tag{9.24}$$

が得られ，それに対応する MO は

$$\psi_j = N_j \sum_{k=1}^{6} \chi_k \exp\left(2\pi \frac{ikj}{6}\right) \tag{9.25}$$

となる．N_j は規格化因子で，重なり積分を無視しているので $1/\sqrt{6}$ である．基底状態の電子配置は $(\psi_0)^2(\psi_1)^2(\psi_{-1})^2$ で，エネルギーは

$$E = 2\varepsilon_0 + 4\varepsilon_1 = 6\alpha + 8\beta$$

である（図 9.8 参照）．最低の励起状態は ψ_1 または ψ_{-1} の電子 1 つが ψ_2 または ψ_{-2} へ上がったもので，ここでの近似では励起エネルギーは $2|\beta|$ となる．

次にもっと一般的な**交互炭化水素** (alternant hydrocarbon) と呼ばれる一群の分子に注目しよう．鎖状であっても，枝分かれしていても，環があってもよいが，ただ奇数個の C より成る環は除外する．すると，1 つおきの C に * 印をつけ，すべての C を * のあるものとないものの 2 つの組に分け，同じ組のものどうしが隣り合わないようにできるはずである．このような炭化水素が交互炭化水素である．ベンゼンもその一例である．そこで (9.19) の展開で * 印をつけた炭素の原子軌道の係数に * 印をつけて

$$\psi_j = \sum_k \chi_k C_{kj}^{(*)} + \sum_l \chi_l C_{lj} \tag{9.26}$$

とする．$\varepsilon_j - \alpha = x_j$ と略記して，(9.23) は次のようになる．

$$\left.\begin{array}{l} -x_j C_{kj}^{(*)} + \sum_l \beta_{kl} C_{lj} = 0, \\ -x_j C_{lj} + \sum_k \beta_{lk} C_{kj}^{(*)} = 0. \end{array}\right\} \tag{9.27}$$

いま $x_j \neq 0$, $C_{kj}^{(*)}$, C_{lj} が 1 組の解とすると $x_j' = -x_j$, $C_{kj}^{(*)'} = -C_{kj}^{(*)}$, $C_{lj}' = C_{lj}$ もまた解になる．すなわち，エネルギー準位 ε_j は α の上下に対称的に存在する．前述のベンゼンも確かにそうなっている（図9.8）．したがって N が奇数なら少なくとも 1 つ $x_j = 0$ の準位がある．N が偶数でも $x_j = 0$ の準位があるとすればそれは偶数個あるはずで，基底状態ではその半分までしか電子が入らないから，フントの規則によりこのエネルギーの電子はスピンが同じ向きで常磁性になり，化学的にも活発な分子となる．

代表的な交互炭化水素には鎖状のポリエン (polyene, N は偶数) と呼ばれるものと，ベンゼン環を縮合したポリアセン (polyacene) と呼ばれるものがある．前者を例にとって，もう少しその特徴を調べてみよう．簡単のために(9.27) の β がすべて等しいという近似をするとエネルギー準位は永年方程式

$$\begin{vmatrix} -x & \beta & 0 & 0 & \cdots & 0 \\ \beta & -x & \beta & 0 & \cdots & 0 \\ 0 & \beta & -x & \beta & \cdots & 0 \\ & & \cdots\cdots\cdots\cdots & & \\ 0 & 0 & 0 & 0 & \cdots & -x \end{vmatrix} = 0$$

を解いて決められる．しかしこの場合は次のような解き方もある．すなわち，＊のあるものもないものも共通に

$$C_{kj} = A e^{ikf} + B e^{-ikf}, \qquad k = 1, 2, \cdots, N \tag{9.28}$$

とおくのである．まず，(9.27) で鎖の両端以外の $k = 2, 3, \cdots, N-1$ の式に入れてみると

$$x_j = 2\beta \cos f$$

が解になっていることがわかる．これが $k = 1, N$ でも解になるとすると，それぞれ

$$\frac{A}{B} = -1, \qquad \frac{A}{B} = -\exp[2(N+1)if]$$

が出てくる．この 2 式が両立するためには

$$2(N+1)f = 2\pi \text{ の整数倍}$$

でなければならない．この整数を n とおけば

$$f = \frac{n\pi}{N+1}, \qquad C_{kj} \sim \sin \frac{nk\pi}{N+1}$$

となり，$n=1, 2, \cdots, N$ とすれば独立解が得られる．いままで軌道を識別するために用いてきた添字 j のかわりにこの n を用いることができる．軌道関数の規格化までやれば，最終結果は

$$\varepsilon_n = \alpha + 2\beta \cos\frac{n\pi}{N+1}, \tag{9.29}$$

$$C_{kn} = \sqrt{\frac{2}{N+1}} \sin\frac{nk\pi}{N+1}, \qquad n=1, 2, \cdots, N. \tag{9.30}$$

基底状態では N 個の π 電子が $n=1, 2, \cdots, N/2$ の軌道に入っているので，吸収スペクトルのうち波長 λ が最も長いものは

$$\frac{hc}{\lambda} = \varepsilon_{\frac{N}{2}+1} - \varepsilon_{\frac{N}{2}} = 4|\beta|\sin\frac{\pi}{2(N+1)} \tag{9.31}$$

で与えられる．分子の長さが増すと N とともに λ が増し，ポリエンの着色とその色(吸収光の余色)の変化を説明する[1]．

 以上の理論では π 電子どうしの相互作用は直接には入れていなかった．これは平均化されてパラメター α, β の値に取り込まれていると考えられる．なお，吸収光の波長の N への依存性は，炭素原子数 N に比例する長さをもつ一次元の箱型ポテンシャルのなかに N 個の自由電子を入れる自由電子モデルでも導きだすことができる．

 数多い分子軌道のなかで，基底状態において電子を収容している軌道のうちで最高エネルギーのものは，電子の結合エネルギーが小さいために外力によって影響を受けやすい．そのため，分極率から分子間力にいたるまで分子のさまざまな物理的性質に大きく寄与している．一方，この最高被占軌道(highest occupied molecular orbital，略して HOMO)は化学的にも重要な役割を演ずる．この軌道関数の性格，とりわけその振幅(LCAO 近似では一次結合のなかの各 AO にかかる係数 C)が分子内のどの部位で大きくなっているかは，この分子が化学反応を起こしやすいかどうか，起こすとしたらどの部分で反応するかという問題と密接に関係している．また，他の分子から電子を受け入れることで反応が始まる場合もある．この場合は空(から)になっている軌道のうち最低エネルギーのもの，すなわち最低空軌道(lowest unoccupied molecular orbital，略して LUMO)が主要な役割を演ずるであろう．これらのことは π

---

[1] H. Kuhn, *J. Chem. Phys.* **17**, 1198 (1949).

電子系に限ったことではなく,二重結合,三重結合をもたない飽和化合物についても同様である.最高被占軌道と最低空軌道は**フロンティア軌道**(frontier orbitals)と総称され,これらの軌道が化学反応において果たす役割を広く探求した K. Fukui (福井謙一)の仕事は 1981 年 12 月,ノーベル化学賞受賞の対象となった.

9.2 多原子分子の振動・回転

9.2.1 基準振動

二原子分子と同じく,一般の分子でも多くの場合ボルン-オッペンハイマー近似で電子系と核の運動が分離される.すなわち,電子状態で決まるエネルギー固有値が核の相対位置をパラメーターとして含んでいるので,これを核の運動に対するポテンシャルと見て核の運動を扱う.もちろんこれは厳密ではなく,振動・回転のうちとくに周期の短い振動は,問題によっては電子状態との間の相互作用を無視できなくなる.これは振動-電子相互作用(vibronic interaction)と呼ばれる.さらに振動を考えるときは回転していない分子を仮定し,回転を考えるときは振動状態で平均した分子内原子配置を剛体のように見なして扱うのが普通である.これも二原子分子でエネルギー準位の式を通じて見たように完全に分離できるものではない.

分子に N 個の原子があるとしてこの系の自由度は $3N$ であるが,重心が止まっていて,回転していない分子がもつ自由度が振動自由度である.重心運動の自由度は 3 であるが,回転自由度は分子の形により変わる.直線分子では核がつくる骨組の軸のまわりの回転は意味がないから回転自由度は 2 であるが,それ以外では 3 になる.したがって振動自由度は直線分子で $3N-5$,それ以外の分子で $3N-6$ である.

以下では,最初に考えやすい古典力学で基準振動を導入し,そのあとで量子力学へ移行することにする.まず原子核の平衡配置は全系のポテンシャルエネルギー V の極小点として決まる.そのような内部配置にある分子を静止させておいた状態から各原子核を微小変位させるとする.i 番目の核の変位を (x_i, y_i, z_i) $(i=1, 2, \cdots, N)$ とする.V は,これら微小変位の 3 次以上の項を無視す

ることにより，2次式で近似される．また運動エネルギーは

$$T=\frac{1}{2}\sum_i m_i(\dot{x}_i^2+\dot{y}_i^2+\dot{z}_i^2)$$

である．$\dot{x}$ 等は時間微分 dx/dt 等を表す．以下，式の形を簡単にするため x_1, y_1, z_1, x_2, y_2, $\cdots$, z_N を q_1, q_2, q_3, q_4, q_5, $\cdots$, q_{3N} と書くことにする．運動エネルギーは

$$T=\frac{1}{2}\sum_{ij}b_{ij}\dot{q}_i\dot{q}_j, \tag{9.32}$$

($b_{ij}=0$ for $i\neq j$; $b_{11}=b_{22}=b_{33}=m_1$, $b_{44}=b_{55}=b_{66}=m_2$ など)

となる．ポテンシャルエネルギーは，平衡配置でのエネルギーを0として

$$V=\frac{1}{2}\sum_{ij}k_{ij}q_iq_j, \qquad k_{ij}=k_{ji} \tag{9.33}$$

の形になる．代数学で知られているように，適当な一次変換

$$q_j=\sum_{k=1}^{3N}c_{jk}Q_k \tag{9.34}$$

を施すと，T と V を

$$T=\frac{1}{2}\sum_{k=1}^{3N}\dot{Q}_k^2, \tag{9.35}$$

$$V=\frac{1}{2}\sum_{k=1}^{3N}\lambda_k Q_k^2 \tag{9.36}$$

の形にすることができる．ただし，λ_k は永年方程式

$$\det|\lambda b_{ij}-k_{ij}|=0 \tag{9.37}$$

の根であり，変換係数 c_{jk} は1次方程式

$$\sum_j(\lambda_k b_{ij}-k_{ij})c_{jk}=0 \tag{9.38}$$

から決まる．(9.35)(9.36)により全系のエネルギーは

$$T+V=\frac{1}{2}\sum_{k=1}^{3N}(\dot{Q}_k^2+\lambda_k Q_k^2) \tag{9.39}$$

となり，独立な $3N$ 個の調和振動子のエネルギーの和の形になっている．ところで，分子全体としての並進運動と回転とでは V は不変であることから(9.33)の係数 k_{ij} には条件がついており，結果的に5〜6個の λ_k は0になるはずである．これらは振動以外のものなので除けば，$3N-5$ (または $3N-6$) 個の自由度が残り，これが**基準振動** (normal vibration)，その座標 Q_k が**基準座**

標または**正規座標** (normal coordinates) と呼ばれるものである．

ここで量子力学へ移り，(9.39)に相当するハミルトニアンからシュレーディンガー方程式をつくると独立な調和振動子の式に分離され，(8.6)を参考にしてエネルギーは個々の振動子のエネルギーの和

$$E_{\text{vib}} = \sum_k \hbar \omega_k \left(v_k + \frac{1}{2} \right), \qquad \omega_k = \sqrt{\lambda_k} \tag{9.40}$$

固有関数は個々の基準振動の関数の積

$$\Psi_{\text{vib}} = \psi_{v_1}(Q_1) \psi_{v_2}(Q_2) \psi_{v_3}(Q_3) \cdots \cdots \tag{9.41}$$

となる．$\psi_v(Q_k)$ は (8.5) を参照すれば

$$\psi_v(Q_k) = 定数 \times \exp\left(-\frac{\omega_k Q_k^2}{2\hbar} \right) H_v\left(\sqrt{\frac{\omega_k}{\hbar}} Q_k \right) \tag{9.42}$$

の形で，定数は (8.5) の定数で $\mu = 1$ としたものである．

古典力学で求めた XY_2 型の3原子系の基準振動を直線分子とそうでないときに分けて図9.9に示す．基準振動のなかには同じ振動数のものが重複して現れることがある．図9.9(a)の直線分子の折れ曲がり振動はその例で，2つの独立な振動面をもち縮退している．よく知られた分子では CO_2 がこれに該当する．2つの振動が90°の位相差で励起されると，図9.10のように軸のまわりの回転になり，角運動量をもつようになる．

先に，分子が対称性をもつ場合について，対称操作によって電子状態の波動

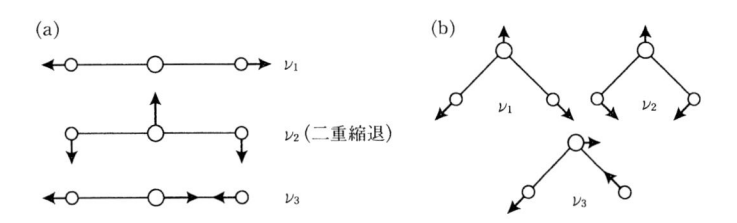

図 9.9 XY_2 型分子の基準振動
(a) 直線分子，(b) 非直線分子

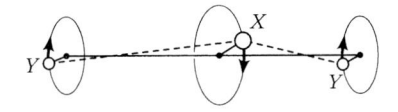

図 9.10 XY_2 直線分子の折れ曲がり振動に伴う回転

関数がどう変わるかを二三の例で見た．図9.9に示されたような基準振動やそれに対応する振動波動関数においても対称操作の影響を調べてみることができ，操作の結果図形（図の矢印）がまったく変わらない場合，符号（矢印の向き）だけが変わる場合，符号だけでない変化を伴う場合があることがわかる．振動数が縮退していない場合は，(9.38)から変換行列要素 c_{jk} の比が決まってしまうので，変位も対称操作でまったく変わらないか矢印の向きが一斉に変わるだけである．図9.9の(a)でも(b)でも ν_1 と書いた基準振動ではどの対称操作を行っても図形は不変であり，これに対し(a)の ν_3 などでは中心原子を通り分子軸に垂直な平面に関する鏡映で矢印の向きだけが変わる．一方，(a) ν_2 の折れ曲がり振動では3つの矢印を含む平面に関する鏡映のように不変な場合もあるが，軸のまわりの任意角度の回転ではもとの方向とはまったく関係のない向きになってしまう．この場合二重縮退になっているので，軸を含み互いに直交する2つの平面内の折れ曲がり振動を基準振動に採用すると，上記の軸のまわりの回転で得られた図形はこれら2つの基準振動の一次結合として表すことができる．以上のことから察せられるように，基準振動は対称操作群の既約表現の基底になっている．とくに折れ曲がり振動のように二重縮退しているものは二次元表現の基底になる．

このように分子が対称性をもっていると，対称操作群の知識からどのようなタイプの基準振動が存在するかを推定するのが容易になる．具体的には，指標を利用する．指標は一次変換によって変わらないから，基準座標を用いる必要はなく変位 $x_1, y_1, \cdots, z_N$ のままでよい．その分子のすべての対称操作に対する変位の変換を調べ，表現行列から指標を求め，それを既約表現に分解することによってどのような対称性の基準振動がいく通りあるかを知るのである（もちろん，並進と回転に相当するものは除く）．

ヤーン–テラーの定理　いままで NH_3 なら正三角形ピラミッド型，CH_4 なら正四面体というように対称的な核配置だけがでてきたが，このように分子はいつも対称性の高い形をとるのかというとそうとは限らない．これについては**ヤーン–テラーの定理** (Jahn-Teller theorem) がある[2]．それによると，核を対称的に配置した状況下（ただし一直線上に並ぶ場合を除く）で電子状態が縮

---

[2] H. A. Jahn and E. Teller, *Proc. Roy. Soc.* **A161**, 220 (1937).

退しているときは，この核配置は不安定である．この場合，対称配置から核を変位させると通常電子状態の縮退がとけ，エネルギーが分かれた電子状態の1つでは対称核配置よりもエネルギーが下がり，その結果，核配置の対称性が崩れたところに安定な配置が得られるのである．これを**ヤーン−テラー効果**(Jahn-Teller effect)という．JahnとTellerは考えられるあらゆる対称的核配置についてそれからの核の変位を考え，電子状態のエネルギーが核変位の1次の項を含むかどうかを群論的手法を用いて調べ上げてこの定理を証明した．本書では具体的な議論には立ち入らない．

さらに振動の非調和性や回転-振動相互作用の議論などにも群表現の知識が役立っていることを付け加えておく．

9.2.2 振動の非調和性

前節では振動の振幅が小さく核変位の2次の項まで考慮に入れれば十分として基準座標を導入した．しかし，一般に断熱ポテンシャル面はその極小の付近で核変位に関して3次以上の項をもっているから，精度の高い議論をするにはこれらの項の存在，すなわち振動の**非調和性**(anharmonicity)の効果を取り入れる必要がある．いままで独立として個別に考えてきた基準振動ももはや独立ではなく相互に影響を及ぼし合うことになる．その結果，エネルギー準位の式にも交差項が現れることが予想される．たとえば直線形でない三原子分子で3つの基準振動に対する振動量子数を v_1, v_2, v_3 としてエネルギー E_{vib} は

$$\begin{aligned}
\frac{E_{\text{vib}}}{\hbar} &= \omega_1\left(v_1+\frac{1}{2}\right) + \omega_2\left(v_2+\frac{1}{2}\right) + \omega_3\left(v_3+\frac{1}{2}\right) \\
&\quad + x_{11}\left(v_1+\frac{1}{2}\right)^2 + x_{22}\left(v_2+\frac{1}{2}\right)^2 + x_{33}\left(v_3+\frac{1}{2}\right)^2 \\
&\quad + x_{12}\left(v_1+\frac{1}{2}\right)\left(v_2+\frac{1}{2}\right) + x_{13}\left(v_1+\frac{1}{2}\right)\left(v_3+\frac{1}{2}\right) \\
&\quad + x_{23}\left(v_2+\frac{1}{2}\right)\left(v_3+\frac{1}{2}\right) + \cdots\cdots
\end{aligned} \tag{9.43}$$

のようになるであろう．x_{ij} は非調和性定数である．波動方程式の解を調べることによって振動のエネルギーが実際にこのような形に書けること，またここに現れた係数 ω_i, x_{ij} の値と，ポテンシャル曲面の極小点付近の形状を指定す

る諸定数との関係を導くことなどが多くの人たちによって行われた[*1]．

フェルミ共鳴 非調和性によって基準振動の間に生ずる相互作用の例として，**フェルミ共鳴**(Fermi resonance)と呼ばれるものをとりあげてみよう(E. Fermi, 1931). 非調和性を無視した近似で2つのエネルギー準位が偶然にきわめて接近しているとき，非調和性を摂動として両状態の波動関数がまじり合い，エネルギー準位もそれに応じてずれる現象である．核の運動に関するハミルトニアンのうちポテンシャルの非調和項を除いたものが基準振動近似でのハミルトニアンになるが，正しいハミルトニアンも基準振動近似のものも分子の対称操作に対しては不変である．そこで，それらの差になる非調和項(これをWと書こう)も対称操作で常に不変である．いま，i, j 2つの振動準位が偶然接近しているとし，基準振動近似でのそれらのエネルギーをE_i^0, E_j^0, 波動関数をψ_i^0, ψ_j^0とする．Wを摂動として2つの状態がまじり合うとき新しく得られるエネルギー準位Eは永年方程式

$$\begin{vmatrix} E_i^0 - E & W_{ij} \\ W_{ji} & E_j^0 - E \end{vmatrix} = 0 \qquad (9.44)$$

を解いて得られる．ここで

$$W_{ij} = \int \psi_i^0 W \psi_j^0 d\zeta \qquad (9.45)$$

である．$\int \cdots d\zeta$ は核座標についての積分を意味する．(9.44)から

$$E = \frac{1}{2}[(E_i^0 + E_j^0) \pm \sqrt{4|W_{ij}|^2 + (E_i^0 - E_j^0)^2}] \qquad (9.46)$$

となる．このようにして得られる2つの準位はWを無視した場合にくらべて間隔が大きく開いている．ところでこのような準位間の相互作用が実現するためにはW_{ij}が0でないことが必要である．先に注意したようにWはすべての対称操作の下で不変であるから，ψ_i^0, ψ_j^0は対称操作群に対して同じ変換性をもつ(同じ既約表現に属する)ものでなければならない．

フェルミ共鳴の例としてしばしばとりあげられるのはCO_2である．この分子は直線分子で図9.9(a)に該当し，ν_1(対称振動)，ν_2(折れ曲がり振動)，ν_3(非対称振動)の3種の基準振動をもち，このうちν_2は縮退している．それぞ

[*1] 関係諸論文はHerzbergの赤外・ラマンスペクトルの本[19]にあげられている．

れの振動量子数を v_1, v_2, v_3 とするとき分子の振動状態は v_1, v_2^l, v_3 の組で表示される．v_2 の右上に書かれた l についてはすぐあとで説明する．$v_1=1, v_2=v_3=0$ の準位と $v_1=v_3=0, v_2=2$ の準位とが偶然にきわめて接近していることから，非調和項を通じてまじり合うことになる．折れ曲がり振動は元来2つの独立な基準振動が縮退しているものであるから，そのエネルギーは

$$\omega_2\left\{\left(v_2'+\frac{1}{2}\right)+\left(v_2''+\frac{1}{2}\right)\right\}=\omega_2(v_2+1) \tag{9.47}$$

の形であり，v_2 を与えたとき v_2', v_2'' の値は $v_2=0$ 以外では一義的には決まらず，エネルギー準位は v_2+1 重に縮退している．これが上記のように ν_1 モードと結びつくことにより部分的にとけて，エネルギーのわずかに異なる準位に分離する．図9.10で示したように，縮退した振動 ν_2 は回転する振動で表すこともできて，これには角運動量を伴う．その大きさを表す量子数が上記の l で，その値は $l=v_2, v_2-2, v_2-4, \cdots, 1$（または 0）で与えられることが示される．この l の値に応じて縮退した準位が分離するが，$l=0$ 以外はなお二重縮退している．さて，この分子では 10^00 準位と 02^20 の準位がきわめて接近していてフェルミ共鳴を起こしているのである．ただし，02^00 状態は Σ_g^+, 02^20 状態は Δ_g の対称性をもつことが示されるのに対し，10^00 状態は Σ_g であるから，02^00 だけが 10^00 とまじり合う．その結果，02^20 をもとの場所に残したままで，10^00 と 02^00 の混合した状態のエネルギー準位の1つは少し上へ上がり，他方は下へ下がる．このようにフェルミ共鳴の結果生じた状態が確かに2つの振動状態の混合であることは CO_2 のラマンスペクトルによって確かめられている．

9.2.3 反 転 二 重 項

以上では非調和性が小さな摂動として考慮される問題を見てきたが，次に単純な調和振動でない点では同じであるが，まったく性格の違う問題を1つとりあげよう．すなわち，ポテンシャルの極小が2つある場合である．具体例としては NH_3 があげられる．この場合，窒素原子の安定な位置は3つの水素原子がつくる正三角形の平面から離れたところである．同じ条件の場所がこの平面の反対側にもある．いま正三角形ピラミッド型という対称性を保ちながら窒素原子が対称軸上を動くとして，H_3 の平面から N までの距離 x の関数として

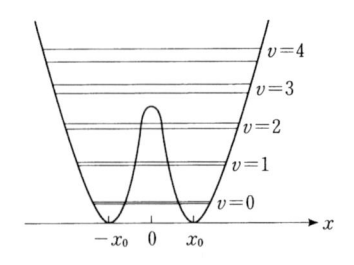

図 9.11 2つの谷をもつ対称的一次元ポテンシャルとそのなかでの振動のエネルギー準位の説明図

ポテンシャルを描くとおよそ図 9.11 のようなものになるであろう．このポテンシャルのなかで適当な換算質量をもつ1つの粒子の一次元問題と考える．それぞれの谷の底の方にあるエネルギー準位は谷が1つしかないとしたときとそう違わないものになると思われるが，エネルギーが増すにつれてトンネル効果が起こりやすくなり，途中の山を突き抜けてもう1つの谷へ行ったりまた戻ったりして振動準位も影響を受けるに違いない．これは§7.2.1 で扱った H_2^+ で電子が2つの陽子のまわりのポテンシャルの谷の間を往復するのと似ている．図 9.11 のポテンシャルの対称性から2つの極小の中点に関する反転 $x \longrightarrow -x$ で波動関数は不変または符号だけが変わるはずである．そこで谷が x の正の側に1つだけあるとしたときの解を $\psi_v(x-x_0)$ とし，たとえば振動の基底状態 $v=0$ ならポテンシャルの極小 $x=x_0$ のまわりで大きな振幅をもつ関数になっているとしよう．これに対応して x の負の側では $\psi_v(-x-x_0)$ が $x=-x_0$ の周辺に集中した関数になる．前述の波動関数の対称性から

対称関数　　$\psi_v^s = \psi_v(x-x_0) + \psi_v(-x-x_0)$

反対称関数　$\psi_v^a = \psi_v(x-x_0) - \psi_v(-x-x_0)$

の2通りの波動関数が得られる．それに対応してエネルギー準位も2本に分裂する．この2つのうち，節の少ない ψ_v^s の方がいつもエネルギーは低い．このようにして振動準位は二重項，いわゆる**反転二重項** (inversion doublet) となる．H_2^+ のときの議論を参照すると，窒素原子が1往復する*[2] 時間は $\tau = h/\Delta E$

---

*[2]　もちろん，H_3 が空間に静止しているというつもりはない．重心静止系では H_3 と N とが互いに相手の背後へ行ったりもとへ戻ったりするのであるが，その一方の N に着目した言い方をしたまでである．

である．ただし，ΔE は2本に分裂したエネルギー準位の間隔である．振動量子数 v が増すとエネルギーが増え，ポテンシャルの山を通過しやすくなるから，τ は減る．それに反比例して ΔE は増える．山の高さを大きく超えるくらいのエネルギーになると，分裂で生じた各準位がほぼ均等に分布するようになる．ただし谷が片方にしかないとしたときの倍の準位密度で，1つおきに対称状態と反対称状態が現れる．

以上では対称軸上の窒素原子の運動だけを考えた．もちろんこれは近似であって，基準振動によっては窒素が軸から外れて動くこともあり，水素原子もいつも同じ大きさの正三角形を保っているとは限らない．正三角形ピラミッド型分子では4種の基準振動があるが，このうち ν_2 と呼ばれるものはアンモニアでいえば窒素原子が主たる対称軸上で振動するものになっている．この基準振動が励起されていると，前述の一次元モデルのように量子数の増大とともに大きな二重分裂が見られる．じつはそれ以外の基準振動が励起されているときの準位の分裂はごくわずかである．NH_3 の場合，すべての基準振動が基底状態にあるとき，ここで考えている二重項の分離は 1.0×10^{-4} eV 程度に過ぎないが，ν_2 振動が $v_2=1$ に励起されているときはエネルギー準位は 4.5×10^{-3} eV ほどの間隔に分裂し，$v_2=2$ になると分裂はさらに1桁大きくなる．この分子の場合，ポテンシャルの山の高さは谷底から測っておよそ 0.25 eV で，ν_2 の励起状態 $v_2=2$ の少し上にある．一方，ν_1 と呼ばれる対称振動は H_3 がその平面内で正三角形のサイズだけを変える伸縮運動であるが，これが $v_1=1$ に励起されても，(その励起エネルギーは $v_2=1$ の3倍もあるにもかかわらず) 二重項分裂は $v_1=0$ の場合といくらも違わない．他の基準振動 ν_3, ν_4 ではさらに影響が小さい．なお，アンモニアの水素を重水素にかえた ND_3 では，換算質量が大きくなる結果，振動量子数 v_2 の同じ値で励起エネルギーは NH_3 より低くなり，トンネル効果の効率が悪いため二重項分裂は小さくなる．

アンモニアの反転二重項間の遷移は1954年に C. H. Townes たちがエネルギー準位分布の反転をつくり出し，はじめてメーザー発振に成功したことで歴史上重要なものである．アンモニアでは基底振動状態での反転二重項分裂は前述のとおりごくわずかなので，室温気体中の分子はその双方に分布しているが，彼らはアンモニアの分子線を用い，二重項の下の準位にある分子だけを不

均一電場の作用で選択的に除去する方法により，準位の反転分布をつくったのである．

9.2.4 多原子分子の回転

まず，分子を剛体として扱う．古典力学で知られているように，重心を原点とし剛体に固定された適当な座標軸(慣性主軸)を選べば，慣性テンソルは対角形となり，回転エネルギーは

$$E_{\text{rot}} = \frac{P_a^2}{2I_a} + \frac{P_b^2}{2I_b} + \frac{P_c^2}{2I_c} \tag{9.48}$$

の形に書ける．P_a, P_b, P_c は3軸方向の角運動量の成分，I_a, I_b, I_c は各軸に関する慣性モーメントである．角運動量の平方から $\hbar^2$ が出るので，以下

$$A = \frac{\hbar^2}{2I_a}, \quad B = \frac{\hbar^2}{2I_b}, \quad C = \frac{\hbar^2}{2I_c} \tag{9.49}$$

とおく．a, b, c 軸は $A \geqq B \geqq C$ となるように選ぶことにしよう．$A = B = C$ となる分子を**球対称こま分子**(spherical top molecule)という．$A > B = C$ または $A = B > C$ である分子を**対称こま分子**(symmetric top molecule)，$A > B > C$ である分子を**非対称こま分子**(asymmetric top molecule)と呼ぶ．

角運動量ベクトルを空間固定の座標系で見た3成分の間には(5.3)などと同じ形の交換関係が成り立つが，分子固定系で見た3成分の間に成り立つ交換関係は符号だけいままで見てきたものと違っている．分子に固定した座標系 x, y, z を決め，それに関する P の成分を P_x, P_y, P_z とすると

$$[P_x, P_y] = -i\hbar P_z, \quad [P_y, P_z] = -i\hbar P_x, \quad [P_z, P_x] = -i\hbar P_y \tag{9.50}$$

となる．そこで $\boldsymbol{P}^2$ と P_z を対角形にするような表示を選ぶことにすると，行列要素は次のようになる．

$$\left.\begin{array}{l}\langle JKM|\boldsymbol{P}^2|JKM\rangle = J(J+1)\hbar^2 \\ \langle JKM|P_z|JKM\rangle = K\hbar, \quad K \leqq J \\ \langle JKM|P_x|JKM\rangle = 0 \\ \langle JKM|P_y|JKM\rangle = 0\end{array}\right\} \tag{9.51}$$

J は $\boldsymbol{P}/\hbar$ の大きさを代表する量子数，K は $\boldsymbol{P}/\hbar$ を分子固定の z 軸へ射影したものの大きさを表し，M は同じものを空間固定の Z 軸に射影した大きさを

示し，この3つで回転状態が指定される．P_x, P_y は対角成分は 0 であるが，K の値を1単位変える行列要素は0でない．

$$\langle JKM|P_x|J\,K\pm1\,M\rangle = \mp i \langle JKM|P_y|J\,K\pm1\,M\rangle$$
$$= \mp i\frac{\hbar}{2}[J(J+1)-K(K\pm1)]^{\frac{1}{2}} \quad (9.52)$$

ここで対称こま分子を考えよう．$A>B=C$ の場合を**長球対称こま分子**（**扁長対称こま分子**という人もいる．prolate-symmetric top molecule），$A=B>C$ の場合を**扁平対称こま分子**（oblate-symmetric top molecule）という．前者では a 軸を z 軸にとり，回転エネルギー(9.48)は

$$E_{\mathrm{rot}}=BJ(J+1)+(A-B)K^2 \quad \text{(prolate)} \quad (9.53)$$

となり，後者では c 軸を z 軸として

$$E_{\mathrm{rot}}=BJ(J+1)+(C-B)K^2 \quad \text{(oblate)} \quad (9.54)$$

となる．なお，$A-B$ は正で，$C-B$ は負であることに注意．ついでに，球対称こま分子では $A=B=C$ なので回転エネルギーは $BJ(J+1)$ だけになる．さて対称こま分子の回転の波動関数の導出は長くなるので結果だけを示すと，分子の向きを指定するオイラー角を θ, φ, χ として

$$\psi_{JKM}=N_{JKM}x^{\frac{1}{2}|K-M|}(1-x)^{\frac{1}{2}|K+M|}e^{iM\varphi}e^{iK\chi}$$
$$\times {}_2F_1\left(-J+\frac{\beta}{2}-1, J+\frac{\beta}{2}; 1+|K-M|; x\right), \quad (9.55)$$
$$x=\frac{1}{2}(1-\cos\theta), \qquad \beta=|K+M|+|K-M|+2$$

で与えられる．${}_2F_1$ は(4.131)で定義された超幾何関数，規格化定数は

$$N_{JKM}=\left[\frac{(2J+1)\left(J+\frac{1}{2}|K+M|+\frac{1}{2}|K-M|\right)!}{8\pi^2\left(J-\frac{1}{2}|K+M|-\frac{1}{2}|K-M|\right)!}\right.$$
$$\left.\times\frac{\left(J-\frac{1}{2}|K+M|+\frac{1}{2}|K-M|\right)!}{(|K-M|!)^2\left(J+\frac{1}{2}|K+M|-\frac{1}{2}|K-M|\right)!}\right]^{\frac{1}{2}} \quad (9.56)$$

である[3]．対称こま分子の JKM 状態は K に関しては符号の違いにより二重縮

---

[3] Wollrab, *Rotational Spectra and Molecular Structure* [24].

退，M に関しては $2J+1$ 重の縮退になっている．

次に非対称こま分子であるが，ここでは K はもはやよい量子数ではない．そこで状態を指定するのにしばしば用いられるのは，人為的に $B=C$ の極限へもっていったときどのような K の値になるか（それを K_{-1} とおく），また $A=B$ の極限では K の値はどうか（それを K_1 とおく）によって区別しようというものである．この状態を記号で $J_{K_{-1}K_1}$ と書く．また $K_{-1}-K_1=\tau$ とおいて J_τ という記号を用いることもある．τ のとりうる値の範囲は $-J \leq \tau \leq J$ で，τ で区別される $2J+1$ の準位のうちでは J_{-J} がエネルギー最低，J_J が最高である．

いま (9.48)(9.49) で決まる回転エネルギーの，パラメター A, B, C への依存性に注目し，

$$E(A, B, C) = \frac{1}{\hbar^2}\{AP_a^2 + BP_b^2 + CP_c^2\} \tag{9.57}$$

と書き，この A, B, C にそれぞれ $\sigma A+\rho, \sigma B+\rho, \sigma C+\rho$ を代入すると

$$E(\sigma A+\rho, \sigma B+\rho, \sigma C+\rho) = \sigma E(A, B, C) + \rho J(J+1).$$

そこで $\sigma A+\rho=1$, $\sigma C+\rho=-1$ となるように σ, ρ を選び，$\sigma B+\rho=\kappa$ とおけば上式から

$$E(A, B, C) = \frac{A+C}{2}J(J+1) + \frac{A-C}{2}E(1, \kappa, -1), \tag{9.58}$$

$$\kappa = \frac{2B-A-C}{A-C}. \tag{9.59}$$

パラメター κ は B. S. Ray (1932) が導入したもので，$\kappa=-1$ が長球対称こま分子に，$\kappa=1$ が扁平対称こま分子に対応している．$E(1, \kappa, -1)$ を $E_\tau^J(\kappa)$ と書くことにすると

$$E_\tau^J(\kappa) = -E_{-\tau}^J(-\kappa) \tag{9.60}$$

の性質がある．King たち[4] はこの $E_\tau^J(\kappa)$ の値を $J\leq 10$ で計算し表にしている．その一部を図 9.12 に示す．非対称こま分子の回転波動関数は通常対称こま分子の波動関数で展開した形で求められる．くわしくは前掲の King たちの論文やそこに引用されている Mulliken (1941) その他の関連文献を参照していただきたい．

---

[4] G. W. King, R. M. Hainer and P. C. Cross, *J. Chem. Phys.* **11**, 37 (1943).

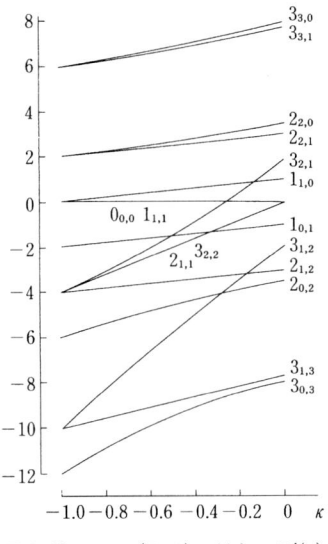

図 9.12 $J_{K_{-1}K_1}$ ($J \leqq 3$) に対する $E^J(\kappa)$

なお，直線分子について述べなかったが，前に出てきた二原子分子に準じて扱われる．

以上では分子は剛体と見なしてきたので振動との関係は無視されてきた．しかし A, B, C などの定数も振動を考慮に入れると厳密な定数ではない．回転にくらべると振動の方が周期が短いので，振動について平均をとって回転の公式中の定数が決まると考えるのが自然であろう．たとえば直線分子の回転定数も，二原子分子の場合の (8.9) に相当し，振動状態に応じて

$$B_{v_1 v_2 \cdots} = B_e - \alpha_1 \left(v_1 + \frac{1}{2}\right) - \alpha_2 \left(v_2 + \frac{1}{2}\right) - \cdots \cdots \quad (9.61)$$

のような式で近似される．B_e は平衡核間距離，つまりポテンシャルエネルギーの極小点に核が固定されているとしたときの回転定数，$v_1, v_2, \cdots$ は各基準振動の振動量子数である．折れ曲がり振動のように縮退があるときは α が共通な項が出てくるのでまとめて $\alpha_i(v_i + d_i/2)$ のように書くことがある．d_i は縮退なしなら 1，二重縮退なら 2 などとなる．(8.10) に相当する補正項でも同様に振動状態が考慮される．直線分子では折れ曲がり振動に伴って角運動量が生ずることがある（図 9.10）．その大きさを $l\hbar$ ($l = 1, 2, 3, \cdots$) とすると二原子

分子の式 (8.13) などに準じて

$$E_{\text{rot}} = B_{[v]}\{J(J+1) - l^2\} - D_{[v]}\{J(J+1) - l^2\}^2 \quad (直線分子) \qquad (9.62)$$

の形をとる．$[v]$ は振動量子数の組 $(v_1, v_2, \cdots)$ を表す．もちろん $J \geqq l$ である．以上，直線分子で述べたことは一般の多原子分子でも同様であり，たとえば対称こま分子の A, B, C についても (9.61) のような形の振動補正項が導入される．

この他で考慮に入れておかなければならないものに**遠心力ひずみ** (centrifugal distortion) がある．遠心力は回転の角速度 ω の平方に比例し，原子ごとに作用するこの力と復元力との釣り合いで平衡核配置からのずれが決まる．したがって調和振動近似では位置のずれは ω^2 に比例する．エネルギーにするとずれの平方で ω^4 に比例し，回転の角運動量の 4 乗に比例することになる．こうして単純な直線分子なら $J^2(J+1)^2$ に比例するエネルギーの補正項が現れる．対称こま分子なら

$$-D_J J^2(J+1)^2 - D_{JK} J(J+1) K^2 - D_K K^4 \quad (対称こま分子の遠心力ひずみ補正)$$

の形になる．

10

電磁場と分子の相互作用,分子スペクトル

10.1 静電場,静磁場中の分子

10.1.1 分子の電気的および磁気的モーメント

分子のもつ電気的・磁気的性質のうち原子と違うものに電気双極子および多極子の存在がある.分子がその周囲につくり出す静電場の展開式を用いて主要なモーメントを導入しよう.核の位置を空間に固定し,これらの核とその周辺をとりまく電子雲がつくり出す静電ポテンシャルは

$$\phi(\boldsymbol{r}') = \frac{1}{4\pi\varepsilon_0} \int \frac{\rho(\boldsymbol{r})}{|\boldsymbol{r}' - \boldsymbol{r}|} d\boldsymbol{r} \tag{10.1}$$

で与えられる.$\rho(\boldsymbol{r})$ は分子内の電荷分布である.ポテンシャルを求めようとしている点 $\boldsymbol{r}'$ は電荷分布の外で $r' > r$ としてよいとする.ここで $1/|\boldsymbol{r}'-\boldsymbol{r}| \equiv 1/R$ を $\boldsymbol{r}$ の成分について展開する.式を簡単にするため $\boldsymbol{r}$ の成分を r_α ($\alpha = x, y, z$) と書くことにすると

$$\frac{1}{R} = \frac{1}{r'} + \sum_\alpha r_\alpha \left\{ \frac{\partial}{\partial r_\alpha} \left(\frac{1}{R} \right) \right\}_{r \to 0} + \frac{1}{2!} \sum_{\alpha\beta} r_\alpha r_\beta \left\{ \frac{\partial^2}{\partial r_\alpha \partial r_\beta} \left(\frac{1}{R} \right) \right\}_{r \to 0}$$
$$+ \frac{1}{3!} \sum_{\alpha\beta\gamma} r_\alpha r_\beta r_\gamma \left\{ \frac{\partial^3}{\partial r_\alpha \partial r_\beta \partial r_\gamma} \left(\frac{1}{R} \right) \right\}_{r \to 0} + \cdots \cdots \tag{10.2}$$

右辺第2項の微分を実行すると

$$\frac{1}{r'^3} \sum_\alpha r_\alpha r'_\alpha$$

となる.第3項では

$$\left\{ \frac{\partial^2}{\partial x^2} \left(\frac{1}{R} \right) \right\}_{r \to 0} = \frac{3x'^2 - r'^2}{r'^5},$$

$$\left\{ \frac{\partial^2}{\partial x \partial y} \left(\frac{1}{R} \right) \right\}_{r \to 0} = \frac{3x'y'}{r'^5}$$

などとなるから，第3項全体では

$$\{x^2(3x'^2-r'^2)+y^2(3y'^2-r'^2)+z^2(3z'^2-r'^2)$$
$$+3xyx'y'+3yxy'x'+3yzy'z'+3zyz'y'+3zxz'x'+3xzx'z'\}\times\frac{1}{2r'^5}$$

となる．括弧内第1行は $(3x^2-r^2)x'^2+(3y^2-r^2)y'^2+(3z^2-r^2)z'^2$ とも書けるから

$$\Theta_{\alpha\beta}=\frac{1}{2}\{3r_\alpha r_\beta-\delta_{\alpha\beta}r^2\} \quad (10.3)$$

によって二階テンソル $\Theta_{\alpha\beta}$ を導入すれば結局 (10.2) の第3項は

$$\frac{1}{r'^5}\sum_{\alpha\beta}r'_\alpha\Theta_{\alpha\beta}r'_\beta$$

と書ける．これらの結果を (10.1)(10.2) に代入し，分子の全電荷を

$$q=\int\rho(\boldsymbol{r})d\boldsymbol{r} \quad (10.4)$$

電気双極子モーメント (electric dipole moment) を

$$\mu_\alpha=\int r_\alpha\rho(\boldsymbol{r})d\boldsymbol{r} \quad (10.5)$$

電気四極子モーメント (electric quadrupole moment) を

$$Q_{\alpha\beta}=\int\Theta_{\alpha\beta}\rho(\boldsymbol{r})d\boldsymbol{r} \quad (10.6)$$

とすると，

$$\phi(\boldsymbol{r'})=\frac{1}{4\pi\varepsilon_0}\left(\frac{q}{r'}+\boldsymbol{\mu}\cdot\frac{\boldsymbol{r'}}{r'^3}+\boldsymbol{r'}\cdot\boldsymbol{Q}\cdot\frac{\boldsymbol{r'}}{r'^5}+\cdots\cdots\right) \quad (10.7)$$

となる．次にくる八極子 (octupole) から先の項はここでは省略する．とくに軸対称の分子にあっては，(10.6) の積分で非対角要素はすべて0となり，また (10.3) からわかるように四極子モーメントテンソルの対角和は0であるから，軸方向に z 軸をとることにして $Q_{xx}=Q_{yy}=-Q_{zz}/2$ となり，(10.7) の第3項での分子定数は

$$Q=Q_{zz}=\int\rho(\boldsymbol{r})\frac{1}{2}(3z^2-r^2)d\boldsymbol{r} \quad (10.8)$$

一つになる．結局，分子軸と $\boldsymbol{r'}$ のなす角を θ として

$$\phi(\boldsymbol{r'})=\frac{1}{4\pi\varepsilon_0}\left\{\frac{q}{r'}+\frac{\mu\cos\theta}{r'^2}+\frac{Q(3\cos^2\theta-1)}{2r'^3}+\cdots\cdots\right\} \quad (10.9)$$

10.1 静電場,静磁場中の分子

が得られる.

ところで双極子をはじめとするこれら多極子モーメントは孤立した原子に分解すると消失するから[*1],化学結合に伴って生じたものに違いない.しかし,結合に直接関与している軌道だけで決まるものではなく,非結合性の軌道にある電子の運動も化学結合の影響で若干ゆがめられ,それらが微妙にモーメントの値にひびくから,観測されるモーメントの原因を明確に説明することは容易でなく,また簡単なモデル計算などでモーメントの数値を再現できるものではない.

若干の簡単な分子の電気双極子モーメントの値は表 7.3 に示した.

次に磁気モーメントでは双極子モーメントだけについて述べるが,原子のゼーマン効果の項(§4.2.1)で見たように電子系の全軌道角運動量を $L\hbar$,全スピン角運動量を $S\hbar$ として,

$$\boldsymbol{M}=-\mu_\mathrm{B}\boldsymbol{L}-g_\mathrm{e}\mu_\mathrm{B}\boldsymbol{S} \qquad (10.10)$$

の磁気モーメントをもつ.化学的に飽和している分子では L や S が 0 になっているものが多く,(10.10) も 0 になる.しかし不対電子をもつ遊離基では S や L が 0 でなく,磁石になっている場合が多い.直線分子でいうと,軸方向の $\boldsymbol{L}$ の成分 $\varLambda$ が 0 でなければその方向に $-\mu_\mathrm{B}\varLambda$ のモーメントが生ずる.フントの case (a) があてはまる場合でスピン $\boldsymbol{S}$ の軸方向成分が $\varSigma$ であればこれからの寄与 $-g_\mathrm{e}\mu_\mathrm{B}\varSigma$ が加わる.たとえば基底状態とそのすぐ上の状態が $^2\Pi_{1/2}$,$^2\Pi_{3/2}$ の 2 つである NO を見ると,$^2\Pi_{1/2}$ では $\varLambda$ と $\varSigma$ の符号が逆で磁気モーメントは $M=\mu_\mathrm{B}\varLambda+g_\mathrm{e}\mu_\mathrm{B}\varSigma=(1-(1/2)g_\mathrm{e})\mu_\mathrm{B}=-0.00116\mu_\mathrm{B}$ と小さいのに対し,$^2\Pi_{3/2}$ では $-(1+(1/2)g_\mathrm{e})\mu_\mathrm{B}$ と大きな値になる.NO の場合これら 2 つの状態はわずか (0.015 eV) しか離れていないので,室温では両状態の分子がまじって存在する.気体の常磁性磁化率を温度を下げて測定すると温度降下にしたがって磁化率が減ることがわかり,エネルギーの低い基底状態の方が $^2\Pi_{1/2}$ であることが確認された.しかし,同じ $^2\Pi$ を基底状態にもつ OH や SH では温度の

[*1] 念のため付け加えておくと,原子でも大きな角運動量をもつ状態では四極子モーメント Q などが存在する.また,角運動量が小さな状態,たとえば水素様原子の s, p などの状態でも,原子核がスピンをもつときは電子スピンがそれと超微細相互作用をする結果小さな Q が発生する (たとえば M. Ya. Amusia, *Comments Atom. Mol. Phys.* **19**, 261 (1987) 参照).

関数としての磁化率の変化は複雑でNOのときのようにフントのcase (a) では説明できないようである.

ここで量的には小さいが分子固有の現象として興味あるものを2つ紹介したい. 1つは分子HDの電気双極子モーメントであり, もう1つはH_2など$^1\Sigma$状態にある分子における磁気双極子モーメントの存在である. まずHDは核を固定してしまえば電子から見てH_2との違いはないから, 電気双極子モーメントが出ることはないだろう. しかし, 振動を考慮すると事情が変わってくる. この分子の双極子モーメントについては早くから予想する人がいたが, 1950年になってHerzbergがきわめて弱い回転-振動スペクトルの観測に成功し, 振動状態に応じて変わるモーメントの存在が確認された. 陽子は重陽子のほぼ半分の質量しかないから, 重心静止系で2つの核の動きを見ると陽子の方がほぼ倍の振幅で動き, 速度も大きい. まわりの電子雲は核の振動についていこうとするが, 完全に追従できず取り残されることがあり, その程度は陽子側と重陽子側でわずかながら異なる. これから小さい双極子モーメントが出るというのが古典的説明である. 量子力学による詳細な計算はBlinderによって与えられた[1]. そのあらましを述べると, まず全系のハミルトニアンから重心座標を分離する. 残りの自由度を核の相対位置ベクトル$\boldsymbol{R}$と, 2つの核の中点(正電荷の中心)を原点とし$\boldsymbol{R}$方向にZ軸をとった回転座標系での電子の位置座標で表す. すると, 系のハミルトニアンは以下のような項の和になる. 核を固定したときの電子系のハミルトニアン, 核の振動・回転の項, 換算質量補正項, それに電子-振動, 電子-回転相互作用に関係した部分になっている. 最後の2つは表式中に$[(1/m_\mathrm{p})-(1/m_\mathrm{d})]$という因子($m_\mathrm{p}, m_\mathrm{d}$は陽子, 重陽子の質量)を含み, $m_\mathrm{p}=m_\mathrm{d}$とおけば0になるものである(したがって$H_2$分子では現れない). これらの項があるために, 分子中心に関し電子座標の反転をしたときハミルトニアンは不変でない, つまり電子状態は完全な偶関数か奇関数にはなりえない. これが双極子モーメント存在の原因となる. 数値的にモーメントを求めるには, 電子系のハミルトニアンに核の振動まで加えたものの固有関数から出発し, 2次の摂動計算をしている. 基底状態が$^1\Sigma_\mathrm{g}^+$であることから, 中

---

[1] S. M. Blinder, *J. Chem. Phys.* **32**, 105 (1960); **33**, 974 (1961).

間状態には $^1\Sigma_u^+$ が現れるが、はじめの論文では $^1\Sigma_u^+$ のうち最低エネルギーの状態だけを考慮し、翌年の第2論文では、他の $^1\Sigma_u^+$ の寄与も見積もってモーメントの数値として 5.67×10^{-4} D を得た。現在のところ最も確からしい値(およそ 5.9×10^{-4} D)もこれとわずかしか違わない。

次に分子回転に伴う磁気モーメント(rotational magnetic moment)に移ろう。$^1\Sigma$ 状態にある直線分子が回転によって磁気モーメントをもつという話である。核は正電荷をもつから核だけを考えると回転によって磁気モーメントができるのは当然である。一方、電子雲も核と一緒に回転しようとする。こちらは負電荷であるから核と同じ方向へ回ると逆向きのモーメントを与える。核はほとんど点状であるのに対し、電子雲はまったく違う広がりをもち、両者の磁気モーメントは完全には打ち消し合わない。また、電子雲が核回転に遅れることなく一体となって回転するとは限らず、ときどきは核についていけず取り残されることがあると考えられている。具体的な理論計算の方法と直線分子 OCS についての実験結果が Eshbach と Strandberg の論文[2] に出ている。これとは違う変分法による計算で、H_2, D_2 の回転磁気モーメント、磁化率など磁気的諸性質の計算が Ishiguro(石黒英一) と Koide(小出昭一郎)によって報告されている[3]。

10.1.2 一様電場、磁場中の分子

電場のなかで分子は分極する。分極の程度は原子の場合と同様に分極率で表される。大きな違いは分子の向きにより分極率が変わることである。分子に誘起される双極子の向きはかけた電場の方向とは一般に異なる。したがって双極子モーメントと電場の比として定義される分極率はスカラー量ではなくて2階テンソルになる。一様電場 $\boldsymbol{F}$ のなかの分子のエネルギー E の式は原子のときと同様に (4.13) で与えられる。すなわち

$$E = E_0 - \sum_i \mu_i F_i - \frac{1}{2!}\sum_{ij}\alpha_{ij}F_iF_j - \frac{1}{3!}\sum_{ijk}\beta_{ijk}F_iF_jF_k - \cdots\cdots \qquad (10.11)$$

E_0 は外場 $\boldsymbol{F}$ がないときの分子のエネルギー、μ_i ($i=x,y,z$) は電気双極子

---

[2] J. R. Eshbach and M. W. P. Strandberg, *Phys. Rev.* **85**, 24 (1952).
[3] E. Ishiguro and S. Koide, *Phys. Rev.* **94**, 350 (1954).

モーメントの成分, α_{ij} $(i, j=x, y, z)$ が分極率テンソルである. ただし, 直線分子のように対称性のよい分子の分極率では, 軸方向とそれに垂直な方向での値 $\alpha_{\parallel}, \alpha_{\perp}$ の2つがわかれば十分である. 外場が空間的に不均一であれば四極子モーメントや八極子モーメントなどが登場するがここでは省略する.

ところで分子が回転していなければ, (10.11) 第2項から双極子モーメント μ と外場の間の相互作用がエネルギーに直接きいてくるが, 分子の回転を考慮すると向きについて平均されてしまい外場に比例する項 (いわゆる1次シュタルク効果) は0になってしまう. もちろん電場が強ければ電子系の励起状態がまじってくるが, それによるエネルギーの分裂は通常わずかである. 一方, 回転は準位間隔が小さいこともあって, μ が0でない分子では回転状態の間の混合で生ずる1次シュタルク効果が重要である. 対称こま分子を例にとると, 回転の波動関数は, すでに述べたとおり, 量子数 J, K, M で指定される. 摂動 $-\mu F\cos\theta$ (θ は μ と F のなす角) の行列要素は

$$-\mu F\langle JKM|\cos\theta|J'K'M'\rangle$$

であるが, そのうち 0 でないものは

$$\langle JKM|\cos\theta|JKM\rangle = \frac{MK}{J(J+1)} \tag{10.12}$$

$$\langle JKM|\cos\theta|J-1KM\rangle = \left\{\frac{(J^2-M^2)(J^2-K^2)}{J^2(2J-1)(2J+1)}\right\}^{\frac{1}{2}} \tag{10.13}$$

$$\langle JKM|\cos\theta|J+1KM\rangle = \left\{\frac{[(J+1)^2-M^2][(J+1)^2-K^2]}{(J+1)^2(2J+1)(2J+3)}\right\}^{\frac{1}{2}} \tag{10.14}$$

だけである. これらを用いて永年方程式をつくり, それを解くと解は連分数で表せる. Shirley が数値計算をやっている[4]. 非対称こま分子では波動関数を対称こま分子の関数の一次結合の形に書いて同様の問題を解く. (10.12) からわかるように, 対称こまでは与えられた J, K の下で M の値に応じて $2J+1$ 通りのエネルギー準位に分かれる[*2].

---

[4] J. H. Shirley, *J. Chem. Phys.* **38**, 2896 (1963).
[*2] (10.12) は角運動量のベクトル模型によって以下のように導きだすことができる. まず, 分子の双極子モーメントはその対称軸方向 (K 方向) を向いていて, J のまわりに歳差運動をしている. 一方, J は外場 F のまわりに歳差運動をする. もし J のまわりの K の回転の方が速ければ (回転エネルギー≫シュタルクエネルギー), 平均において双極子モーメントは J 方向だけが残り, その大きさは $\mu\cos(J, K) = \mu K/|J^2|^{1/2} = \mu K/[J(J+1)]^{1/2}$ であ

表 10.1 H_2 の分極率(振動状態 $v=0,1,2$ での平均値)
$\alpha=(\alpha_{\parallel}+2\alpha_{\perp})$, $\gamma=\alpha_{\parallel}-\alpha_{\perp}$.

振動状態	$\dfrac{\alpha}{4\pi\varepsilon_0}$	$\dfrac{\gamma}{4\pi\varepsilon_0}$	
$v=0$	5.414	2.024	原子単位
1	5.885	2.486	
2	6.373	2.992	

1 原子単位は $a_0^3 = 1.4818 \times 10^{-31}$ m^3.

直線分子は対称こまの特別な場合(分子軸が $C_{\infty v}$ 対称軸)と見ることができるが, Σ 状態では対称こまの K に相当する Λ が 0 であるから 1 次シュタルク効果は現れない. しかし Λ が 0 でない Π, Δ 状態などでは (10.12) に相当する対角要素が 0 でないので 1 次シュタルク効果が見られる.

次に分極率の異方性がどの程度かというと, H_2 での詳細な計算が Ishiguro らによって行われている[5]. 後に, さらに精度を上げた波動関数を用いた計算が Kołos と Wolniewicz によって報告されているので[6], その一部を表 10.1 に示す. 電場がかかったとき, 電子は分子軸方向では大きく移動する余地があるのに対し, 直角方向では大きくは動けない(電子を収容するポテンシャルの谷は軸方向に長く伸びていて直角方向の広がりは比較的わずかである). このために, 電子雲の変形によって生ずる分極も軸方向で大きいのである. 振動しているときはさらに軸方向の分極率が大きく増大するのに対し, 直角方向の増加は比較的小さい. 核間距離が伸びている間は電子がいっそう遠くまで移動するためであろう. さて各瞬間における分子の軸方向および直角方向の外電場の成分を $F_{\parallel}, F_{\perp}$ とすると, 分子に生ずる双極子モーメントは $\alpha_{\parallel}F_{\parallel}+\alpha_{\perp}F_{\perp}$ となり, 外場 F とは一般に異なる方向になる. このことから予想されるとおり, 分子性気体によって散乱された偏光は入射したときと違う方向の偏光がまじり(いわゆる**減偏光**, depolarization), 逆にこの現象を測定することによって分極率の異方性を決定することができる. もちろん, 分極率は一般に振動数の関数になるから, 静分極率を求めるにはその分子の共鳴光よりも波長が十分に長

る. これがまた電場 F のまわりを歳差運動するため $\cos(\boldsymbol{F}, \boldsymbol{J}) = M/|\boldsymbol{J}^2|^{1/2} = M/[J(J+1)]$ がかかる. その結果が (10.12) になる.

[5] E. Ishiguro, T. Arai, M. Mizushima and M. Kotani, *Proc. Phys. Soc.* **A65**, 178 (1952).
[6] W. Kołos and L. Wolniewicz, *J. Chem. Phys.* **46**, 1426 (1967).

い光を用いる必要がある．

さて，分子の分極率については簡単な近似式が Hirschfelder によって与えられている[7]．それはハミルトニアンを $H=H_0+H_1$（H_1 が外場による摂動）とするとき，H_0 に対する固有関数 Ψ_0 がわかっているとし，$H_1\neq 0$ のときの変分計算の試行関数を

$$\Psi=(1+AH_1)\Psi_0 \tag{10.15}$$

とおいて A を変分パラメーターとするものである．これを H_2 分子に適用すると

$$\frac{\alpha_\perp}{4\pi\varepsilon_0}=8a_0^3[\langle x_1^2\rangle+\langle x_1x_2\rangle]^2 \tag{10.16}$$

$$\frac{\alpha_\parallel}{4\pi\varepsilon_0}=8a_0^3[\langle z_1^2\rangle+\langle z_1z_2\rangle]^2 \tag{10.17}$$

となる．x_1, z_1 などは2つの核の中点を原点とし，分子軸を z 軸とした電子1の座標で，$\langle\ \rangle$ は基底状態の波動関数を用いて計算される期待値である．Das と Bersohn[8] はこれを用い H_2 の多くの近似関数で分極率を計算し，相互に，また Ishiguro たち[5] の詳細な計算とくらべている．それを表 10.2 に示す．表のなかで用いられている波動関数のひとつひとつについて説明することは省略するが，Heitler-London 関数と，Coulson (unshielded) と書かれた分子軌道

表 10.2　いろいろな波動関数による H_2 分子の分極率（R を $1.4a_0$ に固定）

波動関数	$\dfrac{\alpha_\perp}{4\pi\varepsilon_0}$	$\dfrac{\alpha_\parallel}{4\pi\varepsilon_0}$	
Heitler-London	9.02	12.62	原子単位
Wang	4.72	5.12	
Weinbaum	4.36	6.18	
Rosen	4.40	5.04	
Hirschfelder-Linnett	3.95	5.71	
Coulson (unshielded)	9.77	16.57	
Coulson (C. I.)	4.35	9.15	
Wallis (C. I.)	5.32	5.01	
Wallis (limited ionic)	4.64	6.39	
詳細な計算			
Ishiguro et al.[5]	4.443	6.107	
Kołos-Wolniewicz[7]	4.5777	6.3805	

---

[7] J. O. Hirschfelder, *J. Chem. Phys.* **3**, 555 (1935)；[26] の p. 942 以降にも記載あり．
[8] T. P. Das and R. Bersohn, *Phys. Rev.* **115**, 897 (1959).

型の関数では§7.2.2で述べたスケーリングの手続きが入っていない．その他の関数はすべてスケーリングを実行している．表を見ると，多くの関数はごく簡単なものであるにもかかわらずかなり詳細な計算値に近い結果を与えているが，ただスケーリングをやっていない関数だけは他のものと大きく離れた結果を与えている．Das と Bersohn は H_2 の四極子モーメントの一部である $\langle x^2 \rangle = \langle y^2 \rangle$，$\langle z^2 \rangle$ や，磁化率についても比較を行い，分極率と同様の傾向があることを見いだしている．これらから見ても変分関数にスケーリングの手続きを加えることがとりわけ重要であると思われる．

次に一様磁場中の分子であるが，(10.11)に相当する展開式が書ける．F に相当するものは磁場 H であり，μ は磁気双極子モーメント M に置き換えられる．α に相当するものは磁化率 χ である．M の主要部分は(10.10)で与えられるように電子系の角運動量に伴うものであるが，分子ではしばしばこれが0となる．もちろんその場合でも回転に伴う小さな磁気モーメントはありうる．一方，磁化率 χ では，原子の場合と同様にベクトルポテンシャル A の自乗から出る反磁性が分子でもいつも現れる．その他に§4.2.1の終わりで述べたように $A \cdot \nabla$ を含む相互作用から2次摂動で出る寄与が，分子では一般に0にならないので考慮に入れる必要がある．

電子状態や振動状態を変えず，回転状態だけを変える遷移で吸収または放出される電磁波はマイクロ波領域に属する．この領域では可視光，紫外光，赤外光などの領域よりも精度の高い測定が技術的に可能なので，マイクロ波分光によって分子の回転準位を決定し，またそのシュタルク効果やゼーマン効果を利用し，分子構造やさまざまな分子定数を決めることが広く行われている．本書ではこれ以上立ち入る余裕がないので Townes と Schawlow [22]，または Gordy と Cook [23] によってくわしく書かれている本を参考にしていただきたい．

10.2 分子における放射過程

10.2.1 振動・回転遷移

分子が単一原子と違うところとしては振動・回転の自由度をもつこと，解離

や再結合の可能性があることなどがあげられる．電子状態を変えずに振動・回転だけの遷移もあり，これらは波長域では赤外線からマイクロ波の領域にわたる．電子状態の遷移は主に可視域から紫外域にわたり，振動・回転遷移が同時に起こるのが普通である．どのような電子状態遷移にはどのような振動遷移が伴いやすいかについては後述のフランク-コンドンの原理 (Franck-Condon principle) が目安となる．

以下，主に二原子分子についてこれら分子特有の放射過程を概観することにしよう．まず，遷移確率については，原子について導出した (4.119)(4.120) の許容遷移，(4.139)(4.140) の禁止遷移についての公式が分子にも使える．もちろん，始状態，終状態は電子系の状態だけでなく，振動・回転も含めて指定される．光電離の断面積 (6.24) も分子に適用されるが，放出される電子の感ずる力場は単純なクーロン場でなく複雑な多中心をもつ場であるから，その波動関数を求めることだけでも厄介である（原子の場合でも電子交換や分極力などをまともに考慮すると出ていく電子の波動関数を求めるのは決して容易ではないが，中心が1つであるだけに分子よりは簡単である）．

確率が大きい光学的許容遷移を考えよう．電気双極子モーメントは

$$\boldsymbol{\mu} = \sum_s e_s \boldsymbol{r}_s \tag{10.18}$$

で，e_s は分子内 s 番目の粒子（核または電子）の電荷，$\boldsymbol{r}_s$ は重心を原点とした位置ベクトルである．この $\boldsymbol{\mu}$ を始状態，終状態の波動関数ではさんで積分した遷移行列要素が0でない条件が選択則である．ボルン-オッペンハイマー近似で二原子分子の波動関数は

$$\Psi = \psi_a(\boldsymbol{r}_e; \boldsymbol{R}) R^{-1} \psi_v(R) \psi_{JAM}(\theta, \chi, \varphi) \tag{10.19}$$

の形である．最初の因子は電子状態の波動関数で2つの核の相対位置ベクトル $\boldsymbol{R}$ がパラメターになっている．$\boldsymbol{r}_e$ は電子座標全体を代表している．次は振動関数で，電子状態 a や回転量子数 J によって有効ポテンシャルが変わるが，式を簡単にするため添字をつけるのは省略した．最後の回転の波動関数 ψ_{JAM} は，軸方向に電子系の角運動量成分 Λ があるときには対称こま分子に準ずる関数になるので3つ量子数を書いてある．$\Lambda = 0$ のときは球面調和関数 $Y_{JM}(\theta, \varphi)$ になる．Λ は電子状態で決まるので a のなかにも含まれている．このよう

な形の始状態，終状態の波動関数で(10.18)をはさんで積分したもの
$$\langle \alpha' v' J' \Lambda' M' | \boldsymbol{\mu} | \alpha v J \Lambda M \rangle \tag{10.20}$$
が0でないのが許容遷移である．

このあと本節の終わりまでは電子状態の遷移を伴わない場合を扱う．したがって $\alpha'=\alpha$, $\Lambda'=\Lambda$ である．この場合，まず電子座標で積分してしまうと，
$$\int |\psi_a|^2 \boldsymbol{\mu} dr_e$$
になるが，これは分子の永久双極子モーメントであり，等核二原子分子では0，異核なら $\boldsymbol{R}$ 方向のベクトルである．そこで $\boldsymbol{R}$ 方向の単位ベクトルを $\hat{\boldsymbol{R}}$ として
$$\int |\psi_a|^2 \boldsymbol{\mu} dr_e = M(R) \hat{\boldsymbol{R}} \tag{10.21}$$
とおくと，(10.20) は
$$\langle v'J'\Lambda M'|M(R)\hat{\boldsymbol{R}}|vJ\Lambda M\rangle$$
$$=\langle v'J'|M(R)|vJ\rangle\langle J'\Lambda M'|\hat{\boldsymbol{R}}|J\Lambda M\rangle \tag{10.22}$$
となる．右辺第1因子は振動波動関数による行列要素で，回転量子数 J まで示しているのは，J によって振動の有効ポテンシャルが変化するからである．しかし，J が小さい間は振動関数の J への依存性は大きくない．$M(R)$ を平衡核間距離 $R=R_e$ の付近で展開して
$$M(R)=M(R_e)+M'(R_e)(R-R_e)+\frac{1}{2}M''(R_e)(R-R_e)^2+\cdots\cdots \tag{10.23}$$
とすると，第2項以下により振動遷移が起こるが，通常第2項の寄与が第3項以下よりはるかに大きい．さらに振動量子数 v があまり大きくないとすると，ポテンシャル曲線の谷底付近を考えることになるので調和振動子で近似することもそう悪くない．調和振動子であれば量子力学でよく知られているように $(R-R_e)$ の行列要素は
$$\Delta v = \pm 1 \tag{10.24}$$
でだけ0でない．調和振動子近似は厳密ではないから現実には $\Delta v = \pm 2, 3,$ ……の遷移も観測されるが，その強度は (10.24) にくらべてはるかに小さい．たとえば一酸化炭素 CO において振動の基底状態 $v=0$ からそれぞれに応じた波長の赤外線を吸収して $v=1, 2, 3$ へ励起されるのを比較してみると，いわゆ

るバンド強度にしておよそ $2\times 10^2 : 2 : 1\times 10^{-2}$ くらいの比になっている[9]．ついでながら，回転遷移が光学的許容遷移になりうるかどうかは永久双極子の有無で決まるが，振動遷移については主に $M'(R)=dM(R)/dR$ で決まる．CO は永久双極子モーメントは小さいが，これは (10.23) の第1項が小さいということで，$M'(R)$ は他の分子にくらべて小さいことはない．多原子分子でも対称性のよい CO_2 などでは永久双極子をもたない．しかし，折れ曲がり振動や非対称振動では双極子モーメントができて，$M(Q_1 Q_2 \cdots)$ をそれぞれの基準座標で微分したものが小さくないから，赤外線を吸収・放出できる．このような振動モードは**赤外活性** (infrared active) であるという．これに反し，CO_2 の対称振動では，その対称性のために双極子モーメントは終始 0 なので，赤外活性でない．ところで吸収強度であるが，一般に吸収による光の減衰は (4.155) で与えられる．吸収係数 $k(\nu)$ は遷移の低い方の準位にある分子の数密度 n_0 に比例する．そこで $k(\nu)=n_0 K(\nu)$ と書くとき，$K(\nu)$ をスペクトル線の広がりにわたって積分した値

$$S=\int K(\nu)d\nu \tag{10.25}$$

で吸収線強度を定義する．振動遷移に伴って回転状態もさまざまに変化し，わずかずつ波長を異にする一群の吸収線を与える．これらを加え合わせたものが吸収バンド強度である．ところで，文献によっては上記の n_0 として標準状態の気体の値を使ったり，300 K での値を用いたり，さらに別の温度での値を用いることがある．また，数密度でなく，通常の密度や圧力を用いる人もある．それに応じて吸収強度を表す S の単位も違ってくる．文献 9) では 14 種類の異なった単位の間の換算表を与えている．なお，スペクトル線やバンドの強度 (intensity または strength) と呼ばれるものは文献により異なった量を意味することがあるから注意を要する．

さて (10.22) の第 2 因子に移ると，これは回転波動関数に関する行列要素である．とくに簡単な $\Lambda=0$ の場合の選択則は水素原子の軌道角運動量 l のときと同じく

---

[9] L. A. Pugh and K. Narahari Rao, chapter 4 in *Molecular Spectroscopy: Modern Research*, vol. II, ed. by K. Narahari Rao (Academic Press, 1976). 多くの分子の 赤外吸収強度を集めた表を掲げている．

10.2 分子における放射過程

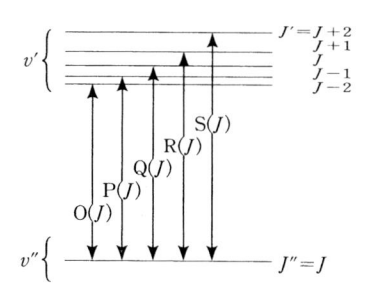

図10.1 バンドスペクトルの枝

$$\Delta J = \pm 1 \tag{10.26}$$
$$\Delta M = 0, \pm 1 \tag{10.27}$$

となるが，$\Lambda \neq 0$ のときは

$$\Delta J = 0 \tag{10.26'}$$

も可能となる．

振動の準位間隔は一般に回転準位間隔よりもかなり広いから，遷移 $v'J' \longleftrightarrow vJ$ で吸収または放出される光のスペクトルは，(v', v) を固定するとさまざまな (J', J) の組の線スペクトルがひとかたまりになり，これを**バンドスペクトル** (band spectrum) と呼ぶ．1つのバンドのなかの線を J と J' の差の大きさによって分類をして枝 (branches of band) と呼ぶ．具体的には図10.1 に示したように，P, Q, R 枝などの名で呼ばれる．たとえば $v''=0$, $J''=2$ から $v'=1$, $J'=3$ への遷移による吸収スペクトル線であれば (0-1) バンドの R(2) と言えばよい．図の O, S 枝は上記の選択則に合わないが，後述のラマン効果で出てくるので，ついでに図に入れたものである．なお遷移前後の v や J の値を記号で表すとき，エネルギーが上の準位に v', J'，下の準位に v'', J'' を用いることが多い．

1つのバンド内でスペクトル線がどのように分布するかについては次節の電子状態変化を伴う場合の議論のところで一括して述べる．

10.2.2 電子遷移

今度は電子状態が変わる場合を考える．**電子項遷移** (electronic transition) ともいう．選択則を導くには (10.20) を調べればよいことは同じであるが，今

度は $\alpha \ne \alpha'$ であり、ψ_α と $\psi_{\alpha'}$ とが直交するから、双極子モーメント (10.18) のなかの原子核の項は遷移には寄与しなくなる。したがって $\boldsymbol{\mu} = -e\sum_i \boldsymbol{r}_i$ (電子だけについての和) として扱ってよい。次に α や α' が縮退しているとき、そのひとつひとつの状態を n, n' で表そう。(n, n') のどのような組み合わせでも (それが選択則を満たすかぎり) 同じエネルギー差、したがって同じ波長のスペクトル線を与えるから、あとで遷移確率を考えるところで n, n' について和をとる。

まず、分子に固定した座標系で $\boldsymbol{\mu}$ を $\psi_{n'}$ と ψ_n ではさんで電子座標で積分したものを

$$\boldsymbol{M}_{n'n}(R) = \int \psi_{n'}^* \boldsymbol{\mu} \psi_n d\tau_e \qquad (10.28)$$

と書こう。パラメターとしての核間距離 R に依存する。これを振動関数ではさんで積分して

$$\langle n'v'J'|\boldsymbol{\mu}|nvJ\rangle = \int \psi_{v'}^{n'J'}(R) \boldsymbol{M}_{n'n}(R) \psi_v^{nJ}(R) dR \qquad (10.29)$$

となる。回転量子数が入っているのは振動関数が回転状態によって若干変化するためで、回転関数についての行列要素にはまだなっていない。それではこれをすぐに回転関数ではさんで積分してしまってよいかというと、それはできない。ここまで分子固定系で扱っているからである。

そこで分子固定系で位置ベクトル $\boldsymbol{r}_i$ であった電子を、空間固定の座標系から見て位置が $\boldsymbol{r}_i'$ であるとしよう。両座標系の間の方向余弦でつくられる行列を $\boldsymbol{D}$ として、空間固定系で見た双極子モーメントは

$$\boldsymbol{\mu} = -e\sum_i \boldsymbol{r}_i' = -e\sum_i \boldsymbol{r}_i \cdot \boldsymbol{D} \qquad (10.30)$$

と書ける。これを (10.20) に入れ、求める遷移の行列要素が得られる。遷移確率は $\boldsymbol{\mu}$ の行列要素の絶対値の平方に比例するから、ついでに平方をつくり、前に述べたように縮退している状態で加えて

$$S(\alpha'v'J', \alpha vJ) = \sum_{n'nM'M} |\langle n'v'J'M'|\boldsymbol{\mu}|nvJM\rangle|^2 \qquad (10.31)$$

$$= M(\alpha'v'J', \alpha vJ) S(J'\Lambda', J\Lambda) \qquad (10.32)$$

が得られる。(10.32) は (10.31) に (10.30) を代入して得られたもので、

$$M(\alpha'v'J', \alpha vJ) = \sum_{n'n} |\langle n'v'J'| - e\sum_i \bm{r}_i |nvJ\rangle|^2, \tag{10.33}$$

$$S(J'\Lambda', J\Lambda) = \sum_{M'M} |\langle J'\Lambda'M'|\bm{D}|J\Lambda M\rangle|^2 \tag{10.34}$$

である. Λ は量子数のセット α や n のなかに含まれているが，回転因子ではその値が直接必要となるので明記した. (10.33) は電子状態と振動状態に関するもので，しばしば J', J への依存性は無視され, 1 つのバンド全体の強度を代表する. (10.31) は**線強度** (line strength), (10.33) は**バンド強度** (band strength) と呼ばれることがある. 一方, (10.34) は回転状態に関する部分で，バンド内の個々のスペクトル線の強さを決める因子になっている. H. Hönl と F. London (1925) が前期量子論によってはじめてその具体的な公式を導いたので，**ヘンル-ロンドン因子**と呼ばれている.

(10.28)(10.29) の $\bm{M}_{n'n}$ を (10.23) のように $(R-R_e)$ に関して展開する. 今度は異なる電子状態の組み合わせであるから, $v' \neq v$ でも振動の波動関数は直交しない. したがって，展開の初項 $\bm{M}_{n'n}(R_e)$ が主要な寄与をする. 高次の項の寄与も考慮して, (10.29) の $\bm{M}_{n'n}(R)$ を適当な代表値 $\bm{M}_{n'n}(\bar{R})$ で近似すると, (10.33) は

$$M(\alpha'v'J', \alpha vJ) = q^{\alpha'\alpha}_{v'J', vJ} \sum_{n'n} |\bm{M}_{n'n}(\bar{R})|^2 \tag{10.35}$$

となる. $q^{\alpha'\alpha}_{v'J', vJ}$ は振動の波動関数の重なり積分の平方である.

$$q^{\alpha'\alpha}_{v'J', vJ} = \left| \int \psi^{\alpha'}_{v'J'}(R) \psi^{\alpha}_{vJ}(R) dR \right|^2. \tag{10.36}$$

例によって振動波動関数の J への依存性はしばしば無視され, $q^{\alpha'\alpha}_{v'J', vJ}$ は $q^{\alpha'\alpha}_{v',v}$ または単に $q_{v',v}$ と書かれ，あとで述べるフランク-コンドンの原理との関係で**フランク-コンドン因子** (Franck-Condon factor) と呼ばれる. $\psi_{v'}, \psi_v$ は連続エネルギー状態まで含めるとそれぞれ完全系をつくるから,

$$\sum_{v'} q_{v',v} = \sum_v q_{v',v} = 1 \tag{10.37}$$

が成り立つ (連続スペクトル領域では和は積分になっているものと了解する).
(10.35) の $\bar{R}$ としてはしばしば

$$R_{v',v} = \frac{\int \psi_{v'} R \psi_v dR}{\int \psi_{v'} \psi_v dR} \tag{10.38}$$

が用いられ，**r-centroid 近似**と呼ばれる．しかし，遷移によっては $M_{n'n}(R)$ は R の関数として大きく変化し，これを1つの代表値 $M_{n'n}(\overline{R})$ で近似する (10.35) がよい近似といえないことも多い．

次にヘンル-ロンドン因子については，$\Lambda'=\Lambda=0$ なら $\boldsymbol{\mu}$ の期待値が分子軸方向を向くので

$$S(J',J)=\sum_{M'M}|\langle J'M'|\hat{\boldsymbol{R}}|JM\rangle|^2$$
$$=\begin{cases} J_> & (J'=J\pm 1 \text{ のとき}) \\ 0 & (\text{それ以外のとき}) \end{cases} \quad (10.39)$$

となる．ただし，$J_>$ は J',J の大きい方を意味する．$\Lambda',\Lambda\neq 0$ のときの公式については Herzberg の本 [18] などを見ていただきたい．

(10.31) の $S(\alpha'v'J',\alpha vJ)$ が決まれば，振動子強度が求められる．

$$f'_{\alpha vJ,\alpha'v'J'}=\frac{2m_e \varDelta E}{3\hbar^2 e^2}\frac{1}{g}\frac{1}{2J+1}S(\alpha'v'J',\alpha vJ) \quad (10.40)$$

ただし，$\varDelta E$ は始状態，終状態間のエネルギー差 $E(\alpha'v'J')-E(\alpha vJ)$，$g$ は電子状態 α の縮退度である．これから (4.125) などによりアインシュタインの A 係数，B 係数も決まる．

a. フランク-コンドンの原理

ここで，たびたび名前だけが先行していたフランク-コンドンの原理について述べる．電子系による光の吸収・放出は一瞬のうちに起こるので，その間，大きい慣性をもつ核の位置や速度はほとんど変わらないと考えてよいだろう．実際ほぼそうなっていることはフランク-コンドン因子を調べてみるとわかる．(10.36) でわかるようにこの因子は振動の波動関数の重なり積分の平方である．振動の関数はよく教科書に出ている調和振動子の波動関数などでおなじみのとおり，基底状態 $v=0$ では節がなく，v 番目の励起状態では v 個の0点をもつ振動する関数である．振動量子数 v が少し大きくなると，この関数は左右の端にある古典的転回点 (classical turning point) のあたりで振幅が最も大きくなる．古典的にいえば，転回点はポテンシャルの壁に突き当たって速度がいったん 0 になり折り返し運動が始まる点である．核間距離がある小さな区間内にある確率は，古典的にはそこを通過するときの速度の逆数に比例するので，速度が 0 になる転回点付近に滞在する確率が最も大きくなるのである．波

10.2 分子における放射過程

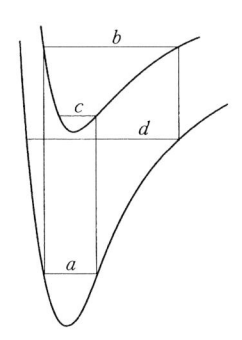

図 10.2 フランク-コンドンの原理の説明図

動方程式を解いた結果の波動関数がほぼ同じ場所で最大振幅をもつことは，量子数の大きなところで量子論と古典論の対応がよくなる1つの例である．この両端を除くと振幅はかなり小さくなるし，波長も短くなる．したがって2つの振動の波動関数の積は中間領域ではげしく振動し，重なり積分への寄与は小さいであろう．このように考えていくと，$q_{v',v}$ が比較的大きくなるのは上下の振動状態がほぼ同じ核間距離に転回点をもつ場合である．たとえば図10.2のような2つの電子状態を表すポテンシャル曲線があり，それぞれの谷に多数の振動準位が収容されているとする．下の状態の a と書いた振動準位に分子があったとする．これにいろいろな波長の光が入射したとき，そのなかから選択的に光を吸収して上の電子状態に励起する．前述のことから，最も行きやすい振動準位は b および c である．b 準位に励起されたとき，光を放出して落ち着きやすい先は，もとの a かこれよりずっと高い d である．いずれにしても図上で鉛直に上か下に移るということで，遷移に際して核が位置を変えないということである．また，これらの場合，核の速度はほとんど0である．このように，電子遷移において原子核の位置，速度はほとんど変わらないという考えが有用であることがわかる．これが**フランク-コンドンの原理**として知られているものである．なお核間距離が中間の領域であっても，もしも上下両状態での局所的速度がほとんど同じであれば波動関数の波長が一致し，位相関係が適当であればこの領域が $q_{v',v}$ に大きな寄与を与えうる．これも速度を変えず遷移が起こる例である．

表10.3は N_2 分子の Vegard-Kaplan 遷移と呼ばれる禁止遷移 $A^3\Sigma_u^+$-$X^1\Sigma_g^+$

表 10.3　N_2 分子の A-X バンドシステムの $q_{v',v''}$

	$v'=0$	1	2	3	4	5	6	7
$v''=0$						0.067	0.082	0.091
1			0.066	0.094	[0.100]	0.086		
2		0.088	[0.114]	0.090				
3	0.080	[0.131]	0.082					
4	[0.141]	0.111						
5	[0.185]			0.073				
6	[0.191]		0.078					
7	[0.157]		0.081					
8	[0.106]	[0.111]						
9		[0.150]		0.081				
10		[0.134]	0.063					
11		0.089	[0.128]		0.076			
12			[0.137]					
13			[0.100]	[0.117]		0.073		
14			[0.134]					
15				0.099	[0.117]		0.069	
16					[0.131]			
17					0.092	[0.123]		
18						[0.124]	0.077	
19						0.081	[0.130]	
20							[0.115]	[0.100]

W. Benesch, J. T. Vanderslice, S. G. Tilford and P. G. Wilkinson, *Astrophys. J.* **143**, 236 (1966) による計算値．0.060 以上のところだけ示した．0.100 以上のところは数字を枠で囲んだ．

でどの振動準位からどの準位へ移りやすいかを見るためにフランク-コンドン因子の比較的大きい値の組み合わせ (v', v'') を図示したものである．この遷移はスピン多重度が変わる禁止遷移で，A 状態にある窒素分子は光を自然放出するまでの平均寿命が 2 s くらいもある．図を見ると $q_{v',v''}$ が比較的大きいところがほぼ放物線の形に分布している．これをコンドンの放物線 (Condon parabola) という．

b. バンドスペクトル

今度は 1 つのバンド内でのスペクトル線の分布を調べよう．簡単のため Λ'

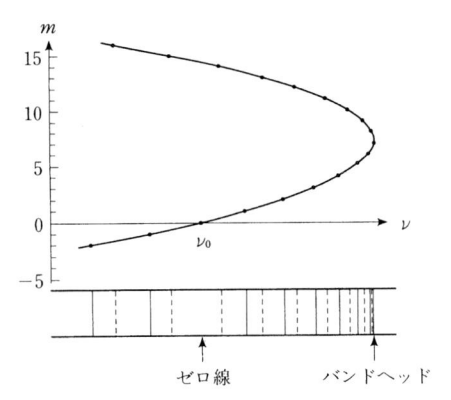

図 10.3 フォルトラ放物線とバンドスペクトル
見やすくするために，放物線の下半分から出てくるスペクトル線を実線で，上半分から出るものを破線で示した．

$=\Lambda''=0$ の場合の式を書いてみよう．上の電子状態の1つの振動準位と下の電子状態の1つの振動準位が指定されると，1つのバンドが決まる．そのなかでの個々のスペクトル線の振動数 ν は

$$h\nu = h\nu_0 + B_{v'}J'(J'+1) - B_{v''}J''(J''+1), \qquad \varDelta J = \pm 1 \qquad (10.41)$$

で表される．回転エネルギーの高次補正は省略した．ここで $J'=J''+1\,(J''=0,1,2,\cdots)$ とすれば R 枝になり，$J'=J''-1\,(J''=1,2,3,\cdots)$ とすれば P 枝になる．これらを1つの式で表すことができる．すなわち

$$h\nu = h\nu_0 + (B_{v'}+B_{v''})m + (B_{v'}-B_{v''})m^2 \qquad (10.42)$$

で，$m=J'=1,2,3,\cdots$ とすると R 枝になり，$m=-J''=-1,-2,-3,\cdots$ とすると P 枝になる．(10.42) は放物線の式になっている．$B_{v'}<B_{v''}$ の場合の放物線とそれに対応するスペクトル (仮想的な例) を図 10.3 に示す．このような図は R. Fortrat がはじめて用いたので**フォルトラ図** (Fortrat diagram) または**フォルトラ放物線** (Fortrat parabola) と呼ばれる．$m=0$ に相当する位置ではスペクトル線が欠けていて，これを**ゼロ線** (zero line または null line)，または**バンドの原点** (band origin) という．バンドの原点付近では m が小さく，(10.42) で m^2 の項の係数は小さいから，スペクトル線はほぼ等間隔に分布している．電子状態の変化を伴わない振動・回転だけの遷移では $B_{v'}$ と $B_{v''}$ の差が非常に小さいから，いっそう広い m の範囲で等間隔に近いスペクトルが見

られる．バンドの原点を離れると，準位間隔は次第に広くまたは狭くなり（どちら側で広くなるかは $B_{v'}, B_{v''}$ の大小関係で決まる），狭くなる方ではやがて放物線の極値のところで準位が密集する．ここを**バンドヘッド** (band head) という．なおバンド内の個々の線の強度は双極子モーメントの行列要素の他，始状態における回転準位分布によって左右され，温度に依存する．

c. 選 択 則

ここで電子遷移の選択則についてざっと述べておこう．原子の場合と同様，電気双極遷移や磁気双極遷移で許されるのは

$$\Delta J = 0, \pm 1 \quad (ただし\ 0 \leftrightarrow 0\ は禁止).$$

電気四極遷移では

$$\Delta J = 0, \pm 1, \pm 2 \quad \left(ただし\ 0 \leftrightarrow 0,\ \frac{1}{2} \leftrightarrow \frac{1}{2},\ 0 \leftrightarrow 1\ は禁止\right).$$

次に分子の重心に関して核を含むすべての粒子の座標を反転すると，電気双極子モーメントの符号が変わるから，パリティの選択則としては

$$+ \longleftrightarrow -$$

となる．磁気双極遷移，電気四極遷移では

$$+ \longleftrightarrow +, \quad - \longleftrightarrow -$$

である．分子の波動関数を電子状態，振動，回転の関数の積で表せば，振動部分は核間距離 R だけの関数で，反転で不変である．電子状態がたとえば Σ 状態とすると回転部分は反転で $(-1)^J$ 倍になる．これらから電子状態についての選択則が出てくる．

特別な場合として等核二原子分子を考えると，分子に固定した座標系で電子だけの座標を核の中点に関して反転するとき，電気双極遷移なら

$$g \longleftrightarrow u$$

でなければならず，磁気双極遷移や電気四極遷移なら

$$g \longleftrightarrow g, \quad u \longleftrightarrow u$$

である．さらにスピン・軌道相互作用が小さければ，スピン量子数不変：

$$\Delta S = 0$$

としてよいであろう．さらに，分子軸方向の角運動量成分 Λ がよい量子数のときは電気双極遷移で

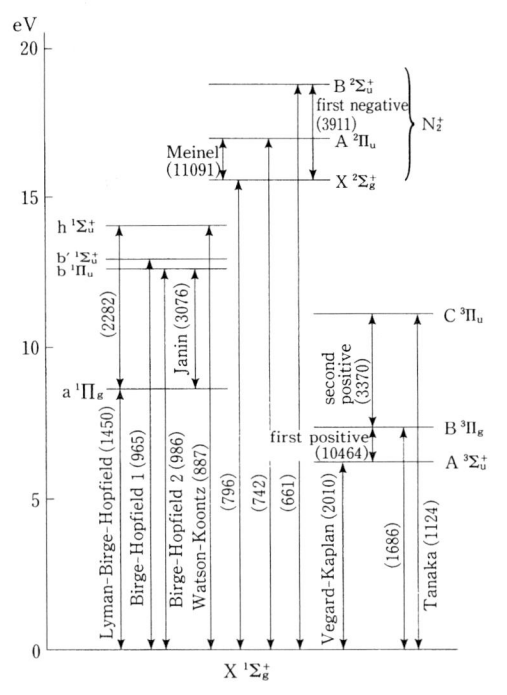

図 10.4 N_2 および N_2^+ の主なエネルギー準位と遷移
振動の基底状態を示している．括弧内は (0-0) バンドの原点の波長を Å 単位で表したもの．

$$\varDelta \varLambda = 0, \pm 1$$

でなければならない．したがって，$\Sigma \longleftrightarrow \Sigma$, $\Pi \longleftrightarrow \Sigma^{\pm}$, $\Pi \longleftrightarrow \Pi$, $\Pi \longleftrightarrow \Delta$ などが許される．このうち，$\Sigma \longleftrightarrow \Sigma$ では

$$\Sigma^+ \longleftrightarrow \Sigma^+, \qquad \Sigma^- \longleftrightarrow \Sigma^-$$

に限ることになる．

電子遷移の実例として N_2 における主要な遷移を図 10.4 に示す．光電離でつくられる N_2^+ イオンの遷移も若干含めた．1 つの電子状態から他の電子状態への遷移のスペクトルは振動準位の組み合わせにより多数のバンドから成り立つ．これを**バンド系** (band system) という．図に示した電子状態のエネルギー準位は振動の基底状態に対応するものである．N_2 のエネルギー準位，その他分子定数の詳細なまとめが Lofthus と Krupenie によって与えられている[10]．

10.2.3 分子の光電離

次に電離であるが，1つの電子が入射光子のエネルギーを全部もらって直ちに飛び出す直接電離では，計算は厄介であるが，原子のときと同じように考えることができる．つくられる分子イオンがどのような振動・回転状態に分布するかについては Y. Itikawa (市川行和) の理論があり，それにもとづく詳細な計算が H_2 について行われている[11]．波長 584 Å における

$$H_2(v=0)+h\nu \longrightarrow H_2^+(v')+e^-$$

での v' 分布で，実測とよく合う結果が得られており，v' で加えた全電離断面積も波長 584 Å, 650 Å の光での実測値と合っている．電離に際して放出される電子の角分布については原子のときの §6.2.1 と同様に1つのパラメター β で代表されるが，584 Å での β は $v'=0$ での $\beta=1.797$ から始まり $v'=8$ での 1.950 まで単調に増加している．これは $v' \leq 5$ で実測されている結果と合致する．

この他，分子特有のものとしては解離を伴う電離がある．N_2 であれば

$$N_2+h\nu \longrightarrow N_2^+ + e^- \qquad (h\nu > 15.58 \text{ eV})$$
$$\longrightarrow N^+ + N + e^- \qquad (h\nu > 24.29 \text{ eV})$$
$$\longrightarrow N^+ + N^+ + 2e^- \qquad (h\nu > 38.83 \text{ eV})$$
$$\longrightarrow N^{++} + N + 2e^- \qquad (h\nu > 53.89 \text{ eV})$$
$$\longrightarrow N^{3+} + N + 3e^- \qquad (h\nu > 101.34 \text{ eV})$$

などが起こる．右側に示したしきい値はエネルギー的にこれ以上でないと起こりえないという値で，このしきい値を超えたら直ちに大きな確率でそれぞれの現象が見られるとは限らない．フランク-コンドンの原理により，しきい値よりある程度高いエネルギーではじめて見られるようになるのが通例である．図 10.5 に N_2 の電離の諸断面積を示す．2つの実験のデータをつないだので，つなぎ目で若干の食い違いがあり，断面積の絶対測定の難しさを示している．光子のエネルギーが小さいうちはつくられるのはもっぱら N_2^+ で，直接電離が起

---

[10] A. Lofthus and P. H. Krupenie, *J. Phys. Chem. Ref. Data* **6**, 113 (1977). なお，N_2 と並んで上層大気で重要なもう1つの分子 O_2 についての同様なまとめが，P. H. Krupenie, *J. Phys. Chem. Ref. Data* **1**, 423 (1972) にある.

[11] Y. Itikawa, *Chem. Phys.* **28**, 461 (1978) ; Y. Itikawa, H. Takagi, H. Nakamura and H. Sato, *Phys. Rev.* **A27**, 1319 (1983).

図 10.5 N_2 の電離断面積

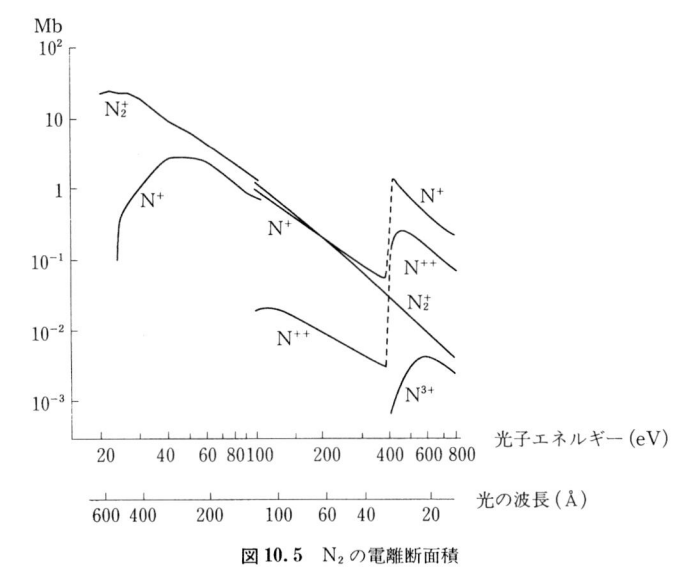

100 eV 以上は W. C. Stolte, et al., *Atomic Data and Nuclear Data Tables* **69**, 171 (1998),
低エネルギー部分は J. A. R. Samson, et al., *J. Chem. Phys.* **86**, 6128 (1987). $1\,\mathrm{Mb}=10^{-22}\,\mathrm{m}^2$.

こっていることがわかるが，次第に解離を伴う電離が見えてくる．400 eV 付近で内殻電離が可能になると，吸収された大きなエネルギーが分子内で再配分され解離を伴う電離がきわめて起こりやすくなる．一方，直接電離はエネルギーの増加とともにその確率が単調に減少していくので，その断面積は高エネルギー領域で解離を伴うものよりも小さくなっている．

ところで，電離エネルギー以上のエネルギーをもつ光子を吸収すると必ず電離が起こるかというとそうとは限らない．原子の場合でも，2電子励起状態という電離エネルギー以上で中性原子のままの状態があった．内殻電子が，空いている束縛軌道に励起されるのも同様である．最終的に電離してしまうことが多いとしても，必ずというわけではなく，光の放出で電離エネルギー以下に戻ってしまい電離が実現しない場合もある．分子ではさらに回転・振動の自由度があるので，エネルギーの一部が核運動の方へ行ってしまい，電子系だけでは電離できない場合もある．この場合，電子系と振動の間の相互作用を介して振動のエネルギーが電子系に移り，電離が実現することもあるが，またエネルギーの大部分を分子の解離に使ってしまうこともある．このように電離エネ

ギー以上の中性分子の状態は原子のときよりもふんだんにある．放射線作用の解明に関連して，このような状態の果たす役割の重要性を認めた R. L. Platzman はこのような状態を**超励起状態** (superexcited states) と名づけた[12]．超励起状態にある分子の動的過程については Y. Hatano (籏野嘉彦) の 2 つの review[13] にくわしい．電離エネルギー以上のエネルギーをもつ光子が吸収されても必ず電離するとは限らないので，電離断面積を吸収断面積で割ったものを**光電離効率** (photoionization efficiency) または**量子収率** (quantum yield) といって注目される量である．多くの分子で電離エネルギーのすぐ上ではこの効率は 1 よりかなり小さく，10 eV くらい上になってようやく 1 に近づくがそれでもなおしばらく（たとえば電離エネルギーから 20 eV 以上まで）は 1 以下の値が続くことが多い．

ここで §6.5.3 で掲げた N_2 の吸収断面積の図 6.10 をもう一度見ていただきたい．電離エネルギーに対応する波長 795.8 Å より短波長側でもなお櫛の歯状の多数のピークが見られ，中性分子の準離散準位への励起がさかんであることを示している．この図が掲載されている Shaw たちの論文によると，光電離効率 η は 730 Å あたりまでは 0.8〜0.9 に極大をもち大きな振幅で振動しているが，700 Å くらいから先では 0.95 より上におさまっている．

10.2.4 光解離，前期解離

光吸収による分子の解離はいろいろなメカニズムで起こりうる．最も簡単なのは図 10.6 のようにフランク-コンドンの原理により垂直上方へ励起されたとき，曲線 A のように斥力型の電子状態であれば直ちに解離する．また束縛状態をもつものであっても，図の曲線 B のように平衡核間距離が基底状態 X よりずっと外側に位置し，また谷が浅いなどの事情が重なって鉛直上方の Q 点が連続スペクトル領域になっているときには同じように解離する．この B 曲線に相当するよく知られた例は酸素分子である．O_2 の基底状態 $X\ ^3\Sigma_g^-$ から波長域 1300〜1700 Å の紫外線吸収によって励起される $B\ ^3\Sigma_u^-$ は平衡核間距離が

---

[12] R. L. Platzman, *Vortex* **23**, 372 (1962); *Radiation Res.* **17**, 419 (1962).
[13] Y. Hatano, Chapter 6. Dynamics of Superexcited Molecules, in *Dynamics of Excited Molecules,* ed. by K. Kuchitsu (Elsevier, 1994); *Phys. Rept.* **313**, 109 (1999).

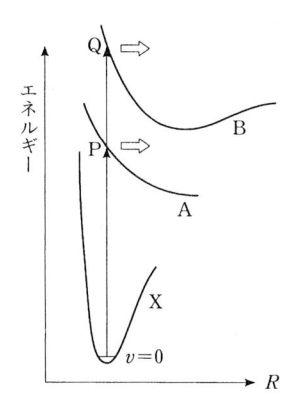

図 10.6 解離を伴う励起

$R_e = 1.604$ Å にあり,基底状態の $R_e = 1.2075$ Å と大きく離れている.しかも B 状態の谷は比較的浅い.このため,波長の長いところで束縛状態の励起も可能であるが,上記の領域での連続吸収がきわめて顕著である.O_2 の B 状態は漸近的に

$$O_2(B\ ^3\Sigma_u^-) \longrightarrow O(^3P) + O(^1D)$$

となり,基底状態の酸素原子と励起状態の酸素原子に解離する.地上 100 km 以上の上層大気中の酸素が太陽からの紫外線により解離して原子状になっているのはこの Schumann-Runge 連続吸収と呼ばれる光解離現象のためである.次に前節で見たように電離に伴う解離もある.窒素分子は複雑なのでもっと簡単な水素分子で見ると,たとえば

$$H_2 + h\nu \longrightarrow H_2^+(2p\sigma_u) + e^- \longrightarrow H^+ + H + e^-$$

が可能である.基底状態の水素分子は §7.2.4 で見たように,電子配置 $(1s\sigma_g)^2$ に $(2p\sigma_u)^2$ がまじっている.したがって,1つ電子が飛び出したあと,$H_2^+(1s\sigma_g)$ ができることが多いが $H_2^+(2p\sigma_u)$ になることもある.この状態の分子イオンは斥力によって直ちに解離するのである.M. Shimizu(清水幹夫)はこの考えにより H^+ と H_2^+ の生成率の比を計算した[14].

光解離には次のような経路もある[15].

---

[14] M. Shimizu, *J. Phys. Soc. Japan* **15**, 1440 (1960); **18**, 811 (1963).
[15] T. P. Stecher and D. A. Williams, *Astrophys. J.* **149**, L29 (1967).

$$H_2(X\ {}^1\Sigma_g^+, v=0) + h\nu \longrightarrow H_2(B\ {}^1\Sigma_u^+\ \text{または}\ C\ {}^1\Pi_u, v')$$
$$\longrightarrow H_2(X\ {}^1\Sigma_g^+, v'') + h\nu'' \tag{10.43}$$

Lymanバンド系と呼ばれるX $\longrightarrow$ B遷移, Wernerバンド系と呼ばれるX $\longrightarrow$ C遷移でできた励起分子は光を放出して基底電子状態へ戻る. B, C状態の平衡核間距離が基底状態(X)の平衡核間距離よりかなり大きいために, さきに酸素分子の例で見たのと同様に v' はある程度高い振動状態となり, 戻るときに $v''=0$ の他に高い振動状態に移る可能性が出てくる. H_2 では $v''=14$ まで振動の離散準位があるが, その先はX状態の解離エネルギーを超えてしまうので連続エネルギー領域になり解離する. フランク-コンドンの原理から考えると効率はよくないが, 物質密度が極端に小さくて分子生成の反応が進行せず, 時間スケールが途方もなく大きい宇宙空間(星間空間など)で, 水素分子のLymanバンド系, Wernerバンド系を含む波長域の光が飛び交っているところでは H_2 は存在しえないことがわかる.

　光解離で生じた分子のかけら(分裂片, fragment. 二原子分子のかけらなら中性原子か原子イオン)を実験室で捕まえ, その速度分布や角分布, ときには偏極(角運動量がある方向に揃っているかどうか)を測定することは, どのようなメカニズムでどの中間状態を経て解離したかを知るうえで重要な手がかりになる. さらにこれらの分裂片が光を出すときはそれを観測することでどのような励起状態にあったかがわかるし, スペクトル線のドップラー効果から速度分布も知れる. このようなさまざまな情報を蓄積することにより, 前の小節で述べた超励起状態と呼ばれるものの具体的内容が解明される.

　間接的なルートを辿って起こる解離でとくに重要なのは, ポテンシャル曲線の(擬)交差を介して1つの電子状態から別の電子状態へ乗り移ることによって実現するものである. 図10.7のように基底状態から励起状態Aの振動準位 a に上がって振動しているうちに, 交差点Cを通過するときある確率で別の電子状態Bに移ることが可能である. Bが斥力ポテンシャルである場合や, 束縛状態をもつときでも図10.6のBのようにその電子状態の漸近的なエネルギーより高いところで飛び移れば解離になる. 交差点での遷移は, 通常小さいとして無視されているBO近似からの外れやスピン・軌道相互作用などによって起こる. しばしば吸収スペクトルにおいて, 1つのバンド系のなかのあると

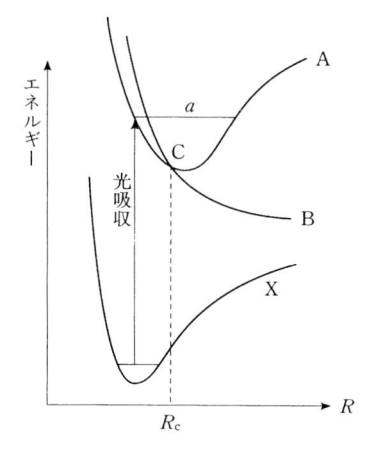

図 10.7 前期解離の説明

ころまでバンドが鮮明で回転準位まではっきり見えているのに，その先のバンドはぼやけたものになってしまうことがある．このような diffuse band に相当する波長の光を当てておき化学的に調べると分子が解離していることがわかる．図でいえば，いま問題にしている励起状態 A の解離エネルギー以下であるのに解離が起こるので，**前期解離** (predissociation) と呼ばれる．B 状態への飛び移りの可能性により，光の放出だけとしたときより振動準位 a の寿命が短くなっているので，不確定性関係によりエネルギーが不明確になってぼやけるのである．

前期解離がそれほど速く起こらないときは A 状態の励起と前期解離とを切り離し，すでに a 準位にあるとして交差点 C を通過するときに遷移する確率を計算すればよいであろう（そうでなくて a 準位が励起されたら時間をおかずに解離するようなときは，a は解離につながる1つの状態と考えて，基底状態からそこへの励起として扱う必要がある．2電子励起状態についての Fano の理論（§ 6.2.2）で似たような問題を扱っている）．

10.2.5　ランダウ-ゼーナーの公式とその改良

このようにしてポテンシャル曲線の（擬）交差通過における遷移確率が必要になり，1932 年に L. Landau と C. Zener とが別々のやり方で同じ公式を導い

図 10.8 ポテンシャル曲線の擬交差

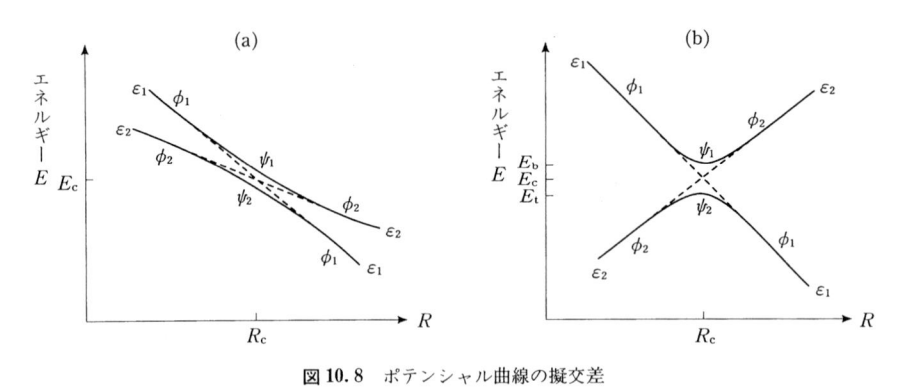

た.これがランダウ-ゼーナー公式として広く使われてきたものである.同じ1932年にE. C. G. Stückelbergは核の相対運動を古典論でなく量子論で扱い,したがって相対運動の位相まで考慮した式を導きだしている[16].ここではZenerのやり方を簡単に紹介しよう.2つのポテンシャル曲線 $\varepsilon_1, \varepsilon_2$ が $R=R_c$ で交差するとしよう(図10.8参照).これらの曲線に対応する系の波動関数を ϕ_1, ϕ_2 とする.ただし,あらかじめ直交化してあるとする.小さな摂動項を無視した解であるので正しいハミルトニアン H の固有関数になっていない.

$$H\phi_1 = \varepsilon_1\phi_1 + \varepsilon_{12}\phi_2,$$
$$H\phi_2 = \varepsilon_{21}\phi_1 + \varepsilon_2\phi_2$$

であるとする.より正確な解として $\psi = c_1\phi_1 + c_2\phi_2$ とおき,永年方程式を解き直して図に記入したように ψ_1, ψ_2 が得られたとする.新しい固有値は実線で示したように $R=R_c$ でも交差せず接近しているだけである(これが**擬交差**と呼ばれるものである).核の運動は古典的に考え,R は時間の既知関数とする.仮定(a)として,R 方向の運動のエネルギーが十分大きく,$R=R_c$ を通過するときの R 方向の相対速度 v は一定と見てよいとする.仮定(b)として,2つの実線曲線が接近している領域は十分に狭くこの領域内では $\varepsilon_1, \varepsilon_2$ は直線と見てよく,仮定(c)で $\varepsilon_{12}, \varepsilon_{21}, \phi_1, \phi_2$ は時間変化なしとする.時間を含む波動方程式

---

[16] 1965年ごろまでのこの分野の研究については次の解説がある.高柳和夫,日本物理学会誌 **21**, 626 (1966).

10.2 分子における放射過程

$$\left(H - \frac{\hbar}{i}\frac{\partial}{\partial t}\right)\left[C_1(t)e^{\frac{i}{\hbar}\int \varepsilon_1 dt}\phi_1 + C_2(t)e^{\frac{i}{\hbar}\int \varepsilon_2 dt}\phi_2\right] = 0$$

から連立方程式

$$\frac{\hbar}{i}\frac{\partial C_1}{\partial t} = \varepsilon_{21}e^{-\frac{i}{\hbar}\int(\varepsilon_1-\varepsilon_2)dt}C_2,$$

$$\frac{\hbar}{i}\frac{\partial C_2}{\partial t} = \varepsilon_{12}e^{\frac{i}{\hbar}\int(\varepsilon_1-\varepsilon_2)dt}C_1$$

が得られる．C_2 を消去して C_1 に対する 2 階の微分方程式を出し，初期条件 $C_1(t=-\infty)=0$, $|C_2(-\infty)|=1$ のもとでこれを解く．結果は

$$|C_2(\infty)|^2 = 1 - |C_1(\infty)|^2 = \exp\left[-\frac{2\pi\varepsilon_{12}\varepsilon_{21}}{\hbar}\left|\frac{d(\varepsilon_1-\varepsilon_2)}{dt}\right|^{-1}\right] \tag{10.44}$$

で，この量ははじめ ϕ_2 にあった系が，$R=R_c$ を一度通過したあとも ϕ_2 に残る（図の実線で示された一方から他方へ遷移する）確率を与える．これがランダウ-ゼーナーの公式である．$R=R_c$ での 2 つの実線の間隔は $2\sqrt{\varepsilon_{12}\varepsilon_{21}}$ で与えられることがわかるので，擬交差の開きが大きいときは (10.44) は小さく実線で表される状態（断熱状態）間の遷移は起こりにくい．逆に $\varepsilon_1, \varepsilon_2$ で表される 2 つの直線の傾きの差が大きいと，(10.44) は大きくなり，ϕ_1 から ϕ_1 へ，ϕ_2 から ϕ_2 へとまっすぐに進む（断熱状態の間で飛び移る）確率が大きくなる．指数関数のなかにある $|d(\varepsilon_1-\varepsilon_2)/dt|$ は，$\varepsilon_1, \varepsilon_2$ の傾きを F_1, F_2 とし $|F_1-F_2|v$ と書けるから，速度 v が大きいときも非断熱遷移 (§5.4.3) が起きやすいことがわかる．

ランダウ-ゼーナー公式は前期解離だけでなく原子衝突やその他物理学の広い範囲の非断熱遷移の問題に使われてきたが，2 つの曲線を直線と見てよいとしたり，速度一定としたり，簡単化の仮定の上に成り立っている．D. R. Bates (1960) や W. D. Ellison と S. Borowitz (1964) などによると遷移は決して擬交差付近の狭い領域内で終わってしまうものでないようで，そうだとするといろいろなパラメターの値を一定としてしまう取り扱いは問題になる．系のエネルギーがポテンシャル交差点のエネルギー E_c の近くまで下がってくると $v \to 0$ となるから，(10.44) は常に 0 に近づく．これが正しいかどうかを確かめる必要がある．さらにランダウ-ゼーナー公式は 2 つの曲線の傾きが同符号（図 10.8 (a) のようにともに右下がりか，またはともに右上がり）の場合を想

定しているが，傾きの符号が異なるときは断熱曲線は図 10.8 (b) のようになり，エネルギーが高ければ上の断熱状態にとらえられ，低いときはトンネル効果が問題になるなど図 10.8 (a) ではなかった現象が出てくる．

ランダウ-ゼーナー公式が出てから 60 年たった 1990 年代になって，この問題を再びとりあげ，エネルギーが E_c に近いときも，E_c 以下のときも，また図 10.8 (b) 型の断熱曲線のときも使える解を見つけだしたのは C. Zhu (朱超原) と H. Nakamura (中村宏樹) である[17]．連立二階の微分方程式から出発するが，変換により単一の二階常微分方程式を導く．これを解いて解析解を求めるために無限遠で漸近的に正確な WKB 解[*3] を用い複素平面上でつないでいくというような手続きを繰り返して実用的な公式を導き出した．たとえば従来のランダウ-ゼーナー公式 (10.44) は図 10.8 (a) で分子のエネルギー E が交差点のエネルギー E_c より十分に高いときしか使えないが，これに相当する Zhu-Nakamura の公式は $E=E_c$ まで使える．この場合の非断熱遷移確率の具体的な式は次のようである．

$$p = \exp\left[-\frac{\pi}{4\sqrt{|\alpha\beta|}}\left(\frac{2}{1+\sqrt{1+\beta^{-2}g_1}}\right)^{\frac{1}{2}}\right], \quad (10.45)$$

$$\alpha = \frac{\hbar^2}{2\mu}\frac{\sqrt{F_1F_2}(F_1-F_2)}{8|\varepsilon_{12}|^3},$$

$$\beta = (E-E_c)\frac{F_1-F_2}{2\sqrt{F_1F_2}|\varepsilon_{12}|},$$

$$g_1 = 0.70 + 0.40\alpha^2.$$

ここで μ は 2 原子の換算質量，F_i $(i=1,2)$ は $R=R_c$ における $d\varepsilon_i/dR$ の絶対値で $F_1 > F_2$，g_1 はこの公式がより広いパラメターの範囲で成り立つように経験的に導入した補正因子である．本書では近似解 ϕ_1, ϕ_2 から出発したのでパラメター β もそれとの関係で定義されているが，はじめから正確な断熱ポテンシャルが求められているときは，その情報だけで α, β を表すこともできる．ランダウ-ゼーナー理論による確率が $E=E_c$ で 0 になるのに反し，(10.45) の

[*3] WKB (Wentzel-Kramers-Brillouin) 法については量子力学の教科書，たとえば L. I. Schiff, *Quantum Mechanics* [32] を参照．

[17] 多くの論文が書かれているが，解法のあらまし，得られた結果，その意義については次の 2 つの解説を見るとよい．H. Nakamura and C. Zhu, *Comments Atom. Mol. Phys.* **32**, 249 (1996)；中村宏樹, 日本物理学会誌 **51**, 829 (1996)．

確率は有限である．これを $E \leqq E_c$ の領域へつなぐ公式や，図 10.8 (b) の場合の公式 (図で $E \geqq E_b$, $E_b \geqq E \geqq E_t$, $E_t \geqq E$ という 3 つの領域それぞれに与えられている) はここでは省略する．

10.2.6 ラマン効果

一定波長の光線を気体に当てたとき散乱されて側方へ出てきた光を分光器で調べると，入射光と同じ波長の光が大部分で，これをレイリー散乱ということは §4.3.2 で述べた．ところが散乱光にはその他の波長の光がまじっていることがあり，これを**ラマン効果** (Raman effect) という．C. V. Raman が 1927 年に発見した現象である．以下，この節でも主として二原子分子について述べるが，分解能があまりよくない分光器の場合，入射光よりも長波長側に 1 本そのような余分のスペクトル線が見えるのが通例で，その場合，1 光子あたりどれだけエネルギーの少ないものになっているかを調べると，ちょうどその分子の振動励起 $v=0 \longrightarrow 1$ のエネルギーに等しいことがわかった．したがって入射光のエネルギーのうちの一部をもらって分子の振動が励起され，残りのエネルギーが波長の少し長くなった光となって出ていったと解釈される．もっと高い分解能の分光器を使うと，入射光の波長の両側ですぐ近くにほぼ等間隔で多数のスペクトル線が見えてくる．これは回転遷移 (励起または脱励起) を伴うラマン線と解釈される．入射光よりも長波長の光となって出てくるのは通常の蛍光と同じであるが，蛍光ではいったん励起分子ができて，それが光を出すとき基底状態のほか中間の励起準位に落ちることもあるという現象で，入射光がちょうど原子または分子の共鳴線の 1 つになっているときに限って見られる．これに反し，ラマン効果は任意の波長の入射光で見られる．もちろん任意とはいっても，振動や回転励起のエネルギーを与えたあとも光として出ていくことができるだけのエネルギーの余裕は必要である．電子状態の励起を伴うラマン散乱も可能ではあるが，電子励起のエネルギーがとくに小さく入射光子のエネルギーが十分大きい場合に限られる．

蛍光を研究し，蛍光 (fluorescence) という術語を導入した G. G. Stokes は，物質に光を当てて出る光を調べると，入射光と同じか長波長のものしかないというストークスの法則の発見者でもある．この法則をラマン散乱光にあてはめ

ると長波長側に出るスペクトル線は法則に合致するので**ストークス線** (Stokes lines) と呼ばれるが，短波長側のスペクトル線は法則に反するということから一般に**反ストークス線** (anti-Stokes lines) と呼ばれるようになった．室温にある多くの分子が回転励起されていて，そのエネルギーをもらって少し短波長になった光子が出てくることによるものである．

可視光や紫外光などで単色光を出す，扱いやすい光源を用い，ラマン効果を利用することで分子の振動・回転スペクトルが得られ，これから分子構造が知られるので赤外吸収とともに広く利用されている．しかも，赤外活性でない H_2, N_2 などの分子にも適用できるのできわめて有用である．ただし，電子遷移には振動・回転遷移も伴うので，電子遷移のスペクトルを解析することでも分子構造を決定することができる．

ラマン効果は光散乱の一種で，電気双極子モーメントの行列要素を通じての通常の光吸収と異なり分極率 α の行列要素で決まる．すでに見てきたレイリー散乱 (4.67)(4.71) と違うのは散乱前後の分子の状態 m，エネルギー E_m が変わることである．$m \longrightarrow n$ 遷移が伴うとすると，その断面積は[*4]

$$a(m \to n) = \frac{8\pi^3}{9\varepsilon_0^2 \lambda_1^4} \sum_\rho \sum_\sigma |(m|\alpha_{\rho\sigma}|n)|^2, \tag{10.46}$$

$$(m|\alpha_{\rho\sigma}|n) = \frac{1}{\hbar} \sum_r \left\{ \frac{(m|\mu_\sigma|r)(r|\mu_\rho|n)}{\omega_{rm}-\omega} + \frac{(m|\mu_\rho|r)(r|\mu_\sigma|n)}{\omega_{rm}+\omega} \right\} \tag{10.47}$$

で与えられる．ここで μ_ρ, μ_σ は電気双極子モーメントベクトルの成分，$\hbar\omega_{ij} = E_i - E_j$，$\omega$ は入射光の角振動数，$\omega_1 = \omega + \omega_{mn}$ は散乱光の角振動数，$\lambda_1 = 2\pi c/\omega_1$ はその波長である．

ラマン効果における振動・回転量子数 v, J の選択則を求めるにはテンソル $\alpha_{\rho\sigma}$ の行列要素が 0 でないための条件を求めればよい．振動に関しては

$$\alpha_{\rho\sigma}(R) = \alpha_{\rho\sigma}(R_e) + \left(\frac{\partial \alpha_{\rho\sigma}}{\partial R}\right)_{R_e}(R-R_e)$$

と近似し，さらに，低い振動準位に対しては調和振動子と見なすことができるから，$(R-R_e)$ の行列要素が 0 でない条件として

[*4] レイリー散乱は (4.67)(4.71) でわかるように状態 "0" にある原子 (または分子) が中間状態を経てもとの状態に戻る 2 次摂動効果になっている．今回は始めと終わりの状態が異なるので，α の非対角要素が出てくる．

$$\Delta v = \pm 1 \tag{10.48}$$

が得られる。$a_{\rho\sigma}(R_e)$ からは $\Delta v=0$ という条件が得られ、もしも J も変わらなければレイリー散乱になる。

次に回転の選択則である。分子固定系を X, Y, Z、空間固定系を x, y, z として、たとえば z 方向に電場 F_z をかけたとき同じ方向に誘起される電気双極子モーメントは

$$\mu_z = a_{zz} F_z$$

と書かれる。この μ_z を分子固定系で表せば[*5]

$$\mu_z = \mu_X \cos(X, z) + \mu_Y \cos(Y, z) + \mu_Z \cos(Z, z).$$

ところで分子系では分極率テンソルは対角形で、上式の μ_X 等は

$$\mu_X = a_{XX} F_X, \qquad \mu_Y = a_{YY} F_Y, \qquad \mu_Z = a_{ZZ} F_Z$$

と書ける。そこで F_X, F_Y, F_Z を F_x, F_y, F_z で表し、$F_x = F_y = 0$ とおくと

$$a_{zz} = a_{XX} \cos^2(X, z) + a_{YY} \cos^2(Y, z) + a_{ZZ} \cos^2(Z, z)$$
$$= a_{XX} + (a_{ZZ} - a_{XX}) \cos^2\theta$$

が得られる。θ は Z と z のなす角、また二原子分子で $a_{XX} = a_{YY}$ であることを用いた。行列要素をつくると第1項から $\Delta J=0$、第2項から $\Delta J=0, \pm 2$ が出る。分極率の他の成分についても同様で、結局選択則は

$$\Delta J = 0, \pm 2 \tag{10.49}$$

となる。

とくに $\omega_{rm} - \omega$、$\omega_{rm} + \omega$ がすべての主要な中間状態 r に対して振動・回転の振動数よりも十分に大きいとすると、中間状態についての和が簡単になり、さらに $^1\Sigma$ 状態の二原子分子を考えることにすると、ラマン散乱の断面積に対して[18]

S枝 ($J' = J+2$) で

$$a(vJ \to v'J') = \frac{8\pi^3}{9\varepsilon_0^2 \lambda_1^4} \frac{(J+1)(J+2)}{(2J+1)(2J+3)} |\langle v|\gamma(R)|v'\rangle|^2, \tag{10.50}$$

Q枝 ($J' = J$) で

$$a(vJ \to v'J') = \frac{8\pi^3}{9\varepsilon_0^2 \lambda_1^4} \left\{ 3|\langle v|\alpha(R)|v'\rangle|^2 + \frac{2}{3} \frac{J(J+1)}{(2J-1)(2J+3)} |\langle v|\gamma(R)|v'\rangle|^2 \right\},$$

[*5] $\cos(Z, z)$ 等は Z, z 方向のなす角の余弦等である。
[18] A. Dalgarno and D. A. Williams, *Mon. Not. Roy. Astr. Soc.* **124**, 313 (1962).

(10.51)

O 枝 $(J'=J-2)$ で

$$a(vJ \to v'J') = \frac{8\pi^3}{9\varepsilon_0^2\lambda_1^4} \frac{J(J-1)}{(2J-1)(2J+1)} |(v|\gamma(R)|v')|^2 \qquad (10.52)$$

を得る．$(v|\cdots|v')$ は振動波動関数に関する行列要素であり，また

$$\alpha(R) = \frac{1}{3}\{\alpha_{/\!/}(R) + 2\alpha_{\perp}(R)\}, \qquad (10.53)$$

$$\gamma(R) = \alpha_{/\!/}(R) - \alpha_{\perp}(R). \qquad (10.54)$$

室温では大部分の二原子分子は振動の基底状態 $(v=0)$ にあるから，ラマン効果は $v=0 \longrightarrow 1$ で長波長側だけに見られる．多原子分子では振動の準位間隔の小さいものもあり，その場合は，室温で励起されている分子もあるので，短波長側にもラマン散乱線が観測される．回転ではエネルギー準位を単一項 $BJ(J+1)$ で近似して

$$B(J+2)(J+3) - BJ(J+1) = 4B\left(J + \frac{3}{2}\right)$$

となるから，レイリー散乱光のエネルギーから $J=0 \longrightarrow 2$ までは $6B$，そのあとは $4B$ 間隔にラマン線が並ぶことになる．赤外活性分子の回転遷移では $\Delta J = \pm 1$ で，スペクトル線の間隔が $2B$ であったからラマン散乱では間隔が倍になっていることがわかる．とくに H_2, N_2 などの等核二原子分子では，J が奇数か偶数かに応じて核スピン状態による統計的重みが変わることから，ラマンスペクトルも強度が大きい線と小さい線が交互に並ぶいわゆる強度交代の現象が見られる（§8.3 参照）．

11
原子間力，分子間力

11.1 原子間，分子間の相互作用

11.1.1 近距離での相互作用

原子間の力，分子間の力といってもどのような状況下でどのような問題を考えるかによって，必要となる知識の範囲が変わってくる．たとえば，基底状態にある2つの水素原子の間の力を考えるのに，任意の2つのH原子をもってくれば1:3の割合でスピンが一重項か三重項になり，一重項ならポテンシャル曲線は深い谷をもち化学結合を可能にするのに対し，三重項なら近距離ではいたるところ斥力になる．化学結合で分子ができる場合についてはすでに見てきた．われわれの周辺では水素は通常分子になっているので，分子の構造・性質を通じて以外には原子間の力についてはあまり知る必要はないと思われるが，星間空間のように密度の低いところでは原子状の水素がしばしばそこにある物質の主成分であるから，原子どうしの衝突を支配する原子間力の全貌が必要になる．この場合，一重項だけでなく，斥力型の三重項についても知らなければならず，また分子の平衡核間距離付近だけでなく，広い原子間距離の範囲にわたっての情報が必要である．一重項と三重項の違いは2つの原子の電子軌道が重なり合い，電子交換が可能であるところから生じるものであるが，この差が無視できるくらいに小さくなった遠距離では電子スピンの向きによらない弱い引力が見られる．これは化学結合力をもたない希ガス原子間でも，化学的に飽和した分子間でも見られるもので，この力の存在は気体の状態方程式が理想気体の式から外れる原因の1つになっている．19世紀に J. D. van der Waals が半経験的に見いだした実在気体の状態方程式に現れるパラメターの1つが，この遠方での弱い引力に対応している．この引力をファンデルワールス

力と呼ぶ．その主な内容は分散力 (dispersion force) であるが，これについては§11.2.3で扱う．

さて，電子雲が重なり合う近距離での力に話を限ると，2原子間でも，簡単な分子間でも同じようなことで，核配置を固定して電子状態のエネルギーを決めるというボルン-オッペンハイマー近似が通常用いられる．そのかぎりでは1個の分子の電子状態を調べるのと違いはない．しかし，1つの分子ならその平衡核配置周辺をていねいに調べれば多くの場合十分なのに対し，原子間，分子間の力となると距離や相対的な向きの広い範囲にわたっての情報が必要となるから，それだけ厄介な仕事になる．ハートリー-フォック法か，もっと高い精度が必要なら配置混合を試みるなどして計算することになるが，2原子間なら原子間距離，分子間ならさらに分子の向き，分子の変形（核間距離や多原子分子なら結合角などの変化）による相互作用の変化も求めなければならない．簡単な例では，水素原子3個からなる系のポテンシャルエネルギーはかなり詳細に計算されていて，置換反応

$$H+H_2 \longrightarrow H_2+H$$

の反応速度計算に用いられているが，もう1つ原子を増やして2つの水素分子間の相互作用ポテンシャルとなると格段に厄介になる．分子内核間距離を平衡距離に固定して分子の向きによる変化を出すまではまだよくて，分子衝突による回転遷移断面積の理論計算結果はかなりよく収束してきている．しかし，振動励起断面積となると計算結果は相当にばらついている．これは衝突過程の計算法にも問題はあるかもしれないが，十分正確な分子間力の情報が得られていないことを反映しているように思われる．このように，精度の高い分子間力が計算されている例はあまり多くない．

一方，多少精度を落としてももっと少ない労力で近距離力を計算したいという要望もあり，いくつかの近似法が提案されている．その1つに**自由電子気体モデル** (free electron gas model) というものがある[1)2)]．その考え方と主な公式を紹介しよう．ここでは原子単位を用いる．

2分子を A, B とする．A, B が近づいたとき，各点における電子雲の電荷

[1)] V. K. Nikulin, *Zhur. Tekh. Fiz.* **41**, 41 (1971); *Sov. Phys.-Tech. Phys.* **16**, 28 (1971).
[2)] R. G. Gordon and Y. S. Kim, *J. Chem. Phys.* **56**, 3122 (1972).

密度 ρ_{AB} は孤立しているときの各分子の電荷分布 ρ_A, ρ_B を単純に重ね合わせた和で与えられるとする．電荷分布が決まればまずクーロン力，つまり系の静電エネルギーが計算される．系の全エネルギーにはこの他に電子の運動エネルギー，電子交換の寄与，電子相関の効果が含まれる．これらに対しては密度一様な自由電子気体について導きだされた公式を流用する．すなわち，系のエネルギーに対するこれら3つの寄与を

$$V_i = \int d\boldsymbol{r}[\rho_{AB}\varepsilon_i(\rho_{AB}) - \rho_A\varepsilon_i(\rho_A) - \rho_B\varepsilon_i(\rho_B)] \tag{11.1}$$

の形に書き，$i=$kin, exch, correl に対してそれぞれ次のような近似式を用いる．

$$\varepsilon_{\text{kin}}(\rho) = \frac{3}{10}(3\pi^2)^{\frac{2}{3}}\rho^{\frac{2}{3}} \tag{11.2}$$

$$\varepsilon_{\text{exch}}(\rho) = -\frac{3}{4}\left(\frac{3}{\pi}\right)^{\frac{1}{3}}\rho^{\frac{1}{3}} \tag{11.3}$$

$$\varepsilon_{\text{correl}}(\rho) = \begin{cases} -0.311\log r_s - 0.048 + 0.009 r_s \log r_s - 0.01 r_s & (r_s \leq 0.7) \\ -0.06156 + 0.01898\log r_s & (0.7 < r_s < 10) \\ -0.438 r_s^{-1} + 1.325 r_s^{-\frac{3}{2}} - 1.47 r_s^{-2} - 0.4 r_s^{-\frac{5}{2}} & (10 \leq r_s) \end{cases} \tag{11.4}$$

ここで $r_s = (4\pi\rho/3)^{-1/3}$，また log は常用対数ではなく，本書の他の式と同様に自然対数である．ここで電子交換効果がクーロン力の寄与と別に計算されたため，電子の自分自身との交換が含まれてしまっている．これを補正する式が Rae によって提案されている[3]．以上のような近似法では正確な分子間力を出すことはできないが，ほかに知られている情報がないときにおよその知識を得るには役立つ．

11.1.2 分子間力と気体の諸性質

さて，分子間力は分子が集まって液体や固体をつくるうえでも重要であるが，ここでは気体の性質に関係する話題を若干とりあげることにする．まず，先に述べたファンデルワールスの状態方程式（van der Waals equation of

---

[3] A. I. M. Rae, *Chem. Phys. Lett.* **18**, 574 (1973).

state) は，古くから知られている理想気体の状態方程式

$$pV = RT \quad (1 \text{ モルあたり}) \tag{11.5}$$

(p：圧力，V：1 モルの体積，$R = 8.31451$ J/mol·K：気体定数，T：絶対温度) を修正して実際の気体の性質に近づけたもので

$$\left(p + \frac{a}{V^2}\right)(V - b) = RT, \quad a, b > 0 \tag{11.6}$$

という形をしている．a/V^2 は少し離れた距離で見られる分子間引力のために，壁への圧力が減少して見えることを，b は分子が有限な大きさをもち，ある程度以上相互に接近できないことを表す量として導入されている．高圧高密度での理想気体からの外れをかなりよく説明してはくれるが，なにぶんにもパラメターが 2 つだけではすべての実測値を正確に表すことはできない．そこで通常用いられる式は

$$\frac{pV}{RT} = 1 + \frac{B(T)}{V} + \frac{C(T)}{V^2} + \cdots\cdots \tag{11.7}$$

で，温度の関数として係数 $B(T), C(T)$ などを決めるものである．これらの係数は**第 2 ビリアル係数** (virial coefficient)，**第 3 ビリアル係数**などと呼ばれている．とくに $B(T) = 0$ となる温度 $T = T_b$ では理想気体の式からの外れが小さく，積 pV がほぼ一定となってボイルの法則 (Boyle's law) がよく成り立つので，ボイル温度と呼ばれる．分子間力が球対称でそのポテンシャル $V(r)$ (r は分子間距離)[*1] がわかっているときは[4)]

$$B(T) = -\frac{N_A}{2} \int_0^\infty [e^{-V(r)/\kappa T} - 1] 4\pi r^2 dr \tag{11.8}$$

によって計算される．N_A はアボガドロ数である．

気体の性質で分子間力に関係の深いものとしてはこの他に輸送現象 (transport phenomena) がある．熱伝導すなわち熱運動エネルギーの輸送の速さを表す熱伝導率，粘性すなわち運動量輸送の速さを与える粘性率，混合ガスで組成の均一化の速さを示す拡散率などが**輸送係数** (transport coefficient) と呼ばれるものであるが，これらは気体分子の衝突によって支配されるから，もとをたどれば分子間力で決まるものである．たとえば，熱伝導率 k は熱エネ

[*1] 以下，体積 V は出てこないので記号上の混乱はないであろう．
[4)] ビリアル係数や輸送係数の式の導出については Hirschfelder らの本 [26] にくわしい．

ギーの流れ $\boldsymbol{q}$ と温度勾配の比として定義される.
$$\boldsymbol{q} = -k\nabla T \tag{11.9}$$
この係数を第1次近似で求めると[4]),
$$k = \frac{3\kappa}{2}\frac{25\kappa T}{16m}\frac{1}{\Omega^{(2,2)}} \tag{11.10}$$
となり,m は分子質量,Ω の一般的な定義は
$$\Omega^{(r,s)} = \left(\frac{\kappa T}{2\pi M}\right)^{\frac{1}{2}}\int_0^\infty \exp\left(-\frac{Mv^2}{2\kappa T}\right)v^{2s+3}(1-\cos^r\theta)q(\theta,v)dvd\omega \tag{11.11}$$
で,M は衝突する2分子の換算質量(単一気体なら $m/2$),v は相対速度,$q(\theta,v)d\omega$ は入射方向から θ だけ外れた方向の小立体角 $d\omega$ 内への散乱に対する微分断面積である.分子間力が与えられたら,$qd\omega$,したがって $\Omega^{(2,2)}$ が計算できる.粘性率も $\Omega^{(2,2)}$ で表され,拡散率は $\Omega^{(1,1)}$ で,また熱拡散率と呼ばれる量は $\Omega^{(1,2)}$, $\Omega^{(1,1)}$, $\Omega^{(2,2)}$ を用いて求められる.

分子線の実験技術が十分でなかった20世紀半ばまではビリアル係数や輸送係数は分子間力の情報源として最も重要なものであった.すなわち,分子間力のポテンシャル $V(r)$ に対して比較的簡単な解析的な式を仮定し,これらの係数の実測値と最もよく合うようにパラメーターを調整して経験的ポテンシャルを求めるやり方である.関数形としては (12-6) Lennard-Jones 型と呼ばれる
$$V(r) = \varepsilon\left[\left(\frac{a}{r}\right)^{12} - 2\left(\frac{a}{r}\right)^6\right] \qquad (r=a \text{ で極小値 } -\varepsilon) \tag{11.12 a}$$
$$= 4\varepsilon\left[\left(\frac{\sigma}{r}\right)^{12} - \left(\frac{\sigma}{r}\right)^6\right] \qquad \left(\sigma = \frac{a}{2^{1/6}}\right) \tag{11.12 b}$$
や exponential-6 型
$$V(r) = Ae^{-\alpha r} - \frac{B}{r^6} \tag{11.13}$$
がしばしば用いられた.ただし,後者では r の小さいところに極大をもち,その内側で $V(r)$ は急速に $-\infty$ に落ち込むので,極大から内側は無限大の高さの剛体球ポテンシャルを仮定するのが普通である.

実在の分子の多くは球対称から相当に外れたものであるから,以上の取り扱いはいわば向きで平均した分子間力を想定しての取り扱いである.球対称からの外れを比較的簡単に取り入れた分子間ポテンシャルモデルが,木原太郎

(1953)によって導入されコアポテンシャルと呼ばれている[5]．これにより分子の個性をある程度まで取り入れることができる．具体的には各分子の内部に適当なコア（核心）を考える．2分子間のポテンシャルは両分子のコア間の最短距離 ρ だけの関数 $V(\rho)$ とし，$V(\rho)$ として Lennard-Jones 型の関数を採用する．このようなモデルでは，たとえば第2ビリアル係数は凸体の幾何学を応用して求めることができる．

その後，分子線を用いた散乱実験で断面積を測定し，その結果に合うように分子間力を決める方法が使えるようになってきた．分子の回転状態を指定して散乱させると，分子間力の方向性についての情報も得られるので，今後この方法で詳細な測定と解析が行われるものと期待される．

11.2 中・遠距離での分子間力

電子雲の重なりが無視できるくらいの中・遠距離での相互作用を考えよう．最も遠方まで作用するのはクーロン力であるから，イオン間の相互作用ではまず両者の電荷の間のクーロン力が主要である．一方だけがイオンのとき，相手が分子なら電気双極子かもっと高次の多極子をもつであろうから，それらとイオンの電荷の間の力が比較的遠くまで到達する．中性粒子どうしの相互作用では，両者が分子なら双極子など多極子間の力が存在する．次に，一方の電荷または多極子がつくり出す電場によって相手が分極し誘導双極子モーメントができる．それと，もとになった電荷や多極子モーメントとの間に分極力が生まれる．最後に，すでに名前だけあげてある分散力であるが，理論的には2次の摂動論で導かれる．

11.2.1 静　電　力

分子を遠方から見たときの静電ポテンシャル場は§10.1の(10.7)式，軸対称分子なら(10.9)で与えられた．したがって，イオンと分子の間の静電力のポテンシャルはこれらの式にイオンの電荷をかけることによって得られる．

---

[5] 木原太郎『分子間力』[29] には分子間力の基礎知識，コアポテンシャル，気体から分子結晶までのいろいろな応用がていねいに書かれている．

次に，中性の分子間でも存在するものとしては両者の多極子間の相互作用がある．(10.1) から (10.7) を導いたと同様に，2分子間の静電ポテンシャルの一般式

$$V = \frac{1}{4\pi\varepsilon_0} \iint \frac{\rho_1(\boldsymbol{r}_1)\rho_2(\boldsymbol{r}_2)}{|\boldsymbol{r}+\boldsymbol{r}_2-\boldsymbol{r}_1|} d\boldsymbol{r}_1 d\boldsymbol{r}_2 \tag{11.14}$$

($\rho_1(\boldsymbol{r}_1), \rho_2(\boldsymbol{r}_2)$ は孤立した分子内の電荷分布，$\boldsymbol{r}_1, \boldsymbol{r}_2$ は各分子の重心を原点とする位置ベクトル）において，$\boldsymbol{r}_1, \boldsymbol{r}_2$ がともに分子間距離 r（相対位置ベクトルとしては分子1から分子2に向いたベクトルとする）にくらべて小さいとして展開することによって遠方での主要な相互作用が求められる．念のためイオンの場合も含めての式を書いておくと，両分子の電荷を q_1, q_2 として

$$V = \frac{1}{4\pi\varepsilon_0}\left[\frac{q_1 q_2}{r} - \frac{q_1}{r^3}(\boldsymbol{r}\cdot\boldsymbol{\mu}_2) + \frac{q_2}{r^3}(\boldsymbol{r}\cdot\boldsymbol{\mu}_1) \right.$$
$$\left. + \frac{1}{r^3}\left\{ (\boldsymbol{\mu}_1\cdot\boldsymbol{\mu}_2) - \frac{3}{r^2}(\boldsymbol{\mu}_1\cdot\boldsymbol{r})(\boldsymbol{\mu}_2\cdot\boldsymbol{r}) \right\} + \cdots\cdots \right] \tag{11.15}$$

のようになる．第1行はイオン間のクーロン力と一方がイオンで他方が永久双極子をもつときに存在する相互作用，2行目は双極子・双極子相互作用である．このあとイオンの電荷と相手分子の四極子モーメントの間の相互作用（そのポテンシャルは距離 r の3乗に反比例），双極子・四極子相互作用（$\propto 1/r^4$），四極子・四極子相互作用（$\propto 1/r^5$）などが続く．

なお，原子は定常状態において一定のパリティをもつことから，双極子モーメントの期待値はいつも0であるが，四極子モーメントをもつことはありうる．その場合，中・遠距離力への寄与が生ずる．四極子モーメントをもつということは，空間におけるその向きに応じていくつかの状態が縮退しているということである．このような原子間の中距離相互作用について Chang による review がある[6]．

11.2.2 分　極　力

電荷 q のイオンと中性原子が大きな距離 r だけ離れて位置しているとする．イオンが原子の位置につくる電場は $q/4\pi\varepsilon_0 r^2$ の強さで，これに原子の分極率 α をかけると誘起電気双極子モーメントの大きさ $\mu = \alpha q/4\pi\varepsilon_0 r^2$ が得られる．

---
[6] Tai Yup Chang, *Rev. Mod. Phys.* **39**, 911 (1967).

この系のポテンシャルを求めるのに，(10.9)の第2項のμにいま出した表式を入れてはならない．(10.9)はμが定数のときの式で，いまの場合はμがイオンの接近によってつくられるので距離の関数になっている．そこで，μとイオンの電荷qの間の力が引力でその大きさが$2\mu q/r^3$であることに注意し，このμに前記の式($\propto r^{-2}$)を代入し，無限遠から有限距離rまで積分することによって正しい分極力ポテンシャルを得ることができる．その結果は

$$V = -\frac{\alpha q^2}{(4\pi\varepsilon_0)^2 2r^4} \tag{11.16}$$

である[*1]．これは原子の位置においてつくられる電場が一様と見ての計算であるが，rが小さくなるにつれて原子付近での電場は不均一の程度が大きくなる．そのときは高次の分極率まで含めた(4.15)(そこではqはze，rはRと書かれている)を用いる必要がある．

イオンと分子の場合には分子が球対称でないことを考慮しなければならない．一般に分極率はテンソルになる．軸対称の分子についていえば，イオンのつくる電場を分子の軸方向とそれに垂直な方向に分け，それぞれに分極率$\alpha_{/\!/}$，$\alpha_\perp$をかけて再びベクトル的に合成すると誘起双極子モーメント$\boldsymbol{\mu}$が得られる．そのr方向の成分μ_rを求めると，イオン・分子間の分極力の大きさは$2q\mu_r/r^3$となる．これから導かれるポテンシャルは

$$V = -\frac{q^2}{(4\pi\varepsilon_0)^2 2r^4}\left\{\alpha + \frac{1}{3}(\alpha_{/\!/} - \alpha_\perp)(3\cos^2\theta - 1)\right\} \tag{11.17}$$

となる．すなわち，原子の場合の式(11.16)で分極率を$\alpha + \frac{2}{3}(\alpha_{/\!/} - \alpha_\perp)P_2(\cos\theta)$に置き換えたものになっている．$\alpha = (\alpha_{/\!/} + 2\alpha_\perp)/3$は分子の向きで平均した分極率である．

次に中性原子と極性分子の組み合わせを考えよう(図11.1参照)．この場合，分子の電気双極子モーメント$\boldsymbol{\mu}$がつくり出す電場によって原子(分極率α)が分極し誘起双極子を生じ，それともとの分子の双極子との相互作用が遠方での主要な相互作用の1つになる．分子の電気四極子モーメントQも同じ誘起双極子と作用し合う．またQのつくる電場で分極した原子と，分子の双

[*1] cgs静電単位系の分極率α'，電荷q'を用いると，$\alpha/4\pi\varepsilon_0 \longrightarrow \alpha'$，$q^2/4\pi\varepsilon_0 \longrightarrow q'^2$の対応により，ポテンシャルは$-\alpha'q'^2/2r^4$となる．

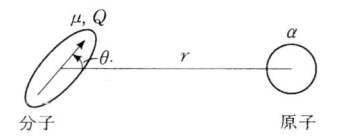

図 11.1 直線分子と中性原子の系

極子とが相互作用すると考えても同様の作用が生まれる。ここまでの範囲で，原子・直線形極性分子間の遠方での相互作用ポテンシャルは

$$V = \frac{1}{4\pi\varepsilon_0}\left\{-\frac{1}{2}\alpha\mu^2\frac{1}{r^6}(3\cos^2\theta+1)\right.$$
$$\left.-6\alpha\mu Q\frac{1}{r^7}\cos^3\theta + \cdots\cdots\right\} \quad (11.18)$$

となる[7]。

11.2.3 分 散 力

まず中性原子どうしの相互作用を考える。とくに希ガス原子など球対称状態にある原子では永久多極子が一切ないので遠方まで及ぶ力はなく，指数関数的に減少する近距離力だけと思ってしまいそうであるが，じつはファンデルワールス力の主要部分である分散力はそのような球対称原子間にも存在する。すなわち，原子の電気双極子モーメントは，定常状態で期待値をとると 0 になるが，各瞬間には一般に 0 でないと考えられる。つまり，瞬間的には原子間に双極子・双極子相互作用が存在する。これを，両原子の基底状態の波動関数を使って期待値をとったのでは確かに 0 になるが，2 次の摂動論を適用すると 0 でない答えが出てくる。両原子内の電子群が互いに無関係に走り回っているなら平均して 0 になるが，もし足並みを揃えて回るなら，0 でない結果が残るということである。2 つの原子の瞬間的な双極子モーメントを μ_1, μ_2 とする。双極子・双極子相互作用ポテンシャルは (11.15) で見たように

$$V_{dd} = \frac{1}{4\pi\varepsilon_0 r^3}[(\boldsymbol{\mu}_1 \cdot \boldsymbol{\mu}_2) - 3(\boldsymbol{\mu}_1 \cdot \hat{\boldsymbol{r}})(\boldsymbol{\mu}_2 \cdot \hat{\boldsymbol{r}})] \quad (11.19)$$

である。$\hat{\boldsymbol{r}}$ は $\boldsymbol{r}$ 方向（原子 1 から 2 に向かう）の単位ベクトルである。この V

---

[7] A. D. Buckingham, *Adv. Chem. Phys.* **12**, 107 (1967). これは永久双極子, 誘起双極子の関与する分子間力の review である。

を2次摂動論の式(3.25)に入れる．簡単のため各原子は縮退のない基底状態(以下の式では記号 0 で表す)にあり，これをそれぞれの内部エネルギーの 0 に選ぶ．原子 1, 2 の励起状態 s, t の励起エネルギーをそれぞれ E_{1s}, E_{2t} のように書こう．2次摂動の式には V の対角要素は現れないから，双極子モーメントに原子核の寄与を入れておいても電子状態の波動関数の直交性で消える．したがって，たとえば $\boldsymbol{\mu}_1$ ならば

$$\boldsymbol{\mu}_1 \longrightarrow -e\sum_i \boldsymbol{R}_{1i}$$

のようにおいて差し支えない．$\boldsymbol{R}_{1i}$ は原子 1 の i 番目の電子の(核に対する)位置ベクトルである．両原子とも r 方向に z 軸を選ぶと，2次摂動から出るエネルギーは，$\sum_i \boldsymbol{R}_{1i}$ 等の成分を (X_1, Y_1, Z_1) 等と書いて

$$V = -\left(\frac{e^2}{4\pi\varepsilon_0}\right)^2 \frac{1}{r^6}\sum_{s,t}{}' \frac{|(X_1)_{s0}(X_2)_{t0}+(Y_1)_{s0}(Y_2)_{t0}-2(Z_1)_{s0}(Z_2)_{t0}|^2}{E_{1s}+E_{2t}}$$

で与えられる．$\sum'$ は基底状態を除く和であることを示す．s, t 状態にある各原子の軌道角運動量 $\boldsymbol{L}$ の向き(磁気量子数 M)で平均すると，交差項 $\overline{(X_1)_{s0}(Y_1)_{s0}}$ 等は消え，

$$\overline{|(X_1)_{s0}|^2} = \overline{|(Y_1)_{s0}|^2} = \overline{|(Z_1)_{s0}|^2} = \frac{1}{3}\overline{|(\boldsymbol{R}_1)_{s0}|^2}$$

となるので，

$$V = -\left(\frac{e^2}{4\pi\varepsilon_0}\right)^2 \frac{1}{r^6} \frac{1}{(2L_s+1)(2L_t+1)} \frac{2}{3}\sum_{s,t}{}' \sum_{M_s,M_t} \frac{|(\boldsymbol{R}_1)_{s0}|^2|(\boldsymbol{R}_2)_{t0}|^2}{E_{1s}+E_{2t}}$$

となる．ところが振動子強度は

$$f_{1,0s} = \frac{2m_e}{3\hbar^2} \frac{E_{1s}}{2L_s+1}\sum_{M_s}|(\boldsymbol{R}_1)_{s0}|^2 \quad 等$$

であったから，それを用いると求める相互作用ポテンシャルは

$$V = -\frac{3}{2}\left(\frac{e^2\hbar^2}{4\pi\varepsilon_0 m_e}\right)^2 \frac{1}{r^6}\sum_{s,t}{}' \frac{f_{1,0s}f_{2,0t}}{E_{1s}E_{2t}(E_{1s}+E_{2t})} \quad (11.20)$$

と書ける．この式は 1930 年に F. London が見いだしたものである．屈折率や分極率の式に似て振動子強度を含み励起状態についての和になっているところから，**分散力**(dipersion force)と名づけられた．この式の和でエネルギーを角振動数 ω で置き換えて $E_{1s}=\hbar\omega_{1,s0}$ などとし，$1/(\omega_{1,s0}+\omega_{2,t0})$ に恒等式

$$\frac{1}{a+b} = \frac{2}{\pi}\int_0^\infty \frac{ab}{(a^2+u^2)(b^2+u^2)}du$$

を適用する.さらに振動子強度と動分極率 $\alpha(\omega)$ の関係 (4.84) を利用すると

$$V = -\frac{3\hbar}{\pi}\frac{1}{r^6}\int_0^\infty \frac{\alpha_1(iu)\alpha_2(iu)}{(4\pi\varepsilon_0)^2}du \tag{11.21}$$

のようにまとまった形の公式が得られる.$\alpha_1(\omega)$, $\alpha_2(\omega)$ は両原子の動分極率である.本来の $\alpha(\omega)$ は ω の関数として複雑な変化をするが,ω を虚数 iu に置き換えた $\alpha(iu)$ は u の関数として 0 から ∞ まで単調減少するおとなしい関数である.そこでこの関数を精度よく決めることができれば,定積分を見積もることで分散力の係数も決定できる.Dalgarno はそのようなやり方で希ガス原子相互の間の分散力を決定している[8].

もし $\alpha(\omega)$ を単一項の近似式

$$\alpha_1(iu) \cong \frac{\alpha_1\omega_1^2}{\omega_1^2+u^2}, \qquad \alpha_2(iu) \cong \frac{\alpha_2\omega_2^2}{\omega_2^2+u^2} \tag{11.22}$$

で置き換えると (11.21) の積分が実行できて

$$V \cong -\frac{3\hbar}{2}\frac{\omega_1\omega_2}{\omega_1+\omega_2}\frac{\alpha_1\alpha_2}{(4\pi\varepsilon_0)^2}\frac{1}{r^6} \tag{11.23}$$

が得られる.前述の Dalgarno による計算結果を利用し,同種原子間の分散力がそれと合うように ω_1, ω_2 を求めると,$\hbar\omega_1$, $\hbar\omega_2$ はそれぞれの電離エネルギー I よりも 10~20% 大きい値になった.他に利用できる情報が得られていないときは電離エネルギーを用いて

$$V = -\frac{3}{2}\frac{I_1 I_2}{I_1+I_2}\frac{\alpha_1\alpha_2}{(4\pi\varepsilon_0)^2}\frac{1}{r^6} \tag{11.24}$$

を近似式とすることも多い.

原子の一方を直線分子に置き換えるときは,分極力の式 (11.17) におけるのと同様に,分極率を球対称部分と非対称部分に分けて

$$\alpha \longrightarrow \alpha + \frac{2}{3}(\alpha_\parallel - \alpha_\perp)P_2(\cos\theta)$$

のように置き換えればよい.

---

[8] A. Dalgarno, *Adv. Chem. Phys.* **12**, 143 (1967).

11.2.4 相対論の効果

原子や分子の間の距離が非常に大きくなったら，いままで述べてきた非相対論的な扱いは正しい答えを与えなくなり，相対論的効果を取り入れることが必要になる．ただし，いままで見てきた相対論の効果，すなわち電子の速度が光速度 c に近くなったときに必要になる v^2/c^2 程度の補正のことではない．構成粒子はそんなに速く走っていなくてもよい．距離が非常に大きいことからくる効果である．非相対論的量子力学では荷電粒子間の力はクーロン力で，時間を要せず相手に届いていると考えている．QED の立場では仮想光子 (virtual photon) のやりとりをしているので，作用は光速度 c で伝わるものである．近距離ならほとんど瞬間的と思ってよいが，距離が大きくなると有限時間を要する．分散力では両分子の双極子モーメントが足並みを揃えて向きや大きさを変え，全系のエネルギーを下げているので，情報伝達に有限な時間を要するとなると，その効率は瞬間力としたときよりずっと落ちてしまう．一方の分子の瞬間的な双極子が電場をつくり，その効果が r/c だけの時間がたって相手のいるところまで届き，分子 2 に誘起双極子をつくる．その結果がさらに r/c だけ遅れて分子 1 に戻ってくる．この間に分子 1 の双極子は大きさも向きも変わってしまうので，いままで述べてきた理論が予測したエネルギーにはなりえない．原子や分子では最外軌道を回る電子が外界との相互作用に主に寄与するが，原子や小さい分子ではこれらの電子はボーア半径 a_0 程度の大きさの軌道を 1 原子単位 ($e^2/4\pi\varepsilon_0\hbar = \alpha c$, α は微細構造定数でおよそ 1/137) 程度の速度で走っている．つまり軌道運動周期は $a_0/\alpha c$ 程度である．それで

$$\frac{r}{c} > \frac{a_0}{\alpha c} \quad \text{つまり} \quad r > 137 a_0 \tag{11.25}$$

となるあたりから非相対論的な式から大きく外れることが予想される．

同じようなことは他のいろいろな問題でも出てくる．原子分子の範囲内では，たとえば高いリュードベリ状態に励起された原子で，励起電子とイオンコアの間の相互作用で同じ遠距離効果が現れる．具体的には，外の電子によるコアの分極が遅れ，分極力が減少する．

このような**遅延効果** (retardation effect) は 1948 年に発表された H. B. G. Casimir による 2 つの壁の間のファンデルワールス力の論文と Casimir と D.

Polderによる原子間の分散力についての論文に始まり，その後多くの研究者によって論じられている．歴史的にはこれより先に E. J. W. Verwey と J. T. G. Overbeek (1947) がコロイド懸濁液の実験から粒子間の遠方での相互作用ポテンシャルが r^{-6} よりも早く減少することを見いだして理論研究を促した．遅延効果を取り入れた粒子（あるいはマクロな壁など）の間の遠距離力は通常 Casimir 力と呼ばれるが，その物理的解釈と文献については Spruch の2つの解説が読みやすい[9]．Spruch の言い方にしたがえば，比較的近距離での分散力は量子力学における不確定性関係の結果生じたものであり，十分遠方での Casimir 相互作用は QED により真空中の電磁場のゆらぎによるものである．前者でいえば，古典力学での最低エネルギー状態では力の中心に静止している電子が，量子力学では0点振動のために基底状態でも走り回っていて瞬間的な電気双極子を形成し，2つの分子間でこの双極子が同位相で変動することから引力が発生している．

具体的な理論の展開は本書では省く．Spruch の解説に出ている文献や，原子間力についての初期の議論については Margenau たちの分子間力の本 [28] を参照されたい．結果の式の形だけを書くと，中性原子間の分散力では

$$V(r) = -\frac{23}{4\pi} \frac{\hbar c \alpha_1 \alpha_2}{(4\pi\varepsilon_0)^2} \frac{1}{r^7} \qquad (11.26)$$

となる．同様に高励起原子の電子・コア間の分極力は $\hbar\alpha e^2/m_e c r^5$ に数因子がかかった式で表される．

このように，Casimir 相互作用は非常に遠方で，いずれにせよ相互作用の絶対値が小さいところで，従来の式を修正するもので通常は重要な働きをしないが，生体内などでよく見かける大きな分子の分子間または分子内の力や，マクロな世界（電磁場を重力場に読み替えてみると天体の間の力など）で重要となる可能性が指摘されている[8]．

---

[9] L. Spruch, *Physics Today* **39**, 37 (1986) ; *Science* **272**, 1452 (1996).

参 考 文 献

個々の原著論文はそれぞれ引用したページに脚注として示し，本書で引用したものや，いちいち引用してなくても執筆にあたってたびたび参考にした単行本，それにデータ集などをここに掲げる．主要なものを網羅したものではない．

[1] H. A. Bethe and E. E. Salpeter : *Quantum Mechanics of One- and Two-Electron Atoms,* Springer-Verlag/Academic Press Inc., 1957.
[2] H. A. Bethe : *Handbuch der Physik* 24/1, 354, 1933.
[3] E. U. Condon and G. H. Shortley : *The Theory of Atomic Spectra,* Cambridge University Press, 1935.
[4] J. C. Slater : *Quantum Theory of Atomic Structure,* vol. I, McGraw-Hill, 1960.
[5] J. C. Slater : *Quantum Theory of Atomic Structure,* vol. II, McGraw-Hill, 1960.
[6] H. Friedrich : *Theoretical Atomic Physics,* second edition, Springer-Verlag, 1998.
[7] C. F. Fischer : *The Hartree-Fock Method for Atoms,* John-Wiley & Sons, 1977.
[8] 小谷正雄・石黒英一・高柳和夫・大野公男・伊藤敬：原子分子の量子力学，岩波講座現代物理学，岩波書店，1955．
[9] 村井友和：原子・分子の物理学，共立出版，共立物理学講座，1972．
[10] B. H. Bransden and C. J. Joachain : *Physics of Atoms and Molecules,* Longman, 1983.
[11] M. Kotani, A. Amemiya, E. Ishiguro and T. Kimura : *Table of Molecular Integrals,* Maruzen, 1955.

[12] M. Kotani, K. Ohno and K. Kayama: *Quantum Mechanics of Electronic Structure of Simple Molecules, Handbuch der Physik* XXXVII/2, Springer-Verlag, 1961.

[13] J. C. Slater: *Quantum Theory of Molecules and Solids* vol. I, McGraw-Hill, 1963.

[14] 藤永 茂: 分子軌道法, 岩波書店, 1980.

[15] 藤永 茂: 入門分子軌道法 ― 分子計算を手がける前に ―, 講談社サイエンティフィク, 1990.

[16] 樋口治郎編: 分子理論と分子計算, 共立出版, 分子科学講座 2, 1986.

[17] 樋口治郎編: 分子の電子状態, 共立出版, 分子科学講座 5, 1986.

いちいち巻名をあげないが, この講座の他の各巻も原子分子物理に深くかかわった内容のものである (全 13 巻, 多くは 1970 年以前の出版).

[18] G. Herzberg: *Molecular Spectra and Molecular Structure* I. *Spectra of Diatomic Molecules,* D. van Nostrand, 1939. revised 1950.

[19] G. Herzberg: *Molecular Spectra and Molecular Structure* II. *Infrared and Raman Spectra of Polyatomic Molecules,* D. van Nostrand, 1945.

[20] G. Herzberg: *Molelcular Spectra and Molecular Structure* III. *Electronic Spectra and Electronic Structure of Polyatomic Molecules,* D. van Nostrand, 1966.

[21] K. P. Huber and G. Herzberg: *Molecular Spectra and Molecular Structure* IV. *Constants of Diatomic Molecules,* D. van Nostrand, 1979.

[22] C. H. Townes and A. L. Schawlow: *Microwave Spectroscopy,* McGraw-Hill, 1955.

[23] W. Gordy and R. L. Cook: *Microwave Molecular Spectra,* Wiley-Interscience, 1970.

[24] J. E. Wollrab: *Rotational Spectra and Molecular Structure,* Academic Press, 1967.

[25] D. W. Davies: *Theory of the Electric and Magnetic Properties of Molecules,* John-Wiley & Sons, 1967.

[26] J. O. Hirschfelder, C. F. Curtiss and R. B. Bird: *Molecular Theory of*

Gases and Liquids, John-Wiley & Sons, 1954.

[27] J. O. Hirschfelder, ed.: "Intermolecular Forces", *Adv. Chem. Phys.* 特集号, John-Wiley & Sons, 1967.

[28] H. Margenau and N. R. Kestner: *Theory of Intermolecular Forces*, Pergamon Press, 1969.

[29] 木原太郎：分子間力, 岩波全書, 1976.

[30] 霜田光一：レーザー物理入門, 岩波書店, 1983.

[31] W. Heitler: *The Quantum Theory of Radiation*, 3rd ed., Oxford, 1954.

[32] L. I. Schiff: *Quantum Mechanics*, 3rd ed., McGraw-Hill, 1955.

[33] L. D. Landau and E. M. Lifshitz: *Quantum Mechanics—Non-Relativistic Theory*, 3rd ed., revised and enlarged, English edition, Pergamon Press, 1977.

[34] M. E. Rose: *Elementary Theory of Angular Momentum*, John-Wiley & Sons, 1957. (1995年に Dover Publications からペーパーバックで出ている).

[35] E. Wigner: *Gruppentheorie und ihre Anwendung auf die Quantenmechanik der Atomspektren*, Vieweg, Braunschweig, 1931.

[36] B. L. Van der Waerden: *Die Gruppentheoretische Methode in der Quantenmechanik*, Springer-Verlag, 1932.

[37] L. C. Biedenharn and H. Van Dam, eds.: *Quantum Theory of Angular Momentum*, Academic Press, 1965.

[38] 犬井鉄郎・田辺行人・小野寺嘉孝, 応用群論―群表現と物理学―, 裳華房, 1976. 増補版が出ている.

以下は原子, 原子イオンの遷移確率の推奨値を集めたものである.

[39] W. L. Wiese, M. W. Smith and B. M. Glennon: "Atomic Transition Probabilities, vol. I Hydrogen through Neon", *NSRDS-NBS* 4, 1966.

[40] W. L. Wiese, M. W. Smith and B. M. Miles: "Atomic Transition Probabilities, vol. II Sodium through Calcium", *NSRDS-NBS* 22, 1969.

[41] W. L. Wiese, J. R. Fuhr and T. M. Deters: "Atomic Transition Probabilities of Carbon, Nitrogen, and Oxygen", *J. Phys. Chem. Ref. Data*,

Monograph No. 7, 1996.

[42] G. A. Martin, J. R. Fuhr and W. L. Wiese : "Atomic Transition Probabilities : Scandium through Manganese", *J. Phys. Chem. Ref. Data,* suppl. 3 to vol. 17, 1988.

[43] J. R. Fuhr, G. A. Martin and W. L. Wiese : "Atomic Transition Probabilities : Iron through Nickel", *J. Phys. Chem. Ref. Data,* suppl. 4 to vol. 17, 1988.

分子定数では [21] に二原子分子の電子状態,振動・回転関係のデータが集められている.多原子分子を含み,もっと多くの種類のデータを集め,新しいデータを次々に追加出版しているのは

Landolt-Börnstein, *Numerical Data and Functional Relationships in Science and Technology*, New Series, *Group II Atomic and Molecular Physics*, Springer-Verlag

である.原子分子関係データを集めたものは,この他

Atomic Data and Nuclear Data Tables (はじめ *Atomic Data* という名称で 1973 年に 5 巻まで出たところで原子核関係と合併し,表記のタイトルが 13 巻からはじまった)

や

Journal of Physical and Chemical Reference Data

などのデータ誌にしばしば現れる.

多くのすぐれた review articles が見られるシリーズもの出版物に

Advances in Atomic, Molecular, and Optical Physics, Academic Press (1989 年に出た 26 巻からこの名称で,それ以前は "*and Optical*" の部分がなかった)

Physics of Atoms and Molecules, Plenum (series, 不定期に刊行)

Atomic Physics (隔年に開かれる International Conference on Atomic Physics の Proceedings, 出版社は固定していない)

などがある.

あ と が き

「原子分子物理学」という書名にしたからには書いておきたい項目はまだいくつも残っているが，思いのほかページ数が多くなってしまったので，不十分というお叱りを受けることは覚悟して今回はこの辺で擱筆させていただく．

二三の補足をするなら，たとえば化学結合あるいは分子間力のところで水素結合 (hydrogen bond) のことにまったく触れなかった．水素原子は原子価が1であるが，自分より電気陰性度が高い2つの原子の間に入って弱いながらも両者と手をつなぐことがあり，これが水素結合と呼ばれるものである．簡単な系としては2つの水分子が結合した2量体 (dimer) $(H_2O)_2$ の形成に寄与しているし，複雑な系では生体内で DNA などの分子構築にしばしば重要な役割を果たしている．水素原子 H の両側の原子を A, B とし，もともと H が A に結びついていたところにその結合軸の延長上で B が近づく場合でいえば，A-H と B の間の静電的相互作用のほかに $A^-\cdots H\text{-}B^+$, $A^-\cdots H^+\cdots B$ のような構造が混じることによって結合がつくられると説明されている．

大きな分子にページを割くことは，もともと本書では無理と思っていたが，広く解釈すれば近ごろ話題になっている C_{60} や，原子・簡単な分子と固体との中間的存在としてのクラスター (cluster) の物理学も原子分子物理学の一部といえなくもない．この分野については

    S. Sugano and H. Koizumi : *Microcluster Physics*, second edition, Springer-Verlag, 1998

などを参照していただきたい．

全巻通して実験法にはほとんど触れなかったし，理論計算法についても実際的な技法には立ち入らなかった．また，多くの項目について，表面的な記述に

終わっている．原子分子に関する話題がきわめて多いことが背景にあるが，それについて詳しく述べられないまでも名前くらいはあげておきたいという気持ちから，妥協して不十分な記載事項を残した結果である．将来，改訂の機会があれば再検討したいので，諸賢からのご教示をいただければ幸甚である．

著者しるす

索　引

ア　行

アインシュタイン
　——の吸収係数　125
　——の自然放出係数　124
　——の誘導放出係数　125
圧力広がり　148

イオン結合　314
イオン構造　296
異核二原子分子　308
異重項間遷移線　144
異種原子　272
異常磁気モーメント　39
異常ゼーマン効果　97
位相のずれ　234
1次シュタルク効果　85, 372
一重項　47, 175

ウィグナー係数　183
ウィグナーの3j記号　183, 192
運動量空間の波動関数　269

永久双極子モーメント　89
永年方程式　53
エギゾティック原子　272
エネルギー損失スペクトル　219
遠心力ひずみ　366

オージェ効果　169
オーソ水素　328
オーソヘリウム　48
オーソポジトロニウム　274

カ　行

開殻　159
回転(分子の)　315, 362
解離エネルギー　305
解離再結合　254
ガウス型関数　308
ガウント因子　241
化学結合エネルギーの加算性　345
角運動量　14
核磁子　39
核スピン　40, 100, 327
重なり積分　289
カスケード効果　127
仮想軌道　194
価電子　331
空の軌道　194

規格化　7
　連続エネルギー領域の——　234
擬交差　214, 394
基準座標　355
基準振動　355
基底関数　197
基底状態　8
軌道　17
　空の——　194
軌道関数　17
逆転項　180
吸収係数　150
　アインシュタインの——　125
吸収断面積　123, 153, 238
吸収バンド強度　378
球対称こま分子　362
球面調和関数　13, 19

強度交代(回転スペクトルの) 328
共鳴エネルギー 296
共鳴積分 349
共鳴放射 154
────の閉じこめ 154
共役二重結合 348
共有構造 296

空孔理論 36
クライン-仁科の式 115
クラスター展開法 200
クレブシューゴールダン係数 182
クーロンゲージ 41
クーロン積分 56, 193, 294, 349
群 337, 338

蛍光 397
蛍光収量 168
結合角 334
結合性軌道 290
結合の長さ 305, 334
原子価 164, 331
原子価結合法 296
原子価状態 333
原子軌道 287
原子芯 203
原子単位 22
源泉関数 154
減偏光 373

コア 79, 203
コアポテンシャル 406
項 5
光学的許容遷移 130
光学的禁止遷移 130
光学的振動子強度 116
光学的深さ 151
交換積分 56, 193, 294
交互炭化水素 350
交差回避 214
構造間の共鳴 296
高励起原子 165, 203
五重項 175
コスター−クローニッヒ遷移 169
固有関数 14
固有値 14
孤立電子対 336
混成軌道 295, 332
コンドンの放物線 384

コンプトン効果 115
コンプトン散乱 245, 251
コンプトン波長 115

サ 行

サイクロトロン振動数 104
再結合係数 216, 256
再結合線 207
最高被占軌道 352
最低空軌道 352
三重項 47, 175
3体再結合 253
散乱角 113
散乱断面積 111

磁化率 102
しきい則 252
しきい値エネルギー 242
磁気回転比 39
磁気四極遷移 142
磁気双極子モーメント 31
磁気双極遷移 140
磁気モーメント 31
四極分極率 90
磁気量子数 15
自己エネルギー 38
自己無撞着場 69
四重項 47, 175
自然幅 146
自然放出 124
質量の偏り 44
自動電離 81, 245
指標(群表現の) 341
遮蔽定数 197
周期律 164
自由−自由吸収 259
自由−自由遷移 232
自由−自由放出 259
自由電子気体モデル 402
シュタルク効果 85
　水素様原子の──── 91
シュタルク広がり 148
主量子数 17
シュレーディンガー方程式 8
準安定状態 143, 165
瞬間近似 220
昇位エネルギー 333
衝突広がり 148
真空偏極 38

索　引

シンクロトロン放射　217
振動　315
振動子強度　116, 241, 260
　──のモーメント　261
振動-電子相互作用　353

スケーリング　61, 283, 290
ストークス線　398
ストラグリング　266
スピン軌道関数　26
スピン軌道相互作用　35
スペクトル線の輪郭　146
スレーター型関数　197
スレーター行列式　48

正規座標　355
制限ハートリー-フォック法　198
正常項　180
正常ゼーマン効果　97
静電力　406
制動放射　232
赤外活性　378
ゼーマン効果　9, 95
ゼロ線　385
遷移　4
遷移金属　162
遷移元素　162
前期解離　393
線強度　141, 381
選択則　133, 155, 386

相関図　302
双極子近似　130
双極分極率　90
総和則　260
束縛-自由遷移　232
束縛-束縛遷移　232
阻止能　265

タ　行

対応図　302
対角和の規則　177
第3ビリアル係数　404
対称こま分子　362
対称操作　303, 337
対称操作群　303
第2ビリアル係数　404
多極分極率　90
多光子過程　155

多重項　175
多重項分裂　165
多重電離　249
多重度　47, 175
多重励起状態　217
多体摂動法　199
多チャネル量子欠損理論　211
脱励起　120
多配置ハートリー-フォック法　199
断熱近似　106, 285
断熱変化　214
断熱ポテンシャル　281
断面積　110

遅延効果　412
遅延相互作用　76
遅延同時計数　128
超球座標　221
長球対称こま分子　363
超重準原子　277
超多重項　224
超微細構造　40, 101
超分極率　89
超励起状態　390

対生成　245
つじつまの合った場　68

ディラック-フォック法　75, 201
ディラック方程式　27
電気陰性度　311
電気四極遷移　140
電気双極遷移　130
電子殻　159
電子項遷移　379
電子親和力　81, 162
電子相関　61
電子対結合　330
電離(電場による)　94

等核二原子分子　302
等価電子　159
等極構造　296
動的分極率　109
等電子系列　49, 137
透熱遷移　214
動分極率　109
特性X線　166
ドップラー幅　147

ドップラー広がり　147
トーマス–フェルミ関数　230
トーマス–フェルミの式　230
トーマス–フェルミの方法　228
トーマス–フェルミ–ディラックの理論　231
トーマス–ライヒェ–クーンの総和則　260
トムソン散乱　113

ナ 行

内殻　165

二重項　47, 175
2電子性再結合　253
2電子励起状態　217

ハ 行

パイオニウム　272
排他律　8
配置間相互作用法　63, 198
配置混合法　63, 198
ハイトラー–ロンドン理論　292
パウリ
　——の原理　8
　——のスピン行列　26
　——の排他律　45
パウリ近似　26
波数　5, 67
波数ベクトル　5
波束　7
八極分極率　90
パッシェン–バック効果　103
ハートリーの方法　61, 68
ハートリー–フォックの方程式の正準形　74, 194, 306
ハートリー–フォックの方法　72, 194, 306
パラ水素　328
パラヘリウム　48
パラポジトロニウム　274
パリティ　137
バルマー系列　2, 207
反結合性軌道　290
半古典論　119
反磁性　102
反ストークス線　398
半値全幅　146
半値幅　146
反転二重項　360
バンド
　——の枝　379

——の原点　385
バンド強度　381
バンド系　387
バンドスペクトル　379, 384
バンドヘッド　386
反陽子原子　273, 276
反粒子　36

光解離　390
光吸収　120
光脱離　81, 252
光電離　238
光電離効率　390
光電離断面積　238
光の散乱　110
非交差則(ポテンシャル曲線の)　309
微細構造　35, 165
微細構造定数　35
非制限ハートリー–フォック法　198
非対称こま分子　362
非断熱遷移　214
非調和性(分子振動の)　317, 357
微分断面積　114
ビーム・フォイル法　127
ビリアル定理　282, 291

ファラデー効果　265
ファンデルワールス力　401
フェルミ共鳴　358
フェルミの穴　195
フェルミ粒子　45
フォークト関数　149
フォルトラ図　385
フォルトラ放物線　385
不完全殻　159
副殻　166
不対電子　334
負の吸収　152
ブライト相互作用　76
フランク–コンドン因子　381
フランク–コンドンの原理　382
フロンティア軌道　353
分極軌道　295
分極率　80, 86, 371
分極力　79, 90, 407
分散力　402, 409
分子軌道関数　286
分子軌道関数法　292, 296
分子スピン軌道関数　306

索　引

フントの規則　161
分離原子　287

閉殻　159
平均寿命　127
平均場の近似　61
平衡核間距離　305
ベクトル加法係数　183
ベクトル結合係数　183
ベクトル模型　98
ベルデ定数　265
ヘルマン-ファインマンの定理　281
扁長対称こま分子　363
変分摂動法　88
扁平対称こま分子　363
ヘンル-ロンドン因子　381

ボーア磁子　31
ボーアの原子模型　3
ボーア半径　16
ボイル温度　404
方位量子数　14
放射再結合　216, 253
放射伝達　149
放射率　153
放出率　153
放物線座標　18
ポジトロニウム　272, 273
ボース粒子　45
ボルン-オッペンハイマー近似　279

マ 行

密度汎関数理論　231

ミューオニウム　272, 274

メーザー　152

モース・ポテンシャル　315

ヤ 行

ヤーン-テラー効果　356
ヤーン-テラーの定理　356

有効核電荷　290
融合原子　287
有効断面積　110
有効量子数　80
誘導放出　120
遊離基　334

輸送係数　404
輸送現象　404

陽電子　36

ラ 行

ライマン系列　207
ラカー係数　188
ラッセル-ソンダーズ結合　101, 138
ラマン効果　397
ラマン散乱　113, 397
ラムシフト　38, 67
ランダウエネルギー準位　105
ランダウ-ゼーナーの公式　214, 393
ランデの間隔規則　181

リッツの結合則　5
リュードベリ原子　79, 165
リュードベリ状態　79, 203
リュードベリ単位　23
リュードベリ定数　23
量子欠損　80
量子欠損理論　208
量子収率　390
量子条件　3, 4, 5
量子電磁力学　37, 76

レイリー散乱　112, 245
レーザー　152

ロータンの方法　307
ローレンツ型(スペクトル線)　146
ローレンツ-ローレンスの式　115

ワ 行

湧き出し関数　154

欧 文

A 係数　124
AO　288
a.u.　22

B 係数　125
b-b 遷移　232
b-f 遷移　232
BO 近似　279

Casimir 力　413
CG 係数　183

索引

CI法　198
Clebsch-Gordan 係数　182

δ 軌道　286
δ 成分　100

(e, 2e) 実験　270
exponential-6 型ポテンシャル　405

Fermi の接触相互作用　41
f-f 遷移　232
Franck-Hertz の実験　10

g　288
Gaunt factor　240
GTO　308

H^{--} イオン　81
Hellmann-Feynman の定理　281
HOMO　352
Hückel の MO 法　348
Hund rule　161
Hylleraas 型の試行関数　66

Jahn-Teller 効果　357
jj 結合　101, 202

K 殻　166
K 吸収端　168
K 系列の X 線　166
K 中間子原子　273
Koopmans の定理　72
Kramers-Milne の公式　256

Λ 型二重分離　324
L 殻　166
L 系列の X 線　166
Landau-Zener の公式　214
Landé の g 因子　39, 98
LCAO SCF 法　307
LCAO 近似　289
LCAO 自己無撞着法　307
Lennard-Jones 型ポテンシャル　405
LS 結合　101, 138

LUMO　352

μ 粒子原子　272, 275
μ 粒子分子　276
μ^- を媒介とする核融合　276
M 殻　166
M 系列の X 線　166
Madelung の経験則　161
MBPT 法　199
MCHF 法　199
MCQDT　211
MO　286
MO 法　292, 296
Moseley の経験則　167

orbital exponent　290
Ore gap　274

π 軌道　286
π 結合　347
π 成分　100
π 中間子原子　272
π 電子近似理論　348
ϕ 軌道　286

QDT　208
QED　37, 76

r-centroid 近似　382
RHF 法　198
Roothaan の方法　197
Runge-Lenz ベクトル　224

σ 軌道　286
σ 結合　347
SCF　69

u　288
UHF 法　198

VB 法　296

Zhu-Nakamura の公式　396

著者略歴

高柳 和夫
たかやなぎ かず お

1926年　北海道に生まれる
1948年　東京大学理学部物理学科卒業
現　在　東京大学名誉教授
　　　　宇宙科学研究所名誉教授
　　　　理学博士

朝倉物理学大系 11
原子分子物理学　　　　　　　　　定価はカバーに表示

2000年 5月20日　初版第1刷
2018年 5月25日　　　第5刷

著　者　高　柳　和　夫
発行者　朝　倉　誠　造
発行所　株式会社　朝倉書店

東京都新宿区新小川町 6-29
郵便番号　162-8707
電　話　03(3260)0141
Ｆ Ａ Ｘ　03(3260)0180
http://www.asakura.co.jp

〈検印省略〉

© 2000　〈無断複写・転載を禁ず〉　　　平河工業社・渡辺製本

ISBN 978-4-254-13681-4　C 3342　　　Printed in Japan

JCOPY　〈(社)出版者著作権管理機構 委託出版物〉

本書の無断複写は著作権法上での例外を除き禁じられています．複写される場合は，
そのつど事前に，(社) 出版者著作権管理機構 (電話 03-3513-6969，FAX 03-3513-
6979，e-mail: info@jcopy.or.jp) の許諾を得てください．

好評の事典・辞典・ハンドブック

物理データ事典	日本物理学会 編	B5判 600頁
現代物理学ハンドブック	鈴木増雄ほか 訳	A5判 448頁
物理学大事典	鈴木増雄ほか 編	B5判 896頁
統計物理学ハンドブック	鈴木増雄ほか 訳	A5判 608頁
素粒子物理学ハンドブック	山田作衛ほか 編	A5判 688頁
超伝導ハンドブック	福山秀敏ほか 編	A5判 328頁
化学測定の事典	梅澤喜夫 編	A5判 352頁
炭素の事典	伊与田正彦ほか 編	A5判 660頁
元素大百科事典	渡辺 正 監訳	B5判 712頁
ガラスの百科事典	作花済夫ほか 編	A5判 696頁
セラミックスの事典	山村 博ほか 監修	A5判 496頁
高分子分析ハンドブック	高分子分析研究懇談会 編	B5判 1268頁
エネルギーの事典	日本エネルギー学会 編	B5判 768頁
モータの事典	曽根 悟ほか 編	B5判 520頁
電子物性・材料の事典	森泉豊栄ほか 編	A5判 696頁
電子材料ハンドブック	木村忠正 編	B5判 1012頁
計算力学ハンドブック	矢川元基ほか 編	B5判 680頁
コンクリート工学ハンドブック	小柳 洽ほか 編	B5判 1536頁
測量工学ハンドブック	村井俊治 編	B5判 544頁
建築設備ハンドブック	紀谷文樹ほか 編	B5判 948頁
建築大百科事典	長澤 泰ほか 編	B5判 720頁

価格・概要等は小社ホームページをご覧ください．